RISQUE
&
SOCIÉTÉ

RISQUE
&
SOCIÉTÉ

Sous la direction de

Maurice TUBIANA
Constantin VROUSOS
Catherine CARDE
Jean-Pierre PAGÈS

Actes du Colloque
RISQUE & SOCIÉTÉ
réalisé sous l'égide de l'Académie des Sciences
dans le cadre du Centenaire
de la Découverte de la Radioactivité
CITÉ DES SCIENCES ET DE L'INDUSTRIE DE PARIS-LA VILLETTE
18-19-20 novembre 1998

Cet ouvrage a été réalisé par les Editions Nucléon
à la demande du
CENTRE ANTOINE-BÉCLÈRE

Editions Nucléon
Immeuble Platon, Parc Les Algorithmes
91194 Gif-sur-Yvette Cedex
nucleon@nucleon.fr

Illustration de couverture :
Jean-Luc Istin et Stéphane Paitreau, *L'Epée de Damoclès.*

ISBN 2-84332-007-0

AVANT-PROPOS

Maurice Tubiana et Constantin Vrousos

Le risque a pris de nos jours une place prépondérante dans le débat public. L'air, les aliments, l'eau, et d'autres produits de la vie courante sont déclarés suspects, et le public est persuadé que des dangers insidieux et multiples, fruits des technologies nouvelles, menacent sa santé, alors qu'au contraire les données statistiques montrent que celle-ci s'améliore régulièrement. Ainsi l'espérance de vie continue à croître ; or, elle fournit les indications les plus pertinentes sur la santé d'une population. En effet, elle est fonction de la somme des agressions subies par les organismes qui ont progressivement épuisé le capital santé. Les chiffres montrent que les comportements individuels, alcool et tabac, alimentation trop abondante (obésité) et mal équilibrée, sont à l'origine des deux tiers des décès survenus chez les hommes entre 20 et 65 ans et de 75 % des cancers, alors qu'à l'ensemble des pollutions ne sont attribués que 1 % des décès et 2 % des cancers. Ce décalage entre ce qui est dit (et généralement cru) et les faits est préoccupant puisqu'il peut détourner nos concitoyens d'actions de prévention individuelles et influencer les priorités et les choix budgétaires : un trop grand poids donné à ce qui est « perçu » au détriment de ce qui est mesuré et évalué entraîne inévitablement des distorsions dans l'attribution des fonds qui ont des conséquences fâcheuses pour la politique de santé et d'environnement.

Depuis une trentaine d'années, la recherche et l'industrie électronucléaire sont confrontées à de tels écarts entre le perçu et les faits. Les réactions face à la radioactivité peuvent être considérées comme symboliques de l'aversion qui se manifeste dans la société face aux risques. C'est pourquoi il était logique de terminer la célébration du Centenaire de la radio-

activité en organisant un colloque « Risque et Société ». Celui-ci s'est tenu à Paris, à la Cité des Sciences et de l'Industrie de la Villette les 18, 19 et 20 novembre 1998. Dans la séance d'ouverture qu'il a présidée, M. Claude Allègre, Ministre de l'Education Nationale, a rappelé que le risque zéro était un objectif illusoire et dangereux. Médecins, historiens, industriels, ingénieurs, philosophes, sociologues, psychologues, juristes ainsi qu'hommes politiques et responsables administratifs français et étrangers ont ensuite, devant quatre cents auditeurs, discuté des divers aspects du risque et de sa gestion, avant que M. Bernard Kouchner, Secrétaire d'Etat à la Santé, dans le discours de clôture, n'insiste sur le risque qu'implique tout acte médical : en médecine le risque est accepté car il est mis en balance avec les bénéfiques escomptés.

Le premier thème abordé a été : pourquoi certaines activités (par exemple la recherche génétique, les biotechnologies, le nucléaire) provoquent-elles des controverses si vives qu'elles pourraient empêcher leur développement malgré les progrès qu'on peut en attendre ? Plusieurs orateurs ont insisté sur l'importance des représentations, de l'image que l'on se fait d'une technologie, les associations d'idées qu'elle évoque, le symbole qu'elle représente. Prenons l'exemple de la radioactivité. Pendant la première moitié du siècle, elle était associée à des activités valorisantes ou à des savants respectés : la médecine, la recherche, Pierre et Marie Curie. On savait, depuis 1902, qu'elle pouvait provoquer des cancers et des leucémies et plus de trois cents physiciens et médecins en sont morts avant la Deuxième Guerre (à peu près autant que l'excès de décès par cancer observé après les explosions d'Hiroshima et Nagasaki). Néanmoins, ces risques n'ont pas découragé les pionniers de la radiologie. En 1945, malgré les explosions des bombes atomiques, qui avaient d'ailleurs été accueillies avec soulagement dans le public car elles marquaient la fin de la guerre, le nucléaire a suscité de grandes espérances ; il ouvrait la perspective d'une énergie abondante et à bon marché. Si l'image de l'atome s'est ensuite dégradée du fait des explosions expérimentales des bombes H et des tensions de la guerre froide qui faisaient craindre un holocauste nucléaire, le nucléaire civil a été néanmoins vécu comme vecteur de progrès jusqu'aux années 1970. Cible de ceux qui se déclaraient des défenseurs de l'environnement, l'industrie nucléaire fut alors l'objet d'une remise en cause tant économique que sociale et politique : en dénonçant le risque nucléaire, en amplifiant les risques cancérigènes des radiations, on voulait critiquer la société positi-

viste et matérialiste de l'après-guerre. L'information scientifique et technique ne pouvait donc pas suffire à convaincre du bien fondé de la politique énergétique mise en œuvre.

Le deuxième grand thème a été la gestion des risques et la façon dont on peut procéder pour rapprocher les décideurs des citoyens. Il est apparu qu'un des facteurs les plus importants était la confiance accordée aux experts et aux décideurs. Si le public manifeste toujours, dans sa majorité, sa confiance aux scientifiques et dans une certaine mesure aux médias, il se méfie de toutes les autres « parties prenantes » : les industriels, le gouvernement, les services administratifs... La transparence et la pluralité des expertises et des sources d'information apparaissent donc aujourd'hui comme indispensables. L'attitude paternaliste ancienne, la technocratie ne sont plus supportées. Certes il faut toujours faire un effort pour informer objectivement, fournir toutes les données techniques sur les avantages et les inconvénients de toute nouvelle technologie et les comparer à celles de toutes les autres options envisageables ; mais il faut surtout considérer le public comme un partenaire. Tous les éléments du débat doivent être mis à sa disposition dans un langage accessible, si besoin en réfutant point par point les allégations fantaisistes. Plus que d'apaiser les « craintes », il s'agit donc surtout de comprendre les mécanismes sociaux à l'origine des controverses, de mieux s'adapter à la situation conflictuelle nouvelle et d'ouvrir un dialogue. En faisant participer les citoyens, on peut espérer limiter l'impact des débordements qui affectent périodiquement la France et l'Europe : des leucémies autour de La Hague à l'encéphalite spongiforme bovine et aux divers épisodes de la phobie de la dioxine... L'expérience tentée par M. Jean-Yves Le Déaut à l'Office Parlementaire des Choix Scientifiques et Technologiques en matière de conférence citoyenne est à cet égard exemplaire.

Les débats ont montré que les sentiments que l'on éprouve pour ou contre le nucléaire, pour ou contre toute nouvelle technologie sont certes fonction de leurs avantages et de leurs inconvénients, mais peut-être plus encore des attitudes idéologiques, des sympathies que l'on éprouve pour telle ou telle catégorie d'acteurs. Les sentiments dépendent moins des données scientifiques, souvent hermétiques, que d'une vision de la nature et de la société.

La frilosité de notre société devant la science et la technologie exprime à la fois une méfiance envers les décisions publiques telles qu'elles sont prises aujourd'hui, une peur du changement, une nostalgie du passé et une appréhension de l'avenir. On sait qu'on ne pourra survivre dans la compétition économique internationale que grâce à des innovations, à des adaptations mais on répugne à accepter celles-ci, en grande partie parce que, tout en critiquant la société actuelle, on est attaché aux conditions de vie qu'elle procure. Les discussions ont souligné cette ambivalence. Le risque que l'on accepte à l'échelle individuelle ou collective est le résultat d'un équilibre entre les avantages et les inconvénients escomptés où l'imaginaire joue un rôle crucial. La représentation d'un risque reflète donc un jeu social qui s'inscrit dans les vécus et qu'il faut tenter d'analyser.

En terminant, nous voudrions remercier tous ceux grâce à qui ce colloque a pu être organisé : la Cité des Sciences et de l'Industrie de la Villette, qui a été notre partenaire dans cette aventure, le Comité d'Organisation (1)*, les membres de l'Institut Européen de Cindyniques, MM. Georges-Yves Kerven et Claude Frantzen, le Haut Comité du Centenaire* (2)*, le Comité de Radioprotection d'EDF, et notamment M. Raymond Dollo, ainsi que le Centre Antoine-Béclère et son secrétaire général, le Professeur André Bonnin. Nous remercions aussi Mmes Margaret Vargas et Mary Hittinger qui se sont dévouées sans compter leur temps. Nous voulons également dire notre gratitude à tous les conférenciers pour leurs exposés et les efforts qu'ils ont faits en corrigeant les transcriptions. Mentionnons enfin le rôle éminent qu'ont joué, pour l'élaboration du programme et l'édition des actes, les secrétaires scientifiques, Mme Catherine Carde et M. Jean-Pierre Pagès, qui ont été véritablement les chevilles ouvrières de ce colloque.*

(1) Comité d'Organisation du Colloque :
Présidents : Maurice Tubiana, Constantin Vrousos.
André Bonnin, Catherine Carde, Louis Court, Michel Davier, Raymond Dollo, François Ewald, Jacques de la Ferté, Claude Frantzen, Jean-François Girard, Christian Hervé, Georges-Yves Kervern, Jean-François Lacronique, Jean-Pierre Pagès, Joël de Rosnay, Danièle Trauman.

(2) Haut Comité du Centenaire de la Découverte de la Radioactivité :
Présidents : Georges Charpak, Maurice Tubiana.
René Bimbot, Catherine Bréchignac, Constant Burg, Rémy Carle, Catherine Cesarsky, Hubert Curien, Robert Dautray, Claude Détraz, Pierre-Gilles de Gennes, Robert Guillaumont, Claude Hélène, Pierre Joliot, Hélène Langevin-Joliot, Philippe Lazar, Elisabeth Pauly, Pierre Radvanyi, Michel Serres, Pierre Vimont, Gérard Tobelem.

SOMMAIRE

IV. *Débat public et évolution de la gestion des risques*

V. *Les ateliers*

RISQUE ET SOCIÉTÉ

Introduction

Claude Allègre

Ministre de l'Education Nationale,
de la Recherche et de la Technologie

Si l'on m'a demandé d'introduire votre colloque sur « Risque et Société », c'est que le risque est un sujet que je connais très bien pour des raisons professionnelles antérieures. C'est un sujet qu'il faut maîtriser parce que sinon il peut soit provoquer des blocages de la société, soit, à l'inverse, conduire à des attitudes irresponsables. La grande difficulté, pour un gouvernement comme pour tout décideur, est de se situer par rapport au risque.

Bien entendu, chacun dans sa vie prend des risques, mais ce colloque est essentiellement orienté vers le problème des risques collectifs et des risques qui sont pris par un ensemble d'individus par rapport à une situation donnée. Parmi ces risques, il y a d'une part les risques naturels qui deviennent de plus en plus difficiles à gérer et importants – ce sont les éruptions volcaniques, les tremblements de terre, les cyclones – et d'autre part les risques induits produits par l'activité de l'homme, comme l'amiante qui est l'exemple à la mode.

Les risques naturels sont de plus en plus importants parce que les zones menacées (zones volcaniques, zones sismiques) sont de plus en plus habitées en raison de l'accroissement de la population. Ces risques sont assumés par la population. Lorsque vous vivez en Californie ou au Mexique, vous savez que vous vivez sous la menace d'un tremblement de terre.

Les risques induits sont le fait de l'activité humaine. Tout progrès important induit des risques, depuis les machines à vapeur qui explosaient au siècle dernier jusqu'au développement, aujourd'hui, d'un nouveau produit, d'un nouveau médicament, d'un nouveau traitement, qui est toujours associé à un certain nombre de risques.

A ce propos, je voudrais faire une remarque sur la « notion de probabilité », qui est constamment utilisée dans ces problèmes de risque. La probabilité est un confort qui donne à ceux qui la manipulent une impression de rigueur. Pourtant, pour bon nombre de risques, elle n'a aucune signification réelle. Le calcul des probabilités est une discipline mathématique qui obéit à des règles. On ne peut se référer à elle que si l'on considère un grand nombre de cas, pas si on est face à un faible nombre de cas, car alors on ne peut pas calculer une moyenne et l'événement ne s'exprime pas en termes probabilistes mais obéit à des lois déterministes. Exemple : la probabilité qu'il y ait dans les jours qui viennent une éruption volcanique dans l'île de la Martinique n'a pas de sens, il n'y a pas de probabilité. Continuer à prendre des enregistrements qui ont été obtenus au cours du temps et diviser par ce temps conduit à un nombre qui n'a rien à voir avec une probabilité. A l'inverse, si des événements sismiques enregistrés à la Martinique montrent une certaine croissance de l'activité sismique, à ce moment-là on peut parler de probabilité d'une éruption véritable, parce qu'on sait que lorsqu'il y a une certaine activité sismique cela ne se traduit pas forcément par une éruption, mais qu'une telle éruption peut se produire dans un certain nombre de cas. Comme on n'en sait guère plus sur ce volcan, on utilise le mot de probabilité. Comme le disait Georges Darmois : « Le hasard, la probabilité est une manière de parler de notre ignorance » ; lorsqu'on sait quelque chose, utiliser la probabilité, c'est une manière de se cacher derrière son petit doigt.

Le même problème se pose avec le fameux principe de précaution. Il faut, bien entendu, essayer de prendre des précautions. Mais je le dis nettement, le risque zéro n'existe pas. La seule situation dans laquelle il n'y a plus de risques, c'est lorsqu'on est mort. Tout être vivant encourt des risques et la société se développe dans le risque. Si vous décidez d'avoir le risque zéro, il faut immédiatement fermer l'industrie chimique, toute l'industrie nucléaire et rester chez soi en évitant de traverser les rues. Donc il faut arrêter la psychose qui conduit à dire, sous prétexte du principe de précaution, « on a mis les choses sous le risque zéro » ; il faut prendre, bien sûr, des précautions. Le choix du gouvernement face au problème de risque est de peser un certain nombre de données, mais pas de vouloir atteindre le risque zéro. A ce sujet, je voudrais faire trois remarques sur les risques naturels et les risques médicaux ou médicamenteux.

Pour les risques naturels, il faut distinguer prévision et prévention et ne pas se leurrer sur ces deux notions. Prenons l'exemple des séismes. Dans l'état actuel de la science, les tremblements de terre ne sont pas prévisibles et on ne sait pas si l'on aura un jour un moyen de prédiction, parce qu'on ne sait pas si le comportement d'un tremblement de terre n'obéit pas aux règles du chaos, c'est-à-dire à quelque chose d'imprévisible. Par contre, on sait très bien faire la prévention des tremblements de terre. Il suffit de payer 35 % de plus du prix de revient de la construction pour construire des bâtiments parasismiques, qui résistent parfaitement aux tremblements de terre (sauf aux tremblements de magnitude 8 qui se produisent une fois par siècle).

Pour les éruptions volcaniques, la situation est inverse. Depuis une quinzaine d'années, on a fait des progrès considérables lorsqu'on a pu installer sur un volcan un observatoire et des moyens qui permettent de suivre l'activité sismique, d'observer l'inclinométrie et un certain nombre d'autres données. Les Français, par exemple, savent prévoir les éruptions de l'île de la Réunion quasiment à l'heure près et peuvent prévenir le préfet de la date de l'éruption avec 3 semaines d'avance. Le problème est que sur les 80 ou 90 volcans actifs dans le monde, seulement 15 sont surveillés faute d'argent, les pays sous-développés n'ayant pas de quoi se protéger.

Si donc on peut prévoir les éruptions volcaniques, en revanche la prévention est totalement inutile. On ne peut pas arrêter une coulée volcanique parce que sa température est comprise entre 800 et 1 100 degrés et qu'on se trouve face à une puissance mécanique qu'on ne peut pas stopper. On peut dévier la coulée par des travaux gigantesques, comme le font les Italiens autour de l'Etna. Mais, pour les éruptions qu'on appelle « cliniennes » (c'est-à-dire des explosions avec des retombées de cendres du type de celles qui ont détruit Pompéi et Herculanum), on n'a aucune possibilité de prévention.

Ces deux exemples montrent bien que la prévision et la prévention sont deux choses distinctes.

Et je me souviens d'une discussion avec le maire de San Francisco, il y a quelques années. Il me disait : « Si vous me dites qu'il y aura un tremblement de terre tel jour à telle heure à San Francisco, ça m'intéresse, mais si vous me dites, il y aura un tremblement de terre la semaine prochaine, il est hors de question d'évacuer San Francisco pendant une semaine. Les dégâts économiques seraient tels que nous ne le ferons pas. » La prévision à la semaine près permet de prendre des précautions (fermer l'eau, le gaz et l'électricité quand on ressent des secousses), mais ne change pas énormément les choses. On en a un exemple historique, avec l'éruption d'un volcan japonais au-dessus de Sapporo. Parmi les effets de cette éruption, il pouvait y avoir des nuées ardentes – c'est-à-dire des avalanches de ponces et de poussières dans un fond de gaz – semblables à celles qui ont détruit Saint-Pierre de la Martinique. A côté de Sapporo, il y avait des aciéries importantes, le gouvernement japonais a décidé de ne pas les évacuer, de ne pas les arrêter et d'en assumer le risque. Il se trouve que l'éruption a donné des nuées ardentes mais que celles-ci ont été orientées vers une partie non habitée et n'ont pas causé de dégâts... mais c'est une chance. Autant dire que l'aspect économique pèse énormément sur les décisions et qu'il faut faire très attention à ces problèmes de prédiction. Aux USA, ce sont les compagnies d'assurances qui financent les prédictions. Si on prédit un tremblement de terre dans les trois mois, on peut annuler les polices d'assurances annulables.

La prévision n'est pas forcément la solution. Je crois qu'il y a un intérêt majeur – et votre colloque est très bienvenu à cet égard – à ce qu'il y ait une discussion, une réflexion, une recherche sur cette notion de risque dans notre société moderne, car à tous les développements techniques à venir sera associée la notion de risque.

L'autre point que je voudrais souligner concerne les produits chimiques ou les médicaments. Prenons l'exemple de l'amiante. Il est démontré que l'amiante est extrêmement toxique pour tous ceux qui la manipulent à des doses importantes. C'est incontestable. Par contre, la nocivité de l'amiante n'est en rien démontrée pour les gens qui la manipulent à très faible dose. On en arrive à des situations assez étonnantes. Actuellement, les teneurs en fibres d'amiante, par exemple, sont les mêmes à l'intérieur de l'université de Jussieu que celles qu'on trouve en moyenne dans la rue à Paris.

Même constat pour la silicose. L'absorption de silice en masse pour un mineur conduit à cette maladie terrible qu'est la silicose. Par contre, vous laissez vos enfants jouer sur la plage et ils absorbent alors de la silice. Pourquoi ? Parce que toutes les études de toxicité montrent que c'est une fonction, comme on dit en mathématique, non linéaire. Il y a des seuils et ces seuils sont souvent mal connus et mal maîtrisés. Il faut, là encore, être très prudent. La déclaration « tel produit chimique est toxique » est toujours vraie, mais à une dose donnée. Si vous ne mangez pas assez de magnésium, vous aurez des problèmes et, si vous en mangez trop, vous en aurez aussi.

Il faut, par conséquent, faire très attention à la manière dont on s'exprime sur ce sujet. Il n'y a pas d'un côté les produits toxiques et de l'autre les produits non toxiques. Il y a des seuils de toxicité et il y a des formes chimiques de toxicité : un produit toxique sous telle forme ne l'est pas sous telle autre (exemple : le mercure).

Cette prudence est particulièrement nécessaire pour les questions d'environnement. Il ne faut pas considérer qu'il y a antinomie entre la production industrielle et les précautions d'environnement. Il ne peut pas y avoir de dissociation entre, d'un côté, les producteurs et, de l'autre, des gendarmes qui ont pour mission d'interdire. Nos sociétés doivent intégrer dans leur stratégie ces notions de risque. C'est à l'industriel de tenir compte des risques à l'intérieur de son système de fabrication. Et nous, nous avons effectivement le devoir collectif d'interdire une méthode ou une technique en fonction de ces risques s'ils sont trop élevés.

C'est d'ailleurs le cas pour un bon nombre de productions. Aujourd'hui, les techniques se développent en fonction de leur risque. Je prendrai l'exemple du nucléaire qui suscite beaucoup de passions, beaucoup d'appréhensions et qui va être de nouveau un sujet de débat dans notre pays, dans la mesure où l'arrivée d'un nouveau gouvernement en Allemagne fédérale nous incite à nous interroger. Lorsqu'on regarde la production d'électricité par la technique nucléaire, on est obligé de reconnaître que cette technique est probablement la plus sûre et la moins polluante. Mais il ne faut pas pour autant nier le fait qu'il y a des déchets, un problème de stockage des déchets et qu'il y a des choix possibles entre le traitement des déchets qui implique automatiquement des transports – qui, on l'a vu l'année dernière, ne se font pas toujours dans des conditions impeccables – et le stockage des déchets. Certains choisissent de ne pas traiter les déchets et de les stocker à proximité des réacteurs, éliminant totalement le transport. La France a choisi une autre voie qui est de retraiter les déchets. Mais, en même temps, il faut savoir que la question des déchets induit des recherches pour fabriquer un réacteur qui, par exemple, autodétruirait les produits radioactifs à vie longue et qui produirait des déchets de vie courte que l'on pourrait stocker localement en attendant qu'ils décroissent.

Dans l'industrie nucléaire, la volonté de minimiser les risques collectifs conduit donc, dans ce cas, à une recherche qui devrait aboutir à un progrès technologique. C'est la science qui peut permettre de dépasser et de contrôler les divers risques.

Il faut protéger notre planète, protéger les populations futures et protéger nos enfants. La meilleure manière de les protéger, ce n'est pas de dénoncer les possibilités de risques, en réclamant le risque zéro. Il ne faut pas faire des colloques pour prévoir la fin du monde. Il vaut mieux organiser des colloques et même des réunions internationales pour voir comment la science peut permettre de minimiser un certain nombre de dangers. Et elle le peut, très souvent, si on pose le problème correctement. Elle ne le pourra jamais dans le cadre du risque zéro, c'est-à-dire de la sécurité absolue. Quand vous développez un médicament – le Professeur Tubiana le dirait mieux que moi – vous découvrez, sept ans après, qu'il a des effets secondaires. Il ne faut pas en déduire pour autant qu'il ne faut ni développer de nouveaux médicaments ni attendre dix ans après un essai thérapeutique pour les utiliser.

Tout le progrès humain s'est fait en assumant un certain nombre de risques, mais pas trop de risques. Sinon, nos ancêtres ne seraient jamais sortis des cavernes. A partir du moment où ils ont inventé le feu, ils risquaient de se brûler. Donc, ils auraient pu l'éteindre rapidement et revenir à la situation où ils se trouvaient antérieurement. Plus près de nous, lorsque les locomotives à vapeur explosaient, on aurait pu arrêter d'en faire. Il faut aussi savoir que le charbon a tué beaucoup plus de monde que le nucléaire, Hiroshima et Nagasaki inclus, et qu'il continue aujourd'hui à tuer beaucoup en raison des coups de grisou qu'il suscite. Néanmoins, jusqu'à maintenant, on a assumé ce genre de risque. Aujourd'hui, la question qui se pose est celle du choix et de la démocratisation de ces choix par rapport aux risques. C'est un sujet extrêmement difficile dans une société soumise à des médias extraordinairement réactifs et souvent extraordinairement négatifs. Je vous invite à prendre les journaux et à y recenser les bonnes et les mauvaises nouvelles. Ce genre d'exercice est extrêmement intéressant. Si vous lisez les journaux avec attention, à la fin du troisième journal, vous pensez que la seule solution qui vous reste, c'est le suicide, parce que le monde est assombri par des situations épouvantables.

Dans ce contexte de médias tragiques – un journaliste m'a dit il y a quelque temps : « De toute manière l'information ne peut être que tragique » – il faut voir que le débat sur le risque est difficile à mener. Nous avons donc intérêt à nous référer à la science, à la connaissance scientifique. Il s'agit dans ce cas de considérer la science, non comme un dogme qui sait tout sur tout, mais comme une ligne de conduite, une suite de raisonnements équilibrés qui permet de dire des choses sur certaines choses et reconnaît des ignorances sur d'autres choses.

Nous aurions intérêt à organiser des colloques non pas pour dénoncer les dangers et les risques que notre planète ou que nos sociétés courent, mais pour poser la question suivante : « Comment faire pour résoudre tel ou tel problème ? » Il faut avoir une attitude positive. Non pas ignorer le risque, mais identifier le risque, le reconnaître, en mesurer la grandeur et avec, au départ, la volonté de le dépasser et de voir comment le problème peut être résolu. L'expérience prouve que, dans beaucoup de cas, la science et la technique permettent de s'affranchir du risque. C'est la voie de l'équilibre et de la raison, la seule possible pour parvenir à une société qui ne soit pas une société de régression.

Le progrès est indissociablement lié à l'entreprise humaine. Cette notion de risque devient, pour des raisons démographiques mais également technologiques, de plus en plus présente. On doit avoir, dans le développement des nouvelles techniques, dans l'aménagement du territoire, dans le développement urbain, etc., une attitude responsable, sans avoir peur de l'avenir, en regardant les risques en face et en cherchant à les résoudre. Vous avez remarqué qu'il y a des inondations de plus en plus importantes. Lorsque vous regardez les statistiques météorologiques, vous ne constatez pas qu'il y ait davantage de pluie qu'il y a vingt ans. Le risque est dû au problème de ruissellement. On a considérablement augmenté les coefficients de ruissellement, et cela n'est pas sans conséquences : la fréquence d'inondation, est devenue plus grande que pour un fleuve naturel. Dans ce cadre, les pouvoirs publics ne peuvent faire qu'un constat d'impuissance. Il est très difficile de prendre un arrêté pour interdire le goudronnage des chemins vicinaux ; cette décision paraîtrait absurde mais est indispensable si on veut ralentir les inondations.

Je crains parfois qu'avec la recherche du risque zéro on en arrive à des sociétés figées. Les zones les plus menacées du monde sont celles où la haute technologie se développe le plus rapidement, tels la Californie, le Japon ou l'Asie du Sud-Est. La menace permanente des cyclones, des tremblements de terre n'empêche pas ces populations d'être économiquement extraordinairement dynamiques.

I

Autour des notions de danger et de risque

LE RISQUE ET LA SANTÉ

Maurice Tubiana

Membre de l'Académie des Sciences et de l'Académie de Médecine
Président du Centre Antoine-Béclère

En santé publique, le risque se mesure car il provoque des maladies, des décès que l'on peut dénombrer (c'est le rôle de l'épidémiologie). En regard de ce risque objectif, les réactions des individus et des groupes peuvent être estimées soit par l'expression des craintes, soit par les attitudes individuelles plus significatives encore (usage du préservatif, évolution des consommations alcooliques et tabagiques, etc.).

La Santé en France aujourd'hui : risques subis et risques liés aux comportements

Les sondages montrent qu'une large majorité du public est persuadée que la somme des risques auxquels nous sommes soumis en raison d'une technicité croissante a augmenté au cours de ces dernières décennies ; en réalité l'espérance de vie qui est la résultante, à l'échelle d'une population, de l'ensemble des agressions auxquelles celle-ci a été exposée a crû de façon spectaculaire depuis le début du siècle (tableau I) et elle continue à croître d'environ deux mois chaque année. Ce paramètre ne tient pas compte de la qualité de la vie, il est donc complété par la durée de vie sans handicap, dont la durée est, en France, inférieure d'environ trois ans à l'espérance de vie mais évolue parallèlement à celle-ci. L'espérance de vie des femmes françaises est avec celle des Japonaises la plus longue au monde ; ceci montre que la qualité des soins médicaux et celle de l'environnement (eau, air, aliments) sont, en France, aussi bonnes ou meilleures que dans les autres pays industrialisés. Par contre la mortalité masculine est plus forte entre 15 et 65 ans que dans la plupart des autres pays de l'Union Européenne, ce qui est, comme le dit le récent rapport du Haut Comité de la Santé Publique, dû aux comportements (alcool, tabac, accidents,

TABLEAU I. *Indicateurs de santé en France (source : Rapport HCSP, « La Santé en France », 1998).*

	1900		1980		1997	
	H	F	H	F	H	F
Espérance de vie à la naissance	44	45	70,2	78,4	74,2	82,1
Espérance de vie sans handicap majeur			72,6		75,1	
Mortalité infantile	150 ‰		15,5 ‰		5 ‰	

TABLEAU II. *Comparaisons dans l'Union Européenne des morts violentes chez les jeunes de 15- 24 ans par sexe en taux pour 100 000 (source : Annuaire de statistiques sanitaires mondiales, OMS, Genève, 1995).*

	1993		1994		1992		1992		1993		1994	
	France		Allemagne		Italie		Espagne		Suède		R.-U.	
	H	F	H	F	H	F	H	F	H	F	H	F
Morts violentes : accidents*, suicides, homicides, autres morts violentes	80,1	23	64,8	17,6	71,9	14,9	77,5	18,9	43	17,3	48	12
* Accidents thérapeutiques non inclus.												

suicides). La tranche d'âge 15-24 ans est la plus défavorable. Chez les garçons, le taux de suicides est dans cette tranche d'âge le plus élevé de la Communauté Européenne comme le taux des décès dus aux accidents et suicides qui est le double de celui observé en Grande-Bretagne et en Suède (tableau II). Cette situation défavorable a débuté de 1965 au début des années 70. Dès l'âge de 10 ans, la fréquence des accidents graves en France est la plus élevée des pays industrialisés (tableau III). Or, bien que ces données aient été maintes fois publiées, la majorité du public continue à croire que les menaces pour la santé proviennent des autres (la pollution, la moins bonne qualité des aliments, etc.), et sous-estime le poids du mode de vie (les risques choisis). Les campagnes d'information ne parviennent d'ailleurs que lentement à faire évoluer les habitudes nocives. Le tableau IV indique les causes de décès soit en considérant les maladies, soit les causes de ces maladies, notamment les différents facteurs de risque choisis (alcool, tabac, accidents) ou imposés (pollution, épidémies, maladies infectieuses). Près des deux tiers des décès prématurés chez l'homme (survenus avant 65 ans) sont potentiellement évitables car ils sont dus aux comportements (accidents, tabac, alcool, obésité, sédentarité). En regard, les effets de l'environnement sur la santé (pollution, etc.) apparaissent très limités (tableaux IV et V). Le tableau VI indique que la moitié des cancers sont dus aux comportements. Le calcul du nombre d'années potentielles de vie perdues (par exemple pour les hommes dont l'espérance de vie est de 74 ans, un décès à 50 ans entraîne la perte de 24 années de vie) permet de comparer les différents facteurs de risques (tableau V). Le tableau V corrobore les tableaux IV et VI : environ la moitié des années de vie perdues sont dues aux comportements c'est-à-dire aux facteurs de risques acceptés. De plus, ceux-ci pénalisent les hommes appartenant aux milieux les plus défavorisés, ils aggravent les inégalités sociales.

Ces quelques données épidémiologiques montrent à quel point les données sanitaires sont mal connues du public : celui-ci croit que la santé a été altérée par les conséquences des activités technologiques alors qu'elle n'a jamais été meilleure. L'immense majorité des effets nuisibles sur la santé sont, chez les hommes français, liés aux comportements et non au milieu dans lequel ils vivent. Or, on pourrait agir sur ces comportements si l'on acceptait d'y consacrer les efforts nécessaires ; c'est pourquoi il peut être intéressant d'étudier les blocages psychologiques constatés dans ce domaine.

Tandis que des risques relativement minimes font évoluer les comportements quand ceux-ci ne sont pas ancrés dans la personnalité de l'individu (changer de marque de yaourt, remplacer la viande par du poulet), des risques même très graves (accident de la route, cancer du poumon) sont relativement de peu de poids quand ils se heurtent à l'attrait de satisfactions immédiates ou à des addictions. Les facteurs de risques les plus graves s'accompagnent de sensations agréables (alcool, tabac) ou d'une exaltation de l'ego (vitesse) et sont associés au déclenchement du mécanisme cérébral de récompense.

Cependant, l'opposition entre risques choisis et subis doit être nuancée. L'usage du tabac et celui de l'alcool ne sont pas choisis librement par les adolescents. Ceux-ci sont soumis à une pression sociale (les parents, la famille, les copains, la publicité, la télévision). De plus, l'analyse de l'attitude des individus face aux risques illustre l'influence du mimétisme et de facteurs sociaux

TABLEAU III. *Ecoliers : traumatismes durant l'année (source : Rapport HCSP, « La Santé des jeunes », 1997).*

	11 ans	**13 ans**	**15 ans**
France	43 %	47 %	45 %
Belgique	37 %	32 %	39 %
Autriche	33 %	37 %	35 %
Danemark	25 %	30 %	31 %
Suède	13 %	16 %	25 %

TABLEAU IV. *Décès hommes, 1996 (en %). D'après Rapport HCSP 1998.*

	Décès	**Prématurés (avant 65 ans)**	**Décès dus aux comportements**
Cancers	90 000 (32 %)	28 000 (35 %)	Tabac 60 000 (21 %)
Cardiovasculaires	79 500 (29 %)	12 500 (16 %)	Alcool 35 000 (13 %)
Morts violentes	26 000 (10 %)	16 300 (21 %)	Accidents 25 000 (9 %)
Maladies respiratoires	22 000 (8 %)		TOTAL : 120 000 (42 %) *Entre 25 et 65 ans : 55 % des décès dus aux comportements*
Maladies digestives	14 000 (5 %)		Pollution ≈ 3 000 (1 %)
TOTAL	276 000 (100 %)	80 000 (100 %)	276 000

non rationnels : la puissance de l'imaginaire, des représentations, de l'inconscient collectif. Si, avec le recul, j'analyse mon comportement quand j'avais entre 20 et 25 ans, entre 1940 et 1945, je prends conscience qu'au risque évident, omniprésent, symbolisé par les uniformes étrangers croisés dans les rues, s'opposait des sentiments beaucoup plus intenses : ne pas être spectateur mais acteur, la peur de paraître « planqué » ou lâche, le besoin d'être considéré, le prestige associé à la résistance, surtout si l'on vivait dans un groupe où la radio de Londres était écoutée régulièrement et religieusement. Toutes les civilisations ont d'ailleurs valorisé et donné en exemple celui qui brave le danger, qu'il soit guerrier, chasseur ou coureur automobile.

Pour lutter contre les comportements nocifs, il faut donc comprendre les mécanismes qui conduisent un jeune à les adopter, à rechercher le risque, à être violent contre les autres, voire contre lui-même (suicide).

Rôle des représentations

Il ne faut pas confondre la rationalité dans la prise de décision avec la rationalisation a posteriori d'une décision émotive. Les attitudes devant les risques illustrent la puissance des images, des représentations, donc des facteurs subjectifs. Comparons les *rayons UV du soleil* et les *rayons X*. Les UV solaires provoquent des cancers de la peau ; la plupart de ceux-ci sont relativement bénins et peuvent être traités efficacement. Il n'en est pas de même pour les mélanomes, il en survient 4 000 en France par an dont un peu moins de la moitié sont mortels. Leur fréquence a augmenté rapidement au cours de ces dernières décennies (chez les hommes entre 1990 et 1995, la mortalité a augmenté de 10 % globalement mais de 17 % entre 25 et 45 ans) en raison des bains de soleil et du prestige associé à un teint bronzé. Il serait facile de les prévenir en évitant les coups de soleil et les expositions prolongées surtout pendant la petite enfance et l'adolescence. Les campagnes lancées en France à ce sujet ont eu des résultats décevants. Néanmoins en Australie, où ces cancers sont très fréquents, des campagnes poursuivies pendant une vingtaine d'années ont fini par faire adopter par la population les précautions essentielles (port d'un chapeau, chemisette...). En Europe, malgré les avertissements, le public continue à s'exposer au soleil et l'angoisse, déterminée par la crainte de ces cancers, s'est focalisée sur le trou d'ozone dont l'importance a pris un caractère mythique alors que sa contribution relative à la quantité d'UV reçue est minime. En fait, le soleil conserve une image positive en raison de son association avec les vacances, la mer, la montagne, etc. Sa nocivité n'est pas intégrée dans les mentalités.

Pour les rayons X et la radioactivité, le phénomène est inverse. Jusqu'en 1939, le public et certains médecins attribuaient à la radioactivité des propriétés quasi miraculeuses : elle était ressentie comme source de vigueur et de santé, alors que l'on savait que les rayonnements ionisants avaient causé quelques centaines de leucémies et de cancers chez les médecins et les physiciens. Les eaux minérales se vantaient de leur teneur en corps radioactifs, l'une des crèmes de beauté les plus vendues en France, Tho-Radia, axait sa publicité sur sa teneur en radium et en thorium. Inversement, à partir du

TABLEAU V. *Années potentielles de vie perdues (homme) à cause des comportements.*

En pourcentage		**En années**	
Cancers dus au tabac + alcool	10	Accidents de la circulation	500 000
Maladies cardio-vasculaires (tabac)	4	Tabac	700 000
Cirrhose + psychose (alcool)	5	Tabagisme passif*	45 000
Accidents	12	Pollution atmosphérique*	15 000
Suicides	12		
Sida	5		
TOTAL COMPORTEMENTS *(d'après HCSP)*	48		
* Estimations peu précises.			

L'évaluation des années potentielles de vie perdues à cause du tabagisme passif et à cause de la pollution atmosphérique n'avait pas été effectuée par le HCSP. Celle concernant le tabagisme passif est fondée sur le rapport de l'Académie de Médecine sur le tabagisme passif (1997) et celle sur la pollution sur le rapport de l'Académie des Sciences – Cadas sur la pollution atmosphérique (1999).

milieu des années 50, quand la violence de la guerre froide et les explosions atomiques expérimentales de la bombe H firent craindre un holocauste atomique, la radioactivité devint le symbole du mal et toute irradiation, même extrêmement faible, fut redoutée, d'autant que les campagnes organisées par Staline (Mouvement de la Paix et Appel de Stockholm), pour bloquer l'effort occidental d'armement, étaient centrées sur les risques sanitaires des rayonnements et la diabolisation du nucléaire.

Les effets cancérigènes des rayonnements ont été mesurés à doses élevées. Chez les 250 000 survivants d'Hiroshima et Nagasaki, les irradiations ont provoqué environ 800 cancers ; cependant, aucune augmentation de la fréquence des cancers n'a été détectée chez ceux qui avaient reçu des doses inférieures à 200 mSv. Pour ces doses, le risque est putatif (virtual risk d'Adams), il est évalué par une extrapolation fondée sur une relation dose-effet linéaire dont la validité a été mise en question au cours de ces dernières années. Ce type d'extrapolation est utilisé pour estimer le risque des rayonnements ou des faibles concentrations de produits chimiques ou d'agents cancérogènes, pour des raisons de commodité administrative et aussi par prudence car en privilégiant le modèle le plus pessimiste, on évite toute critique ([1]). Or, selon le type d'extrapolation utilisé pour l'évaluer, un risque putatif peut varier de 1 à 10 ou même davantage, ce qui souligne l'influence des facteurs subjectifs dans l'estimation de ces risques.

Pour les faibles doses de rayonnements, le risque réel est donc situé entre deux limites : zéro, si les faibles doses (moins de 100 mSv) ne sont pas cancérigènes, et une limite supérieure calculée par l'extrapolation linéaire. Le tableau VII indique les diminutions de ce risque virtuel qui pourraient être obtenues par une politique très active : interdiction ou reconstruction des maisons à haute teneur en radon (par exemple, celles bâties sur un sol granitique ou avec des matériaux granitiques...), amélioration des techniques radiologiques, diminution de l'usage de l'énergie nucléaire. Cette dernière action ne diminuerait que de moins de 1 % l'irradiation des populations et ses conséquences éventuelles ; c'est cependant sur elle que l'attention est focalisée, ce qui montre le rôle prédominant des représentations.

Celles-ci génèrent une angoisse qui peut avoir de graves conséquences psychologiques et entraîne une distorsion des nouvelles. Ainsi, en janvier 1997, un article scientifique (Pobel et Viel) évoquait un accroissement de la fréquence

([1]) Il est intéressant, à cet égard, de citer in extenso le texte du premier rapport de la Commission Internationale de Protection contre les Radiations mentionnant ce modèle :

« Le mécanisme de l'induction de la leucémie et d'autres affections malignes par les rayonnements n'est pas connu. Jusqu'à présent cette induction a été nettement établie pour des doses supérieures à 100 rads, mais l'on ignore s'il existe une dose seuil au-dessous de laquelle aucune affection maligne ne serait produite. Si une telle dose seuil existait, il n'y aurait aucun risque d'induction d'une affection maligne aussi longtemps que le seuil ne serait pas dépassé. L'existence d'une dose seuil étant incertaine, on a admis que même les doses les plus faibles présentent un risque, proportionnellement faible, d'induction d'affections malignes. De plus, en raison du manque de connaissances sur la nature de la relation dose-effet dans l'induction des affections malignes chez l'homme – en particulier aux niveaux de dose que l'on rencontre en protection radiologique – la Commission ne voit pas, pour la protection contre les rayonnements, d'autre solution pratique que d'admettre une relation linéaire entre la dose et l'effet ainsi qu'une action cumulative des doses. La Commission sait que les hypothèses d'une absence de seuil et d'une complète additivité de toutes les doses sont peut-être inexactes, mais elle estime satisfaisant qu'elles ne puissent pas conduire à une sous-estimation des risques. On ne dispose pas, actuellement, de données qui permettraient d'adopter une autre hypothèse » (*ICRP Report* 9-1965).

Ce qui était au départ une simplification destinée à faciliter la tâche des responsables de la radioprotection et à accroître le marge de sécurité est ainsi devenu un postulat puis un dogme qui a donné naissance au principe ALARA *(as low as reasonably achievable)*. Ce principe, en codifiant l'idée que toute dose si faible fût-elle est dangereuse et que c'est simplement pour des raisons économiques qu'on ne fait pas d'effort supplémentaire, a été une arme d'une prodigieuse efficacité entre les mains de ceux qui, pour des raisons politiques, émotives ou de concurrence économique, combattaient l'énergie atomique.

TABLEAU VI. *Causes de décès par cancer (Harvard Report Cancer Prevention, 1996).*

Tabac	30 %	Comportements > 50 %
Alimentaire	30 %	
Vie sédentaire	5 %	
Alcool	3 %	
Soleil et radiations ionisantes	2 %	
Infections chroniques	5 %	
Vie sexuelle	5 %	
Niveau socioéconomique	3 %	
Médicaments	1 %	
Sel et additifs alimentaires	1 %	Total pollution 2 à 2,5 %
Pollution	2 %	

A partir du Harvard Report on Cancer Prevention (CIRC), on peut calculer la proportion des cancers attribuables aux comportements : ceux causés par le tabac et l'alcool, la moitié de ceux dus à l'alimentation et au soleil, soit plus de 50 %. Les chiffres du tableau sont fondés sur des enquêtes américaines ; les chiffres en France sont voisins sauf pour le tabac (légèrement plus faible) et l'alcool (nettement plus haut).

TABLEAU VII. *Effets cancérigènes des rayonnements ionisants.*

Risques virtuels dus aux rayonnements ionisants	**Mortalité virtuelle par cancer**
• Irradiation naturelle : dose 2,5 mSv/an	0-6 000
Réduction potentielle (maisons à haute concentration radon)	0-600
• Irradiation médicale : dose 1 mSv/an	0-2 500
Réduction potentielle (meilleure technique, appareillage moderne)	0-800
• Énergie nucléaire + déchets : dose 0,015 mSv/an	0-25
Réduction potentielle ?	0-10 ?

Les limites supérieures du risque sont calculées à partir des données de l'ICRP en admettant l'existence d'un seuil à 20 mSv/an. La réduction potentielle est calculée à partir des données discutées dans le colloque « Les avancées de la radiologie médicale et ses contraintes ». Concours médical, *suppl. 35, 26 oct. 1996.*

des leucémies autour du centre de retraitement atomique de La Hague et l'attribuait à la consommation de fruits de mer et aux baignades, bien que la dose reçue ait été minime, très inférieure à celle liée aux variations de la dose naturelle d'une région à l'autre de la France et de l'ordre de grandeur du supplément de dose reçu pendant les vacances aux sports d'hiver. Cet article, malgré les réserves immédiates des statisticiens, a suscité une immense émotion : 506 émissions télévisées ou radiophoniques et articles de presse lui ont été consacrés et elle a eu des retentissements économiques graves dans le Cotentin. La commission créée par le gouvernement réclama un complément d'enquête. En octobre 1997, un communiqué conjoint des Ministres de l'Environnement et de la Santé annonçait, après études complémentaires, que l'excès n'était pas significatif. Ceci fut confirmé en octobre 1998 après une année supplémentaire d'enquête. Un silence médiatique quasi total entoura ces deux communiqués. Les nouvelles alarmantes avaient été reprises par les médias, les démentis rassurants furent ignorés. Est-ce la volonté de nuire à l'image du nucléaire qui est à l'origine de cette distorsion de l'information ? Ou, plus simplement, le fait que le public ne s'intéresse qu'aux nouvelles qui vont dans le sens de ses inquiétudes et de ses fantasmes et accorde peu d'attention à ce qui rassure ?

Inconvénients d'une surestimation des risques : la nuisible quête du risque zéro

La surestimation des risques putatifs peut avoir des conséquences nuisibles pour la santé, par exemple quand la distorsion des risques perçus fait prendre des décisions injustifiées. Un exemple est celui des vaccinations. Presque tous les vaccins entraînent des risques, en général minimes par rapport à leurs bénéfices. Mais la focalisation de l'opinion sur ces risques hypothétiques peut, en raison d'une mauvaise utilisation du principe de précaution, faire renoncer à la vaccination, donc causer une augmentation de la fréquence de la maladie, occasionnant des décès qui ne seraient pas survenus si les sujets avaient été vaccinés. En vaccinant tous les jeunes d'une classe d'âge (800 000), on peut espérer éviter environ 10 000 cas d'hépatites B. Parmi celles-ci, 1 000 évolueraient vers une infection chronique (causant quelques centaines de cirrhoses) et une centaine de décès seraient causés par hépatite fulminante, cirrhose du foie ou cancer du foie, alors que si la vaccination était effectivement nocive (ce qui n'est pas certain), on éviterait au maximum 1 ou 2 cas de sclérose en plaques en la supprimant. Mais comme le disait *Le Canard enchaîné* (octobre 1998) : « entre deux ou trois victimes bruyantes et quelques centaines muettes et inconnues », la partie n'est pas égale, d'autant que les victimes inconnues appartiendraient surtout à des

TABLEAU VIII. *Coûts comparés d'une année de vie préservée.*

• Prévention ou sevrage Alcool Tabac	5 000 à 20 000 F
• Soins médicaux (USA) Maladies cardiovasculaires Cancers	 100 000 F 250 000 F
• Prévention accidents automobiles	200 000 à 400 000 F
• Agents toxiques environnement (USA)	$ 50 000 000 (500 000 F à 5 MdsF)

Le coût réel peut être plus élevé (surestimation vraisemblable du nombre de morts attribué aux faibles concentrations d'agents toxiques).

Aux USA, à coût constant, on a calculé qu'on pourrait épargner 60 000 vies par meilleure allocation des ressources (morts statistiques).

milieux défavorisés, puisque c'est chez ceux-ci que le risque de contamination est le plus grand et la vaccination la plus utile.

Pour d'autres produits tel le DDT, un risque virtuel, non confirmé par des études médicales et toxicologiques, a fait renoncer à son emploi au profit d'insecticides moins puissants et surtout plus coûteux. Il en est résulté, dans les pays du tiers monde, une recrudescence du paludisme, qui est redevenu, à l'échelle du monde, le premier fléau sanitaire. De même, l'interdiction d'un produit fumigatoire pour éviter la contamination par champignons des grains entreposés dans des silos favorise la présence de mycotoxines beaucoup plus dangereuses que les fungicides, qui sont dépourvus de toxicité aux concentrations utilisées. On pourrait multiplier les exemples de ce type.

Il est instructif, à cet égard, de comparer les sommes dépensées par année de vie potentielle épargnée dans différents domaines. Elles varient entre 5 000 francs par an et plusieurs dizaines de milliards (tableau VIII). Cette disparité est encore aggravée par la recherche du risque zéro en raison de la loi classique du rendement décroissant (tableau IX). Vouloir purifier au maximum l'eau potable en augmenterait excessivement le coût au risque de nuire à la santé, car on restreindrait son usage pour l'hygiène corporelle. S. Breyer rapporte qu'aux Etats-Unis on a renoncé à imposer dans les avions des sièges spéciaux pour les enfants qui auraient diminué les risques en cas d'accident, mais qui, du fait de l'augmentation du coût du voyage des enfants, auraient fait préférer d'autres transports (la route) plus dangereux. On aurait ainsi augmenté le nombre de morts dus aux transports en raison de l'effet pervers provoqué

TABLEAU IX. *Loi du rendement décroissant. Exemple : purification de l'eau (polluant chimique ou microbiologique).*

	Nombre d'effets évités	Coût
Eliminer 90 % de polluant	90	1
Eliminer 99 %	9	100
Eliminer 99,9 %	(?) 0,9	10 000

La vie gagnée supplémentaire par l'élimination de 99,9 au lieu de 99 suppose l'existence d'une relation linéaire sans seuil, ce qui est très hypothétique. Noter par ailleurs la possibilité d'effets pervers par augmentation du coût au-delà de certaines limites : moindre utilisation de l'eau pour l'hygiène.

par l'augmentation des coûts. Breyer a analysé comment se développe le cercle vicieux qui conduit à accorder toujours plus de crédits et d'efforts à la lutte contre des risques hypothétiques : les inquiétudes du public attisées par certains groupes conduisent les experts et les autorités administratives à calculer les risques avec des méthodes très pessimistes, partant du principe qu'il vaut mieux se tromper en surestimant le risque qu'en le sous-estimant (voir schéma).

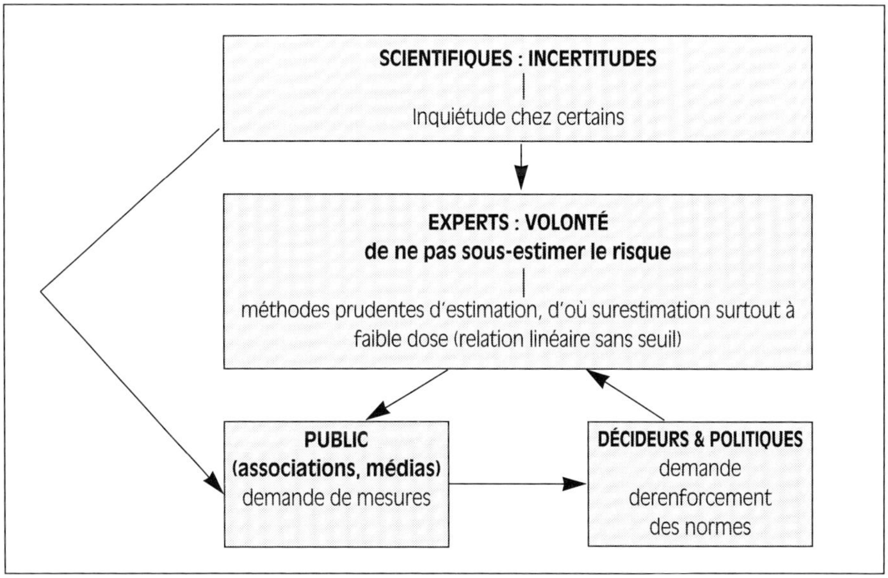

L'incertitude scientifique (soit qu'il s'agisse d'un agent dont l'effet est incertain [EBS] ou du risque putatif calculé pour des faibles doses d'un agent cancérogène) provoque une inquiétude dans le public et par prudence une estimation par excès du risque de la part des experts. Celle-ci alimente l'inquiétude du public et provoque un renforcement des normes sous la pression des hommes politiques – d'où un cercle vicieux.

De ce fait, dans un tel cas, les normes sont prudentes. Mais le public ne s'en rend pas compte et voit au contraire dans ces normes sévères la justification de ses craintes... et donc les médias réclament leur durcissement. Certains hommes politiques et administrateurs vont, dès lors, pour satisfaire l'opinion, œuvrer pour durcir les normes, ce qui accroît les dépenses et renforce encore les craintes. Et ainsi le cercle vicieux s'auto-entretient.

Or les moyens financiers disponibles pour améliorer l'état sanitaire et l'environnement sont limités, même dans les pays les plus riches. Leur utilisation dans des domaines où leur efficacité est faible obère des actions plus efficaces car le poids des dépenses pour l'environnement et la santé ne peut pas croître indéfiniment. Pour l'industrie ou l'agriculture, les réglementations de plus en plus sévères entraînent une hausse des charges, d'où risque de mévente et de chômage. Ainsi l'inflation des dépenses dans un secteur aboutit à une limitation dans un autre (éducation, formation). Aux Etats-Unis, l'ensemble des dépenses pour l'environnement atteint environ 200 milliards de dollars ; on y a calculé l'effet pervers d'une mauvaise allocation des dépenses sanitaires et environnementales : sans variation des dépenses globales mais en réorientant celles-ci, on sauverait, chaque année, 60 000 vies (ou 600 000 années de vie).

En France, qui est l'un des pays qui dépense le plus pour sa santé (environ 800 milliards par an dont 620 provenant de la Sécurité Sociale), un réexamen de l'allocation des dépenses pourrait avoir un effet plus bénéfique encore. Voici quelques exemples d'actions efficaces et relativement peu coûteuses non pratiquées faute de moyens budgétaires.

- *Education des parents* (lutte contre le tabagisme et l'alcoolisme des femmes enceintes et prévention du tabagisme passif des nouveau-nés).

Dépense actuelle = 0	Besoins = 100 MF.
Coût sanitaire	> 200 décès par an.
Coût vie épargnée	≈ 500 000 F.
Coût par année de vie gagnée	≈ 35 000F.

- *Sevrage tabagique.*

Coût moyen sevrage réussi	≈ 2 500 F.
Coût organisation du sevrage en France	100 MF.
Nombre arrêts espérés	50 000 par an.
Coût par année de vie gagnée	< 500 F

• *Suicide* en France chez les 15-25 ans.

20 000 tentatives.

1 000 suicides.

Le suivi médical et social de tous les « suicidaires » coûterait environ 100 MF. Si le nombre de suicides était réduit de 20 % (200 suicides évités) : le coût serait de 500 000 F par vie épargnée, soit 25 000 F par année de vie gagnée.

Ces chiffres ne sont qu'indicatifs, mais ces approximations suffisent à illustrer l'irrationalité des allocations budgétaires. En regard, indiquons qu'on a estimé à environ 50 milliards de francs par an les dépenses pour l'environnement en France. Certes, la rationalité économique n'est pas le seul facteur qui doive être considéré car il faut tenir compte de l'imaginaire, des représentations, des peurs individuelles et collectives. Néanmoins, ce poids de la subjectivité ne doit pas faire oublier la possibilité d'une rationalisation ; il montre simplement qu'il faut agir sur deux fronts : d'une part évaluer aussi objectivement que possible le coût et les avantages de toute nouvelle mesure ou réglementation, d'autre part faire évoluer les représentations, ce qui est possible mais ne peut se faire qu'au prix d'actions persévérantes et prolongées sur plusieurs décennies. Il est facile d'inquiéter mais difficile de rassurer.

L'exemple de la médecine. Coût et avantage. Hiérarchisation des risques

L'exemple de la médecine montre qu'une rationalisation des décisions, quoique difficile, est possible. Depuis Hippocrate, les traitements sont choisis en fonction de leurs avantages et de leurs inconvénients. Mais c'est à partir du moment où l'on a pu quantifier ceux-ci que la médecine a rapidement progressé. Et cette quantification, de plus, a rendu les décisions consensuelles car objectivement fondées. D'ailleurs, les médecins ne soignent pas les membres de leur famille de crainte d'être influencés par les facteurs subjectifs. Céder à l'émotion pourrait faire renoncer à la rationalisation des choix qui a été depuis trois siècles à l'origine du progrès médical.

Le précepte fondamental « Primum non nocere » ne signifie pas abstention mais recherche du meilleur compromis : « Entre deux maux choisir le moindre », dit l'adage populaire. Le consensus est parfois difficile à obtenir ; entre médecins les controverses peuvent être violentes ; mais, sous le poids des données, elles cessent. La clé du progrès n'a pas été la prudence dans tous les azimuts, mais la recherche, la hiérarchisation des risques et l'estimation du coût (social et financier) et des avantages de chacun des actes envisagés, puis la dissémination des connaissances. Ceci permet d'informer objectivement le malade et facilite éventuellement son choix et son accord sur l'attitude thérapeutique. Cependant, la médecine nous apprend la lenteur avec laquelle évoluent les prescriptions médicales en raison du conservatisme qui freine toute innovation. Pour faire changer les attitudes des médecins, même quand un nouveau traitement est nettement supérieur à l'ancien, un long effort est nécessaire. Une information unique est inefficace, il faut la répéter.

De plus, l'analyse de la situation médicale montre le rôle essentiel des relations entre le médecin et le malade. Si ce dernier a confiance en son médecin, si une confiance, une sympathie se sont instaurées entre eux, non seulement le malade accepte plus facilement le traitement même mutilant, mais les effets des traitements seront meilleurs. Une analyse objective des faits montre ainsi l'importance des facteurs subjectifs ; il ne suffit pas de faire appel à la raison, il faut tenir compte des réactions émotives. Or le dialogue, l'impression ressentie par les malades d'être traités en partenaires et non en sujets ou en enfants facilitent l'acceptation d'un traitement même pénible et aident à le supporter.

En conclusion, même dans le domaine de la santé, les comportements ne sont pas dictés par des faits mais par des représentations. Cependant, une information persévérante et longtemps poursuivie peut faire évoluer celles-ci, donc les comportements. Plusieurs exemples, ceux du tabac en France, des bains de soleil en Australie, montrent que, contrairement au dire des sceptiques, ceci est possible ; mais il faut être patient. L'efficacité d'une politique sanitaire et d'une communication se juge sur le long terme, l'unité de temps doit être la décennie et non le mois. Nous observons, aujourd'hui, les résultats des campagnes qui ont commencé entre 1955 et 1973 contre le nucléaire et entre 1975 et 1990 contre le tabac. La réglementation a un rôle bénéfique quand elle est comprise et acceptée, mais quand elle devient exagérément sévère, quand elle contraint plus qu'il n'est utile, elle perd en crédibilité et en efficacité. Le principe de précaution poussé à l'extrême est non seulement un frein au progrès, mais aussi la source d'un discrédit intellectuel et moral pour ceux qui le brandissent. Le risque zéro est un mythe fallacieux et nocif qui ralentit plus qu'il n'accélère la réduction des risques.

Inversement, le dialogue, la confiance aident à une appréciation objective des risques qui est indispensable pour toute action. Il ne faut pas affirmer mais associer une information factuelle s'adressant à la raison et une action visant à rétablir une confiance mutuelle et faire évoluer les représentations.

BIBLIOGRAPHIE

Académie des Sciences. – *Problems associated with the effects of low doses of ionizing radiation* (Report n° 34, 1995. Translated into English 1997).

Adams J. – *A Richter Scale for Risk ? The scientific Management of Uncertainty versus the Management of Scientific Uncertainty*, p 93-111. In *Science and Technology Awareness in Europe : New Insights* (Maria Vitale Ed.), European Communities, Bruxelles, 1998.

Adams J. – *Risk,* UCL Press, London, 1995.

Arrow K.J. – Cropper M.L., Eads G.C., et al., Is there a role for benefit – cost analysis in environmental, health and safety regulations. *Science,* 1996, 272 : 221-222.

Breyer S. – *Breaking the vicious circle : towards effective risk regulation,* Harvard University Press (Cambridge, Mass., USA), 1993.

Challenges in Risk Assessment and Risk Management. – *The Annals of the American Academy of Political and Social Science*, May 1996.

Committee on Medical Aspects of Radiation in the Environnement (COMARE). – *The incidence of cancer and leukaemia in young people in the vicinity of the Sellafiels site, west Cumbria : Further studies and an update of the situation since the publication of the report of the Black Advisory Group in 1984 : Fourth report*, Department of Health, 1996.

Dousset M. – Cancer mortality around La Hague nuclear facilities, *Health Phys.* 1989 ; 56 : 875-84.

Hatchouel J.-M., Laplanche A. Hill C. – Leukaemia mortality around French nuclear sites. *Br J. Cancer,* 1995 ; 71 : 3.

Hill C, Laplanche A. – Overall mortality and cancer mortality around French nuclear sites, *Nature,* 1990 ; 347 : 755-757.

Institut Européen de Cindyniques. – *Risque, santé, environnement : la place de l'outil économique dans les transactions sociales,* Cahiers du Groupe Epistémologie des Cindyniques.

Jablon S, Hrubec Z, Boice J.D. – Cancer in population living near nuclear facilities. A survey of mortality nation wide and incidence in two states, *J. Am. Med. Assoc.,* 1991 ; 265 : 1403-1408.

La Santé en France. Rapport Haut Comité Santé Publique, 1998.

La Santé des jeunes. Rapport Haut Comité Santé Publique, 1997.

LE BRETON D. – *Sociologie du risque*, coll. « Que sais-je ? », PUF, Paris, 1995.

POBEL D., VIEL J.-F. – Case-control study of leukaemia among young people near La Hague nuclear reprocessing plant : the environmental hypothesis revisited, *Bristish Medical Journal*, 1997 ; 71 : 1-5.

Rapport du Comité Scientifique pour une nouvelle étude épidémiologique des leucémies dans le Nord Cotentin (président Ch. Souleau), juillet 1997.

Risques et choix politiques, évaluation économique et sociale, Annales des Mines, p. 31, 69, octobre 1996.

Risk : analysis, perception and management, Report of a Royal Society Study, London, The Royal Society, 1992.

SPIRA A. – *Rayonnements ionisants et santé,* INSERM, juillet 1998.

TUBIANA M., PÉLICIER Y. – *Colloque sur les implications psychosociologiques du développement de l'industrie nucléaire*, SFEN Edit., Paris 1977.

TUBIANA M. – Health risks data and perceptions, p. 113-123 in *Science and Technology Awareness in Europe : New Insights* (Maria Vitale Ed.), European Communities, Bruxelles, 1998.

TUBIANA M. – *L'Education et la vie,* Odile Jacob, Paris, 1999.

SUMMARY

In medicine, we know how to measure the cost of each major risk (in terms of the number of years of life lost) and the impact that the perspective of the risk has on lifestyle. Life expectancy, which is determined by taking into account all types of risk, has lengthened in France over one century from 44 years to 78 years and continues to grow by 2 months per year. The life expectancy of French women is the longest in the world. Nevertheless, a majority of the public believes that the modern environment is a threat to good health. In men between the ages of 15 and 24, accidents and suicides are the principal causes of mortality, and their incidence is twice as high in France as in Great Britain or Sweden. Between the ages of 30 and 65, smoking and alcohol are responsible for approximately 60% of deaths and half of the cancers in men. Pollution accounts for about 2% of cancers while around 50% of these are linked to individual behavior.

It seems that adolescents are not only indifferent to risk, but that some are even fascinated by it. As for adults, the knowledge of individual risks appears to have little influence on behavior. Pervasive fears in society play a major role in public beliefs and in the perception of risk. This can be illustrated by the contradiction observed in the comparison between the ultraviolet rays of the sun, that cause about 2,000 cancers per year, and ionizing radiation, whose use arouses great fear although its risks in radiology and industry are quite small.

The overestimation of risk may have detrimental effects such as encouraging people to refuse certain actions (vaccinations) or products (DDT) which are useful and whose dangers are undetectable or extremely low at the doses or concentrations present in the environment. When a product is feared, the public's concerns can lead experts to use overly cautious methods in the evaluation of risks. This results in the creation of very strict regulations which themselves reinforce the original fears and can lead to calls for further measures. This vicious circle breeds regulations whose cost/benefit ratio can be very poor ; it may also create an imbalance in the allocation of funds which could penalize protective measures for other risks that are just as great, or greater, but receive less media attention.

A triple effort is necessary : risks must be quantified and graded with the maximum of objectivity and precision ; the cost and benefits of each measure must be evaluated rigorously ; and we must gain a better understanding of how the dynamic of fear works in the public consciousness.

The example of medicine shows that this is difficult but possible. The great effectiveness of modern medicine, which is not in dispute in spite of recent scandals that have underlined the insufficiency of training in public health, is founded on the evaluation of risks, the advantages that can be derived from a medical act, and on the acceptance of calculated risks since zero risk is an illusory objective.

LE RISQUE DANS LA SOCIÉTÉ CONTEMPORAINE

François Ewald

Professeur au Conservatoire National des Arts et Métiers

Le risque occupe, dans les sociétés contemporaines, une place remarquable. Il est partout : dans le monde économique, où il qualifie la figure de l'entrepreneur, dans le monde financier, où on l'identifie à la grande menace du krach, dans le monde social, où les institutions d'assurances privées ou sociales sont occupées à sa couverture, dans le monde juridique, où il sert à traquer les responsabilités, dans le monde moral, où l'on se plaint d'une société d'assistés, dans le monde médical, sous la forme de l'insaisissable aléa thérapeutique, dans le monde militaire, qui a imaginé la stratégie du « zéro risque ». Il est aussi dans la nature sous la forme de grandes menaces écologiques ; il est encore dans la recherche scientifique, où on cherche à le maîtriser sous la forme de l'éthique, comme dans le développement technologique et ses applications industrielles dont on redoute de plus en plus la volonté de puissance.

Ubiquité du risque devenu une sorte de mot-valise qui sert à désigner tout type d'événement, individuel ou collectif, mineur ou catastrophique, le risque s'annonce comme la forme moderne de l'événement, la manière dont, dans nos sociétés, nous réfléchissons ce qui fait problème, ce qui nous inquiète. Le risque est le point singulier où la société contemporaine se problématise, s'analyse, cherche ses valeurs et peut-être reconnaît ses limites.

Cette utilisation systématique et proliférante de la notion de risque est récente. La notion fait son apparition dans la culture occidentale à la fin du moyen âge pour désigner l'objet d'un contrat d'assurance. Elle y restera confinée un long moment. Il faut en effet attendre la fin du XIXe siècle et le traitement de la question des accidents du travail pour que la notion prenne un plein statut juridique avec la catégorie du « risque professionnel », bientôt étendue à celle de « risque social ». Et ce n'est que dans les années 70, sans doute portée par la revendication écologiste que la notion prendra l'extension qu'on lui connaît maintenant, où certains, comme Ulrich Beck, vont jusqu'à parler d'une « société du risque (1) ». Cette prolifération constitue elle-même un événement qu'il peut être intéressant d'analyser. A travers l'usage contemporain de la notion de risque que fait-on comme « expérience » au sens philosophique du terme ? Quelle forme d'expérience de nous-mêmes faisons-nous lorsque nous nous mettons, nous-mêmes et nos actions, en question sous la forme du risque ?

Je voudrais aborder trois formes de cette expérience : la forme morale, la forme sociale et la forme juridique.

1. Le risque comme expérience morale

Le risque, dans notre société, est à la source des valeurs morales. C'est la première chose qui s'offre quand on parle de risque : le risque est au principe de la valeur de nos valeurs.

Chacun se souvient de cet épisode de *La Fureur de vivre* où James Dean provoque son adversaire dans un défi mortel où le vainqueur sera celui qui sautera le dernier de la voiture lancée à toute allure vers le précipice. On a là une figure à la fois éminente et dérisoire de la valorisation du risque. A travers cet affrontement, où il s'agit de savoir jusqu'où on est prêt à risquer sa vie, l'enjeu est la maîtrise, qui fera la loi, qui posera les valeurs. Comme on sait, cet épisode de *La Fureur de vivre* est la version américaine d'un passage célèbre de la *Phénoménologie de l'Esprit* de Hegel : la dialectique du maître et de l'esclave (2). C'est à travers le risque de sa vie que l'homme prend conscience de lui-même comme d'un homme, celui dont la valeur ne se réduit pas à son existence biologique, celui qui précisément est capable de la risquer pour autre chose. Le monde des valeurs se révèle grâce à la capacité qu'a l'homme de se risquer pour elles. Le risque est du même coup principe de hiérarchie : celui qui prend le risque d'affronter la mort devient le maître de celui qui n'en a pas le courage. L'humanité de l'homme passe par le risque, et, plus précisément, le risque de sa vie. L'animal, lui, est privé du risque. En d'autres mots, ne pas être capable d'affronter le risque, c'est vivre comme une bête.

(1) Ulrich Beck, *Risikogesellschaft, Auf dem Weg in eine andere Moderne,* Suhrkamp, 1986.
(2) G.W.F. Hegel, *Phénoménologie de l'Esprit,* traduction Jean-Pierre Lefebvre, Aubier, 1991, pp.143 sq.

Effectivement, dans notre tradition, la notion de risque est associée à celles de courage, d'héroïsme, à la capacité de mettre sa vie en jeu, de se sacrifier. A travers le risque que je prends se mesure la valeur que j'attache à ce pour quoi j'accepte de prendre le risque : la patrie dans la guerre, la liberté dans la résistance, l'amour dans le sacrifice de mon confort personnel. Ce qui fait la valeur d'une valeur, c'est ce qu'on est prêt à risquer pour elle.

Si le risque est bien un mode de valorisation, il n'a pas, pour autant, une valeur absolue. Si le courage est une vertu, ce n'est pas le cas de la témérité. L'exaltation du risque est susceptible de conduire aux pires abominations, comme le présent siècle a pu le montrer. L'éloge du sacrifice de soi est bien proche d'un fanatisme que l'on peut raisonnablement redouter. Le risque ne peut être une fin en soi. D'ailleurs, dans la dialectique du maître et de l'esclave, Hegel donne raison à l'esclave qui, par le travail, acquerra la véritable maîtrise. A la morale de la prise du risque, il y a une limite qui est la vie. On peut valoriser le risque mais seulement dans la mesure où il est au service de la vie. Le risque fait le prix de la vie, à condition de la conserver. Ainsi l'éthique du risque a-t-elle une limite : servir la vie. Elle n'a pas de valeur absolue. Tous les héroïsmes ne sont pas sains. L'éthique du risque se joue dans l'entre-deux de l'héroïsme exacerbé, pour lequel finalement plus rien n'a de valeur, et le retrait poltron du lâche ou du frileux qui, en toutes circonstances, préfère assurer sa situation quoi qu'il se passe autour de lui. La valeur du risque est dans la mesure, la proportion. Ni trop ni trop peu. La morale du risque est une morale de l'équilibre.

Cette discussion sur la valeur du risque est aujourd'hui présente sous bien des formes. On la retrouve dans le champ politique. C'est ainsi par exemple que Dominique Strauss-Kahn, ministre de l'Economie et des Finances, a pu, en février 1998 à Bruxelles, prononcer un important discours sur l'état spirituel de l'Europe où il s'est inquiété d'une culture européenne qui privilégierait trop la conservation au détriment de l'innovation, la rente sur le risque : « Pas de progrès sans risque (1) ». On a le sentiment diffus d'être entré dans une époque où le risque est plus redouté qu'affronté, ceci condamnant l'esprit d'entreprise. De la même manière on peut s'interroger sur la stratégie de la guerre à zéro risque. Quelle valeur accordons-nous à nos valeurs si nous n'acceptons de les défendre qu'à la condition de ne pas mourir pour elles ?

---

(1) *Cf.* Dominique Strauss-Khan, « Rente et risque », *Risques* n° 36, p. 9.

C'est encore ce débat sur l'éthique du risque qui traverse les sports extrêmes et renaît régulièrement à l'occasion de telle course au large ou de telle expédition en montagne. Le récent épisode des trois randonneurs de la Vanoise illustre l'ambivalence que nous entretenons vis-à-vis du risque : à la fois fascination pour l'aventure et transgression des limites (la « frontière » au sens américain) qui nous empêchent de condamner ceux qui, pourtant, enfreignent les règles de sécurité. Et, d'un autre côté, le sentiment que ceux qui ne respectent pas la règle commune ne méritent pas la protection de la communauté : sont-ils en droit d'attendre que d'autres hommes risquent leur vie pour eux ([1]) ?

2. Le risque comme expérience sociale

C'est le champ de l'assurance. Ici le risque prend la forme d'un événement futur, possible, probable, éventuel, heureux ou malheureux, mais en tout cas redouté pour ses conséquences patrimoniales. Dans ce champ, le risque est toujours virtuel. Pourtant l'assurance lui donne une valeur actuelle, un prix : la prime ou cotisation d'assurance. Ainsi, avec l'assurance, le risque ne quitte pas le monde des valeurs. En effet, le risque dans l'assurance n'est jamais que la mesure d'une valeur. L'assurance, c'est ce qui donne un prix économique au risque, une évaluation monétaire, ce qui est bien une forme d'existence pour une valeur.

Comment fixer le prix du risque ? Deux théories sont disponibles : la première, de nature plutôt psychologique, soutient que le prix du risque se mesure à l'aversion au risque de la personne qui cherche à s'en défaire. Pour cela, il n'est pas besoin de statistique. Le prix du risque, c'est le montant de la prime sur laquelle s'entendront celui qui souhaite le transférer comme celui qui accepte de le porter. C'est ainsi qu'on raconte l'anecdote suivante : le président de la firme Cutty Sark, pour faire la publicité de son whisky, avait offert une forte somme d'argent au premier qui verrait le monstre du Loch Ness. Peut-être une nuit fit-il un cauchemar, eut-il un remords ? Il allait devoir tenir sa folle promesse, ce qui mettrait en péril sa société. Aussi chercha-t-il dare-dare un assureur, quelqu'un sur qui il pourrait transférer le risque qu'il avait si imprudemment pris. Et il trouva – nous sommes au Royaume-Uni – un syndicat des Lloyds avec qui il s'entendit sur une prime.

([1]) *Happy end.* Dans nos sociétés, les grands débats moraux s'achèvent en espèces sonnantes et trébuchantes : le drame fait la une de *Paris Match,* qui a besoin d'autres aventures que celles de Caroline ou Stéphanie de Monaco, et n'hésite pas à rétribuer ses héros. Et, du côté des pouvoirs publics, on songe à ne plus permettre aux aventuriers de partir… sans une police d'assurance qui couvrirait le montant des secours qu'on pourrait être amené à leur porter.

Pour couvrir ce risque on ne peut plus virtuel et exceptionnel, il y a eu un prix ; il y a eu un transfert du risque ; il y a eu assurance sans qu'il soit besoin d'aucune statistique. La notion de risque dans l'assurance n'est pas tant liée à la notion de danger qu'à celle d'espérance ou de crainte. Le risque est la mesure d'une espérance, espérance mathématique qui, selon Pascal (1), correspond au produit de la probabilité de l'événement par sa valeur, espérance morale (ou d'utilité) selon Daniel Bernoulli (2) qui correspond à ce que je suis prêt à payer en plus de ce que je devrais du strict point de vue de l'espérance mathématique pour me débarrasser du risque. Ce « plus » mesurant exactement ce qu'est pour moi la valeur du risque.

Cette vision purement contractuelle de l'assurance correspond, pour reprendre une distinction introduite par Michel Albert, à une vision plus « maritime » que « rhénane » de l'assurance (3). Sur le continent, en France en particulier, on a une vision de l'assurance indexée à la notion de mutualité, c'est-à-dire à l'idée de statistique et de probabilité. C'est que, en France, l'assurance, pour se faire reconnaître, a dû se démarquer du jeu et du pari. Dans cette perspective, le risque correspond à la probabilité qu'un événement arrive à une population. Etant donné la population des automobilistes français, l'état des routes, la nature du parc automobile, il y a actuellement environ 8 000 morts sur les routes. Pour reprendre une expression du grand sociologue Adolphe Quételet, c'est le « budget » que la population française consacre chaque année au fait de circuler en voiture. On peut prévoir que, toutes choses restant égales par ailleurs, d'une année sur l'autre, ce chiffre se maintiendra, à quelques écarts près que l'on peut d'ailleurs calculer. Cela permet de définir la prime automobile moyenne par habitant ou par conducteur. Et l'on est en même temps capable de mesurer les « chances » que tel ou tel individu a de faire partie des 8 000 sacrifiés. Cela dépend de la puissance de la voiture, de l'expérience du conducteur, des lieux où il circule, etc., autant de critères qui servent à fixer la prime individuelle d'assurance automobile. Car chacun ne représente pas le même risque pour le groupe. Certains ont une conduite plus risquée que d'autres. Voilà une autre manière de fixer le prix du risque : il correspond à la plus ou moins grande probabilité d'avoir un sinistre, rapportée à la moyenne. On appelle ce prix le prix équitable.

---

(1) Pascal, « La Règle des Parties », *Œuvres complètes*, Paris, 1954, pp. 75 sq.

(2) Daniel Bernoulli, *De Mensura Sortis*, traduction Nicolas Delaunay et François Bourguignon, *Risques*, n° 31, pp. 123 sq.

(3) Michel Albert, « Le rôle économique et social de l'assurance », *Encyclopédie de l'Assurance*, Paris, 1998, pp. 3 sq.

Dans cette vision, plus sociologique que psychologique, le groupe prime sur l'individu. Le risque caractérise le groupe ; il l'affecte avec une régularité déprimante. Et touche les individus comme membres du groupe. Le risque caractérise le groupe, l'unifie, lui donne une personnalité et une identité. Paradoxe de la liberté : chacun peut se sentir aussi libre qu'il veut ; à travers ses actions il contribuera, quoi qu'il en soit, à reproduire la statistique commune. Un pareil groupe, identifié à partir de son risque, c'est ce qu'on appelle une mutualité (1).

En donnant un prix au risque, tel qu'il puisse faire l'objet d'un contrat, l'assurance donne réalité à l'irréel, actualité à l'inactuel, présence à l'éventuel. Elle inverse le cours du temps : l'événement redouté est là alors qu'il n'a pas eu lieu, qu'il n'aura peut-être jamais lieu. Il est présent, matérialisé par le contrat, sous la forme d'une fraction infinitésimale de ce qu'il sera. C'est-à-dire d'une manière telle que sa présence, pourtant bien réelle, reste pratiquement imperceptible. C'est ce qui fait la double efficacité de l'assurance. D'abord, le fractionnement du risque qu'elle opère fait que l'événement redouté ne l'est plus. L'assurance dissout, pulvérise les obstacles. Elle les rend aisément supportables (2). Quelquefois trop.

Mais sa vertu s'étend bien au-delà de ce qui sinon resterait bien proche d'une logique d'assistance. Elle modifie la nature des choses d'une manière telle que ne pas s'assurer devient une faute. Ceci a été bien exprimé au siècle dernier par Edmond About, dans le petit livre qu'il a consacré à *L'Assurance* : « Vous savez que les roues des voitures en s'usant sur le pavé dispersent chaque jour plus de 20 kilos de fer dans les rues de Paris. Ces 20 kilos de métal précieux entre tous ne sont pas anéantis mais ils sont perdus. Leur division pour ainsi dire infinitésimale les met hors d'usage en les rendant insaisissables. Supposez qu'un travailleur patient et ingénieux parvienne à ramasser ces atomes de fer, à leur rendre la cohésion, la résistance et toutes les qualités utiles. Il les met à la forge, il en tire un levier. N'aura-t-il pas créé un capital à l'usage des hommes ? Un centime n'est pas plus un capital qu'une

(1) En fait, les deux visions ne sont pas contradictoires mais complémentaires. En effet, selon la théorie contractuelle, l'assureur se définit, par principe, comme celui dont l'aversion au risque est la plus faible. Pourquoi l'assureur aurait-il une aversion au risque plus faible que l'assuré ? Parce qu'il dispose d'une information – statistique par exemple – qui lui permet de déterminer jusqu'où il peut raisonnablement s'engager et lui permet de maîtriser sa propre aversion au risque.

(2) *Cf.* Pierre-André Chiappori, *Risque et assurance,* Flammarion, 1996, pp. 32-33 : « Pour reprendre l'expression du prix Nobel de sciences économiques Maurice Allais, le risque correspondant est "globalement éliminable" : il est important au niveau de chaque unité, mais se dissout par passage à la collectivité dans son ensemble. Ou encore : l'aléa n'affecte pas (ou pas significativement) la masse totale de ressources dont bénéficie l'économie, mais simplement la répartition de ces ressources entre les individus. »

paille de fer n'est un levier. C'est à peine une valeur ; vous trouverez fort peu d'individus qui soient sensibles à la perte ou au gain d'un centime, parce que d'un centime isolé, on ne fait rien. Mais celui qui par un honnête procédé obtiendrait de ses concitoyens de la terre ce petit centime inutile créerait un capital de 10 millions, c'est-à-dire un joli levier pour transporter les montagnes ([1]). » Le fait de donner un prix à l'espérance, d'actualiser l'éventuel implique que, désormais, celui qui n'actualise pas dans sa conduite l'éventualité du risque est un facteur de perte individuelle et collective : individuelle eu égard à ce que sera sa situation si le risque se réalise ; collective puisqu'il prive la société du pouvoir de déplacer les montagnes. L'assurance donne son efficacité économique au fait de la solidarité. L'assurance, parce qu'elle actualise l'éventuel, est le mécanisme avec lequel on transforme une perte possible en un capital ; c'est à la fois une combinaison de protection et un mécanisme économique qui inverse les signes et fait d'une perte un principe d'investissement. Sa valeur tient à ce qu'elle est beaucoup plus qu'un simple mécanisme de répartition de charge.

L'assurance propose une expérience sociale du risque liée à la fois au libéralisme et à la démocratie. Au premier parce que le libéralisme est une philosophie politique qui fait de la gestion de risque un principe de gouvernement. Il faut que les individus aient à faire face au risque pour prendre une conscience vraie de leur véritable identité, comme ayant leurs ressources en eux-mêmes sous la forme de la prévoyance et dans les autres sous la forme de l'association volontaire. Mais l'assurance – du moins sous la forme de l'assurance terrestre – est en même temps fille de la démocratie à qui elle donne l'identité de la solidarité. Ce qui fait que depuis deux siècles nous sommes incessamment invités à prendre conscience de nous-mêmes, à la fois individuellement et collectivement sous la forme de l'assurance. Comme devait le dire le baron de Beauverger en 1868 au cours d'un débat parlementaire sur les accidents du travail : « Le système de notre société n'est autre chose qu'une vaste assurance, assurance contre la faiblesse, assurance contre le malheur, assurance contre l'ignorance. Examinez à ce point de vue toutes nos institutions, et vous verrez qu'elles concourrent toutes au même but, à un but noble et généreux. »

Cette logique du risque a connu une singulière inflexion quand on a voulu faire servir l'assurance à la résolution des problèmes sociaux liés au développement de la société industrielle. Avec les assurances sociales, s'assurer devient obligatoire. Il ne s'agit plus de constituer ce levier dont Edmond

---

([1]) Edmond About, *L'Assurance,* Paris, 1865, p. 35.

About, un siècle avant Mao Tsé-toung, pensait qu'il était en puissance de déplacer les montagnes. Il s'agit de faire en sorte que les individus soient protégés contre certains risques, qu'on dira sociaux. L'idée est double : indépendamment de son revenu, toute personne doit être protégée contre ces risques, et cela parce qu'ils ne sont pas équitablement répartis dans la société. C'est ce qu'explique la doctrine sociale officielle de la IIIe République : le solidarisme. S'il y a des risques sociaux, c'est que la société elle-même les produit à travers son développement sans que leur distribution soit juste. Compenser les inégalités face au risque, établir l'égalité des chances, tel est le programme solidariste. L'assurance sociale fait de la couverture contre les risques sociaux non plus un acte mais un droit, un droit du salarié d'abord puis un droit du citoyen avec la Sécurité Sociale. L'idée d'actualiser l'éventuel, dont la traduction économique s'appelle la capitalisation, cède devant une sorte d'assistance généralisée, fonctionnant à la répartition.

Cette logique d'assurance a connu une extraordinaire extension. Le budget social de la nation dépasse désormais le budget de l'Etat. Et l'écart ne cesse de se creuser selon une logique dont la nature des risques à couvrir (santé, retraite) n'augure guère qu'elle doive s'infléchir. Pourtant on a atteint la limite au-delà de laquelle les dépenses de protection semblent devoir ruiner ses propres sources d'approvisionnement : les charges sociales épuisent l'économie. Raison économique qui se double d'une raison morale : au lieu d'aider à prendre des risques, les institutions d'assurances sociales engendrent des phénomènes contreproductifs de « démoralisation » : l'assurance ne sert plus à prendre des risques ; elle autorise à n'avoir jamais à en prendre.

Tout à l'heure, on s'interrogeait sur la limite nécessaire à la prise du risque, sur les dangers d'un fanatisme du risque ; on se trouve ici devant une situation inverse : ce que l'on peut craindre ce n'est pas l'excès dans la prise de risque, mais au contraire le défaut. A nouveau un problème d'équilibre.

3. L'expérience juridique du risque

La forme juridique du risque, c'est la responsabilité. On est plutôt ici du coté du risque comme menace, danger, malheur, sinistre. La responsabilité est un mécanisme sinon de transfert de risque du moins de transfert de la charge d'un risque. A travers les règles de la responsabilité juridique s'organise la répartition de la charge des risques dans la société. Exactement comme toute cause est en principe suivie d'un effet, toute activité de l'un ne cesse d'affecter celle des autres, d'une manière qui ne cesse de modifier sa situation, de manière favorable ou défavorable. Cela est vrai au sein de la famille, dans le rapport entre parents et enfants, dans la relation de l'homme et de la femme. Cela est vrai dans le domaine économique où la concurrence donne un droit de nuire impunément. Nous ne cessons de nous affecter les uns les autres. La responsabilité, au sens juridique, à la fois définit celles des interactions qui ne doivent pas rester à la charge de celui qui les subit et organise les règles selon lesquelles doivent s'effectuer ces transferts de charge. Bien entendu, la plupart des effets de la vie en société ne donne pas ouverture à une procédure en réparation sans quoi la vie serait impossible. Traditionnellement, ce qui relève de la politesse ou de la civilité ne se règle pas devant les tribunaux, non plus que les querelles de famille. L'économie de marché ne pourrait guère fonctionner si ses acteurs pouvaient se plaindre de tous les torts qu'ils ne cessent de se causer. Ainsi, l'article 1382 du Code civil, en posant qu'un dommage n'est réparable qu'à la condition qu'il ait été causé par une faute, avait considérablement limité les possibilités d'actions judiciaires en indemnisation. Mais le phénomène de l'accident qui caractérise la société moderne a conduit progressivement à asseoir la responsabilité sur la notion de risque.

Le risque est la forme « industrielle » de notre expérience de la responsabilité. La notion n'entre dans le droit qu'à la fin du XIXe siècle avec les législations sur les accidents du travail, c'est-à-dire donc avec le développement de l'industrie. Précisément, on peut soutenir que la notion de risque s'est imposée pour penser les problèmes de répartition de charges liées à la société industrielle. Comment penser cette expérience de la responsabilité comme risque ?

Faisons un détour par Aristote. Pour lui, les hommes sont voués à la prudence (*phronèsis*), ce qui correspond à ce que nous appelons responsabilité. Nous n'avons pas le choix d'y échapper. Nous avons à être prudent car le monde est imparfait, incertain ; l'avenir est indéterminé. C'est la destinée que les dieux ont ménagée pour les hommes : ils ont, par leurs actions, à accomplir ce monde imparfait. La destination de l'homme sur terre est de lever l'incertitude d'une manière telle que, grâce aux choix qu'il fera, le monde trouve le chemin de sa perfection. Dans le monde des dieux, celui de la régularité astronomique ou des lois mathématiques immuables, il n'y a pas de place pour une responsabilité, car il n'y a pas d'incertitude. Par contre, c'est le lot des hommes, sur cette terre imparfaite, que d'être confrontés à l'incertitude et c'est leur destination que de la lever. Pour ce faire, ils ne peuvent appliquer des lois qui, précisément, font défaut. Ils doivent faire des choix, décider, précipiter l'avenir d'une manière irréversible, ce qui engage les générations futures. C'est pour cela que ces choix doivent être « prudents » ou, dans notre vocabulaire, responsables.

Dans la ligne du modèle aristotélicien de la prudence, on pourrait s'attacher à repérer, dans l'histoire de l'Occident, les grandes structures de choix ou de décision à travers lesquelles un monde particulier s'est précipité et a en même temps réfléchi sa limite. Le choix industriel en est un. Et c'est dans son cadre que la responsabilité a pris explicitement la forme du risque : risque de l'entrepreneur d'abord, dès le XVIIIe siècle, risque professionnel des accidents du travail au XIXe siècle, risques sociaux liés au salariat, mais aussi risques sanitaires, risques technologiques et risques d'environnement.

Cette expérience du risque comprend trois dimensions.

D'abord, la dimension de la puissance. Les problèmes de la responsabilité et du risque aujourd'hui sont liés aux extraordinaires capacités techniques que nous mettons en œuvre. La « volonté de puissance » industrielle, comme aurait dit Nietzsche, s'affirme à travers des dispositifs techniques dont l'efficacité est considérable. Cela a été maintes fois souligné, mis en scène, décrit ou représenté. C'est d'ailleurs un fait que la puissance industrielle, en cette fin de siècle, n'est plus seulement lié à l'accident mais à la catastrophe. Nous vivons la promesse industrielle comme grosse d'une menace de catastrophe. Lorsque les grandes firmes qui fabriquent les OGM nous annoncent que grâce à elles la faim dans le monde disparaîtra bientôt et que les problèmes d'environnement en matière agricole sont déjà du passé, chacun ressent ces annonces comme autant d'alarmes. Cela tient à ce qu'il s'agit d'extraordinaires manifestations de puissance. C'est la thèse qu'a développé Hans Jonas dans son *Principe Responsabilité* (1) : la puissance industrielle moderne est une sur-puissance, une puissance telle que l'horizon de notre responsabilité ne peut que s'étendre sur le très long terme. Nous sommes responsables pour les générations futures. Les stoïciens, afin de libérer les hommes de leur inquiétude, leur proposaient de distinguer entre « ce qui dépend de nous et ce qui ne dépend pas de nous », étant entendu qu'on n'a à répondre que de ce qui dépend de nous. Le problème est qu'avec la puissance industrielle, il semble qu'il n'y ait plus rien qui ne dépende de nous. D'où cette illimitation de la responsabilité qui inquiète tant. Elle ne laisse plus de place à l'innocence, comme en témoigne la raréfaction dans le droit des notions de cas fortuit et de force majeure. Mais cette illimitation n'est que le reflet de la conscience que nous avons de la puissance industrielle contemporaine.

La deuxième dimension de l'expérience de la responsabilité comme risque concerne la relation des hommes entre eux. La technique n'est pas seulement un rapport avec la nature, c'est aussi un rapport social. Préci-

(1) Hans Jonas, *Le Principe Responsabilité*, traduction par Jean Greish, éditions du Cerf, 1990.

sément la puissance de la société industrielle est mise en œuvre à travers des relations de pouvoir. Elles sont fondamentalement asymétriques. Les technologies modernes introduisent de la dépendance, et non pas de l'égalité. Plus les sociétés se développent technologiquement, moins elles semblent pouvoir relever d'un modèle contractuel. Asymétrie entre l'employeur et l'employé, consacrée par la notion de contrat de travail qui organise sa subordination et le partage du risque professionnel. Asymétrie aussi entre le producteur et le consommateur, le professionnel et le non-professionnel qui est à la source du droit de la consommation. Les problèmes de responsabilité, aujourd'hui, portent pour une part essentielle sur le traitement de ces asymétries. On peut penser que c'est une des raisons pour lesquelles le problème des accidents médicaux se trouve au centre des débats contemporains sur la responsabilité. La relation du médecin au malade est fondamentalement asymétrique alors que l'on continue à la penser juridiquement comme un contrat avec ce que cela implique comme partage de risque. C'est cette dimension de l'asymétrie, avec le sentiment de dépendance qui s'ensuit, qui est au cœur des grandes affaires qui, en France, défrayent la chronique depuis le début des années 90 : sang contaminé, amiante, vache folle. Les victimes prennent conscience qu'elles ont été placées dans une situation comportant un risque que connaissait celui qui avait la maîtrise du processus industriel et qu'il a choisi de leur faire courir sans nécessairement les en informer. La dépendance se découvre dans le destin de l'après-coup. Le risque n'est pas seulement un danger, c'est un rapport social : c'est la relation entre celui qui a la puissance technologique et celui qui en bénéficie ou peut-être la subit.

Puissance dans le rapport à la nature, pouvoir dans le rapport des hommes entre eux. Reste une troisième dimension de l'expérience juridique du risque : celles des dommages. Dans la société industrielle, on considère qu'il ne peut y avoir d'activité, d'entreprise sans risque. C'est ce que soulignait, il y a un siècle, Raymond Saleilles en commentant la nouvelle législation sur la responsabilité des accidents du travail : « La vie moderne est plus que jamais question de risques (1). » Entendons : le risque est normal ; il n'est pas contestable en lui-même, le point est seulement d'organiser la répartition de sa charge : « La question n'est pas d'infliger une peine, mais de savoir qui doit supporter le dommage, de celui qui l'a causé ou de celui qui l'a subi. Le point de vue pénal est hors de cause, le point de vue social est seul en jeu. Ce n'est plus à proprement parler une question de responsabilité mais une question de risques : qui doit les supporter ? Forcément, en raison et en justice, il faut

(1) Raymond Saleilles, *Les Accidents du travail et la responsabilité civile,* 1897, p. 4.

que ce soit celui qui en agissant a pris à sa charge les conséquences de son fait et de son activité [1]. » On n'imagine même pas mettre comme condition d'acceptabilité d'une activité ou d'une entreprise qu'elle devrait être sans risque pour les autres. Mais à la condition qu'on n'en laisse pas la charge à ceux-là seuls qui les subissent et que celui qui les fait courir les prenne à sa charge. Ce sont ces transferts qu'organise le droit de la responsabilité, à base de risque. Ainsi créera-t-on des responsabilités objectives, des présomptions de responsabilité dont la philosophie consiste à faire porter la charge du risque sur celui qui l'a créé ou qui en tire profit. La réponse au risque c'est donc l'indemnisation, plus que la prévention. C'est-à-dire l'assurance qui, pour cette raison, a connu de considérables développements avec la multiplication des assurances obligatoires de responsabilité (il y en a une centaine en France). Personne, jusqu'à récemment, ne s'est inquiété de ce nouveau contrat social – c'est le contrat de solidarité – selon lequel le risque est acceptable dès lors qu'il est indemnisé et que la charge n'en est pas laissée à la victime.

On assiste aujourd'hui à une inflexion remarquable dans ce schéma. Le problème n'est plus tant de multiplier les responsabilités pour risque, et d'organiser par l'assurance la solvabilité des responsables, que d'empêcher que certains risques ne soient pris. Non seulement la prévention prend le pas sur l'indemnisation, mais on cherche à prévenir jusqu'aux risques qui ne sont pas avérés. C'est la précaution. A cela plusieurs raisons : d'abord sans doute une transformation dans la nature des dommages qui ne sont plus tant de l'ordre de l'accident individuel que de la catastrophe. On atteint des montants qui dépassent aussi bien les limites de l'assurable que de l'indemnisable. Il y a aussi une sorte de réévaluation du prix du risque. On a une bonne échelle pour situer cette nouvelle mesure du risque : durant la guerre de 1914, un général pouvait envoyer se faire tuer 300 000 hommes par quinzaines comme lors de la bataille du Chemin des Dames. Aujourd'hui, on ne peut faire la guerre qu'à « zéro risque ». Singulière transmutation des valeurs : dans la balance traditionnelle coûts-avantages, il suffisait que les avantages l'emportent suffisamment sur les risques pour qu'on se sente autorisé à les prendre et donc à accepter une part perdue de la prise du risque. Aujourd'hui, on tend à mesurer le risque à partir de cette part perdue : qu'est-ce qui peut mériter son sacrifice ? Ceux qui auront le malheur d'en faire partie n'ont-ils pas la même valeur que les autres ? Tel est le mode de valorisation qui se loge derrière la problématique du risque zéro.

---

[1] Raymond Saleilles, *op. cit.*

La philosophie de la précaution ne conduit pas, comme on l'a dit, à revenir du risque à la faute. Elle procède d'une double réévaluation des risques : d'abord en fonction des puissances technologiques désormais mises en œuvre et dont nous avons la conscience que nous n'en avons pas la maîtrise actuelle. Nous sommes confrontés à une sorte d'excès de la puissance sur le pouvoir que nous ne savons pas trop comment qualifier juridiquement : risque de développement, principe de précaution selon qu'on se situe au niveau juridique ou politique. Ensuite parce que nous assistons à une sorte de révolte des victimes qui n'acceptent plus le cynisme de l'équation traditionnelle d'acceptabilité des risques. Elles ne contestent pas tant le montant des évaluations que les relations de pouvoir liées aux risques technologiques. Et leur révolte fait que, désormais, on tend à évaluer le risque à partir de ce qu'on considérait jusqu'alors comme plutôt négligeable.

Ici encore on peut constater comment l'expérience du risque est une expérience limite. Vis-à-vis de la sur-puissance qui est désormais la nôtre (et qui se mesure à ce que nous ne pouvons pas en mesurer les effets), des rapports d'asymétrie et de dépendance qu'elle implique (avec le sentiment de la perte d'autonomie que cela provoque), et de l'ampleur des risques que l'on fait courir, ne convient-il pas, sinon de s'arrêter, du moins de faire une pause qui nous permette de reprendre le contrôle des processus qui nous dominent ? Le temps de la précaution est celui des moratoires.

☆

Ces trois dimensions, morale, sociale et juridique, de l'expérience contemporaine du risque ne l'épuisent pas. Si on voulait la parcourir dans son entier, il faudrait y ajouter l'expérience militaire, sans doute une des plus anciennes formes de l'expérience du risque, l'expérience du jeu qui, depuis Pascal jusqu'à von Neumann et Morgenstern, a tenu une telle place dans la formalisation des comportements face au risque et reste si présente dans le monde financier, l'expérience médicale, qui, en raison des progrès de la médecine comme de la médicalisation de la société, est devenue centrale dans notre perception du risque. Il faudrait y ajouter aussi l'expérience psychologique où le risque apparaît comme un des corrélats de l'individualisme contemporain.

Il ne s'agissait pas d'être exhaustif. J'ai seulement voulu comprendre comment le risque pouvait être au cœur de la société contemporaine. Non pas seulement en raison des menaces qui pèseraient sur nous, mais, beaucoup plus profondément, comme un principe général d'évaluation. En cherchant le principe des valeurs dans le risque, la société contemporaine se trouve en même temps condamnée à subir la dialectique du risque : la morale du risque, en même temps qu'elle encourage au sacrifice, en fait sa limite.

L'expérience du risque constitue pour la société contemporaine une sorte d'expérience limite : jusqu'où ne pas aller trop loin ? La société contemporaine, en même temps qu'elle valorise le risque, l'aventure, l'entreprise, cherche à y mettre une mesure. Le risque est ainsi, en même temps qu'un principe de valorisation, d'incitation, d'action, un principe de limitation, de restriction, d'interdiction. Avec la survalorisation du risque, comme avec sa sous-valorisation, l'humain bascule dans l'inhumain. Il n'y a donc pas à opposer une morale du risque à une morale de la protection : c'est la morale du risque qui est indissociablement une morale de la protection. Risque et sécurité ne s'opposent pas comme deux substances indépendantes. Le risque est affirmation et négation à la fois. Il est dans le besoin d'avoir à se dépasser, dans le projet nécessaire de franchir la frontière acquise comme dans la conscience critique du danger d'outrepasser la limite. C'est pourquoi l'homme moderne en se liant au risque s'est donné une conscience perpétuellement inquiète, mieux, s'est voué à l'inquiétude de la responsabilité,

« ... la vague inquiétude
Qui fait que l'homme craint son désir accompli [1]. »

---

[1] Victor Hugo, *Les Feuilles d'automne.*

MÉDECINE ET SOCIÉTÉ : RISQUES ET DANGERS

Christian Hervé
Directeur du Laboratoire d'Éthique Médicale et de Santé Publique
Faculté de Médecine de Necker-Enfants Malades

Loin d'opposer le réel et l'imaginaire, Yves Pélicier les appréhendait sous la forme d'une synergie. Comment concevoir les notions de risque et de danger sans préciser les qualités du domaine, celui de la maladie et de la santé, auquel le médecin se réfère pour apprécier l'évolution de la médecine ? Pourquoi ne pas faire appel plus souvent à l'anthropologie qui aide à la perception de la complexité du réel, jusqu'à le compliquer ? Pourquoi la connaissance objective ne ferait-elle pas plus référence à son objet : l'Humanité ?

Il s'agit, bien entendu, d'une invitation à penser, au même titre qu'Hannah Arendt, cette philosophe de l'antitotalitarisme, nous y conviait, jadis. Il s'agit aussi d'une invitation à nous dépenser, à investir dans une science qui apparaît alors, comme la compréhension du réel, dotée de la nécessité d'une patience. Cette dernière vertu concerne également l'imaginaire, lui conférant ainsi sa richesse, sa jeunesse de renouvellement, réduisant les tentations du dogmatisme de l'erreur et de la passion.

Cette réflexion adressée aux scientifiques s'applique admirablement aux médecins. Ces derniers appuient désormais leur démarche sur un trépied constitué d'une relation médicale clinique, d'une considération de l'économique et d'une réflexion éthique.

Le médical est fait de plainte, de peur et d'angoisse dans la recherche d'une raison pouvant expliquer l'état de défaillance d'une personne dans sa destinée et surtout contribuer à ce que cesse l'insupportable.

Aussi, vouloir parler du risque en médecine, c'est parler d'une médecine qui à l'aide des connaissances en biologie remet en cause par ses triomphes la définition même de l'homme et entraîne les institutions à prononcer des interdictions (c'est le cas du clonage), mais c'est aussi et en même temps parler d'une médecine qui cumule des échecs, échecs qui la remettent en question aux yeux du public (il suffit d'évoquer les histoires du sang contaminé, de l'hormone de croissance, de la vache folle, de l'amiante...).

Toutes ces affaires pâtissent d'un traitement réductionniste des événements parce qu'essentiellement juridico-financier. Je ne parlerai pas d'analyses qui souffrent de partis pris, les perceptions de la réalité n'intégrant pas, alors, les notions d'évolution de la médecine et des techniques.

J'insisterai par contre sur la nécessité de donner du temps – c'est ce que réclamait judicieusement Jean Bernard pour le médecin, pour qu'il se fasse un allié de ce temps, l'utilisant dans la délibération médicale, avant la décision thérapeutique. Ce temps est pourtant un élément majeur pour ne pas dire une condition pour que les standards s'établissent et que les mentalités s'ensuivent, y compris celles des médecins, échappant au doute, forgeant ainsi leurs convictions en médecine.

Actuellement émerge une nouvelle forme de médecine.

À partir d'éléments médicaux prédictifs, il va être question de l'opportunité ou non d'un traitement préventif avant même que la cure ne soit donc envisagée. C'est en termes de pourcentages, de probabilité de survenue qu'alors peut s'exprimer le risque de subir une affection de plus ou moins grande intensité fonctionnelle et pouvant impliquer le pronostic vital.

Il faut se persuader que, non seulement la survenue est aléatoire, mais la gravité l'est aussi. C'est le cas des interruptions médicales de grossesse pour des fœtus porteurs de la double liaison delta 508 de la mucoviscidose ; alors que l'on ne sait pas si l'affection dont les futurs êtres pourront souffrir sera gravissime ou non. Il en est de même des ablations préventives systématisées des ovaires ou des seins chez des femmes susceptibles génétiquement de développer un cancer de ces organes. Faite par « précaution » par rapport à l'éventualité du pire, cette pratique de la plus grande et la plus invalidante forme possible ne pourra jamais être exclue. Elle a de quoi susciter la peur, l'effroi de la mère ou de la malade : effarante situation où ces personnes se trouvent placées en situation de responsabilité. Peuvent-elles la supporter réellement en situation et non idéologiquement ? Et que penser du nombre de fœtus détruits qui n'auraient pas extériorisé la maladie, ou seulement a minima ? Tout cela est violence.

Vous comprendrez aisément que dans ce contexte le savoir médical n'est plus le même. Il participe de la recherche de la vérité du réel sans cesse approchée, sans cesse mise en question le lendemain et réfutée le surlendemain.

Il participe et dépend de l'idée que l'on se fait de l'homme, de son origine à sa mort et de la société.

C'est une actualisation de la médecine en prévention et en prédiction, qui pose alors, en termes de santé publique et de relation intersubjective, la problématique de l'information et du consentement qui peut ou non s'ensuivre.

Parallèlement, du fait du développement de la recherche, la médecine évolue par l'accueil indifférencié de malades. Alors que ces derniers viennent chercher un soin, un soutien, une cure..., ils se trouvent alors libres de consentir, mais cette fois sur un autre objet, souvent indépendant de leur besoin, à un protocole de recherche et, ainsi, dans des conditions juridiques bien différentes du soin.

N'y a-t-il là pas un risque que le patient ou sa famille n'y comprenne plus rien, puisque, par une sujétion, il a obtenu « ce qu'il ne demandait pas » ; mais à la place, il se trouve inclus dans un processus ayant même donné un consentement écrit et signé. N'y a-t-il pas une confusion entre l'information donnée et répertoriée avec l'intercommunication, empreinte d'objectivité et de subjectivité, qui devrait exister dans toute relation médecin-malade, la structurant même ?

Le voile de l'ignorance se levant petit à petit, il est difficile de faire comme si l'on ne connaissait pas les causes. Serait-on responsable financièrement si l'on a choisi de faire une activité à haut risque et que l'accident est survenu ? De même, les personnes qui ne se conforment pas aux acquis épidémiologiques qui amènent à la lutte contre les fléaux que sont l'alcoolisme, le tabac, les maladies infectieuses et parasitaires sont-elles des personnes responsables et coupables désignées ? Et alors, sommes-nous responsables de nos gènes et des tares qu'ils peuvent démasquer dans notre être ?

Cette vision utilitariste du monde appliquée à la prise en charge collective financière des maladies et des accidents contredit la logique présupposant un lien social fort, voulu par le Comité de la Résistance, ne voulant plus jamais revoir ce qui avait été vu pendant la Deuxième Guerre mondiale, c'est-à-dire de discrimination des hommes devant les aléas de la société. Déjà les jeunes qui ont, a priori, le moins de chances de développer une maladie, ont bien compris leur intérêt à s'adresser à des assurances privées où il leur sera demandé un taux de prime d'assurance plus faible.

N'y a-t-il pas risque de voir s'aggraver une désolidarisation du corps social, intergénérationnelle, comme cela est perceptible aux Etats-Unis ? Au même moment se discute une sécurité sociale universelle qui ne correspond pas à cette tendance... où se trouve la logique ?

La demande de connaissance de facteurs médicaux par les médecins des assurances privées, ne serait-ce que pour un prêt, ne se cantonne plus à la séropositivité au VIH ; désormais, ce sont les données génétiques qui peuvent entraîner la décision ; le moratoire qui a été conclu doit se terminer en l'an 2000. N'y a-t-il pas risque à ne plus être considéré comme une personne mais comme une mécanique avec des processus plus ou moins fiables, découlant d'une conception de l'homme-machine, d'une machine performante, au fonctionnement minimal en risque, voire de risque zéro ? Cette vision est tout, hormis biologique, même humaine.

C'est encore une grande mutation d'une médecine basée autrefois sur la confiance et sur le savoir d'un professionnel, vers une médecine où le médecin est le prestataire d'un acte dont la société attend qu'il soit parfait et donc non critiquable. Quand l'on pense qu'environ seulement 50 % des pratiques médicales sont validées scientifiquement ; c'est ce que nous enseigne l'« evidence based medicine » américaine : vous comprendrez l'irrationalité de ne concevoir la médecine que comme une simple science !

Dans un système contractuel, comme le système anglo-saxon qui hérite de l'*Habeas Corpus* et qui a constitué la démocratie américaine des Etats-Unis, toute demande est négociable, chaque partie, le client et le médecin, a respectivement son expert médical. Au juge de décider. Par contre, dans les pays qui obéissent au droit romain, comme la France, c'est la loi qui dicte au juge sa sentence ; la loi, expression du bien commun et affirmation d'un consensus social.

Ainsi, les lois de bioéthique affirment la non-patrimonialité du corps humain, l'interdiction du brevetage du génome et même pour certains l'interdiction du clonage.

De là, il est possible de s'interroger si nous n'évoluons pas d'une médecine caractérisée par l'obligation de moyens vers une autre orientée sur le résultat, source de procédures judiciaires, considérant la science médicale comme vérité accomplie et ne pouvant décevoir.

Encore faudrait-il alors que les termes de santé, de maladie soient redéfinis à l'aune des nouvelles connaissances. Est-il logique de médicaliser des problèmes sociaux comme le chômage, la perte d'un logement, l'addiction à des drogues, qui entraînent une souffrance psychique amenant à une demande de médicalisation ? Peut-on la refuser, puisque la cause n'est pas médicale, mais alors que le malade souffre vraiment, la cause résidant en la difficulté qu'a la société à résoudre les conflits, lieu du politique, et qui, ici, s'objective par l'exclusion des plus faibles ? Mais peut-on à l'instar des Etats-Unis désinstitutionnaliser les malades et les retrouver en majeure partie en prison ? Du risque de médicalisation des problèmes sociaux, c'est-à-dire de la confrontation rapide à l'eugénisme, l'on passerait au risque d'insécurité croissante déterminant une politique de répression et non de compréhension envers les plus faibles de la société. La question est alors de savoir comment construire, dans nos conditions matérielles, spirituellement notre humanité ?

Aussi, nous devons penser la médecine non pas isolément mais globalement dans une pensée de la société tout entière. Quelle doit être la place de l'Etat, le recours à un service public repensé dans le cadre des soins et des services à apporter aux patients ?

En fait, à notre avis, dans le nouveau rapport de l'homme au monde et à lui-même qui s'institue, nous avons de nombreux éléments pour le guider : prendre conscience que nous vivons avec des objets artificiels ,ce qui aboutit à un gommage entre le naturel et l'artificiel au profit d'une mixité mi-donnée, mi-construite comme l'homme symbiotique de Joël de Rosnay, relié par son propre système nerveux à des ordinateurs miniaturisés. En effet, nous sommes dans ce monde constitué de greffes, de nouveaux médicaments, de thérapies géniques ou autres informatisations de nos procédures ; à nous de le construire humainement, à nous d'évaluer individuellement et collectivement nos pratiques et de les discuter avec le corps social.

Alors ! Quels dangers et quels risques, du point de vue du médecin, me direz-vous ? Je n'ai pas de réponse toute faite à vous proposer, seulement des mises en garde.

La première, qui souligne le danger de construire une bio-éco-religion, que dénonce justement Lucien Sfez dans sa critique de la nouvelle utopie : la santé parfaite. Il critique en cela le rôle despotique que la vision d'une « santé parfaite possible dans une gestion économique du monde » peut développer comme pratiques sociales, souvent délétères par rapport à l'édifice « Humanité » que les humains construisent, depuis des millénaires.

A contrario, il nous apparaît, en second, utile de mettre en garde contre l'emploi facile, risqué, voire dangereux, du fameux « principe de précaution ». À notre avis, comme il est employé actuellement par des scientifiques ou les décideurs et les politiques, il ne peut relever que d'une confusion des esprits ou participer de la magie.

Le principe de précaution, interprété strictement, suggère que « en cas de menace sur la diversité biologique ou de probabilité d'une perte grave, voire irréversible, l'absence de certitude scientifique complète ne doive pas servir de prétexte pour retarder les mesures efficaces par rapport à leur coût, de nature à prévenir cette perte ». Défini ainsi au cours du Congrès de Rio 1992, ce principe, inscrit dans la foulée du processus de Rio, accompagne le concept de développement durable. Il dépend, dans ces circonstances, de la libéralisation des échanges, de la mondialisation et de la pensée unique, tous éléments qui veulent que le marché joue un rôle croissant dans tous les secteurs de la société alors que l'Etat voit son rôle diminuer.

Ce principe de précaution doit-il être appliqué au secteur de la santé et de la recherche biomédicale ? Cette question, pour être traitée, demanderait que l'on eût statué sur la légitimité ou non d'inclure le corps dans l'espace marchand. Je vous rappelle que les lois de bioéthique prônent la non-commercialisation du corps et des produits issus de lui, la non-patrimonialité de celui-ci et le respect et la dignité de la personne humaine. Comment alors « extrapoler » un principe issu d'un autre domaine qui ne lui sied pas ? D'ailleurs, pour y répondre quant à l'application à la médecine, cela demanderait que l'on relie ce principe à cette philosophie développée précédemment par Heidegger et Hans Jonas. Pourquoi développer les sciences et les techniques si l'homme est toujours aussi malheureux ? dit le premier. Quand un chercheur, avant d'entreprendre une expérience, ne peut contrôler les effets de son expérimentation, surtout si ces conséquences concernent les générations futures, alors ce chercheur ne doit pas entreprendre sa recherche, dit le second. En médecine, comme en biologie, l'application d'un tel principe, aurait été suicidaire.

☆

Pour reprendre l'argumentation de Maurice Tubiana, la vaccination contre la variole en médecine, la distribution d'eau potable en hygiène et la laparotomie exploratrice en chirurgie – pour ne prendre que ces exemples – auraient été entravées dans leurs applications et auraient généré des effets plus graves que les éléments qu'elles étaient censées sauvegarder.

Hans Jonas présente l'heuristique de la peur exprimée dans son livre *Le Principe Responsabilité* comme le moyen d'être le plus responsable possible au regard des générations futures. Cette culture du sentiment de peur, d'exacerbation des angoisses, est exaltée comme si la quête du bien devait engendrer le « mal ». Diabolisation et fatalité se présentent alors comme les éléments qui devraient exorciser l'avenir. Il s'agit là d'une extrapolation ou d'une vision peu applicable au monde biologique. En effet, par la métaphore de la pente glissante, il postule que jamais il ne sera possible de s'arrêter, sinon en bas : prédiction d'une catastrophe… annoncée. Sa solution est alors de ne pas s'engager sur cette pente, dès le début.

Justement, en biologie, le nombre et la puissance de régulations et de feed-back définissent un monde plus complexe auquel une métaphore aussi simpliste ne peut qu'effleurer une réalité et des enjeux étrangers. A cela n'opposons pas avec ce même réductionnisme de la pensée la foi et les religions qui sont d'un autre domaine, même si elles concourent à l'élaboration des qualités morales nécessaires à toute action, surtout depuis la déclaration que Paul VI fit devant l'assemblée des Etats-Unis, le 5 octobre 1965 : « La vraie menace contre la paix ne vient pas du progrès ou de la science mais de l'homme lui-même ! »

En conclusion, au principe de précaution, je ne substituerai pas à votre considération un autre, plus quantitatif et évaluatif comme le principe de prévention, ce serait encore trop réducteur. C'est plutôt la nécessité de débattre de la place, de la légitimité du développement des technosciences, qui est ici posée ou encore de l'application scientifique des techniques au corps humain. Il s'agit alors d'un projet hautement politique.

C'est pourquoi, au lieu de prôner l'angoisse et la peur, la prédiction de risques considérables et la crainte du danger qui paralyseraient les avancées des connaissances et auraient des répercussions majeures sur l'état de santé des membres des populations, il nous semble logique de résister, terme éthique s'il en est, pour faire progresser sans la nier la logique du monde que nous construisons tous les jours. Si les visions sont multiples, il faut alors en discuter. C'est de l'ordre de l'éthique de la discussion pour aller vers un nouvel ordre, prolongement de la construction « Humanité ».

Il s'agit d'éviter de nier, en jouant sur les mots, les forces qui plaident actuellement pour la commercialisation des produits du corps humain et les tentations à pratiquer le clonage. C'est l'enjeu de l'actualisation en 1999 des lois de bioéthique. Il serait dommageable de cristalliser le débat au seul niveau juridique, alors que la loi doit être l'aboutissement d'un débat pluriel qui devrait intégrer par la discussion les valeurs soutenant des visions anthropologiques et des finalités différentes des pratiques de soin et de recherche sur le corps pour aboutir à l'élaboration d'une éthique médicale de progrès. Il y a ici danger de jouer contre la démocratie, pour un mode de fonctionnement d'experts tirant de leur frilosité et de leurs pseudo-visions cataclysmiques la légitimité même de leurs discours et de leur profession.

AUTOUR DES NOTIONS DE DANGER ET DE RISQUES

LE POINT DE VUE DE L'INDUSTRIEL

Pierre Sonigo
Directeur de l'Environnement
et de la Gestion des Risques Industriels,
Pechiney

La prise en compte des risques et par conséquent des dangers qui les génèrent n'est pas un phénomène nouveau pour l'entreprise. La survenance d'un événement accidentel sur l'un de nos sites peut affecter de façon sensible nos résultats financiers, notre image vis-à-vis du public, nos relations avec nos actionnaires, le moral de nos employés.

Beaucoup d'industriels ont mis en place des structures internes chargées de gérer ces événements. Ce qui est nouveau aujourd'hui, c'est d'abord que cette prise en compte soit de plus en plus intégrée dans la gestion de l'entreprise au plus haut niveau : le risque devient une donnée que l'on veut mesurer et contrôler. L'aléa est devenu inacceptable. Une autre nouveauté concerne l'accroissement notable et difficilement supportable de la charge financière engendrée par ces risques, que ce soit pour les éviter ou pour en réparer les conséquences. Enfin, il faut constater que, face à ces contraintes, le « Risk Manager » manque d'outils pratiques pour traiter ces risques de façon globale. Ce sont ces trois points que je voudrais brièvement développer.

La gestion des risques devient une part significative de la gestion de l'entreprise au plus haut niveau. Depuis quelques années, les dirigeants ont pris conscience de ce problème de risque et souhaitent de façon plus précise connaître les risques auxquels leur société est exposée.

Ils sont d'ailleurs tenus à une obligation d'évaluation et de gestion des risques : ceci est par exemple inscrit dans la directive-cadre du 12 juin 1989 de l'Union Européenne sur la santé au travail, qui demande aux chefs d'entreprise : 1° d'éviter les risques, 2° d'évaluer les risques qui ne peuvent être évités, 3° de combattre les risques à la source et de remplacer ce qui est dangereux par ce qui n'est pas, ou est moins dangereux. Cette obligation d'évaluation et de gestion est tout à fait comprise dans l'« Occupational and Safety Act » de 1970 aux Etats-Unis, dont l'objectif est « to assure as far as possible every working man and woman in the nation safe and healthful working conditions ».

Mais, face à ces obligations, les dirigeants attendent de leurs responsables que, dans des domaines comme l'environnement, la santé au travail, la sécurité des personnes, la responsabilité liée aux produits, la responsabilité des dirigeants dans leurs actes de gestion, la fraude et les détournements, ces risques soient localisés et mieux précisés ; ils veulent aussi que des moyens nécessaires soient mis en place pour les prévenir ou les traiter s'ils se réalisent. Ils souhaitent enfin que les enjeux financiers qui y sont associés soient évalués aussi précisément que possible. En fait, ce que redoutent les dirigeants, ce sont les mauvaises surprises, celles qui vont les mettre en difficulté, sans avoir été prévenus, pour des faits survenus dans leurs groupes et qu'ils découvrent au dernier moment, souvent quand il est trop tard !

Les raisons de cette nouvelle évolution sont multiples

Les patrons sont de plus en plus souvent personnellement tenus pour responsables et déclarés coupables de faits accidentels ayant un impact grave sur le personnel de l'entreprise, les tiers, l'environnement. Ils le sont au Pénal comme au Civil, éventuellement sur leurs propres deniers.

Ce qui aggrave ce phénomène, c'est l'importance que prend pour les groupes industriels cotés sur les places financières étrangères ce que l'on appelle le « corporate governance » : il s'agit pour les membres d'un conseil d'administration d'exercer de façon plus stricte leur fonction d'audit et de contrôle pour le compte des actionnaires. C'est ainsi que dans de nombreux groupes des comités indépendants d'audit de risques ont été créés. Leur mission est de garantir au conseil que la direction de l'entreprise a mis en place un système efficace de management des risques.

Enfin, l'influence anglo-saxonne dans la communication des entreprises avec les marchés financiers implique une transparence sur les risques. Les fonds de pensions britanniques et américains possèdent des parts significatives des capitaux des grands groupes français. Certains de ces fonds sont très volatiles et peuvent se retirer à la moindre nouvelle d'un accident mal géré. Les dirigeants doivent certifier (avec des sanctions à la clef !) que les risques ont bien été repérés, que les moyens ont été mis en place pour les gérer, et que des provisions ont bien été prévues pour y faire face financièrement.

Les dirigeants veulent donc mieux cerner ces risques et avoir à leur disposition un « tableau de bord » de gestion performant. De nombreux groupes commencent à préparer une cartographie des risques de l'entreprise dans ce but.

Le poids de ces risques sur les comptes de l'entreprise atteint les limites du supportable

Prenons deux exemples parmi d'autres. En matière d'environnement, en distinguant la réparation des dommages du passé de ce qui doit être fait pour préserver l'avenir, ce que l'on pourrait qualifier de « harcèlement textuel », c'est-à-dire la quantité et le durcissement des contraintes réglementaires imposées aux industriels pour réhabiliter les reliquats d'un passé qui a pourtant contribué à l'essor de toute la nation, ne semble pas avoir de limites. Les notions de danger et de risque ne sont plus prises en compte, et il s'agit encore trop souvent d'appliquer une réglementation, plutôt que de faire une analyse intelligente de la situation. Il est absolument nécessaire dans ces domaines de passer de la notion de normes à celle d'impact. Plutôt que de ramener à tout prix la quantité de certaines matières potentiellement toxiques en dessous de limites fixées par décret, dont le caractère est souvent incertain, il serait plus utile d'évaluer les conséquences de ces matières pour l'homme, la flore ou la faune dans chacune des situations particulières que l'on a à traiter.

L'utilisation de plus en plus fréquente du « principe de précaution » au niveau des réglementations et des pouvoirs publics vient encore rendre plus complexe le positionnement des industriels. Comme l'écrit Isabelle Rousselle et ses collaborateurs dans un article récent de la revue *Pollution atmosphérique,* « comment peut-on graduer une réponse qui soit proportionnée à un risque incertain »...

Pour satisfaire ces contraintes, l'industriel doit dépenser des sommes considérables. Deux exemples : Pechiney a dépensé 65 millions de dollars pour réhabiliter un site minier dans l'Etat de Washington avec pour seul bénéfice attendu : rendre à nouveau possible l'habitat des saumons. Pechiney est en train de dépenser plus de 100 millions de francs pour réhabiliter une décharge dans les Alpes sans que le bénéfice attendu par la société soit mesuré. Se pose-t-on la question de savoir si ces sommes ne seraient pas dépensées autrement de façon plus utile pour la Société ? J'en doute personnellement... La notion de coûts comparés aux bénéfices attendus qui apparaît dans les textes réglementaires n'entre que très rarement en ligne de compte. Dans bien des cas, dans l'esprit de l'administration, le payeur, c'est-à-dire l'industriel, se transforme en mécène.

Dans le domaine de la santé au travail, de nombreuses charges supplémentaires pèsent sur les entreprises. Elles sont dues en particulier à la prise en compte des conséquences médicales des risques « à effets différés », le plus souvent d'origine multifactorielle, comme les lombalgies, les cancers et peut-être, dans le futur, le stress, et aux changements de réglementation avec effet rétroactif, comme ce sera le cas demain pour l'amiante. En fait, contrairement à Damoclès qui n'a qu'une seule épée qui pèse sur sa tête, l'industriel a aujourd'hui des dizaines d'épées qui le menacent. L'inquiétude des industriels est majorée par la dénonciation dans les médias de nouveaux dangers – ou prétendus dangers – le plus souvent sans qu'aucune analyse scientifique ne soit réellement validée. Ces campagnes de presse font peser sur les entreprises, ici encore, la menace d'application du fameux « principe de précaution » de façon injuste et discriminatoire.

Un exemple actuel peut étayer ces propos : nous avons aujourd'hui à faire face à une violente campagne de dénigrement de l'aluminium, campagne ne reposant strictement sur aucune donnée toxicologique fiable et validée. Sous prétexte que l'effet neurotoxique de l'aluminium à haute dose est bien connu – et il l'est en effet depuis les descriptions de l'encéphalopathie des dialyses –, sous prétexte également que l'effet des faibles doses d'exposition fait l'objet de certaines controverses depuis une vingtaine d'années, certains esprits manipulateurs utilisent le « potentiel d'effroi » de la maladie d'Alzheimer pour affoler la population et suggérer un lien entre tantôt la présence d'aluminium dans l'eau de boisson, tantôt l'exposition professionnelle aux poussières d'aluminium... Or, à ce jour, il n'existe absolument aucun travail scientifique ni dans le domaine de la toxicologie, ni dans celui de l'épidémiologie, validant ce lien : c'est ce que nous confirment l'ensemble de nos experts internationaux.

Je suis conscient qu'en tant que représentant de Pechiney, quand j'énonce de telles choses, ma crédibilité est relativement faible. Ceux qui portent la critique demandent d'ores et déjà d'appliquer le « principe de précaution » en diminuant de moitié ou plus la teneur en aluminium de l'eau de boisson, au mépris de la position de l'Organisation Mondiale de la Santé qui affirme en 1997 : « L'aluminium n'induit pas de pathologie de type maladie d'Alzheimer, in vivo, dans aucune espèce, y compris l'espèce humaine »...

Cet exemple montre à l'évidence que la position des dirigeants d'entreprises est difficile non seulement du fait des incertitudes de la toxicologie, mais plus encore par les contrevérités et les erreurs scientifiques colportées au gré des médias. Une telle campagne n'est pas neutre. Les conséquences sont importantes pour le groupe vis-à-vis des clients, des analystes financiers et du marché financier et vis-à-vis de son personnel. Pour répondre à cette situation, on a créé en juin 1997 la Direction de l'environnement et de la gestion des risques, direction dont je suis responsable, qui regroupe dans une même entité la gestion de risques, qui ne sont pas considérés comme des risques d'entreprise proprement dits, de nature économique, commerciale, juridique ou autre. Par risques industriels, on entend tous les risques dans leurs dimensions humaines, matérielles ou immatérielles, engendrés par une activité industrielle qui cause des dommages aux personnes physiques ou morales, aux biens ou à l'environnement, eux-mêmes éventuellement porteurs de responsabilité civile ou pénale ou de pertes financières consécutives. A ma connaissance, nous sommes l'un des rares groupes à avoir une approche aussi intégrée de la gestion du risque puisque nous nous préoccupons de santé au travail, de sécurité des personnes, d'environnement, d'évaluation des risques industriels, de prévention des risques industriels, et de financement des risques, qui sont les domaines d'activité des six services composant notre direction.

De nouveaux outils sont à développer pour une maîtrise intégrée de différents risques

Le traitement des risques dans l'entreprise est encore trop souvent fait de façon très fragmentée. Pourtant les frontières entre environnement, santé et sécurité au travail, par exemple, sont devenues floues. Une approche intégrée est aujourd'hui nécessaire. Le « Risk Manager » d'une entreprise manque d'outils lui permettant ce traitement global. Deux étapes sont particulièrement délicates. Celle du repérage en premier lieu, car il ne s'agit pas de passer à côté d'un risque potentiel majeur, celle de l'évaluation et de la hiérarchisation ensuite. Comment comparer des risques entre eux ? Quels critères retenir ? En effet, comment apprécier de façon réaliste la probabilité de survenance d'une catastrophe et traduire ce phénomène dans l'échelle temporelle de la vie de l'entreprise ? Certains tentent aujourd'hui de normaliser la gestion des risques de l'entreprise. Les entreprises seraient alors certifiées dans ce domaine comme elles le sont aujourd'hui dans le domaine de la qualité ou de l'environnement. Je ne pense pas que cela soit la voie à suivre, car cette matière est encore trop nouvelle et susceptible d'évolution pour être figée par une normalisation. Il est toutefois opportun de se mettre d'accord sur une terminologie, un langage commun qui permettra aux chercheurs, à partir d'une même base, de proposer concepts et méthodes qui pourront être appliqués par chacun en fonction de ses propres contraintes.

Conclusion

L'entreprise, dans l'esprit du public et du législateur, reste la grande responsable des maux qui nous frappent. Elle doit, toujours dans cet état d'esprit, payer pour indemniser les victimes sans même que sa faute soit prouvée, réhabiliter les sols pollués même si elle n'en est plus le propriétaire ou l'exploitant, supporter seule la charge de maladies professionnelles d'origine multifactorielle. Mais n'oublions pas que, tout en étant responsable de ses actions passées, présentes et à venir, elle doit plus que jamais être compétitive, rentable et performante. A force d'augmenter les charges des entreprises, ne prenons-nous pas le risque, au pire, de les voir choisir la voie de la délocalisation avec toutes les conséquences que cela pourrait avoir pour notre pays, ou, dans le meilleur des cas, de freiner leurs efforts pour contrôler de mieux en mieux ces différents maux ?

AUTOUR DES NOTIONS DE DANGER ET DE RISQUES

LE POINT DE VUE SCIENTIFIQUE ET TECHNIQUE

Georges-Yves Kervern
Institut Européen de Cindyniques

La très grande fréquence des accidents et catastrophes devait un jour ou l'autre susciter la curiosité des chercheurs. Cependant, il a fallu attendre longtemps pour que soit acceptée l'idée d'une approche scientifique du Danger. Certains résistent encore à cette idée, mais avec de moins en moins de conviction et de succès. C'est Jean-Jacques Rousseau qui, en 1755, a dénoncé le premier le fatalisme condamnable qui conduit au refus d'étudier le Danger.

L'événement fondateur des Sciences du Danger est un colloque tenu à Paris au Palais de l'UNESCO, les 7 et 8 décembre 1987. Du grec *kindunos,* le danger, est venu le nom de baptême de cette science : les cindyniques. Le pluriel a été choisi pour rendre compte des très nombreuses activités humaines déjà à l'œuvre dans l'approche scientifique des études de danger.

L'industrie a d'abord développé des calculs très avancés sur la défaillance et la fiabilité des systèmes, notamment celles des systèmes électroniques. Dans de nombreuses entreprises, les risques technologiques sont l'objet de logiciels comportant une combinaison très évoluée des mathématiques et de l'informatique. Dans les villes, on assiste à une montée des systèmes de prévision et de pilotage des risques urbains. Les assureurs et les banquiers développent des techniques très évoluées pour l'étude du financement des projets et des risques assurables. Quant à la conception des produits sous-tendus par les risques, comme les cotations à terme ou les produits dérivés, ils connaissent un essor extraordinaire soutenu par les mathématiques financières. La santé publique et notamment l'OMS ont entrepris des recherches conceptuelles qui ont convergé vers les méthodes des gestionnaires de risque des secteurs précédents. L'épidémiologie doit également apporter à ces études une contribution de plus en plus déterminante.

Cette liste n'est pas limitative et l'on voit chaque semaine des réunions et publications sur les sujets très nouveaux et très prometteurs. La phénoménologie cindynique étudie les aspects tout à fait étranges du refoulement collectif des menaces latentes qui donnent toujours un caractère de surprise à la survenue de catastrophes annoncées en raison de leur caractère imminent ou prévisible. L'épistémologie cindynique constitue actuellement une des applications pratiques de la science des Systèmes telle que l'a proposée le prix Nobel H.A. Simon. La psychosociologie cindynique a permis le basculement d'une vision centrée sur la technologie (le risque technologique majeur) vers une vision centrée sur la psychologie (le risque psychologique majeur). Elle a bénéficié d'un apport déterminant des spécialistes français de la thérapie systémique familiale.

En dix ans, les cindyniques ont attiré par leur nouveauté des chercheurs venus de différents horizons. Comme le champ est peu exploré, il y a beaucoup à faire. Mais il est possible de dégager rapidement des résultats d'un très grand intérêt.

De la première décennie (1987-1997), qui a marqué l'essor des cindyniques, on peut déjà dresser une liste de découvertes. Citons d'abord l'identification du refoulement collectif du Danger qui est maintenant au centre de la phénoménologie cindynique et des événements catastrophiques très répandus dont le paradigme est le *Titanic,* puis l'identification de la possibilité de décrire la complexité des situations à risque et le mécanisme de fabrication du danger : la cindynogénèse ; puis l'identification par la thérapie systémique familiale des mécanismes générateurs de la violence, non seulement dans les familles mais aussi dans les différents groupes qui constituent le tissu social. Ce sont ces groupes qui sont actuellement les victimes de la fracture sociale, processus de désagrégation que le concept cindynique de dissonance permet de repérer. Citons enfin l'identification des facteurs de destruction de la confiance par l'action publique (recherches sur la psychologie post-tchernobylienne)

Des applications d'un très grand intérêt à la décision en gestion de crise résultent d'une combinaison de la technologie de retour d'expérience avec les avancées de la psychologie cindynique. On citera dans ce domaine la famille des systèmes d'aide à la décision (SADE) où s'est illustré le pôle cindynique de Sophia-Antipolis.

En conclusion, la science du danger répond à un besoin de concept fédérateur dans la représentation des diverses formes de dangers. La représentation de l'objet danger dans sa complexité sur un nombre fini d'axes (5 axes) s'avère prometteuse, puisque des dangers aussi variés que le risque alimentaire, le risque psychologique, le risque familial peuvent ainsi être représentés. Une métrique peut être mise en œuvre grâce aux concepts de dissonance et de potentiel cindynique. Née des travaux sur la complexité des systèmes, la transdisciplinarité qui transparaît dans ces concepts est considérée par un nombre grandissant de chercheurs comme une nécessité pour appréhender les problèmes de mesure et de gestion des dangers.

Pour tracer une perspective de recherche pour les années 1999-2000, parmi les sujets prometteurs à aborder maintenant, on peut citer la représentation dynamique de l'évolution des situations de danger, la recherche de métriques, la compréhension des comportements des acteurs avant, après et pendant les accidents et catastrophes.

Les principaux concepts cindyniques

Le premier concept est celui de *situation*. Ce concept oblige à définir ce dont on veut parler dans une étude de danger. Conformément à la théorie moderne de la description, il faut, pour définir une *situation de danger (situation cindynique),* préciser le champ de l'étude de dangers (limites de temps, limites dans l'espace, liste des réseaux d'acteurs inclus dans l'étude), préciser le « regard » porté sur cet ensemble.

Ce regard porté sur le danger, cette perception du danger, se fait au stade actuel par référence à *cinq dimensions différentes :*

- *La dimension des faits de mémoire de l'histoire et des statistiques*. C'est ce que l'on stocke dans les banques de *données* des grands systèmes de retour d'expérience (retour d'expérience des centrales EDF, analyse des vols à Air France, incendies de forêts dans le système DEDICS mis au point par le pôle Cindyniques de l'Ecole Nationale Supérieure des Mines de Paris).
- *La dimension des représentations et modèles élaborés à partir des faits.* C'est la banque de *connaissances* qui sert d'appui aux calculs de physique, chimie, résistance des matériaux, mécanismes de propagation, de contagion, d'explosion, de géo-cindyniques (inondations, volcanismes, tremblements de terre, glissements de terrains, par exemple).
- *La dimension des objectifs.* Il s'agit pour chacun des réseaux impliqués dans la situation d'expliciter sa stratégie.

- *La dimension des normes, lois, règles, standards et codes de déontologie, obligatoires ou de libre adhésion, contrôlés a priori ou non, etc.* Il s'agit des lois, codes et règlements ainsi que des normes.
- *La dimension des systèmes de valeurs.* Quand nous disons que la patrie est en danger, nous désignons un patrimoine objet de la menace qui, à l'examen, contient des valeurs fondamentales dont le respect peut conduire la population à des sacrifices de grande ampleur. Quand les journaux parlent d'apocalypse, ils ajoutent souvent qu'elle met en cause tout notre système de valeurs.

On observera qu'en combinant ces dimensions différentes, on obtient des domaines d'étude et de réflexion familiers : la dimension des faits et celle des modèles se combinent dans le retour d'expérience, technique de base des gestionnaires de risque des grandes entreprises ; la dimension des objectifs, celle des normes et celle des valeurs se combinent dans le domaine de l'éthique en action. Des travailleurs sociaux ont repéré dans ce domaine les fonctions d'autorité. Ces fonctions s'appuient sur les valeurs qui encadrent les objectifs, pour définir puis défendre le respect des normes. En l'absence de ces fonctions d'autorité, le viol quotidien des règles conduira d'incivilités mineures à des violations plus graves et dans les transports terrestres en commun à des viols tout court !

Aussi, dans une étude du danger bien conçue, il faut associer à chaque réseau d'acteurs un état des lieux des cinq dimensions précédentes.

La fabrication du danger dans les situations cindyniques résulte des dissonances entre deux ou plusieurs réseaux d'acteurs évoluant dans la même situation. Les dissonances entre réseaux sont analysées à partir de leur « regard ». On analyse donc les dissonances dans chacune des cinq dimensions et entre les dimensions. Les campagnes de prévention consistent à réduire la dangerosité de la situation. Le sentiment que « ça va exploser » exprimé spontanément par certains acteurs est l'expression du « potentiel cindynique ». Ce potentiel est une fonction croissante des dissonances existant entre les différents réseaux sur les cinq dimensions. Les campagnes de prévention vont pouvoir s'attaquer à ces dissonances sans toutefois espérer rendre homogènes les cinq dimensions pour les différents réseaux d'acteurs.

Une campagne de prévention consiste à négocier dans les réseaux d'acteurs des minimum vitaux (souvent au sens propre) partagés : quelques chiffres (faits) acceptés en commun comme réalité statistique ; quelques modèles pris comme base commune de connaissance ; quelques objectifs partagés ; quelques normes, règles ou principes déontologiques ; quelques valeurs, par exemple, au moins une certaine solidarité, une certaine non-exclusion, une certaine transparence.

Une campagne exige donc de longues négociations entre réseaux d'acteurs et le plus souvent l'initiative et la patience d'un réseau d'acteurs particulier qui joue le rôle de catalyseur, de médiateur (c'est l'animateur de la campagne de prévention dans l'ensemble de la situation). Certes, son action va se heurter à des freins ; notamment à la défiance. La défiance entre deux réseaux d'acteurs – face à face – est définie par les cindyniques comme une fonction des dissonances existant entre les deux réseaux dans les cinq dimensions.

La construction de la confiance consiste à réduire les dissonances par la négociation au cours de la campagne de prévention.

Par exemple, les travaux de la thérapie systémique familiale (C. Guitton) sont centrés sur les dissonances existant entre deux réseaux d'acteurs : la famille faisant appel aux thérapeutes, la famille réunie avec incorporation de deux thérapeutes. Des guérisons ont été obtenues chez des « patients désignés » par le réseau « famille » grâce au travail sur les dissonances plus que par le travail sur les « patients désignés eux-mêmes ».

Les travaux sur les adolescents (M. Monroy) montrent que la sinistralité et la violence typique de la tranche 15-24 ans sont liées à une coupure, une scissiparité de l'ensemble des cinq dimensions : cet ensemble se divise en deux sous-ensembles entre lesquels naît une forte tension : l'ensemble traditionnel de la famille avec ses faits, ses représentations, ses finalités, ses normes et ses valeurs ; un ensemble antagoniste conçu par l'adolescent opposé souvent diamétralement et violemment dans les cinq catégories où s'exprime la « tradition » familiale. Ces dissonances peuvent conduire l'adolescent à un processus à la fois de négociation et d'agression, avec des phases violentes où il joue avec un atout maître en main : sa vie. D'où les accidents, agressions, et les issues parfois fatales de ce processus de scissiparité spécifique de l'adolescence. Le succès des sectes, leur capacité à voiler le danger qu'elles recèlent, vient de leur aptitude à vendre à l'adolescent un « kit clef en main » ; dans les cinq dimensions, au moment propice où l'adolescent – ou plus généralement le dissident social – cherche à rénover son équipement personnel dans ces cinq dimensions. La violence dans les sectes résulte de la sacralisation du kit fourni. Cette sacralisation consiste à empêcher toute contestation de ce kit ; toute évasion de la secte est une menace pour la sacralisation du kit. Elle sera donc réprimée par différentes techniques impliquant le lavage de cerveau et la liquidation physique, techniques classiques des systèmes totalitaires, qui sont les plus performants dans l'exercice de la violence à grande échelle.

L'analyse des réseaux d'acteurs dans les cinq dimensions permet aussi de pratiquer l'intelligibilité du danger en repérant les *déficits* propres à la situation : écarts entre ce qui existe et ce qui devrait être le produit d'une transformation de la situation par une campagne de prévention. Ces déficits ont fait l'objet d'un repérage par analyse systémique des situations de danger. Il peut s'agir : d'absence pure et simple d'une ou plusieurs dimensions dans un réseau (par exemple, pas de données disponibles) ; de l'indigence du contenu des dimensions (par exemple, « faut bien se marrer » comme objectif) ; de la dégénérescence (le plus souvent le désordre) d'une dimension (par exemple, le modèle mafieux en Russie) ; de blocages dans les plans combinant deux dimensions : blocage du retour d'expérience (dimension des faits et dimension des modèles) ; blocage éthique des fonctions d'autorité assurant le respect des règles du jeu social (dimension des normes et dimension des valeurs) ; de désarticulation de l'ensemble des cinq dimensions créant un isolement, une incohérence des dimensions les unes par rapport aux autres (par exemple, l'entreprise à baronnies). Ces déficits sont très présents dans les rapports des commissions d'enquête post-accidentelles ou post-catastrophiques. Il est frappant de voir ces rapports converger sur cette liste courte de facteurs explicatifs.

Les situations avec leurs dissonances et leurs déficits, soit « explosent » naturellement, soit évoluent sous la houlette des acteurs de campagne de prévention. Dans le premier cas, agissent des opérateurs de transformation non intentionnels. De telle catastrophe sortira – trop tard – une révision déchirante du contenu des cinq dimensions dans les réseaux d'acteurs qui ont été victimes de l'opération : nouvelles données bien sûr, nouveaux calculs, nouveaux objectifs... explicites ou implicites, nouvelles règles, évolution des valeurs. Dans le deuxième cas, dans lequel il est préférable de se placer volontairement, l'opérateur de transformation est intentionnel. Il lance un processus de négociation dans les réseaux d'acteurs et entre les réseaux d'acteurs impliqués dans la situation. Les déficits sont réduits, les dissonances diminuées. Le potentiel cindynique est abaissé en dessous de seuils de concrétisation du péril inhérent à la situation.

Des principes de portée générale : les axiomes cindyniques

Un certain nombre de propositions générales, de principes, ont été dégagés à la fois des échanges intersectoriels qui se sont produits dans les colloques cindyniques et des travaux sur l'approche de la complexité (J.-L. Le Moigne, H.-A. Simon). Ces principes sous-tendent l'émergence des dissonances et des déficits.

Le premier principe est à l'origine du concept de situation. C'est un principe dit de « *relativité* » qui pose que la perception du danger est relative à la situation et à l'acteur qui la perçoit. Le second principe dit de « *conventionalité* » indique que les mesures du risque (le « risque » est le produit de la probabilité d'un danger par sa gravité) sont subordonnées à des conventions entre les acteurs. Le troisième principe indique des « *finalités contradictoires* » des acteurs dans les réseaux de la situation, alors qu'il est capital de tenter de préciser et de hiérarchiser les finalités des acteurs des réseaux de la situation. Le quatrième principe dit d'« *ambiguïté* » pose qu'il est dans la nature des choses qu'un certain flou enveloppe les cinq dimensions. Cela étant le travail de prévention consiste à s'attaquer à ces ambiguïtés. Le cinquième principe dit de « *transformation* » indique que les accidents et catastrophes sont une transformation brutale du contenu des cinq dimensions et réduisent les ambiguïtés d'une façon ou d'une autre, violente ou préventive. Les théories de Lorenz sur le chaos et de Prigogine sur les bifurcations apportent ici leur contribution. Le sixième principe dit de « *crise* » pose que la crise est une déchirure du tissu social, c'est-à-dire une désorganisation des réseaux d'acteurs pris dans la situation. La gestion de crise consiste à reconstituer des réseaux en urgence. Le septième principe pose la « *nocivité* », par exemple, inhérente à toute thérapeutique. Une action humaine, l'administration d'un médicament par exemple, contient du danger. Toute action sur la situation a des effets réducteurs mais aussi créateurs de danger.

L'utilité de ces principes est notamment de réduire les pertes de temps créées par des discussions sans fin sur l'exactitude des estimations quantitatives des catastrophes ou sur les effets négatifs de mesures de prévention. Il est dans la nature des choses que les mesures quantitatives soient le fruit de conventions (second principe) et que dans l'action le bon grain et l'ivraie restent mêlés (septième principe).

Ainsi donc, dans l'approche cindynique, le danger peut se caractériser : par les différents réseaux d'acteurs confrontés aux situations de danger, par le regard qu'ils portent sur ces situations, par une structuration de ces regards suivant cinq dimensions (faits, modèles, objectifs, normes, valeurs), en faisant apparaître les « dissonances » entre les divers réseaux d'acteurs et les déficits qui affectent chacune des dimensions.

Les dissonances et déficits répondent à un nombre limité de « principes cindyniques » d'application assez générale. Ils offrent des pistes d'action de prévention portant sur les causes les plus profondes plutôt que, comme on le voit trop souvent, sur les effets.

RÉFÉRENCES

1. Fournier, Guitton, Kervern. – *Le Risque psychologique majeur*. Ed. Eska, 1997.
2. Kervern G.-Y. – *Eléments fondamentaux des cindyniques*. Ed. Economica, 1995.
3. Kervern G.-Y. – *La Culture réseau*. Ed. Eska, 1993.
4. Le Moigne J.-L. – *La Modélisation des systèmes complexes.* Coll. Afcet Systèmes, Dunod, 1993.
5. Simon H.-A. – *Sciences des systèmes, Sciences de l'artificiel.* Coll. Afcet Systèmes, Dunod, 1991.

DISCUSSION

André Pentenero, Université Henri-Poincaré de Nancy

Le risque a été présenté, dans l'ensemble des interventions – à l'exception peut-être de celle de Monsieur Kervern –, comme une fonction échelon, au sens attribué à cette expression par les mathématiciens. Or la gestion des situations dégradées, qui correspond au risque encouru avant l'accident, revêt une importance qui excède la place secondaire qui lui a été accordée par la plupart des intervenants. Il existe pourtant des exemples éloquents, tel le cas de Three Mile Island, qui, à l'inverse de Tchernobyl, illustre le triomphe de la gestion d'une situation dégradée. De la même façon, il existe quantités d'autres cas, moins dramatiques, qui démontrent que l'on peut éviter le risque.

Maurice Tubiana, Académie des Sciences, Président du Centre Antoine-Béclère

En effet, le cas des tentatives de suicide en est la meilleure illustration. On s'aperçoit que 90 % des suicidés avaient auparavant déjà essayé d'attenter à leurs jours. Dans le rapport de 1997 consacré à la santé des jeunes, nous avions souligné la nécessité d'un suivi psychosocial systématique de toutes les personnes âgées de 15 à 25 ans qui s'étaient livrées à une première tentative de suicide. Ces actions de prévention auraient coûté environ 100 millions de francs, ce qui représente une somme dérisoire au regard de ce qui est dépensé pour éviter des risques mythiques. Mais il ne s'est trouvé aucune instance pour débloquer ces fonds. L'idée qu'il soit possible d'intervenir en cours de route ne s'est pas encore installée dans les mentalités : on estime parfois que les personnes qui ont tenté de se suicider se sont déjà mises en marge de la société et qu'il est inutile de dépenser pour elles des sommes importantes. C'est une culture qu'il faudrait acquérir.

Christian Hervé, Professeur à la Faculté René-Descartes, Necker

Je souhaiterais appuyer les propos de Monsieur Tubiana et souligner que certains domaines fonctionnent quand même. Prenons l'exemple d'un malade cardiaque, victime d'un infarctus du myocarde. Il y a vingt ou trente ans, on pensait que l'infarctus du myocarde tuait. Une meilleure connaissance, consistant à placer le malade dans un autre référentiel – pour reprendre l'expression de Monsieur Kervern –, à savoir la salle de réanimation ou de soins intensifs, a permis d'isoler un certain nombre d'éléments annonciateurs d'une complication. On a appris que la survenance d'un certain type d'extrasystole impliquait l'application de certains traitements, de manière à les faire disparaître. Autrement dit, en médecine, une meilleure connaissance de l'épidémiologie et de la sémiologie des maladies, le placement du patient dans un contexte particulier de surveillance et la constitution d'une banque de données centralisant l'expérience des cardiologues permettent d'éviter l'embolie pulmonaire ou la rupture du cœur grâce à la mise en œuvre de traitements préventifs et adaptés aux situations. Ce type de système implique la mise en place de structures et d'une méthodologie générale.

Maurice Tubiana

Tant que la démonstration de l'efficacité pratique des expériences menées n'est pas faite et que l'on s'en tient à des considérations purement théoriques, il est effectivement difficile d'obtenir l'octroi de masses budgétaires.

Georges-Yves Kervern, Institut Européen de Cindyniques

En ce qui concerne les systèmes de gestion de crises en situations dégradées, je souhaiterais signaler les travaux menés à Sofia-Antipolis par le pôle cindynique de l'Ecole des Mines de Paris sur les feux de forêts. Il existe un système d'aide à la décision très élaboré, qui, paraît-il, est générique, c'est-à-dire applicable à d'autres situations de crises et de travail en situation dramatique.

Alfred Spira, INSERM U292, Professeur à la Faculté de Médecine Paris-Sud, Bicêtre

Je souhaiterais revenir sur la question, peu abordée jusqu'ici, de l'interaction entre, d'une part, les comportements individuels qui renvoient aux sujets, aux citoyens, aux patients ou aux sites industriels et, d'autre part, les modes d'organisation sociale. Le cas du sida, évoqué par Monsieur Tubiana, est très parlant à cet égard. L'énorme différence de développement du sida en France et en Grande-Bretagne témoigne de l'interaction de comportements intimes et de la façon dont ils sont traités dans nos sociétés, notamment lorsqu'ils sont pris en compte de manière préventive par les politiques publiques. L'épidémie s'est considérablement moins développée en Grande-Bretagne parce que le traitement social de cette épidémie a été géré de manière différente. Ainsi que l'a souligné Monsieur Ewald, nous ne sommes pas tous égaux face au risque, essentiellement pour des raisons sociales et politiques : la vulnérabilité de chacun face au risque n'est absolument pas identique. Il existe une interaction éminemment importante entre nos caractéristiques psychologiques, biologiques et comportementales, et le fonctionnement de la société dans laquelle nous évoluons. Prenons-nous suffisamment en compte ces inégalités face au risque dans l'élaboration des mesures de prévention et traitons-nous correctement les groupes sociaux les plus vulnérables ? Cette question pose bien entendu des problèmes éthiques, que Christian Hervé a traités de manière allusive, notamment en matière de risques de stigmatisation à partir de caractéristiques biologiques ou sociales.

En outre, Monsieur Tubiana a insisté avec raison sur l'importance des médias dans la gestion collective des risques. Cependant, si la presse manipule, ainsi que vous le laissez entendre, n'est-elle pas par ailleurs elle-même manipulée par des intérêts économiques et politiques qui la dépassent largement ?

Maurice Tubiana

Monsieur Spira a raison. Le tout est de savoir qui manipule. Le rôle des facteurs sociaux est tout à fait évident en matière de santé publique. Je rappellerai simplement deux chiffres, établis par l'INSERM. Le risque de mourir d'un cancer du poumon est trois fois plus élevé chez les ouvriers que chez les cadres ; le risque de mourir d'un cancer de l'œsophage est six fois plus important chez les ouvriers. On s'aperçoit ainsi de l'influence du conditionnement social. Il est donc erroné de considérer le tabac ou l'alcool comme des risques individuels : le risque est en quelque sorte imposé par le cadre dans lequel on vit et par la pression sociale qui y prévaut. De la même façon, les décès sur la route sont deux fois plus élevés en France qu'en Grande-Bretagne parce que la pression sociale est moindre dans ce pays : en Grande-Bretagne, celui qui se livre à des excès de vitesse se marginalise de la société, alors qu'en France, il est considéré comme un héros, qui suscite l'admiration. Le modèle social joue donc un rôle fondamental.

Des études ont été menées pour déterminer si les maladies cardiaques étaient imputables au niveau économique ou au niveau culturel. Il a été établi qu'en définitive, seul le niveau d'éducation, et non le revenu mensuel, est un facteur discriminant. Cette assertion est particulièrement vérifiée dans les pays en voie de développement : le niveau d'éducation des femmes, c'est-à-dire des mères qui, dès les premières années de la vie, vont inculquer ou non certaines règles de vie à leurs enfants, est étroitement corrélé à la mortalité et à l'espérance de vie. C'est pourquoi, souvent, on a affirmé que la seule façon de lutter intelligemment contre le risque était d'insister, aussi bien du point de vue individuel que collectif, sur l'éducation. Autrement dit, il faut communiquer les informations les plus utiles dès le plus jeune âge, avant l'âge de douze ans. En effet, après l'âge de douze ans, le goût du risque l'emporte sur la prudence, pour des raisons hormonales qui se manifestent avec la puberté.

En ce qui concerne les médias, il est trop facile de les accuser de tous les maux. Les médias ne font que répondre aux attentes du public, dont le goût pour les catastrophes est clairement avéré. Stephen Breyer, juge à la Cour Suprême des Etats-Unis, a très finement analysé dans son ouvrage l'interaction entre les médias et le public : les médias attirent l'attention sur un risque, le public le ressent, exprime à son tour la volonté d'en être protégé, les politiques votent alors des réglementations plus strictes, ce qui a pour effet de convaincre les médias du bien-fondé de leur démarche initiale. Seules l'éducation et l'information pourront stopper ce véritable cercle vicieux médiatique.

Question

Monsieur Tubiana, vous avez évoqué, à plusieurs reprises, la dépression des adolescents, problème d'autant plus majeur qu'il n'existe pas de structure psychiatrique pour accueillir ceux-ci. Comme l'a souligné Monsieur Ewald en se fondant sur l'exemple de James Dean, le risque présente une fonction de répétition qui permet de construire sa propre identité. En outre, vous avez insisté sur la pression sociale qui, en France, interdit l'évocation de la dépression dans le milieu de l'entreprise. Aujourd'hui, on parle de traitement de la récidive de la dépression et non pas du traitement de la dépression elle-même. Cela signifie-t-il que les dépressions sont mal traitées au départ ou bien que la récidive est inévitable dans le système au sein duquel nous évoluons ?

Maurice Tubiana

Au sein de notre société, deux phénomènes simultanés, mais extraordinairement différents, sont perceptibles. Le premier phénomène concerne l'appétence pour le risque chez les jeunes. Ainsi, plus un sport est dangereux, plus il est valorisant de le pratiquer. Selon les statistiques de l'OCDE, la France est le pays où l'on dénombre le plus de traumatismes graves, causés par des activités sportives, chez les jeunes. Dans toutes les sociétés primitives, il existe des rites initiatiques par lesquels on accède, symboliquement ou non, à l'âge adulte. Pour cela, il faut accepter la prise de certains risques. Surmonter un risque permet de prouver sa capacité à faire face à l'image de la mort. Certains psychiatres interprètent cette recherche du risque chez l'adolescent français actuel comme un besoin de surmonter l'image de la mort. Derrière le risque collectif, sorte de psychose qui, à l'instar de la maladie de la vache folle, saisit l'ensemble d'une population, on peut également déceler l'image de la mort. Pour beaucoup, la société contemporaine se caractérise par une moins bonne maîtrise de l'image de la mort que dans les sociétés traditionnelles, structurées par un ensemble de règles, de tabous, de systèmes familiaux et de solidarités.

Christian Hervé

Le problème de la dépression renvoie au danger de stigmatisation, mis en exergue par Alfred Spira. Actuellement, la réflexion éthique est en train d'évoluer. Auparavant, il était inenvisageable de mener une expérimentation chez les enfants et les personnes âgées, sous prétexte qu'il s'agissait de personnes vulnérables. Or, précisément, la méconnaissance des causes des troubles conduit parfois à une issue fatale qui paralyse toute mesure de prévention. Désormais, on estime qu'il faut chercher à connaître les populations vulnérables, notamment les sans-abri, de façon à autoriser l'adaptation des institutions et à proposer les solutions adéquates aux besoins de ces populations. La visualisation des causes permet d'envisager de faire face au risque.

Certes, le risque est parfois voulu et motivé par le désir de se réaliser soi-même. Cependant, il ne faut pas oublier qu'il existe des tares génétiques. Dès lors, pouvons-nous assimiler ce dont nous sommes responsables, c'est-à-dire l'acte volontaire, et ce qui nous constitue, ce qui nous fait être nous-mêmes ? Pouvons-nous être tenus pour responsables du développement d'un cancer ? Il y a là un véritable débat social, qui a déjà eu lieu en 1945. A l'époque, la réponse qui avait été apportée sans aucune équivoque était la suivante : quelles que soient les causes, la société, de manière collective, se doit de venir au secours des victimes des aléas, susceptibles de provoquer des ruptures aux répercussions sociales. Il convient de ne pas opérer de confusion car nous risquerions de sombrer dans un système où seule la personne serait non seulement responsable mais aussi coupable, dans la mesure où elle porterait en elle-même les stigmates de ce qui la perdra et l'isolera.

Jean-Claude Petit, CEA Saclay, Chef de Service DSP/DRECAM

Monsieur Kervern, vous nous avez en quelque sorte présenté les cindyniques comme un outil d'expertise et comme un instrument d'intervention dans la vie ou dans l'entreprise. Les paramètres cindyniques ne peuvent-ils pas également aider à définir les procédures et les lieux de débat public au sein desquels peut se construire l'acceptabilité sociale d'un risque ?

Georges-Yves Kervern

Il s'agit d'une question vitale pour que la société contemporaine soit en mesure d'affronter le risque et de l'apprivoiser. Les travaux menés par le CNRS sur l'action administrative, qui ont envisagé les questions de scène locale du risque, montrent effectivement, ainsi que vous le suggérez, que la seule entrée possible, pour certains dossiers inextricables, est l'axe déontologique. Par la définition de règles minimales du jeu social entre les acteurs concernés, il est possible de commencer à débloquer des situations considérées comme intolérables et inacceptables. Il s'agit d'un front avancé de la recherche cindynique sur l'action administrative.

II

Des aspects psychologiques du risque aux aspects sociaux

TRUST, EMOTION, SEX, POLITICS, AND SCIENCE

Surveying the risk-assessment battlefield

Paul Slovic
Decision Research, Eugene, Oregon, USA

Abstract

Risk management has become increasingly politicized and contentious. Polarized views, controversy, and conflict have become pervasive. Research has begun to provide a new perspective on this problem by demonstrating the complexity of the concept "risk" and the inadequacies of the traditional view of risk assessment as a purely scientific enterprise.

This paper argues that danger is real, but risk is socially constructed. Risk assessment is inherently subjective and represents a blending of science and judgment with important psychological, social, cultural, and political factors. In addition, our social and democratic institutions, remarkable as they are in many respects, breed distrust in the risk arena.

Whoever controls the definition of risk controls the rational solution to the problem at hand. If risk is defined one way, then one option will rise to the top as the most cost-effective or the safest or the best. If it is defined another way, perhaps incorporating qualitative characteristics and other contextual factors, one will likely get a different ordering of action solutions. Defining risk is thus an exercise in power.

Scientific literacy and public education are important, but they are not central to risk controversies. The public is not irrational. Their judgments about risk are influenced by emotion and affect in a way that is both simple and sophisticated. The same holds true for scientists. Public views are also influenced by worldviews, ideologies, and values; so are scientists' views, particularly when they are working at the limits of their expertise.

The limitations of risk science, the importance and difficulty of maintaining trust, and the complex, sociopolitical nature of risk point to the need for a new approach—one that focuses upon introducing more public participation into both risk assessment and risk decision making in order to make the decision process more democratic, improve the relevance and quality of technical analysis, and increase the legitimacy and public acceptance of the resulting decisions.

1. Introduction

Ironically, as our society and other industrialized nations have expended great effort to make life safer and healthier, many in the public have become more, rather than less, concerned about risk. These individuals see themselves as exposed to more serious risks than were faced by people in the past, and they believe that this situation is getting worse rather than better. Nuclear and chemical technologies (except for medicines) have been stigmatized by being perceived as entailing unnaturally great risks *[1]*. As a result, it has been difficult, if not impossible, to find host sites for disposing of high-level or low-level radioactive wastes, or for incinerators, landfills, and other chemical facilities.

Public perceptions of risk have been found to determine the priorities and legislative agendas of regulatory bodies such as the Environmental Protection Agency, much to the distress of agency technical experts who argue that other hazards deserve higher priority. The bulk of EPA's budget in recent years has gone to hazardous waste primarily because the public believes that the cleanup of Superfund sites is one of the most serious environmental priorities for the country. Hazards such as indoor air pollution are considered more serious health risks by experts but are not perceived that way by the public *[2]*.

Great disparities in monetary expenditures designed to prolong life, as shown by Tengs et al. *[3]*, may also be traced to public perceptions of risk. Such discrepancies are seen as irrational by many harsh critics of public perceptions. These critics draw a sharp dichotomy between the experts and the public. Experts are seen as purveying risk assessments, characterized as objective, analytic, wise, and rational—based on the *real risks*. In contrast, the public is seen to rely on *perceptions of risk* that are subjective, often hypothetical, emotional, foolish, and irrational (see, e.g., Ref. Nos. 4–5). Weiner [4] defends this dichotomy, arguing that "This separation of reality and perception is pervasive in a technically sophisticated society, and serves to achieve a necessary emotional distance..." (p. 495).

In sum, polarized views, controversy, and overt conflict have become pervasive within risk assessment and risk management. A desperate search for salvation through risk-communication efforts began in the mid-1980s—yet, despite some localized successes, this effort has not stemmed the major conflicts or reduced much of the dissatisfaction with risk management. This dissatisfaction can be traced, in part, to a failure to appreciate the complex and socially determined nature of the concept "risk." In the remainder of this paper, I shall describe several streams of research that demonstrate this complexity and point toward the need for new definitions of risk and new approaches to risk management.

2. The Subjective and Value-laden Nature of Risk Assessment

Attempts to manage risk must confront the question: "What is risk?" The dominant conception views risk as "the chance of injury, damage, or loss" [7]. The probabilities and consequences of adverse events are assumed to be produced by physical and natural processes in ways that can be objectively quantified by risk assessment. Much social science analysis rejects this notion, arguing instead that risk is inherently subjective [8-13]. In this view, risk does not exist "out there," independent of our minds and cultures, waiting to be measured. Instead, human beings have invented the concept *risk* to help them understand and cope with the dangers and uncertainties of life. Although these dangers are real, there is no such thing as "real risk" or "objective risk." The nuclear engineer's probabilistic risk estimate for a nuclear accident or the toxicologist's quantitative estimate of a chemical's carcinogenic risk are both based on theoretical models, whose structure is subjective and assumption-laden, and whose inputs are dependent on judgment. As we shall see, nonscientists have their own models, assumptions, and subjective assessment techniques (intuitive risk assessments), which are sometimes very different from the scientists' models.

One way in which subjectivity permeates risk assessments is in the dependence of such assessments on judgments at every stage of the process, from the initial structuring of a risk problem to deciding which endpoints or consequences to include in the analysis, identifying and estimating exposures, choosing dose-response relationships, and so on. For example, even the apparently simple task of choosing a risk measure for a well-defined endpoint such as human fatalities is surprisingly complex and judgmental. Table I shows a few of the many different ways that fatality risks can be measured. How should we decide which measure to use when planning a risk assessment, recognizing that the choice is likely to make a big difference in how the risk is perceived and evaluated?

TABLE I. *Some ways of expressing mortality risks.*

Deaths per million people in the population.
Deaths per million people within × miles of the source of exposure.
Deaths per unit of concentration.
Deaths per facility.
Deaths per ton of air toxic released.
Deaths per ton of air toxic absorbed by people.
Deaths per ton of chemical produced.
Deaths per million dollars of product produced.
Loss of life expectancy associated with exposure to the hazard.

An example taken from Wilson and Crouch [14] demonstrates how the choice of one measure or another can make a technology look either more or less risky. For example, between 1950 and 1970, coal mines became much less risky in terms of deaths from accidents per ton of coal, but they became marginally riskier in terms of deaths from accidents per employee. Which measure one thinks more appropriate for decision making depends on one's point of view. From a national point of view, given that a certain amount of coal has to be obtained to provide fuel, deaths per million tons of coal is the more appropriate measure of risk, whereas from a labor leader's point of view, deaths per thousand persons employed may be more relevant.

Each way of summarizing deaths embodies its own set of values [15]. For example, "reduction in life expectancy" treats deaths of young people as more important than deaths of older people, who have less life expectancy to lose. Simply counting fatalities treats deaths of the old and young as equivalent; it also treats as equivalent deaths that come immediately after mishaps and deaths that follow painful and debilitating disease. Using "number of deaths" as the summary indicator of risk implies that it is as important to prevent deaths of people who engage in an activity by choice and have been benefiting from that activity as it is to protect those who are exposed to a hazard involuntarily and get no benefit from it. One can easily imagine a range of arguments to justify different kinds of unequal weightings for different kinds of deaths, but to arrive at any selection requires a value judgment concerning which deaths one considers most undesirable. To treat the deaths as equal also involves a value judgment.

2.1. The Multidimensionality of Risk

Research has shown that the public has a broad conception of risk, qualitative and complex, that incorporates considerations such as uncertainty, dread, catastrophic potential, controllability, equity, risk to future generations, and so forth, into the risk equation [16]. In contrast, experts' perceptions of risk are not closely related to these dimensions or the characteristics that underlie them. Instead, studies show that experts tend to see riskiness as synonymous with probability of harm or expected mortality, consistent with the ways that risks tend to be characterized in risk assessments [see, for example, Ref. No. 17). As a result of these different perspectives, many conflicts over "risk" may result from experts and laypeople having different definitions of the concept. In this light, it is not surprising that expert recitations of "risk statistics" often do little to change people's attitudes and perceptions.

There are legitimate, value-laden issues underlying the multiple dimensions of public risk perceptions, and these values need to be considered in risk-policy decisions. For example, is risk from cancer (a dreaded disease) worse than risk from auto accidents (not dreaded)? Is a risk imposed on a child more serious than a known risk accepted voluntarily by an adult? Are the deaths of 50 passengers in separate automobile accidents equivalent to the deaths of 50 passengers in one airplane crash? Is the risk from a polluted Superfund site worse if the site is located in a neighborhood that has a number of other hazardous facilities nearby? The difficult questions multiply when outcomes other than human health and safety are considered.

2.2. The Risk Game

There are clearly multiple conceptions of risk [18]. Thompson and Dean [19] note that the traditional view of risk characterized by event probabilities and consequences treats the many subjective and contextual factors described above as secondary or accidental dimensions of risk, just as coloration might be thought of as a secondary or accidental dimension of an eye. Accidental dimensions might be extremely influential in the formation of attitudes toward risk, just as having blue or brown coloration may be influential in forming attitudes toward eyes. Furthermore, it may be that all risks possess some accidental dimensions, just as all organs of sight are in some way colored.

Nevertheless, accidental dimensions do not serve as criteria for determining whether someone is or is not at risk, just as coloration is irrelevant to whether something is or is not an eye.

I believe that the multidimensional, subjective, value-laden, frame-sensitive nature of risky decisions, as described above, supports a very different view, which Thompson and Dean call "the contextualist conception." This conception places probabilities and consequences on the list of relevant risk attributes along with voluntariness, equity, and other important contextual parameters. On the contextualist view, the concept of risk is more like the concept of a game than the concept of the eye. Games have time limits, rules of play, opponents, criteria for winning or losing, and so on, but none of these attributes is essential to the concept of a game, nor is any of them characteristic of all games. Similarly, a contextualist view of risk assumes that risks are characterized by some combination of attributes such as voluntariness, probability, intentionality, equity, and so on, but that no one of these attributes is essential. The bottom line is that, just as there is no universal set of rules for games, there is no universal set of characteristics for describing risk. The characterization must depend on which risk game is being played.

3. Sex, Politics, and Emotion in Risk Judgments

Given the complex and subjective nature of risk, it should not surprise us that many interesting and provocative things occur when people judge risks. Recent studies have shown that factors such as gender, race, political worldviews, affiliation, emotional affect, and trust are strongly correlated with risk judgments. Equally important is that these factors influence the judgments of experts as well as judgments of laypersons.

3.1. Sex

Sex is strongly related to risk judgments and attitudes. Several dozen studies have documented the finding that men tend to judge risks as smaller and less problematic than do women. A number of hypotheses have been put forward to explain these differences in risk perception. One approach has been to focus on biological and social factors. For example, women have been characterized as more concerned about human health and safety because they give birth and are socialized to nurture and maintain life *[20]*. They have been characterized as physically more vulnerable to violence, such as rape, for example, and this may sensitize them to other risks *[21]*. The combination of biology and social experience has been put forward as the source of a "different voice" that is distinct to women *[23-24]*.

A lack of knowledge and familiarity with science and technology has also been suggested as a basis for these differences, particularly with regard to nuclear and chemical hazards. Women are discouraged from studying science and there are relatively few women scientists and engineers *[25]*. However, Barke, Jenkins-Smith, and Slovic *[26]* have found that female physical scientists judge risks from nuclear technologies to be higher than do male physical scientists. Similar results with scientists were obtained by Slovic, Malmfors, Mertz, Neil, and Purchase *[27]*, who found that female members of the British Toxicological Society were far more likely than male toxicologists to judge societal risks as moderate or high. Certainly the female scientists in these studies cannot be accused of lacking knowledge and technological literacy. Something else must be going on.

Hints about the origin of these sex differences come from a study by Flynn, Slovic, and Mertz *[28]* in which 1,512 Americans were asked, for each of 25 hazard items, to indicate whether the hazard posed (1) little or no risk, (2) slight risk, (3) moderate risk, or (4) high risk to society. The percentage of "high-risk" responses was greater for women on every item. Perhaps the most striking result from this study is shown in Figure 1, which presents the mean risk ratings separately for white males, white females, nonwhite males, and nonwhite females. Across the 25 hazards, white males produced risk-perception ratings that were consistently much lower than the means of the other three groups.

Although perceived risk was inversely related to income and educational level, controlling for these differences statistically did not reduce much of the white-male effect on risk perception.

When the data underlying Figure 1 were examined more closely, Flynn et al. observed that not all white males perceived risks as low. The "white-male effect" appeared to be caused by about 30% of the white-male sample who judged risks to be extremely low. The remaining white males were not much different from the other subgroups with regard to perceived risk.

What differentiated these white males who were most responsible for the effect from the rest of the sample, including other white males who judged risks as relatively high? When compared to the remainder of the sample, the group of white males with the lowest risk-perception scores were better educated (42.7% college or postgraduate degree vs. 26.3% in the other group), had higher household incomes (32.1% above $50,000 vs. 21.0%), and were politically more conservative (48.0% conservative vs. 33.2%).

FIGURE 1. *Mean risk-perception ratings by race and gender. Source: Ref. No. 28.*

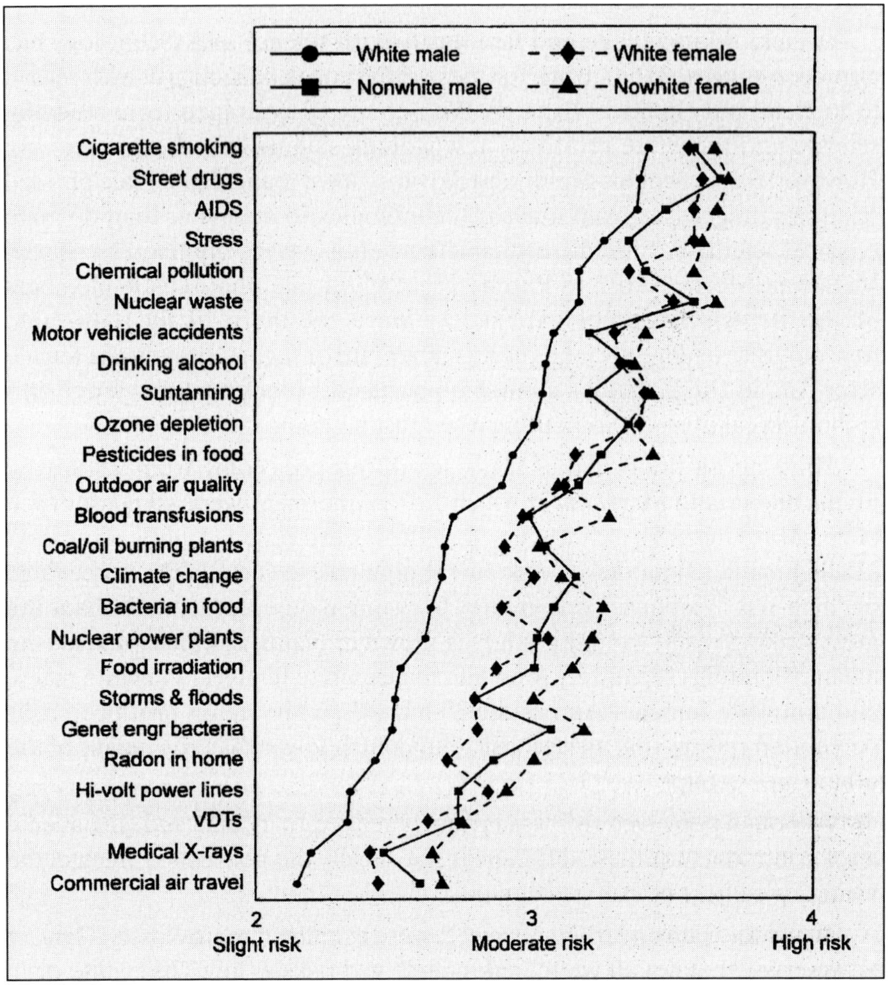

Particularly noteworthy is the finding that the low risk-perception subgroup of white males also held very different attitudes than the other respondents. Specifically, they were *more likely* than the others to:

- Agree that future generations can take care of themselves when facing risks imposed on them from today's technologies (64.2% vs. 46.9%).
- Agree that if a risk is very small it is okay for society to impose that risk on individuals without their consent (31.7% vs. 20.8%).

- Agree that science can settle differences of opinion about the risks of nuclear power (61.8% vs. 50.4%).
- Agree that government and industry can be trusted with making the proper decisions to manage the risks from technology (48.0% vs. 31.1%).
- Agree that we can trust the experts and engineers who build, operate, and regulate nuclear power plants (62.6% vs. 39.7%).
- Agree that we have gone too far in pushing equal rights in this country (42.7% vs. 30.9%).
- Agree with the use of capital punishment (88.2% vs. 70.5%).
- Disagree that technological development is destroying nature (56.9% vs. 32.8%).
- Disagree that they have very little control over risks to their health (73.6% vs. 63.1%).
- Disagree that the world needs a more equal distribution of wealth (42.7% vs. 31.3%).
- Disagree that local residents should have the authority to close a nuclear power plant if they think it is not run properly (50.4% vs. 25.1%).
- Disagree that the public should vote to decide on issues such as nuclear power (28.5% vs. 16.7%).

In sum, the subgroup of white males who perceive risks to be quite low can be characterized by trust in institutions and authorities and by anti-egalitarian attitudes, including a disinclination toward giving decision-making power to citizens in areas of risk management.

The results of this study raise new questions. What does it mean for the explanations of gender differences when we see that the sizable differences between white males and white females do not exist for nonwhite males and nonwhite females? Why do a substantial percentage of white males see the world as so much less risky than everyone else sees it?

Obviously, the salience of biology is reduced by these data on risk perception and race. Biological factors should apply to nonwhite men and women as well as to white men and women. The present data thus move us away from biology and toward sociopolitical explanations. Perhaps white males see less risk in the world because they create, manage, control, and benefit from many of the major technologies and activities. Perhaps women and nonwhite men see the world as more dangerous because in many ways they are more vulnerable, because they benefit less from many of its technologies and institutions, and because they have less power and control over what happens in their communities and their lives. Although the survey conducted by Flynn, Slovic, and Mertz was not designed to test these alternative explanations, the race and gender differences in perceptions and attitudes point toward the role of power, status, alienation, trust, perceived government responsiveness, and other sociopolitical factors, in determining perception and acceptance of risk.

To the extent that these sociopolitical factors shape public perception of risks, we can see why traditional attempts to make people see the world as white males do, by showing them statistics and risk assessments, are often unsuccessful. The problem of risk conflict and controversy goes beyond science. It is deeply rooted in the social and political fabric of our society.

3.2. Risk Perception and Worldviews

The influence of social, psychological, and political factors also can be seen in studies examining the impact of worldviews on risk judgments. Worldviews are general social, cultural, and political attitudes that appear to have an influence over people's judgments about complex issues *[29-31]*. Dake *[30]*. has conceptualized worldviews as "orienting dispositions," because of their role in guiding people's responses. Some of the worldviews identified to date are listed below, along with representative attitude statements:

- Fatalism (e.g., "I feel I have very little control over risks to my health").
- Hierarchy (e.g., "Decisions about health risks should be left to the experts").
- Individualism (e.g., "In a fair system, people with more ability should earn more").
- Egalitarianism (e.g., "If people were treated more equally, we would have fewer problems").
- Technological Enthusiasm (e.g., "A high-technology society is important for improving our health and social well-being").

People differ from one another in these views. Fatalists tend to think that what happens in life is preordained. Hierarchists like a society organized such that commands flow down from authorities and obedience flows up the hierarchy. Egalitarians prefer a world in which power and wealth are more evenly distributed. Individualists like to do their own thing, unhindered by government or any other kind of constraints.

Dake *[31-32]*, Jenkins-Smith *[33]* and others have measured worldviews with

TABLE II. *Percentage of people who agreed to support a new nuclear power plant in their community **.

	Agreement with the worldview question			
	Strongly disagree	**Disagree**	**Agree**	**Strongly agree**
INDIVIDUALISM WORLDVIEW: In a fair system people with more ability should earn more	37.5%	37.7%	47.7%	53.7%
EGALITARIAN WORLDVIEW: What this world needs is a more equal distribution of wealth	73.9%	53.7%	43.8%	33.8%

* The exact question was: "If your community was faced with a potential shortage of electricity, do you agree or disagree that a new nuclear power plant should be built to supply that electricity?" The cell entries in this table show the percentage of people who agreed with this statement conditioned by whether they agreed or disagreed with questions about individualism and egalitarianism.

survey techniques and found them to be strongly linked to public perceptions of risk. My colleagues and I have obtained similar results. Peters and Slovic (Ref No. 34; see also Ref. No. 35), using the same national survey data analyzed for race and gender effects by Flynn et al. *[28]*, found particularly strong correlations between worldviews and attitudes toward nuclear power. Egalitarians tended to be strongly anti-nuclear; persons endorsing fatalist, hierarchist, and individualistic views tended to be pro-nuclear. Peters and Slovic also showed strong correlations between worldviews and perceptions of risk from a wide range of hazards.

Table II illustrates some of the findings with regard to attitudes toward nuclear power. It shows that people who agreed that "in a fair system people with more ability should earn more" were more likely to support a local nuclear power plant than were people who disagreed with that statement. Similarly, those who agreed with the egalitarian view of equal distribution of wealth were less likely to support a nuclear power plant than were those who disagreed with that view.

3.3. Risk Perception, Emotion, and Affect

The studies described in the preceding section illustrate the role of worldviews as orienting mechanisms. Research suggests that emotion is also an orienting mechanism that directs fundamental psychological processes such as attention, memory, and information processing. Emotion and worldviews may thus be functionally similar in that both may help us navigate quickly and efficiently through a complex, uncertain, and sometimes dangerous world.

The discussion in this section is concerned with a subtle form of emotion called affect, defined as a positive (like) or negative (dislike) evaluative feeling toward an external stimulus (e.g., some hazard such as cigarette smoking). Such evaluations occur rapidly and automatically—note how quickly you sense a negative affective feeling toward the stimulus word "hate" or the word "cancer."

Support for the conception of affect as an orienting mechanism comes from a study by Alhakami and Slovic *[36]*. They observed that, whereas the risks and benefits to society from various activities and technologies (e.g., nuclear power, commercial aviation) tend to be *positively* associated in the world, they are *inversely* correlated in people's minds (higher perceived benefit is associated with lower perceived risk; lower perceived benefit is associated with higher perceived risk). Alhakami and Slovic found that this inverse relationship was linked to people's reliance on general affective evaluations when making risk/benefit judgments. When the affective evaluation was favorable (as with automobiles, for example), the activity or technology being judged was seen as having high benefit and low risk; when the evaluation was unfavorable (e.g., as with pesticides), risks tended to be seen as high and benefits as low. It thus appears that the affective response is primary, and the risk and benefit judgments are derived (at least partly) from it.

Finucane, Alhakami, Slovic, and Johnson *[37]* investigated the inverse relationship between risk and benefit judgments under a time-pressure condition designed to limit the use of analytic thought and enhance the reliance on affect. As expected, the inverse relationship was strengthened when time pressure was introduced. A second study tested and confirmed the hypothesis that providing information designed to alter the favorability of one's overall affective evaluation of an item (say nuclear power) would systematically change the risk and benefit judgments for that item. For example, providing information calling people's attention to the benefits provided by nuclear power (as a source of energy) depressed people's perception of the risks of that technology. The same sort of reduction in perceived risk occurred for food preservatives and natural gas, when information about their benefits was provided. Information about risk was also found to alter perception of benefit. A model depicting how reliance upon affect can lead to these observed changes in perception of risk and benefit is shown in Figure 2.

Slovic, Flynn, and Layman [38] and Slovic, Layman, Kraus, Flynn, Chalmers, and Gesell [39] studied the relationship between affect and perceived risk for hazards related to nuclear power. For example, Slovic, Flynn, and Layman asked respondents "What is the first thought or image that comes to mind when you hear the phrase 'nuclear waste repository?'" After providing up to three associations to the repository stimulus, each respondent rated the affective quality of these associations on a five-point scale, ranging from extremely negative to extremely positive.

Although most of the images that people evoke when asked to think about nuclear power or nuclear waste are affectively negative (e.g., death, destruction, war, catastrophe), some are positive (e.g., abundant electricity

FIGURE 2. *Model showing how information about benefit (A) or information about risk (B) could create a more positive affective evaluation of nuclear power and lead to inferences about risk and benefit that are affectively congruent with the information input. Similarly, information could decrease the affective evaluation of nuclear power as in C and D, resulting in inferences that are opposite those in A and B. Source: Ref. No. 37.*

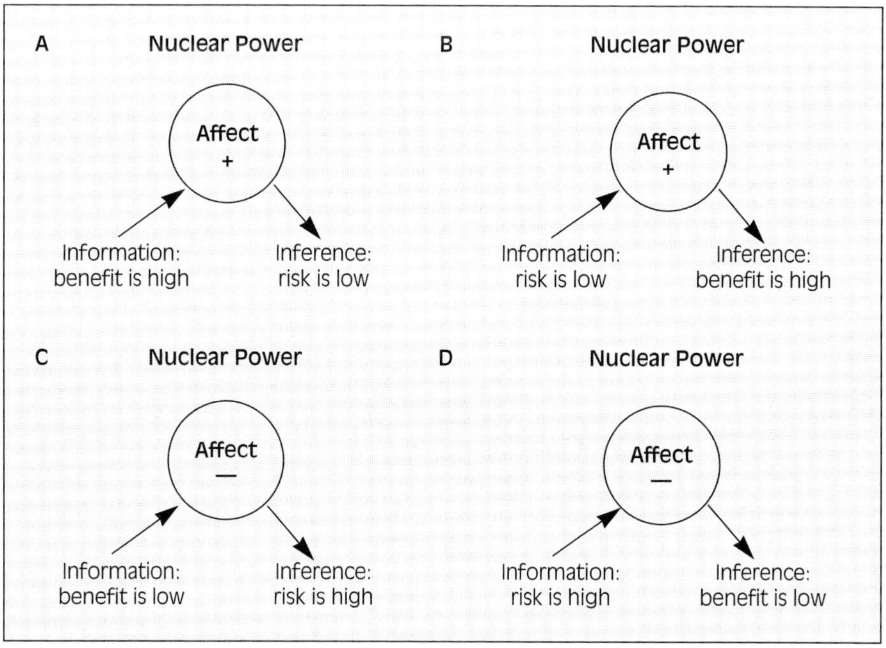

and the benefits it brings). The affective values of these positive and negative images appear to sum in a way that is predictive of our attitudes, perceptions, and behaviors. If the balance is positive, we respond favorably; if it is negative, we respond unfavorably. For example, the affective quality of a person's associations to a nuclear waste repository was found to be related to whether the person would vote for or against a referendum on a nuclear waste repository and to their judgments regarding the risk of a repository accident. For example, more than 90% of those people whose first image was judged very negative said that they would vote against a repository in Nevada; fewer than 50% of those people whose first image was positive said they would vote against the repository *[38]*.

Using data from the national survey of 1,500 Americans described earlier, Peters and Slovic *[34]* found that the affective ratings of associations to the stimulus "nuclear power" were highly predictive of responses to the question: "If your community was faced with a shortage of electricity, do you agree or disagree that a new nuclear power plant should be built to supply that electricity?" Among the 25% of respondents with the most positive associations to nuclear power, 69% agreed to building a new plant. Among the 25% of respondents with the most negative associations, only 13% agreed.

3.4. Worldviews, Affect, and Toxicology

Affect and worldviews seem to influence the risk-related judgments of scientists, as well as laypersons. Evidence for this comes from studies of "intuitive toxicology" that Torbjörn Malmfors, Nancy Neil, Iain Purchase, and I have been conducting in the United States, Canada, and the UK during the past eight years. These studies have surveyed both toxicologists and laypersons about a wide range of concepts relating to risks from chemicals. We have examined judgments about the effects of chemical concentration, dose, and exposure on risk. We have also questioned our respondents about the value of animal studies for predicting the effects of chemicals on humans. Before showing how worldviews and affect enter into toxicologists' judgments, a brief description of some basic results will be presented.

Consider two survey items that we have studied repeatedly. One is statement S_1: "Would you agree or disagree that the way an animal reacts to a chemical is a reliable predictor of how a human would react to it?" The second statement, S_2, is a little more specific: "If a scientific study produces evidence that a chemical causes cancer in animals, then we can be reasonably sure that the chemical will cause cancer in humans."

When members of the American and Canadian public responded to these items, they showed moderate agreement with S_1; about half the people agreed and half disagreed that animal tests were reliable predictors of human reactions to chemicals. However, in response to S_2, which stated that the animal study found evidence of cancer, there was a jump in agreement to about 70% among both male and female respondents (see Figure 3). The important point about the pattern of response is that agreement was higher on the second item.

FIGURE 3. *Agreement among members of the public in the United States for Statements S_1 and S_2. Source: Ref. No. 40.*

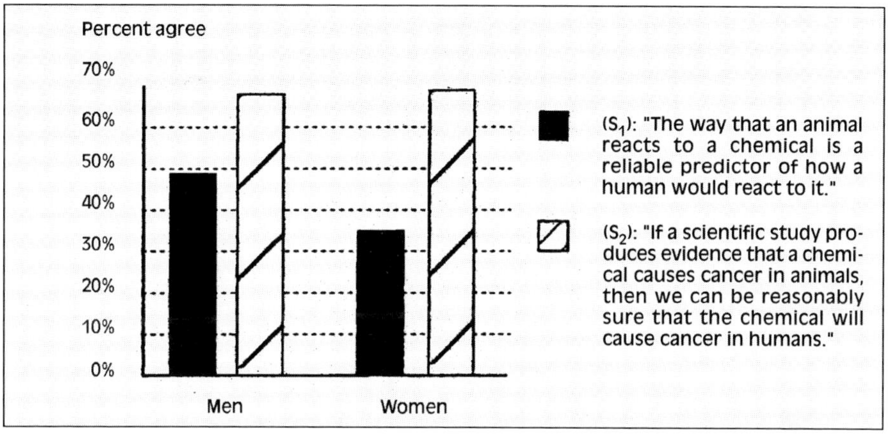

What happens if toxicologists are asked about these two statements? Figure 4 shows that toxicologists in the United States and toxicologists in the UK responded similarly to the public on the first statement but differently on the second. They exhibited the same rather middling level of agreement with the general statement about animal studies as predictors of human health effects (1). However, when these studies were said to find evidence of carcinogenicity in animals, then the toxicologists were less likely to agree that the results could be extrapolated to humans. Thus, the same findings which lead toxicologists to be less willing to generalize to humans lead the public to see the chemical as more dangerous for humans (2).

(1) This is actually a very surprising result, given the heavy reliance on animal studies in toxicology.

(2) This pattern suggests that animal studies may be scaring the public without informing science.

FIGURE 4. *Agreement with two statements, S_1 and S_2, regarding the extrapolation of chemical effects in animals to chemical effects in humans. Source: Ref. No. 41.*

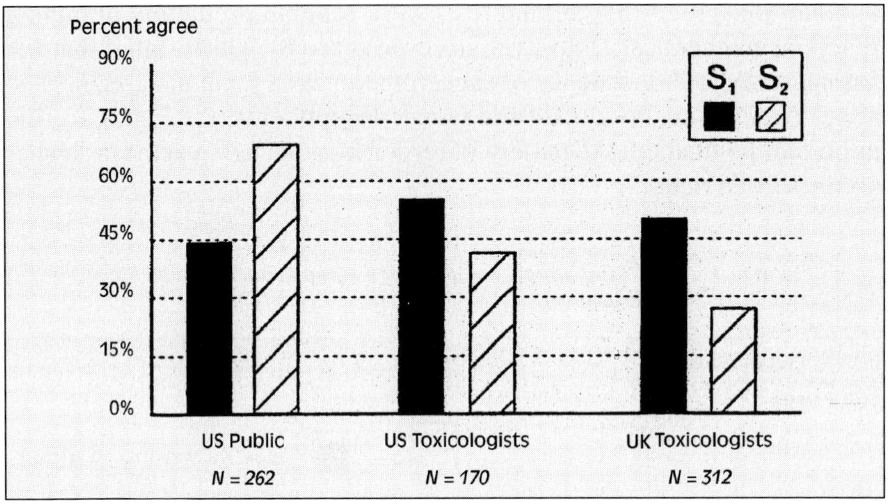

Figure 5 presents the responses for S_1 and S_2 among men and women toxicologists in the UK (208 men and 92 women). Here we see another interesting finding. The men agree less on the second statement than on the first, but the women agree more, just like the general public. Women toxicologists are more willing than men to say that if a chemical causes cancer in animals, it will likely cause cancer in humans.

We also examined the relative agreement with Statements S_1 and S_2 for each of the British toxicologists in our survey. Greater agreement with S_2 than with S_1 was associated with:

- higher mean perceptions of risk across 25 hazards (the risk-perception index),
- rating pesticides and industrial chemicals as "bad" on a task in which various items were rated on a scale ranging from *good* to *bad*,
- being female,
- being younger,
- agreeing that "I have little control over risks to my health."
- holding an academic position rather than a position in industry,
- disagreeing that "technology is important for social well-being," and
- disagreeing that "economic growth is necessary for good quality of life."

FIGURE 5. *Agreement of men and women toxicologists in the United Kingdom with two statements regarding extrapolation of chemical effects in animals to chemical effects in humans. Source: Ref. No. 41.*

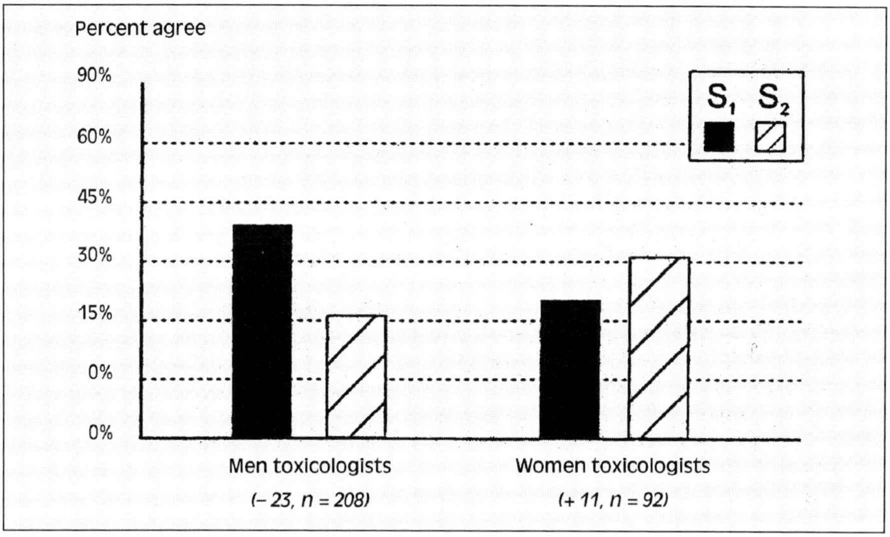

These studies of intuitive toxicology have yielded a number of intriguing findings. One is the low percentage of agreement that animal studies can predict human health effects. Another is that toxicologists show even less confidence in studies that find cancer in animals resulting from chemical exposure. The public, on the other hand, has high confidence in animal studies that find cancer. Disagreements among toxicologists are systematically linked to gender, affiliation (academic vs. other), worldviews, and affect. Thus affective and sociopolitical factors appear to influence scientists' risk evaluations in much the same way as they influence the public's perceptions (1).

4. The importance of trust

The research described above has painted a portrait of risk perception influenced by the interplay of psychological, social, and political factors.

(1) Although we have focused only on the relationship between toxicologists' reaction to chemicals and their responses to S_1 and S_2, there were may other links between affect and attitudes in the survey. For example, the very simple bad-good ratings of pesticides correlated significantly (r = .20) with agreement that there is a threshold dose for nongenotoxic carcinogens. The same ratings correlated—27 with the belief that synergistic effects of chemicals cause animal studies of single chemicals to underestimate risk to humans.

Members of the public and experts can disagree about risk because they define risk differently, have different worldviews, different affective experiences and reactions, or different social status. Another reason why the public often rejects scientists' risk assessments is lack of trust. Trust in risk management, like risk perception, has been found to correlate with gender, race, worldviews, and affect.

Social relationships of all types, including risk management, rely heavily on trust. Indeed, much of the contentiousness that has been observed in the risk-management arena has been attributed to a climate of distrust that exists between the public, industry, and risk-management professionals (e.g., Refs. No. 38 and 42). The limited effectiveness of risk-communication efforts can be attributed to the lack of trust. If you trust the risk manager, communication is relatively easy. If trust is lacking, no form or process of communication will be satisfactory *[43]*.

4.1. How Trust Is Created and Destroyed

One of the most fundamental qualities of trust has been known for ages. Trust is fragile. It is typically created rather slowly, but it can be destroyed in an instant—by a single mishap or mistake. Thus, once trust is lost, it may take a long time to rebuild it to its former state. In some instances, lost trust may never be regained. Abraham Lincoln understood this quality. In a letter to Alexander McClure, he observed: "If you *once* forfeit the confidence of your fellow citizens, you can *never* regain their respect and esteem" [italics added].

The fact that trust is easier to destroy than to create reflects certain fundamental mechanisms of human psychology called here "the asymmetry principle." When it comes to winning trust, the playing field is not level. It is tilted toward distrust, for each of the following reasons:

(1) Negative (trust-destroying) events are more visible or noticeable than positive (trust-building) events. Negative events often take the form of specific, well-defined incidents such as accidents, lies, discoveries of errors, or other mismanagement. Positive events, while sometimes visible, more often are fuzzy or indistinct. For example, how many positive events are represented by the safe operation of a nuclear power plant for one day? Is this one event? dozens of events? hundreds? There is no precise answer. When events are invisible or poorly defined, they carry little or no weight in shaping our attitudes and opinions.

(2) When events are well-defined and do come to our attention, negative (trust-destroying) events carry much greater weight than positive events *[42]*.

(3) Adding fuel to the fire of asymmetry is yet another idiosyncrasy of human psychology—sources of bad (trust-destroying) news tend to be seen as more credible than sources of good news. The findings reported in Section 3.4 regarding "intuitive toxicology" illustrate this point. In general, confidence in the validity of animal studies is not particularly high. However, when told that a study has found that a chemical is carcinogenic in animals, members of the public express considerable confidence in the validity of this study for predicting health effects in humans ([1]).

(4) Another important psychological tendency is that distrust, once initiated, tends to reinforce and perpetuate distrust. Distrust tends to inhibit the kinds of personal contacts and experiences that are necessary to overcome distrust. By avoiding others whose motives or actions we distrust, we never get to see that these people are competent, well-meaning, and trustworthy.

4.2. "The System Destroys Trust"

Thus far we have been discussing the psychological tendencies that create and reinforce distrust in situations of risk. Appreciation of those psychological principles leads us toward a new perspective on risk perception, trust, and conflict. Conflicts and controversies surrounding risk management are not due to public irrationality or ignorance but, instead, can be seen as expected side effects of these psychological tendencies, interacting with a highly participatory Democratic system of government and amplified by certain powerful technological and social changes in society. Technological change has given the electronic and print media the capability (effectively utilized) of informing us of news from

([1]) Further evidence supporting this point comes from a representative sample of the US public surveyed by the author and his colleagues in 1998. Whereas 61% agreed with the general statement about the reliability of animal tests, 72% agreed with S_2, the statement about a test that gave bad news. In response to a new question (S_3) giving good news ("the scientific studies found no evidence that the chemical causes cancer in animals"), only 43% agreed that this enabled us to be reasonably sure the chemical does not cause cancer in humans.

all over the world—often right as it happens. Moreover, just as individuals give greater weight and attention to negative events, so do the news media. Much of what the media reports is bad (trust-destroying) news *[44–45]*.

A second important change, a social phenomenon, is the rise of powerful special interest groups, well funded (by a fearful public) and sophisticated in using their own experts and the media to communicate their concerns and their distrust to the public to influence risk policy debates and decisions *[46]*. The social problem is compounded by the fact that we tend to manage our risks within an adversarial legal system that pits expert against expert, contradicting each other's risk assessments and further destroying the public trust.

The young science of risk assessment is too fragile, too indirect, to prevail in such a hostile atmosphere. Scientific analysis of risks cannot allay our fears of low-probability catastrophes or delayed cancers unless we trust the system. In the absence of trust, science (and risk assessment) can only feed public concerns, by uncovering more bad news. A single study demonstrating an association between exposure to chemicals or radiation and some adverse health effect cannot easily be offset by numerous studies failing to find such an association. Thus, for example, the more studies that are conducted looking for effects of electric and magnetic fields or other difficult-to-evaluate hazards, the more likely it is that these studies will increase public concerns, even if the majority of these studies fail to find any association with ill health *[47-48]*. In short, because evidence for lack of risk often carries little weight, risk-assessment studies tend to increase perceived risk.

5. Resolving Risk Conflicts: Where do we go from here?

5.1. Technical Solutions to Risk Conflicts

There has been no shortage of high-level attention given to the risk conflicts described above. One prominent proposal by Justice Stephen Breyer *[49]* attempts to break what he sees as a vicious circle of public perception, congressional overreaction, and conservative regulation that leads to obsessive and costly preoccupation with reducing negligible risks as well as to inconsistent standards among health and safety programs. Breyer sees public misperceptions of risk and low levels of mathematical understanding at the core of excessive regulatory response. His proposed solution is to create a small centralized administrative group charged with creating uniformity and rationality in highly technical areas of risk management. This group would be staffed by civil servants with experience in health and environmental agencies, Congress, and the Office of Management and Budget (OMB). A parallel is drawn between this group and the prestigious Conseil d'Etat in France.

Similar frustration with the costs of meeting public demands led the 104th Congress to introduce numerous bills designed to require all major new regulations to be justified by extensive risk assessments. Proponents of this legislation argue that such measures are necessary to ensure that regulations are based on "sound science" and effectively reduce significant risks at reasonable costs.

The language of this proposed legislation reflects the traditional narrow view of risk and risk assessment based "only on the best reasonably available scientific data and scientific understanding." Agencies are further directed to develop a systematic program for external peer review using "expert bodies" or "other devices comprised of participants selected on the basis of their expertise relevant to the sciences involved" (Ref. No. 50, pp. 57–58). Public participation in this process is advocated, but no mechanisms for this are specified.

The proposals by Breyer and the 104th Congress are typical in their call for more and better technical analysis and expert oversight to rationalize risk management. There is no doubt that technical analysis is vital for making risk decisions better informed, more consistent, and more accountable. However, value conflicts and pervasive distrust in risk management cannot easily be reduced by technical analysis. Trying to address risk controversies primarily with more science is, in fact, likely to exacerbate conflict.

5.2. Process-Oriented Solutions

A major objective of this paper has been to demonstrate the complexity of risk and its assessment. To summarize the earlier discussions, danger is real, but risk is socially constructed. Risk assessment is inherently subjective and represents a blending of science and judgment with important psychological, social, cultural, and political factors. Finally, our social and democratic institutions, remarkable as they are in many respects, breed distrust in the risk arena.

Whoever controls the definition of risk controls the rational solution to the problem at hand. If you define risk one way, then one option will rise to the top as the most cost-effective or the safest or the best. If you define it another way, perhaps incorporating qualitative characteristics and other contextual factors, you will likely get a different ordering of your action solutions *[51]*. Defining risk is thus an exercise in power.

Scientific literacy and public education are important, but they are not central to risk controversies. The public is not irrational. The public is influenced by emotion and affect in a way that is both simple and sophisticated. So are scientists. The public is influenced by worldviews, ideologies, and values. So are scientists, particularly when they are working at the limits of their expertise.

The limitations of risk science, the importance and difficulty of maintaining trust, and the subjective and contextual nature of the risk game point to the need for a new approach—one that focuses on introducing more public participation into both risk assessment and risk decision making to make the decision process more democratic, improve the relevance and quality of technical analysis, and increase the legitimacy and public acceptance of the resulting decisions. Work by scholars and practitioners in Europe and North America has begun to lay the foundations for improved methods of public participation within deliberative decision processes that include negotiation, mediation, oversight committees, and other forms of public involvement *[52-56]*.

Recognizing interested and affected citizens as legitimate partners in the exercise of risk assessment is no short-term panacea for the problems of risk management. It won't be easy and it isn't guaranteed. But serious attention to participation and process issues may, in the long run, lead to more satisfying and successful ways to manage risk.

ACKNOWLEDGEMENT

Preparation of this paper was supported by the Alfred P. Sloan Foundation, the Electric Power Research Institute, and the National Science Foundation under Grants No. 91-10592 and SBR 94-122754. An earlier version of this text appeared in M. H. Bazerman, D. M. Messick, A. E. Tenbrunsel, & K. A. Wade-Benzoni (Eds.), *Environment, ethics, and behavior* (pp. 277-313). San Francisco, New Lexington, 1997.

REFERENCES

1. R. Gregory, J. Flynn, and P. Slovic. – "Technological Stigma," *American Scientist* **83**, 220-223 (1995).

2. US Environmental Protection Agency (USEPA). – Office of Policy Analysis., *Unfinished Business: A Comparative Assessment of Environmental Problems* (Washington, DC, Author, 1987, February).

3. T. O. Tengs, M. E. Adams, J. S. Pliskin, D. G. Safran, J. E. Siegel, M. Weinstein, and J. D. Graham. – "Five-Hundred Life-Saving Interventions and Their Cost Effectiveness," *Risk Analysis* **15**, 369-390 (1995).

4. R. L. DuPont. – *Nuclear Phobia: Phobic Thinking About Nuclear Power* (Washington, DC, The Media Institute, 1980).

5. V. T. Covello, W. G. Flamm, J. V. Rodricks, and R. G. Tardiff. – *The Analysis of Actual Versus Perceived Risks* (New York, Plenum, 1983).

6. R. F. Weiner. – "Comment on Sheila Jasanoff's Guest Editorial," *Risk Analysis* **13**, 495-496 (1993).

7. N. Webster. – *Webster's New Twentieth Century Dictionary*, 2nd ed. (New York, Simon & Schuster, 1983).

8. S. O. Funtowicz and J. R. Ravetz. – "Three Types of Risk Assessment and the Emergence of Post-Normal Science," in *Social Theories of Risk*, edited by S. Krimsky and D. Golding (Westport, CT, Praeger, 1992), pp. 251-273.

9. S. Krimsky and D. Golding (Eds.). – *Social Theories of Risk* (Westport, CT, Praeger-Greenwood, 1992).

10. H. Otway. – "Public Wisdom, Expert Fallibility: Toward a Contextual Theory of Risk," in *Social Theories of Risk*, edited by S. Krimsky and D. Golding (Westport, CT, Praeger, 1992), pp. 215-228.

11. N. Pidgeon, C. Hood, D. Jones, B. Turner, and R. Gibson. – "Risk Perception," in *Risk: Analysis, Perception and Management*, edited by Royal Society Study Group (London, The Royal Society, 1992), pp. 89-134.

12. P. Slovic. – "Perception of Risk: Reflections on the Psychometric Paradigm," in *Social Theories of Risk*, edited by S. Krimsky and D. Golding (New York, Praeger, 1992), pp. 117-152.

13. B. Wynne. – "Risk and Social Learning: Reification to Engagement," in *Social Theories of Risk*, edited by S. Krimsky and D. Golding (Westport, CT, Praeger, 1992), pp. 275-300.

14. E. A. C. Crouch and R. Wilson. – *Risk/Benefit Analysis* (Cambridge, MA, Ballinger, 1982).

15. National Research Council. – *Improving Risk Communication* (Washington, DC, National Academy Press, 1989).

16. P. Slovic. – "Perception of Risk," *Science* **236**, 280-285 (1987).

17. B. L. Cohen. – "Criteria for Technology Acceptability," *Risk Analysis* **5**, 1-2 (1985a).

18. K. S. Shrader-Frechette, *Risk and Rationality: Philosophical Foundations for Populist Reforms* (Berkeley, University of California, 1991).
19. P. B. Thompson and W. R. Dean. – "Competing Conceptions of Risk," *Risk: Health, Safety and Environment* **7**, 361-384 (1996).
20. M. A. E. Steger and S. L. Witt. – "Gender Differences in Environmental Orientations: A Comparison of Publics and Activists in Canada and the U.S," *The Western Political Quarterly* **42**, 627-649 (1989).
21. T. L. Baumer. – "Research on Fear of Crime in the United States," *Victimology* **3**, 254-264 (1978).
22. S. Riger, M. T. Gordon, and R. LeBailly. – "Women's Fear of Crime: From Blaming to Restricting the Victim," *Victimology* **3**, 274-284 (1978).
23. C. Gilligan. – *In a Different Voice: Psychological Theory and Women's Development* (Cambridge, MA, Harvard University, 1982).
24. C. Merchant. – *The Death of Nature: Women, Ecology, and the Scientific Revolution* (New York, Harper & Row, 1980).
25. J. Alper. – "The Pipeline is Leaking Women All the Way Along," *Science* **260**, 409-411 (1993).
26. R. Barke, H. Jenkins-Smith, and P. Slovic. – "Risk Perceptions of Men and Women Scientists," *Social Science Quarterly* **78** (1), 167-176 (1997).
27. P. Slovic, T. Malmfors, C. K. Mertz, N. Neil, and I. F. H. Purchase. – "Evaluating Chemical Risks: Results of a Survey of the British Toxicology Society," *Human & Experimental Toxicology* **16**, 289-304 (1997).
28. J. Flynn, P. Slovic, and C. K. Mertz. – "Gender, Race, and Perception of Environmental Health Risks," *Risk Analysis* **14** (6), 1101-1108 (1994).
29. D. M. Buss, K. H. Craik, and K. M. Dake. – "Contemporary Worldviews and Perception of the Technological System," in *Risk Evaluation and Management*, edited by V. T. Covello, J. Menkes, and J. L. Mumpower (New York, Plenum, 1986), pp. 93-130.
30. K. Dake. – "Orienting Dispositions in the Perception of Risk: An Analysis of Contemporary Worldviews and Cultural Biases," *Journal of Cross-Cultural Psychology* **22**, 61-82 (1991).
31. J. M. Jasper. – *Nuclear Politics: Energy and the State in the United States, Sweden, and France* (Princeton, NJ, Princeton University Press, 1990).
32. K. Dake. – "Myths of Nature: Culture and the Social Construction of Risk," *Journal of Social Issues* **48**, 21-27 (1992).
33. H. C. Jenkins-Smith. – *Nuclear Imagery and Regional Stigma: Testing Hypotheses of Image Acquisition and Valuation Regarding Nevada*. Technical report (Albuquerque, NM, University of New Mexico, Institute for Public Policy, 1993).
34. E. Peters and P. Slovic. – "The Role of Affect and Worldviews as Orienting Dispositions in the Perception and Acceptance of Nuclear Power," *Journal of Applied Social Psychology* **26**, 1427-1453 (1996).
35. P. Slovic and E. Peters. – "The Importance of Worldviews in Risk Perception," *Risk Decision and Policy* **3** (2), 165-170 (1998).
36. A. S. Alhakami and P. Slovic. – "A Psychological Study of the Inverse Relationship

Between Perceived Risk and Perceived Benefit," *Risk Analysis* **14** (6), 1085-1096 (1994).

37. M. L. Finucane, A. Alhakami, P. Slovic, and S. M. Johnson. – *The Affect Heuristic in Judgments of Risks and Benefits.* Report No. 98-7 (Eugene, OR, Decision Research, 1998).

38. P. Slovic, J. Flynn, and M. Layman, "Perceived Risk, Trust, and the Politics of Nuclear Waste," *Science* **254**, 1603-1607 (1991).

39. P. Slovic, M. Layman, N. Kraus, J. Flynn, J. Chalmers, and G. Gesell. – "Perceived Risk, Stigma, and Potential Economic Impacts of a High-Level Nuclear Waste Repository in Nevada," *Risk Analysis* **11**, 683-696 (1991).

40. N. N. Kraus, T. Malmfors, and P. Slovic. – "Intuitive Toxicology: Expert and Lay Judgments of Chemical Risks," *Risk Analysis* **12**, 215-232 (1992).

41. P. Slovic. – «Trust, Emotion, Sex, Politics, and Science: Surveying the Risk-Assessment Battlefield,» in *Environment, Ethics, and Behavior,* edited by M. H. Bazerman, D. M. Messick, A. E. Tenbrunsel, and K. A. Wade-Benzoni (San Francisco, New Lexington, 1997), pp. 277-313.

42. P. Slovic. – "Perceived Risk, Trust, and Democracy," *Risk Analysis* **13**, 675-682 (1993).

43. J. Fessenden-Raden, J. M. Fitchen, and J. S. Heath. – "Providing Risk Information in Communities: Factors Influencing What is Heard and Accepted," *Science Technology and Human Values* **12**, 94-101 (1987).

44. G. Koren and N. Klein. – "Bias Against Negative Studies in Newspaper Reports of Medical Research," *Journal of the American Medical Association* **266**, 1824-1826 (1991).

45. J. Lichtenberg and D. MacLean. – "Is Good News No News?" *The Geneva Papers on Risk and Insurance* **17**, 362-365 (1992).

46. D. Fenton. – "How a PR Firm Executed the Alar Scare," *Wall Street Journal*, A22 (October 3, 1989).

47. D. MacGregor, P. Slovic, and M. G. Morgan. – "Perception of Risks from Electromagnetic Fields: A Psychometric Evaluation of a Risk-Communication Approach," *Risk Analysis* **14** (5), 815-828 (1994).

48. M. G. Morgan, P. Slovic, I. Nair, D. Geisler, D. MacGregor, B. Fischhoff, D. Lincoln, and K. Florig. – "Powerline Frequency Electric and Magnetic Fields: A Pilot Study of Risk Perception," *Risk Analysis* **5**, 139-149 (1985).

49. S. Breyer. – *Breaking the Vicious Circle: Toward Effective Risk Regulation* (Cambridge, MA, Harvard University, 1993).

50. US Senate. – *The Comprehensive Regulatory Reform Act of 1995.* Dole/Johnson discussion draft of S. 5343 (Washington, DC, U.S. Government Printing Office, 1995, June).

51. B. Fischhoff, S. Watson, and C. Hope "Defining Risk," *Policy Sciences* **17**, 123-139 (1984).

52. M. R. English, *Siting Low-Level Radioactive Waste Disposal Facilities: The Public Policy Dilemma* (New York, Quorum, 1992).

53. H. Kunreuther, K. Fitzgerald, and T. D. Aarts. – "Siting Noxious Facilities: A Test of the Facility Siting Credo," *Risk Analysis* **13**, 301-318 (1993).

54. NATIONAL RESEARCH COUNCIL. COMMITTEE ON RISK CHARACTERIZATION. – *Understanding Risk: Informing Decisions in a Democratic Society*, edited by P. C. Stern. and H. V. Fineberg (Washington, DC, National Academy Press, 1996).

55. O. RENN, T. WEBLER, and B. B. JOHNSON. – "Public Participation in Hazard Management: The Use of Citizen Panels in the U.S.," *Risk—Issues in Health and Safety* **2** (3), 197-226 (Summer, 1991).

56. O. RENN, T. WEBLER, and P. WIEDEMANN. – *Fairness and Competence in Citizen Participation* (Dordrecht, The Netherlands, Kluwer, 1995).

THE SOCIAL ATTENUATION AND AMPLIFICATION OF RISK

Roger E. Kasperson
Clark University, Worcester, Mass., USA

The study of risk and hazard has frequently involved a major disjuncture between "technical" and the "social or perceptual" analyses. The technical concept of risk has typically focused narrowly on the *probability of events* (e.g., a nuclear plant accident, an automobile collision) and *the magnitude of the consequences* (number of deaths, injuries, illnesses). "Risk" has then often been defined by the multiplication of two terms—probability of events and magnitude of consequences. Psychological studies have delineated qualitative properties (newness, involuntary nature, catastrophic potential) of hazards, however, that substantially extend this conception of risk (Slovic 1987), and some analysts have sought to modify the calculation accordingly (as by weighting consequences). Social scientists have also argued the risk consequences can be satisfactorily identified only through analysis of human activity and values, that "damage" is socially dependent, that human "factors" are major contributors in hazard causation, and that management is rooted in social institutions and relationships. Yet, in their criticisms of the technical conception of risk, the social science critics have failed to offer a coherent framework or approach for integrating the technical and social aspects of risk (although the recent report of the US National Research Council's *Understanding Risk* [Stern and Fineberg 1996] is an important step in this direction).

There have also been debates among the social analysts of risk. Over the past two decades, psychologists have explored the bases of human judgments about risk. These studies have joined risk perception and behavioral decision theory, with results that have challenged the theory of rational behavior centered on quantitative depictions of risk in technical risk analysis. This research has identified the heuristics that ordinary people utilize to cope with complex risk information. Cultural theorists, by contrast, beginning with Mary Douglas' *Purity and Danger* (1966), have criticized both the technical and psychological conceptualization of risk, proposing that individuals *select* what and how much to fear largely as the product of a particular cultural bias or to support a particular world view (Douglas and Wildavsky 1982b; Douglas 1985; Thompson, Ellis, and Wildavsky 1990).

Meanwhile, sociologists and policy analysts have seen risk as an element in social movements or dynamics of social controversy (Mazur 1981, 1998; Krimsky and Plough 1988) and disasters as a phenomenon for studying critical problems of social structures and processes (Kreps 1989). Economists tend to see hazards as market externalities requiring social intervention (Viscusi 1983).

Viewing these various risk debates a decade ago, it was apparent to risk researchers at Clark University and Decision Research that a new approach was needed, one that specifically fused the technical and social conceptions of risk, that appreciated the contributions of differing social theory, that integrated the fragmented body of emerging empirical knowledge, and that recognized different modes of understanding.

The Social Amplification and Attenuation Framework

In 1988, researchers at Clark University and Decision Research in the U.S. collaborated on a few framework for risk analysis, which they termed the "social amplification of risk" (Kasperson et al. 1988). This framework takes as its starting point that risks are interactive phenomena that involve both the biophysical and social worlds. Risk involves threats of harm to people and other things that people value, such as community, nature, or political freedom. As the joint product of impacts on human health and perturbations in social systems and value structures, the human experience of risk is simultaneously an experience of potential harm and the ways by which institutions and people process and interpret these threats. These interpretations generate rules by which society select, order, and explain signals concerning the threats emanating from human activities. Risk analysis, then, requires an approach that is capable of illuminating risk in its full complexity, is sensitive to the social settings in which risk occurs, and that recognizes that social processes may either amplify or attenuate the signals to society about the risk.

As conceived in this framework (see Figure 1), social amplification or attenuation of risk may occur in several ways. It may begin with a risk event, such as an industrial accident or a chemical release, or it may emerge from the release of a government report that provides new information on a particular risk. Since society learns about the flow of most risks and risk events through communication systems rather than through direct personal experience, risk communicators, and especially the mass media, are major agents, or what we term "social stations," of risk attenuation and amplification. Particularly important in shaping people's views of risk are the extent of media coverage, the volume of risk information provided, the ways in which the risk is framed in the media, risk "signals" that are presented, and the symbols, metaphors, and discourse enlisted in depicting the risk.

The channels of communication are also important. Information about risk flows through multiple communication networks—the mass media represented by television and newsprint, the more specialized media of particular professions and interests (including, increasingly, the information superhighway), and, finally, the more informal social networks of friends and neighbors. Of these, most is known about the mass media. It is known, for example, that the mass media cover risks selectively, emphasizing those that

FIGURE 1. *Highly simplified representation of the social amplication of risk and potential impacts on a corporation.*

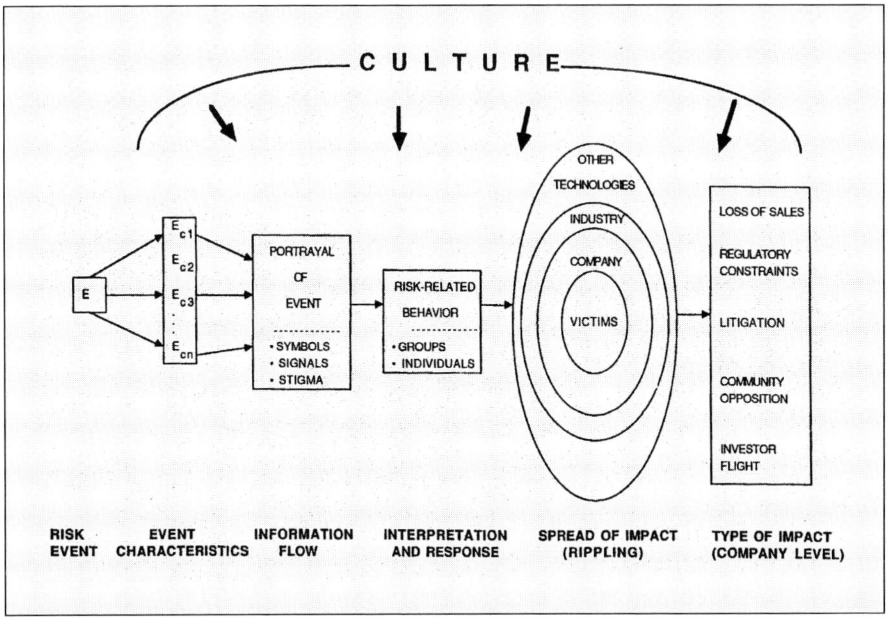

are rare or dramatic while downplaying, or attenuating, more commonplace but often more serious risks, such as smoking or unhealthy diets. Risks and risk events compete for scarce space in the media's coverage, and the outcome of this competition plays a major role in whether a risk will be socially amplified or attenuated.

Social institutions and organizations occupy a primary role in society's handling of risk. In postindustrial democracies, large organizations—multinational corporations, business associations, and government agencies—largely set the contexts for society's debate about risks. The President's Commission on the Accident at Three Mile Island (1979) in the US, for example, concluded that the "mind set" that permeated the institutions charged with managing nuclear safety represented the primary problem in ensuring the safety of the nuclear technology used to produce electricity. Large corporations develop markedly different kinds of organizational cultures that shape powerfully their ability to identify and assess the risks of their activities and products. These institutions are major nodes of risk amplification and attenuation and require detailed attention in gauging how different societies respond to risk.

Risk issues are also important elements in the agenda of various nongovernmental organizations that focus on environmental and health concerns. The nature and activities of these groups figure prominently in the identification of risk problems and the selection of management strategies. To the extent that risk becomes a central issue, polarization of views and escalation of rhetoric can occur, and new recruits are drawn into the conflict. These social alignments about risk often last beyond a single controversy and become anchors for the next risk episodes and conflicts.

The communication system surrounding risk questions and the processing of risk by the various social stations of amplification and attenuation transmit signals to society about the seriousness of the risk and the performance of risk management institutions. The degree of amplification or attenuation will affect the extent to which risk "ripples" accompany the risk or risk event. Where social concern and debate are intense, secondary and tertiary impacts on society beyond the people who are directly affected occur, including such effects as:

- enduring mental perceptions, images, and attitudes (for example, antitechnology attitudes, social apathy, or increased social distrust);
- impacts on the local or regional economy (for example, reduced business sales, declines in residential property values, and falling tourism);

- political and social pressures (for example, political demands and changes in political climate);
- social and community conflict;
- changes in risk monitoring and regulation costs;
- increased liability and insurance costs; and
- repercussions for other technologies, products, or places.

The consequences of risk and risk events, then, go well beyond the direct physical harm to human beings and ecosystems and include indirect effects on the economy, social institutions, and human well-being. Alternatively, a dampening and constraining of risk effects may result from the attenuation of risk by social processes. Impact assessment methodologies need to take account of the full range of risk consequences, since it frequently is unclear whether the physical impacts customarily treated in traditional risk assessment are, in fact, the important adverse effects or whether, instead, the most serious ones arise from the amplification-driven impacts and ripple effects.

The analogy of dropping a stone into a pond (see Figure 1) illustrates the spread of these higher-order impacts associated with the social amplification of risk. The ripples spread outward, first encompassing the directly affected victims or the first group to be notified, then touching the next higher institutional level (a company or an agency), and, in more extreme cases, reaching other parts of the industry or other social arenas with similar problems. This rippling of impacts is an important element of risk amplification since it suggests that the processes can extend (in risk amplification) or constrain (in risk attenuation) the time and space scale of impacts.

The 128 Hazard Events Study

After publishing our social amplification framework (Kasperson et al. 1988), it was apparent that an ambitious comparative study of social amplification experience should be undertaken. Accordingly, a large data base of hazard events was created, composed of a wide variety of "events" chosen by using the Clark University taxonomy of technological hazards (Hohenemser, Kasperson, and Kates 1982) and supplemented by a selection of natural hazards and radiological events. Individual hazard "events" were identified from the *New York Times Index*. Several examples of typical hazard events are:

Abnormally high levels of mercury are found in eighteen or twenty-three children whose parents work at Staco Inc. Thermometer Plant in

Putney, VT. These findings in the summer of 1984 resulted in the plant's being shut down.

Dioxin is found in fish taken from Passaic River in New Jersey. Governor Kean orders ban on consumption of all fish and crabs taken from river.

Study by scientists from Environmental Defense Fund directly links, for the first time, changes in pollution emissions hundreds of miles away to changes in acidity of rainfall.

For each of the hazard events, four "pools" of data were collected. First the authors searched the News file of the NEXIS data base of national U.S. media reporting for information about the event and its characteristics, social group and public reaction, and patterns of media coverage. Using these data and the results of risk assessments of such hazards, three experts in risk assessment rated all the events in terms of their scale of direct physical consequences. Next, psychometric procedures were used by Paul Slovic and colleagues at Decision Research to elicit public perceptions of the events, and also attributes such as blame and perceived managerial incompetence. Individual behavioral intentions for each event were estimated through psychometric procedures. A fourth data pool consisted of estimates of the "social-group-mobilization potential" of each event provided through a Delphi process by a panel of social science experts. Finally, two large panels of citizens with special knowledge of social amplification (e.g., journalists, lawyers, etc.), using a summary of media information, independently scaled all 128 hazard events in terms of their estimated socioeconomic and political effects. Figure 2 shows these data pools and their placement in a hypothetical model of causal relationships. This is not the place for a detailed treatment of this complex study; suffice it to note here that various statistical procedures were employed, including factor analysis, regression analysis, and covariance-structural analysis, to examine the relationships among these components of the model.

From our various analyses of the results, we reach a number of conclusions:

(1) A higher degree of "rationality" than might be expected is apparent in how society responds to hazard events. The amount of press coverage is roughly proportional to the magnitude of direct, physical consequences; risk perception appears to incorporate extent of human exposure as well as risk management performance; and extent of

FIGURE 2. *Social amplification of risk: a model of causal relationships.*

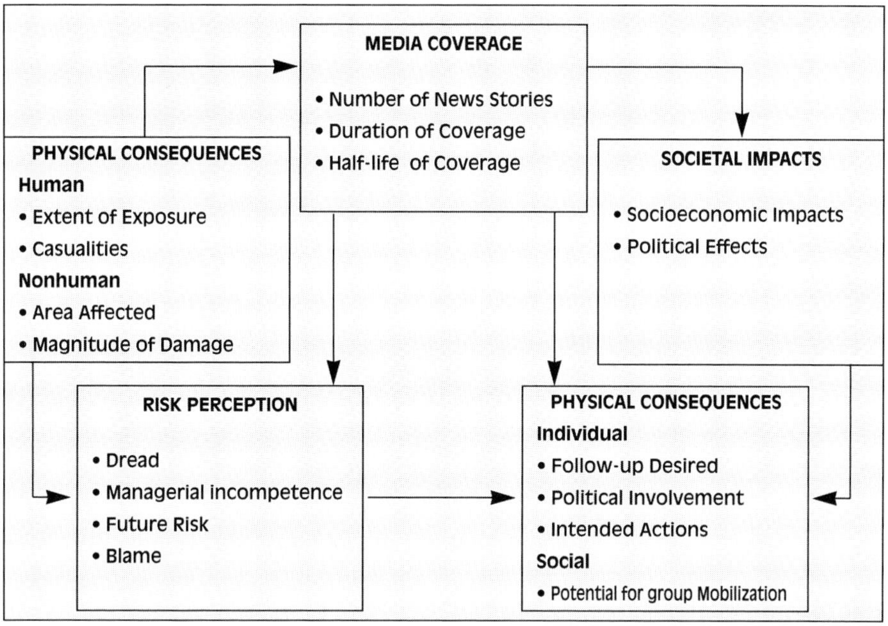

exposure, media coverage, and characteristics of risk perception all appear to enter into how social groups and individuals respond.

(2) The *extent* of human exposure to a hazardous event appears to have more effect on risk perception and social group mobilization than does the magnitude of human injuries and fatalities. This finding does much to explain the gap between technical and perceived risk.

(3) The processing of risk events by the media, cultural and social groups, institutions and individuals profoundly shapes the societal experience with risk and plays a crucial role in determining the overall societal impacts of particular hazard events.

(4) The contention in many risk studies that public perceptions largely mirror media coverage needs, in our view, further careful empirical confirmation. In our studies, no perception variable except dread significantly correlated with extent of media coverage once the physical consequences of the event were controlled. Generally, quantity of media coverage was a weak predictor of individual concern. Since our subjects were not actually exposed to the media coverage, however, we cannot reach any firm conclusions about this relationship. But media coverage effects on group and individual perceptions clearly warrants further scrutiny.

(5) Social group mobilization appears to be highly intertwined with both media coverage and the ultimate social and economic impacts of the hazard events. Heavy media reporting appears to generate social mobilization, and vice versa, and that activism is a "downstream" variable that shapes eventual impacts of hazard events.

(6) Finally, the role of risk signals and blame may be important contributors to social group and individual responses. Certain risk events appear to create messages or inferences about the social meaning of what happened. Some events, for example, appear to suggest that managers did not really understand or were careless about the risk. Blame attributable to a corporation or governmental agency seems particularly important. This is a promising direction for subsequent risk research.

Social Amplification of Risk at Goiânia

Few risk events have generated more powerful social amplification and related risk ripples than a 1987 radiological accident at Goiânia, Brazil. So this case is described at some length to illustrate how the social amplification framework can be applied to analyze societal responses and the generation of amplification-driven impacts.

On 13 September 1987, two unemployed men in Goiânia, a city of 1 million in central Brazil, entered an abandoned clinic in search of scrap metal. They removed a stainless steel cylinder and sold it to a junk dealer who broke open the cylinder and pried open a platinum capsule containing cesium 137. Pieces were passed around to family members and friends, and children playing in the junkyard spread the glowing material on their hands and bodies. Two weeks later, a Brazil's National Nuclear Energy Commission response team found what was then the most serious radioactive accident to have occurred in the Western Hemisphere.

The health consequences of the accident were serious. Of some 250 persons suspected to have been contaminated, 4 persons died within the first several months, 21 others required hospitalization, and one amputation occurred. Eventually, seven major contaminated areas were identified and isolated in the city, and 42 residences were found to have been contaminated. Most of the other contaminated people, however, received relatively low radiation doses, and the toll of the accident, although serious, has been exceeded by many other technological accidents and natural disasters.

Initially, the accident received only minor attention in a casual report in a local newspaper. But on 1 October, a highly sensational and lengthy São Paulo television broadcast initiated an intense period of dramatic and often exaggerated media coverage in the aftermath of the accident (Petterson 1998, 1998a). Overnight, an army of reporters and camera crews descended on Goiânia to cover the tragedy. North American headlines spread the news of "deadly glitter," "a carnival of glittering poison," and "playing with radiation." Intense public concerns followed the media coverage, with perceptions of enormous risk apparent even among people with no contact with contaminated persons or materials.

The social amplification of the event and the rippling of effects began almost immediately. Within the first weeks of the media coverage, more than 100,000 persons, of their own volition, stood in line to be monitored with Geiger counters for indication of external radiation. Within two weeks of the event, the wholesale value of agricultural production within Goiâs, the Brazilian state in which Goiânia is located, had fallen by 50 percent, due to consumer concerns over possible contamination, even though no contamination was ever found in the products. Even eight months after the event, when prices had rebounded by about 90 percent, a significant adverse impact was still apparent. During the three months following the accident, the number and prices of homes sold or rented within the immediate vicinity of the accident plummeted. Hotel occupancy in Goiânia, normally near capacity at this time of year, had vacancy levels averaging about 40 percent in the six weeks following the São Paulo television broadcast, while the Hotel Castros, one of the largest in Goiânia, lost an estimated 1,000 reservations as a direct consequence of risk perceptions and stigma. Interestingly, many people chose to forfeit deposits rather than risk a hotel stay in a contaminated location.

Rippling of the accident left extensive stigmatization in its wake. Caldas Novas, a hot-springs tourist attraction located a full one-hour drive from Goiânia, experienced a 30-40 percent drop in occupancy rates immediately following the São Paulo television broadcast. Hotels in other parts of Brazil refused to allow Goiânia residents to register. Some airline pilots refused to fly airplanes that had Goiânia residents aboard. Cars with Goiâs license plates were stoned in other parts of Brazil. Even nuclear energy as a whole in Brazil was affected, as several political parties mobilized against "nuclear weapons, power, or waste." Increased public opposition to nuclear energy was apparent throughout Brazil. Even international ramifications of the accident occurred as Goiânia became a benchmark and rallying cry in antinuclear publications throughout the world.

Attenuation of Risk: The Sudano-Sahelian Drought of 1983

While some risks generate extraordinarily massive public responses, other pass unnoticed, generate little interest, and are allowed to grow until they reach heavy human and environmental tolls. How do we explain this? Are these oversights and neglects simply the random cases that slip through society's risk monitoring and alerting systems? Or are these cases the product of the systematic suppression of attention to certain sources of risk generation? Or are some risks "hidden" from societal view, as elsewhere we have argued (Kasperson and Kasperson 1991), attenuated because they occur in distant times, places, a particularly gender, or marginalized social groups?

The Sahel famine of 1983-84 passed unnoticed in the risk-filled newspapers of the world press until it was no longer possible to ignore the specter of millions starving. It was also largely ignored by international organizations and national development agencies until the famine reached its zenith in 1984 (Harrison and Palmer 1986). That is not because the risk of a major famine was not known or anticipated. Experts had predicted the prospect of continuing famine in the region for some time. As early as 1982 for example, the United Nations Food and Agriculture Organization had issued alarming reports on the situation in Ethiopia.

In the US, the Reagan administration was clearly reluctant to deal with Marxist-Leninist regimes with whom its diplomatic relations were strained. The instability of governments, the political tensions, and the remoteness of the affected areas and fatalities also made it difficult to obtain accurate information. Within the US government, and elsewhere, policymakers debated whether the appropriate response should be humanitarian or political. Not until the NBC evening news aired a BBC special in October 1984 did the specter of emaciated, fly-ridden skeletons of starvation illuminate the scale of the calamity and trigger subsequent media coverage and public pressures that rendered international responses to the disaster inescapable. An enduring media spotlight on the hollow eyes and distended bellies of starving children can command the attention and mobilize the flow of humanitarian aid from nongovernmental organizations and governments alike. The faces of famine, it seems, have news value, but only after the obstacles downgrading the hazard event have been overcome.

This case illustrates the important contributors to risk attenuation and the phenomenon of hidden hazards. The margins are a low priority for central authority, information flow and interaction with marginal groups are characteristically weak, ideological and political differences often underlie and accentuate distance in time and space, and the margins characteristically lack the power and resources to project the risk toll onto the national or international agenda or into vehicles of public scrutiny.

Conclusions

The familiar scourges of famine, disease, and pestilence no longer dominate the risk experience of societies at the millennium. In their place is a new and perplexing array of global threats associated with modern armaments, chemicals and radiation, with hazards often invisible to the senses, contaminants whose effects surface only after decades or generations, risks created by peoples and technologies in distant parts of the globe, and harms arising from the flow and control of information. In the "risk society," of which Beck (1992, 1995) speaks, the elimination of risk has stolen center stage from the elimination of scarcity, the latter of which has preoccupied industrial and preindustrial society during the past century.

As modern society becomes increasingly called upon to eliminate risk, risk managers will need to address risk in its full complexity and social context. But difficult risk issues, it is clear, are rarely about risk alone. Navigating the path toward alternative future societies and economies inevitably involves decisions about how society values the future, nature, and human well-being; the extent to which those most at risk should be protected; the priority that should be accorded to risk reduction versus economic gain and technological progress; and the degree of trust that should be accorded to risk managers in a democratic society. As social groups and institutions deliberate on and negotiate such matters, risk becomes transformed—it takes on added dimensions, social meaning, and new consequences, both beneficial and harmful. The challenge to the risk society at the millennium is the creation of political regimes and institutions capable of meeting rising public expectations for risk containment and reduction in the face of the growing pace of technological change and risk generation, and the progressive intertwining of risk with deeper questions of ethics, the social ends of government, and democratic processes.

REFERENCES

BECK, Ulrich. – 1992. *Risk Society: Toward a New Modernity.* Thousand Oaks, CA: Sage.

BECK, Ulrich. – 1995. *Ecological Enlightenment: Essays on the Politics of the Risk Society.* Atlantic Highlands, NJ: Humanities Press.

DOUGLAS, M. – 1985. *Risk Acceptability According to the Social Sciences.* New York: Russell Sage Foundation.

DOUGLAS, M., and A. WILDAVSKY. – 1982b. *Risk and Culture: An Essay on the Selection of Technological and Environmental Dangers.* Berkeley: University of California Press.

HARRISON, Paul, and Robin PALMER. – 1986. *News Out of Africa: Biafra and Band Aid.* Wolfboro, NH: Hilary Shipman.

HOHENEMSER, C., R.E. KASPERSON, and R.W. KATES. – 1982. Causal Structure: A Framework for Policy Formulation." In C. Hohenemser and J.X. Kasperson, eds. *Risk in the Technological Society.* Boulder, CO: Westview Press.

KASPERSON, Roger E. et al. – 1988. The Social Amplification of Risk: A Conceptual Framework," *Risk Analysis* 8 (2): 177-91.

KASPERSON, Roger E., and Jeanne X. KASPERSON. – 1991. "Hidden Hazards," In *Acceptable Evidence: Science and Values in Risk Management,* ed. Deborah G. Mayo and Rachelle D. Hollander. New York: Oxford University Press, 9-28.

KREPS, G.A. – 1989. *Social Structure and Disaster.* Durham, NC: Duke University Press.

KRIMSKY, S., and A. PLOUGH. – 1988. *Environmental Hazards: Communicating Risks as a Social Process.* Dover, MA: Auburn House.

MAZUR, Allan. – 1981. *The Dynamics of Technical Controversy.* Washington, DC: Communications Press.

MAZUR, Allan. 1998. *A Hazardous Inquiry: The Rashomon Effect at Love Canal.* Cambridge: Harvard University Press.

PETERSON, John S. – 1988. "Perception vs. Reality of Radiological Impact: The Goiânia Model." *Nuclear News* 31 (14):84-90.

PETERSON, John S. – 1988. Goiânia Incident Case Study: Report on Follow-Up Study of Goiânia Incident." Carson City: Nevada Nuclear Waste Project Office.

PRESIDENT'S COMMISSION ON THE ACCIDENT AT THREE MILE ISLAND. – 1979. *The Need for Change: The Legacy of Three Mile Island.* Washington, DC: Government Printing Office.

SLOVIC, P. – 1987. "Perception of Risk." *Science* 236:280-285.

STERN, Paul, and FINEBERG, Henry, eds. 1996. – *Understanding Risk: Informing Decisions in a Democratic Society.* Washington: US National Academy of Sciences.

THOMPSON, M., R. ELLIS, and A. WILDAVSKY. – 1990. *Cultural Theory.* Boulder, CO: Westview Press.

VISCUSI, W.K. – 1983. *Risk by Choice.* Cambridge, MA: Harvard University Press.

SUR LA PERCEPTION DES RISQUES EN EUROPE

Jean Brenot
Institut de Protection et de Sûreté Nucléaire

La perception des situations à risque par le grand public est généralement étudiée à l'aide d'enquêtes psychosociales. Il en existe chaque année de nombreuses consacrées à un thème précis, par exemple l'insécurité, la pollution, le chômage, ou le risque alimentaire. Mais déjà plus rares sont celles dont l'objectif affiché est de comparer des risques. Il s'agit alors de décrire les risques perçus selon plusieurs aspects : nature de la situation, conséquences, modes et pratiques de gestion. En France, il n'y a guère plus de trois ou quatre études comparatives par an. Quand la comparaison est élargie à plusieurs pays, les études deviennent rarissimes. Citons à ce sujet que la Communauté Européenne maintient un système d'enquêtes régulières dévolu aux approches comparatives, l'Eurobaromètre. Les thèmes qui y sont traités intéressent tous les pays de l'Union. Les risques, comme d'ailleurs les bénéfices, ne sont pas absents dans les enquêtes consacrées à l'environnement, à l'énergie ou aux déchets. Restent encore quelques enquêtes ad hoc réalisées dans le cadre contractuel d'une recherche impliquant plusieurs partenaires européens. Les résultats présentés ici relèvent de ce dernier cas. Ils sont issus de l'enquête Riskpercom dédiée aux perceptions des risques, dont ceux des sources de rayonnements, dans cinq pays d'Europe (Espagne, France, Norvège, Royaume-Uni et Suède). L'ensemble des résultats est consigné dans Sjöberg et al. (1999). Une synthèse récente des études comparatives réalisées dans le domaine de la perception des risques a été publiée par Boholm (1998).

Comparaison et enquête internationale

Faire une enquête dans plusieurs pays relève d'une démarche descriptive et exploratoire cross-culturelle. Il s'agit de connaître un état de l'opinion dans ces pays et de juger de la généralité ou de la spécificité des résultats ainsi obtenus. C'est ainsi que le paradigme psychométrique de Slovic a été conforté après avoir été testé avec un relatif succès dans de nombreux pays (Slovic, 1987).

La collecte des données dans ce type d'enquêtes constitue un réel problème dans la mesure où les conditions de leur recueil doivent être aussi proches que possible d'un pays à l'autre. Les passations doivent être réalisées à la même époque. Le questionnaire doit être identique mais sa traduction dans les différentes langues bute souvent sur des points de terminologie et de sémantique et sur la diversité des organisations nationales. Le recueil des interviews sur le terrain doit se faire de la même manière (face à face, téléphone ou envoi postal).

L'analyse des réponses repose par contre sur un schéma classique : fréquences et taux de réponse ; scores aux diverses échelles ; ordres hiérarchisant les situations à risque, les attitudes ou les comportements ; structures de corrélation. L'expérience montre que les différences entre pays se manifestent d'abord au niveau des fréquences, des taux et des scores, et beaucoup plus rarement au niveau des hiérarchies de situations à risque ou des structures de corrélations.

Comment expliquer les différences observées entre les pays ? Les critères socio-démographiques sont généralement peu pertinents, étant distribués de manière assez homogène dans l'Union Européenne. Par contre les contextes sociaux et politiques jouent un rôle certain, l'attention portée par les médias à la thématique des risques variant selon les pays : elle est plus environnementale et plus communautaire dans les pays nordiques, plus industrielle et plus politique dans les pays latins. Finalement, les systèmes de valeurs jouent un rôle important.

L'enquête Riskpercom

L'enquête avait pour objet de comparer d'abord les perceptions relatives à diverses situations à risque, puis les attitudes, opinions et comportements vis-à-vis d'une situation post-accidentelle grave, celle de l'accident de Tchernobyl. Il était aussi demandé aux interviewés de porter un jugement sur les divers modes de production d'énergie (opinion globale, risque et bénéfice). Le fait que l'enquête ait eu lieu lors du dixième anniversaire de

FIGURE 1.

RISKPERCOM CROSS-CULTURAL SURVEY

QUESTIONNAIRE : 80 questions
366 judgements

SAMPLING :
Period 1996
Questionnaires, mailed or distributed, self-completed

Recall + incentives
Response rate 37 % to 66 %
Representative samples

	France	Norway	Spain	Sweden	UK
Wave 1. Feb./March	528	688	494	822	380
Wave 2. April/May	540	562	494	769	572
Wave 3. Sept./Oct.	594	601	494	747	509
Total	1 662	1 851	1 482	2 338	1 461

Tchernobyl, qui fut l'objet d'une intense couverture médiatique, a permis de tester le modèle d'amplification sociale du risque proposé par Kasperson et al. (1988). Dans ces cinq pays, l'institut de sondage choisi a envoyé les questionnaires à domicile à un échantillon représentatif, avec relance auprès des destinataires. Les questionnaires auto-remplis retournés représentent environ la moitié de ceux qui furent envoyés. L'échantillon des personnes ayant répondu a ensuite été contrôlé quant à sa représentativité. Les questionnaires ont été envoyés en trois vagues : la première en février-mars 1996, avant le dixième anniversaire de Tchernobyl ; la deuxième en mai 1996, pendant l'anniversaire ; la troisième en septembre-octobre 1996. Les nombres de réponses obtenues sont donnés en figure 1. Parmi les situations à risque considérées, de 18 à 33 selon les questions posées, on retrouve les risques naturels, technologiques, chimiques et nucléaires ; les risques financier et domestique ne sont pas abordés.

Résultats

Le risque « pour soi » a été mesuré à l'aide d'une échelle en 8 paliers (*inexistant, très faible, faible, plutôt faible, modéré, plutôt élevé, élevé, très élevé*)

FIGURE 2. *Personal risk (Riskpercom 1996).*

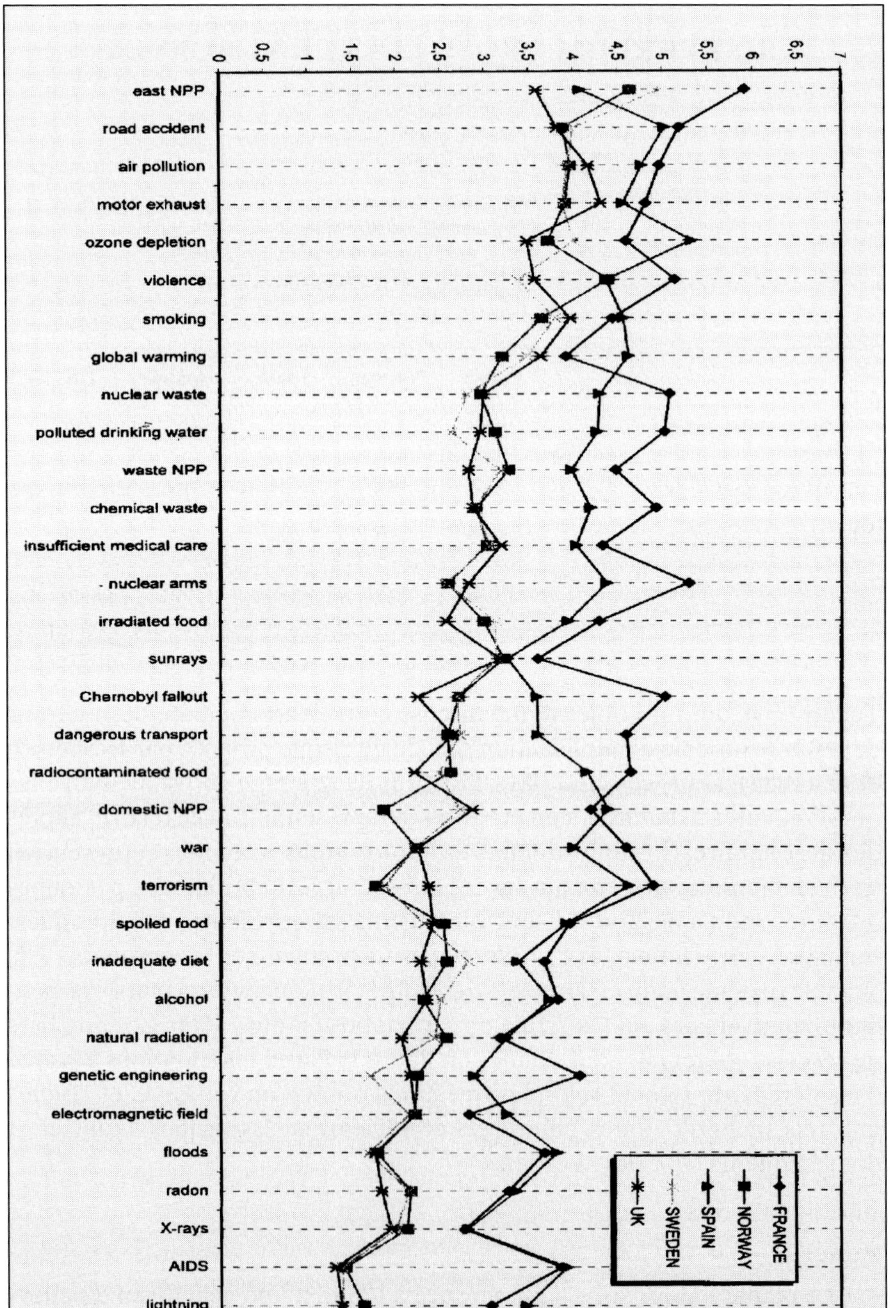

codés de 0 à 7. Les scores moyens apparaissent dans la figure 2. Premier constat, les pays latins (Espagne et France) présentent des scores plus élevés que les autres pays, de l'ordre d'un point environ. Les scores les plus élevés sont obtenus pour les centrales nucléaires des pays de l'Est, les accidents de la route, la pollution, l'ozone, la violence et le tabac. Les scores les plus faibles sont obtenus pour la foudre, le sida (rappelons ici qu'il s'agit du risque pour la personne), les rayons X, le radon. L'ordre des diverses situations est sensiblement le même dans les cinq pays bien que les scores obtenus puissent être assez nettement différents.

On oppose risque pour soi à risque « pour la société » ou, dit autrement, à risque « pour les autres » (même échelle que précédemment). Dans la figure 3, les scores moyens laissent encore apparaître une différence de l'ordre d'un point entre les pays latins et les autres pays. L'écart systématique entre le risque pour soi et le risque pour la société illustre ce « biais d'optimisme » souvent reporté dans la littérature (Weinstein, 1987). Les risques sont toujours plus élevés pour les autres que pour soi, pour toutes les situations dans tous les pays. Ceci est particulièrement vrai pour les risques qui dépendent de l'individu : tabac, alcool, consommations alimentaires inadéquates, sida. Le sida voit son score moyen augmenter au cours des différentes passations du questionnaire ; il en est de même pour les déchets radioactifs. Les situations changent avec le point de vue retenu : d'un côté la personne, de l'autre la collectivité.

La vulnérabilité d'un individu peut être mesurée par sa capacité à gérer les risques (même échelle que précédemment). La figure 4 fait apparaître combien les individus se sentent généralement démunis. Exception majeure, la consommation d'alcool : une majorité a le sentiment de pouvoir la maîtriser.

La confiance dans les autorités pour leurs actions de protection (même échelle que précédemment) est considérée comme un facteur important des perceptions. Les scores moyens dans la figure 5, variant de 3 à 4, traduisent un sentiment mitigé. Il existe ici une nette différence entre pays latins et pays nordiques où la confiance accordée aux autorités est la plus grande, les Anglais n'étant que modérément critiques.

La connaissance des risques est un facteur susceptible d'influencer les perceptions. Les scores observés montrent des connaissances personnelles plutôt basses ; par contre, on juge bonne la connaissance sur les risques des autorités. Ce résultat est commun à tous les pays. Enfin quant à la demande de sécurité, qui a été aussi mesurée, elle apparaît très élevée quel que soit le pays, et quelle que soit la situation. Dans toutes les sociétés, une très forte pression s'exerce pour que tous les risques soient bien gérés.

FIGURE 3. *General risk (Riskpercom 1996).*

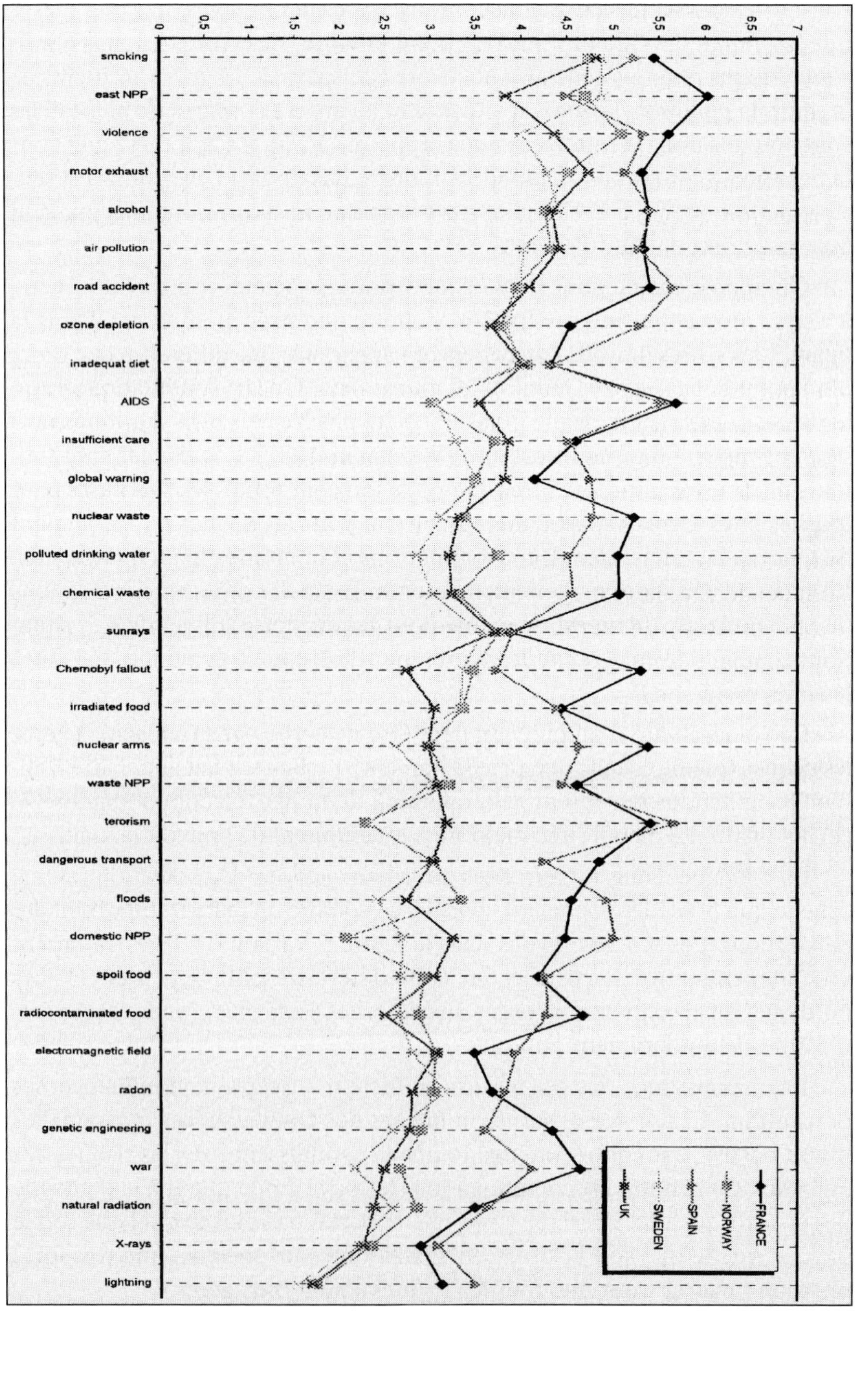

La gestion par les autorités d'une situation post-accidentelle soulève dans le public de nombreuses questions : ont-elles diffusé une bonne information ? ont-elles bien protégé les populations ? pour un accident du même type, que feraient-elles aujourd'hui ? Ces questions ont été abordées dans l'enquête Riskpercom à propos de l'accident de Tchernobyl. Les jugements émis sont généralement très critiques. Les Français à 90 % et les Suédois à 45 % (les moins critiques) estiment que les autorités nationales ont mal géré la situation créée par l'accident de Tchernobyl dans leurs pays respectifs. Par contre, en cas de nouvel accident, plus de 80 % des intervenants déclarent que leurs autorités sauraient en gérer les conséquences.

L'enquête Riskpercom fournissait une opportunité pour tester le modèle d'amplification sociale du risque (Kasperson et al., 1988), car les trois vagues d'enquêtes couvraient l'avant, le pendant et l'après du dixième anniversaire de l'accident de Tchernobyl. Dans le modèle de Kasperson, tout événement qui réactualise une situation à risque conduit à en augmenter le risque perçu. De plus, la mise sur agenda de ce risque et les turbulences de tous ordres qui lui sont associées (débats publics, médiatisation) contribuent à propager ce risque à des situations voisines pour en modifier les perceptions. L'image des sources de rayonnements (industrielles, médicales ou naturelles) n'a pas évolué au cours des trois vagues et ceci vaut pour l'ensemble des pays. Le seul constat d'amplification serait dû à l'intense médiatisation d'avril-mai 1996 ; il concerne l'appréciation relative aux retombées de Tchernobyl dans les divers pays. Elles furent, lors de la deuxième vague (mai 1996), considérées comme mieux connues et associées à un risque plus élevé tant pour soi-même que pour les autres ; ces effets existaient encore au moment de la troisième vague (septembre-octobre 1996). Par ailleurs, le jugement porté sur la façon dont ont été gérés en France les problèmes posés par le passage du nuage de Tchernobyl a été plus critique en mai qu'en février et cet effet perdurait en septembre (Mays et al., 1997). Enfin l'image des différentes filières énergétiques n'a pas connu de modification. Les résultats de l'enquête Riskpercom ne vont donc pas dans le sens préconisé par le modèle d'amplification sociale du risque ; mais l'anniversaire de Tchernobyl n'étant pas l'accident lui-même, pouvait-il en être autrement ?

Conclusion

L'enquête Riskpercom montre que les risques sont perçus de façon sensiblement analogue dans des pays européens qui a priori sont très différents sur les plans géographique, social et culturel. Les hiérarchies des situations à risque établies à partir des déclarations sont très proches pour les divers

FIGURE 4. *Self protection (Riskpercom 1996).*

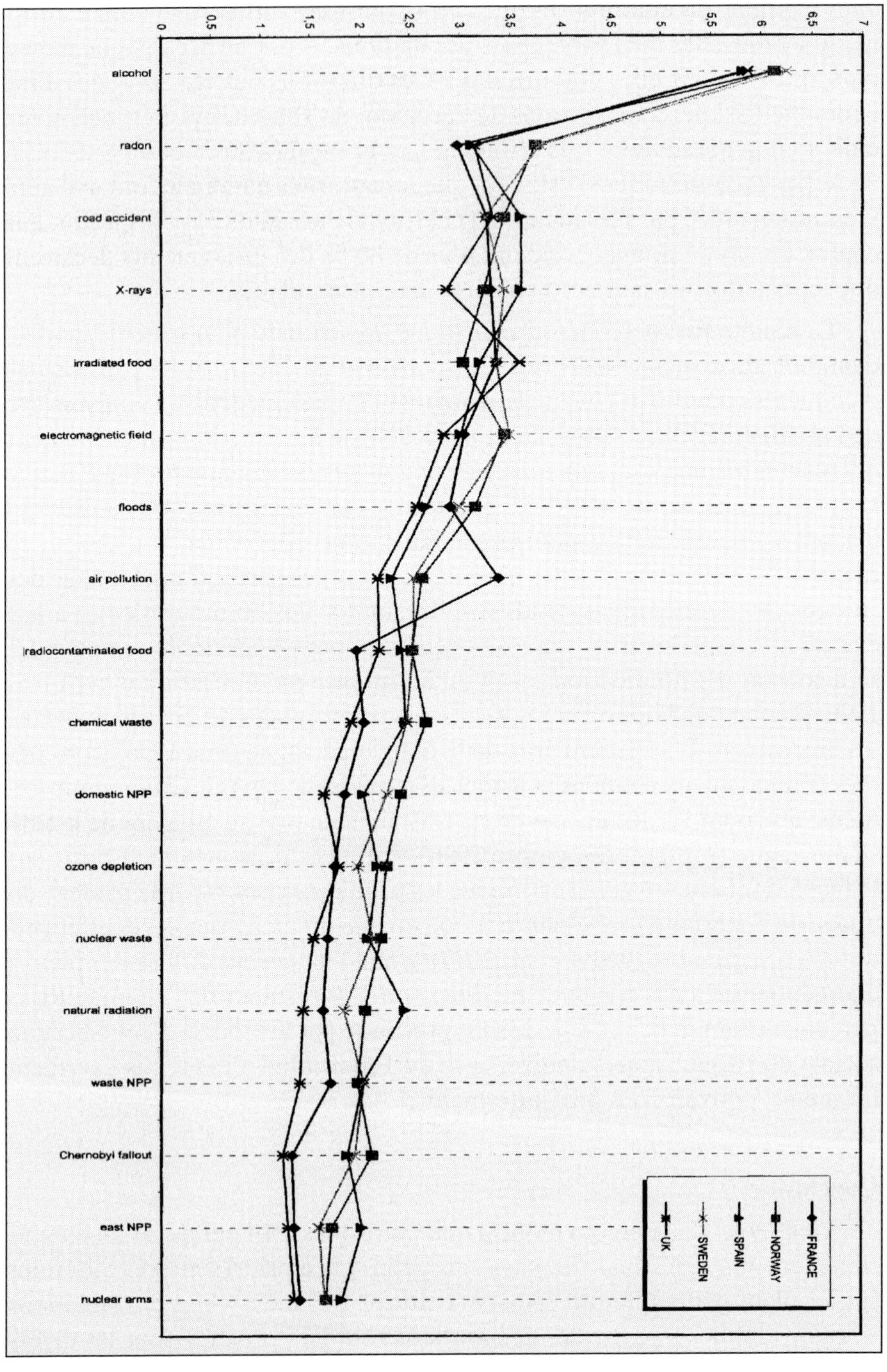

FIGURE 5. *Trust (Riskpercom 1996).*

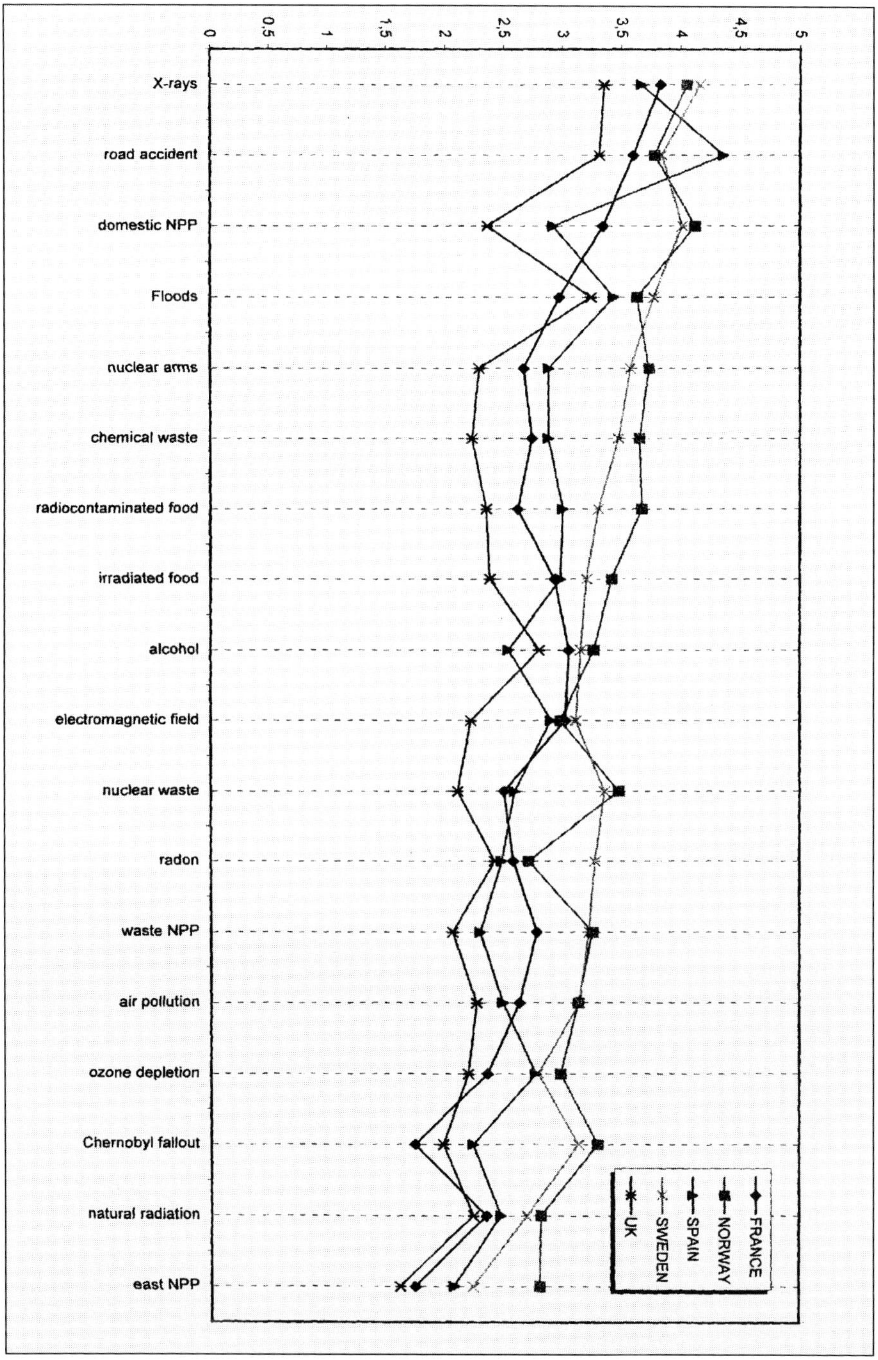

pays, même si pour le risque pour soi, le risque pour la société ou la confiance dans les autorités, les scores moyens diffèrent. Pour d'autres critères, comme la connaissance, le contrôle personnel ou la demande de sécurité relatifs aux situations, les différences s'estompent. Dans le domaine nucléaire, l'événement qu'a constitué le dixième anniversaire de l'accident de Tchernobyl a remis en mémoire les circonstances de l'accident et le rôle des autorités à cette époque. Si le public se révèle critique à propos de ce rôle, il montre malgré tout sa confiance dans les autorités, qui devraient mieux réagir si des circonstances analogues se reproduisaient dans le futur. Souhait optimiste ou appréciation réaliste, rien ne permet d'en juger. Quant au rôle des médias lors de l'anniversaire, il ne doit pas être surestimé. Parler et reparler de Tchernobyl ne semble pas conduire à une modification des opinions sur l'ensemble des activités impliquant les rayonnements, résultat en contradiction avec le modèle de l'amplification sociale du risque.

NOTA. – L'enquête Riskpercom financée par la Commission de Communautés Européennes (contrat F14B-CT95-0016, DGXII-WSM) et coordonnée par Lennart Sjöberg, impliquait cinq partenaires : Ana Prades (CIEMAT, Espagne), Jean Brenot (IPSN, France), Arfinn Tönnesen (NRPA, Norvège), Lennart Sjöberg (Center for Risk Research, Suède) et Lynn Frewer (Food Research Institute, Royaume-Uni).

RÉFÉRENCES

BOHOLM, A. (1998). – Comparative studies of risk perception : A review of twenty years of research. *Journal of Risk Research*, 1, 135-164.

KASPERSON, R. et al. (1988). – The Social Amplification of Risk : A Conceptual Framework. *Risk Analysis*, 8, n° 2, 177-187.

MAYS, C., MARRIS, C., BONNEFOUS, S., and BRENOT, J. (1997). – « Perception of risks in France in 1996 : before, during and after Chernobyl's tenth anniversary : Riskpercom cross-cultural survey ». *Note Technique SEGR/97/93, IPSN, Fontenay-aux-Roses.*

SJÖBERG, L., JANSSON, B., BRENOT, J., FREWER, L., PRADES, A. and TÖNNESEN, A. (1999). – Radiation risk perception in commemoration of Chernobyl : A cross-national study in three wawes. *Center for Risk Research, Stockholm.*

SLOVIC P. (1987). – Perception of Risk. *Science*, vol 236, 17 April 1987, 280-285.

WEINSTEIN, N.D. (1987). – Unrealistic optimism about susceptibility to health problems : conclusions from a community-wide sample. *Journal of Behavioural Medicine* 10, 481-500.

DISCUSSION

Question

Il existe un décalage entre le discours des scientifiques et le vécu des citoyens chez lesquels la perception du risque s'installe sans influence réelle des médias. La perception d'une firme en termes de coût-bénéfice ne peut correspondre à celle des citoyens. Ce décalage renvoie au problème du risque tel qu'il est vécu par ceux qui le subissent. A Goiânia, on a parlé à tort d'une amplification médiatique du risque alors qu'il s'est bel et bien avéré qu'une source a été abandonnée sans surveillance : l'absence de gestion des sites a ébranlé la confiance. Aucun effet d'amplification n'a eu lieu. En revanche, une profonde erreur de gestion, véritable défaillance, a été commise.

Paul Slovic, Decision Research, Eugene, Oregon

A Goiânia en effet, une mauvaise gestion du nucléaire a provoqué un accident. Mais cet incident confirme nos recherches : les graphiques que nous avons établis démontrent que la mauvaise gestion des responsables stimule l'amplification du risque. Certes, il est impossible de mettre en cause la seule couverture médiatique. Le facteur principal demeure la mauvaise gestion.

Jean-Pierre Pagès, Agoramétrie

Monsieur Brenot, certaines enquêtes réalisées en France à l'occasion du dixième anniversaire de Tchernobyl établissent l'impact de l'annonce de la reprise des essais nucléaires. Ainsi, en décembre 1995, on constatait un recul de l'adhésion au nucléaire militaire et, par voie de conséquence, au nucléaire civil. Cependant, dès l'annonce de l'arrêt définitif des essais nucléaires, l'adhésion au nucléaire militaire est considérablement remontée, alors que le nucléaire civil est demeuré au plus bas, précisément à cause du dixième anniversaire de Tchernobyl. Dès lors, il s'avère indispensable d'intégrer dans les analyses ces deux événements importants sur le plan médiatique, qui se sont déroulés en l'espace de six mois. Ainsi, on peut soupçonner les essais nucléaires d'avoir dissimulé les effets du dixième anniversaire de Tchernobyl.

Jean Brenot, CEA, IPSN

En France, les essais nucléaires ont peut-être influé sur la perception du risque nucléaire. Mais les autres pays européens ne s'inscrivaient pas dans cette logique de relance des campagnes militaires et on constate malgré tout des réactions similaires à celles enregistrées en France. Dans un autre registre, il me semble que l'effet de stigmatisation provoqué par l'incident de Goiânia est largement imputable au battage médiatique. Certes, le battage médiatique n'excuse en rien la mauvaise gestion de l'affaire. Néanmoins, la stigmatisation me semble consécutive à la médiatisation.

Dominique Donnet-Kamel, Responsable Communication INSERM

Que pensez-vous du mouvement qui prône la participation des citoyens à l'évaluation des choix technologiques et scientifiques, au travers de conférences publiques de consensus, appelées encore « citizens juries » ou « scenarios workshops » ?

Paul Slovic

Ces questions ne relèvent pas de ma compétence. Cependant, mes travaux indiquent que telle est la direction à suivre. Ainsi, l'Agence pour l'Environnement a organisé des réunions afin de discuter des différents dangers et de recueillir un consensus sur l'évaluation du risque. Pourtant, ces entreprises n'ont pas été couronnées de succès car elles accordent trop d'importance à l'évaluation du risque au détriment de la prise de décision.

Roger Kasperson, Clark University, Worcester, Mass.

Dans l'Etat de New York, un panel de citoyens a travaillé pendant un an et demi en collaboration avec des gestionnaires sur un projet d'usine de retraitement des déchets. Cette expérience fait figure de réussite mais, d'une manière générale, on ne dispose pas aux Etats-Unis de résultats tangibles à l'issue de ce type d'entreprise.

Maurice Tubiana

Monsieur Brenot, vous avez parlé de la corrélation qui existait entre la perception des risques et la confiance placée dans les experts. Vous imputez l'effet résiduel du dixième anniversaire de Tchernobyl au manque de confiance envers les experts. Peut-on considérer que la défiance envers les experts, constatée à l'occasion de Tchernobyl, est généralisée ou est-elle spécifique à cette situation ?

Monsieur Slovic, pensez-vous que les docteurs en physique et les docteurs en sociologie n'apprécient pas le risque de la même façon ?

Jean Brenot

On a observé une légère différence dans l'appréciation de l'action des pouvoirs publics en termes d'action et de restitution de l'information. En ce qui concerne la possibilité de distinction entre les expertises et les types d'autorités qui sont intervenus, nous ne disposons pas d'éléments tangibles à l'issue de l'étude menée. Cependant, nous avons pu noter une préférence manifeste pour l'intervention des organisations non gouvernementales.

Paul Slovic

D'une manière générale, on constate que les personnes les mieux éduquées ont une perception plus basse du risque. Cependant, il s'avère que les biologistes ont une perception du risque plus élevée que les physiciens. De la même façon, les scientifiques sociaux ont également une perception plus élevée du risque.

Question

Les réactions de l'opinion publique peuvent être considérées comme un système d'alarme en cas de gestion inefficace. Les gestionnaires devraient se pencher sur les éléments déclencheurs d'une amplification du risque. A cet égard, se pose la question du rôle du *lobbying*. Quels devraient être les principes et les règles gouvernant l'engagement d'argent public dans l'évaluation du risque ?

Roger Kasperson

La perception du public peut être différente de celle des experts. Cependant, il est de plus en plus acquis que les deux types de réponses sont rationnels. Il existe des risques très amplifiés dont les conséquences sont très étendues ; à l'inverse, une gestion plus étroite peut être lacunaire. Il est important de prendre en compte tout ce qui contribue à la prise de décision mais nous devons juger en fonction des intérêts de la société sans être trop dépendants des inquiétudes à l'origine de l'amplification.

Question

Messieurs Slovic et Brenot ont montré que la perception du risque est plus élevée dans les pays latins. Je mène moi-même des études avec Paul Brosen, dont les conclusions sont à l'opposé des vôtres. Nous avons ainsi comparé les attitudes à l'égard de la nourriture. Nous avons remarqué que les Américains ont une perception négative de ce qu'ils ingurgitent, alors que la perception des Français est plus liée au plaisir. Nous avons également remarqué que la perception des femmes est plus négative que celle des hommes. Selon vous, doit-on corréler l'amplification du risque et les facteurs culturels ?

Paul Slovic

J'ai confiance dans vos données qui pourront nous être utiles.

Question

Existe-t-il une corrélation entre les dépenses des médias et l'amplification ? Ainsi, les sociétés publicitaires ne sont pas mieux protégées des médias que d'autres. Par ailleurs, les personnes qui ont un système de croyance très fort sont-elles plus sujettes que d'autres à l'amplification ?

Paul Slovic

D'une manière générale, les personnes qui se sentent marginalisées ont tendance à amplifier les risques. D'autre part, il me semble que personne n'est à l'abri d'une attaque des médias.

INSÉCURITÉ ET DÉLINQUANCE

Jean-Paul Grémy
Chargé de Mission à l'Institut des Hautes Études de la Sécurité Intérieure

Dans son objet, cette communication diffère sensiblement des précédentes, puisqu'elle porte sur les risques que font courir dans la vie quotidienne les comportements délictueux. Elle concerne un thème complexe, qu'il serait vain de prétendre traiter rapidement ; aussi n'en aborderons-nous que les aspects les plus saillants. Après avoir décrit succinctement l'évolution de la délinquance en France et celle, corrélative, de l'insécurité « objective », nous traiterons de manière plus détaillée de la représentation de l'insécurité, et surtout du sentiment d'insécurité et de son évolution. Nous conclurons sur les opinions et les attitudes des Français concernant les causes de l'insécurité et les remèdes à y apporter.

Estimation du volume de la délinquance

Notre connaissance de la délinquance repose sur deux types de sources : les statistiques administratives et les enquêtes par sondage. Les statistiques administratives sont, pour l'essentiel, constituées par le dénombrement annuel des crimes et délits constatés par les services de police et de gendarmerie (et comptabilisés dans l'*état 4001*), publié par la Direction Centrale de la Police Judiciaire. Selon ces statistiques, la délinquance totale constatée en France métropolitaine est passée d'environ 12 crimes ou délits pour 1 000 habitants au début des années cinquante à 60 et plus à partir de 1982 (graphique 1).

GRAPHIQUE 1. *Evolution de la criminalité et de la délinquance pour 1 000 habitants.*

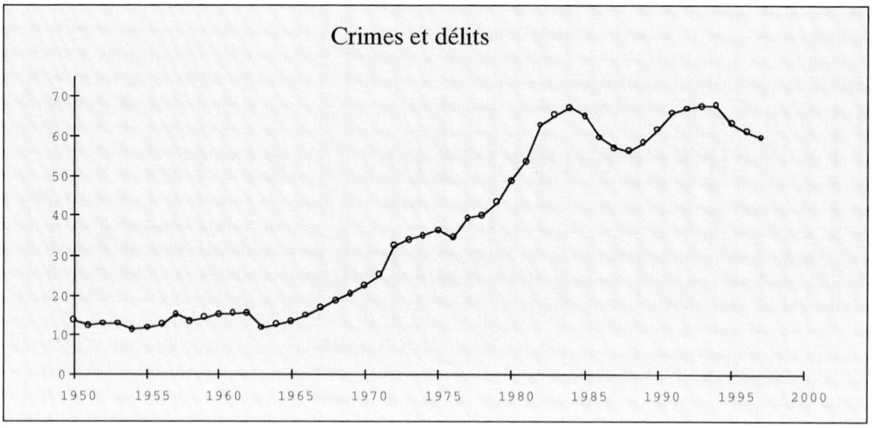

Entre 1950 et 1997, la proportion d'agressions pour 1 000 habitants a crû selon une progression relativement régulière, passant de 1,4 à 3,7 ; pendant la même période, le taux de vols et recels pour 1 000 habitants a littéralement « explosé » : alors qu'il était inférieur à 4,5 au début des années cinquante, il oscille depuis 1982 entre 35 et 46 (graphique 2). Corrélativement, la proportion de vols élucidés a diminué de plus de la moitié au cours de cette période, passant de 35 % des vols enregistrés à seulement 15 %.

GRAPHIQUE 2. *Evolution du nombre de vols et d'agressions pour 1 000 habitants.*

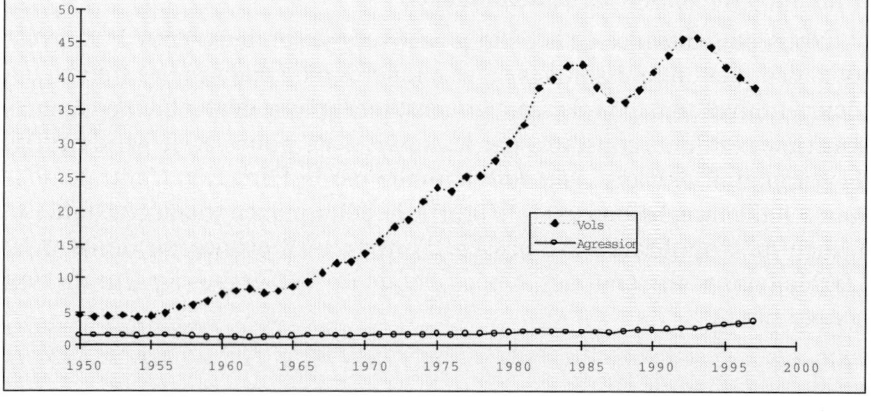

Ces statistiques policières constituent une source indispensable, mais malheureusement insuffisante, de la mesure de la délinquance. De par leur nature même, elles sont destinées à refléter l'activité des policiers et des gendarmes, et non l'activité des délinquants. En outre, elles sont tributaires des classifications juridiques des infractions : le déclassement d'un délit en simple contravention a pour effet d'exclure désormais celui-ci des statistiques administratives, diminuant ainsi les chiffres de la délinquance.

D'autre part, si ces statistiques rendent bien compte des efforts de la police et de la gendarmerie pour lutter contre la délinquance, elles dépendent étroitement de deux facteurs : les priorités dans l'action de ces services et la propension des victimes à porter plainte. Pour certaines formes particulières de délinquance, comme le trafic de stupéfiants ou le travail clandestin, la décision d'intensifier la recherche et la répression (attitude *proactive*) se traduit par une augmentation significative du nombre de faits constatés, sans pour autant que la délinquance dans ces secteurs ait nécessairement augmenté. En revanche, pour la plupart des infractions de masse, telles que les vols sans violences ou les cambriolages, les services de police et de gendarmerie se bornent généralement à enregistrer les déclarations des victimes (attitude *réactive*). Or, selon diverses enquêtes, de nombreuses victimes de petits délits n'en informent pas les services de police et de gendarmerie, sauf lorsque le remboursement par les assurances des dommages subis l'impose ; en outre, il peut arriver que les déclarations des victimes ne donnent pas systématiquement lieu à un enregistrement, en particulier lorsque le délit n'est pas avéré (par exemple en cas de vol à la tire, difficile à distinguer d'une simple perte).

Un moyen commode d'éviter ces inconvénients consiste à recueillir les témoignages des victimes par le biais d'une enquête par sondage (enquête dite *de victimation*). Compte tenu du coût élevé de ces enquêtes, on choisit souvent de les utiliser également pour évaluer l'intensité du sentiment d'insécurité, pour décrire l'image des institutions judiciaires et des forces de l'ordre, ou encore pour étudier le comportement des victimes. Les enquêtes de victimation sont devenues une pratique courante aux Etats-Unis (*National Crime Survey*, dès 1973) et en Grande-Bretagne (*British Crime Survey*, à partir de 1982). En France, plusieurs enquêtes ont été réalisées à partir des années quatre-vingt, généralement centrées sur le sentiment d'insécurité de la population et le comportement des victimes ; c'est en particulier le cas de l'enquête nationale que l'IFOP a réalisée en 1984 pour le compte du CESDIP. Mais si ces enquêtes pouvaient apporter certaines indications sur le nombre des victimes d'infractions de masse, elles ne visaient pas prioritairement à l'estimation du volume de la délinquance ; en particulier, la formulation des questions posées ne permettait pas un recoupement rigoureux avec les catégories statistiques de la police et de la gendarmerie. Une enquête ayant pour objectif unique l'estimation du nombre de crimes et délits les plus fréquents perpétrés en 1997 et 1998 a été préparée conjointement par l'INSEE et l'IHESI ; ses premiers résultats seront connus dans le courant de l'année 1999.

A défaut de données précises sur la situation française, les enquêtes réalisées à l'étranger permettent de tirer un certain nombre d'enseignements sur la fiabilité des statistiques policières lorsque celles-ci sont utilisées pour mesurer l'activité des délinquants ; s'il n'est évidemment pas possible de transposer mécaniquement ces enseignements au contexte français, ils donnent un aperçu des divergences entre la victimation déclarée par la population et celle attestée par les officiers de police judiciaire. Si l'on prend par exemple l'enquête britannique de 1992, on observe que sur l'ensemble des personnes qui déclarent avoir été victimes de vol à la tire, il n'y en a qu'un tiers (34,6 %) qui a fait une déclaration à la police ; faute peut-être d'éléments probants, seulement un quart de ces déclarations ont pu être enregistrés (26,9 %), ce qui fait que moins d'un dixième de ces victimations ont

TABLEAU 1. *Crimes et délits : taux de déclaration par les victimes et d'enregistrement par la police, selon le* British Crime Survey *de 1992.*

Crimes et délits	**Estimation à partir de l'enquête, du nombre « réel » de crimes et délits**	**Taux de déclaration à la police par les victimes**	**Taux d'enregistrement par la police des faits déclarés**	**Taux d'enregistrement par la police des crimes et délits « réels »**
VANDALISME	2 730 000	27,0 %	55,6 %	15,0 %
ATTEINTES AUX	6 174 000	59,5 %	61,7 %	36,7 %
Cambriolages	705 000	92,2 %	73,9 %	68,1 %
Vols de véhicule à	517 000	98,6 %	94,3 %	93,0 %
Vols de bicyclette	564 000	69,0 %	57,8 %	39,9 %
Vols sur les personnes	439 000	34,6 %	26,9 %	9,3 %
VIOLENCES	809 000	48,4 %	50,6 %	24,5 %
Coups et blessures	626 000	47,7 %	52,4 %	25,1 %
Vols avec violence	183 000	47,2 %	47,5 %	22,4 %

été comptabilisés dans les statistiques policières (9,3 %). Par contre, la quasi-totalité des vols de véhicules ont été déclarés, la plupart ont été enregistrés, et en fin de compte 93 % de l'ensemble de ces vols ont été comptabilisés par la police (tableau 1).

La différence entre la délinquance réelle et les données statistiques sur l'activité des services est appelée le *chiffre noir de la délinquance*. Il faut toutefois se garder de confondre le nombre de victimations estimé dans les enquêtes par sondage avec la délinquance réelle que ces enquêtes visent à mesurer : outre le fait que la marge d'erreur inhérente à tout sondage ne permet qu'une estimation approchée, les réponses des personnes interrogées sont sujettes à divers biais, dont les plus importants sont liés aux défaillances de la mémoire et aux difficultés techniques de formulation des questions afin de retrouver, à partir du langage commun, les classifications de l'*état 4001*. Les enquêtes de victimation sont par conséquent le complément indispensable des autres sources statistiques, mais elles n'incarnent pas plus que les autres *la* mesure de la délinquance.

Insécurité individuelle « objective » et représentations de l'insécurité

Les représentations que chacun se fait de l'insécurité ne sont évidemment pas sans rapport avec le degré d'insécurité auquel il se trouve exposé ; nous verrons cependant que d'autres facteurs interviennent dans la genèse de ces représentations. Si l'on tente d'évaluer le niveau d'insécurité « objectif » d'une personne donnée, trois groupes de facteurs sont à prendre en compte :

1. La pression locale de la criminalité, c'est-à-dire la nature et le volume de la délinquance dans l'environnement immédiat de cette personne ; la pression de la criminalité varie selon les lieux et les moments.
2. Le mode de vie de la personne concernée. L'activité professionnelle joue naturellement un rôle important : certaines professions (employés de banque ou de la poste, pompistes, chauffeurs de taxi...) sont par nature plus exposées que d'autres aux risques liés à la délinquance ; en outre, la distance domicile-travail et les horaires d'activité peuvent amener à se déplacer à des moments ou en des lieux présentant des risques plus importants que d'autres. La vie hors travail (loisirs, vacances, « vie sociale ») entraîne également des déplacements ou des rencontres qui peuvent comporter des risques : ainsi, de par leurs activités de loisirs, les jeunes sont plus souvent victimes de vols ou de violences que les personnes âgées.
3. Les ressources qu'une personne peut mobiliser pour prévenir les risques

ou y faire face. Celles-ci varient selon ses revenus (choix du lieu et du type de résidence, mise en œuvre de moyens de protection ou de défense dits de *prévention situationnelle*, choix des modes de transport), son niveau d'instruction (clés d'appréciation des situations dangereuses et des réponses appropriées), les relations (recours possibles) et les capacités physiques de défense ou de fuite de chacun.

Les deux premiers groupes de facteurs (pression locale de la criminalité et mode de vie) déterminent l'*exposition aux risques* ; les ressources mobilisables contre les risques définissent la *vulnérabilité* de la personne concernée.

À côté de ces caractéristiques individuelles objectives, les facteurs qui influent le plus sur les représentations de l'insécurité sont l'estimation de la probabilité d'occurrence du risque et de son coût pour soi-même ou les proches, et les informations dont on dispose sur l'insécurité « objective » tant pour soi-même que pour les autres.

Les enquêtes par sondage montrent que, la plupart du temps, les personnes interrogées sont capables d'estimer leur probabilité d'être cambriolées ou agressées ; de même, les victimes situent assez facilement, en termes de gravité, le préjudice global qu'elles ont subi. On peut en inférer, et cela est confirmé par les enquêtes qualitatives, que chacun peut spontanément faire de manière grossière le calcul classique (mais ici subjectif) *coût × probabilité d'occurrence*, afin d'évaluer les dangers auxquels il est (ou se croit) exposé.

Il est clair cependant que cette estimation dépend fortement des informations dont chacun dispose sur les risques encourus. Celles-ci proviennent de trois sources principales : l'expérience personnelle, celle des personnes avec lesquelles on est en relations suivies, et celle relatée par les médias. L'expérience personnelle ne se limite pas à la seule victimation ; elle inclut également les risques évités, qu'ils soient réels ou imaginaires, et les multiples désagréments de la vie quotidienne, regroupés sous le vocable d'*incivilités*. L'expérience des proches (parents, voisins) est de même nature, mais leur charge affective et leur fiabilité peuvent être moindres. Enfin, l'influence, sur les représentations de l'insécurité, de la manière dont les médias rendent compte de la délinquance est particulièrement sensible ; c'est d'ailleurs surtout la présentation par la télévision des violences urbaines qui influence le plus actuellement l'opinion des Français.

Certains chercheurs ont appelé *incivilités* un ensemble d'infractions répétées, ostensibles, et peu ou rarement sanctionnées malgré l'existence de textes le prévoyant. L'Union Nationale des Fédérations d'Organismes d'HLM en a dressé une liste, mentionnant en regard de chacune d'elles les articles du Code pénal permettant de la réprimer ; on y relève par exemple, à côté de délits assez graves (vols, vente et usage de stupéfiants, violences, incendies volontaires, etc.), divers petits délits ou simples contraventions qui nuisent à la qualité de la vie quotidienne (graffitis sur façade, jets de détritus ou abandon d'épaves sur la voie publique, injures, bruits et tapages nocturnes, etc.). Lorsque ces actes s'observent fréquemment dans la vie de tous les jours et ne font manifestement pas l'objet de poursuites systématiques, ils font naître chez ceux qui en sont les témoins un sentiment d'impuissance et la conviction que les petits délinquants demeurent pratiquement toujours impunis.

À ces infractions caractérisées s'ajoutent les incivilités proprement dites, comportements discourtois relativement bénins, mais traduisant un manque patent de considération pour ses semblables. Tous ces manquements aux règles sociales qui régissent la vie en société tendent à rendre celle-ci de plus en plus difficile, en particulier pour les usagers des transports en commun et les habitants des quartiers dits « sensibles ». Leur influence sur la représentation de l'insécurité est beaucoup plus importante que celle de la criminalité proprement dite.

Quant aux violences urbaines, leur impact sur les représentations que les Français se font de l'insécurité dans les banlieues est dû certes à leur fréquence, mais surtout au caractère spectaculaire de leur mise en scène télévisuelle : incendies de voitures dans la nuit par des hordes de jeunes vandales masqués, etc. Les réactions qu'elles suscitent chez la majorité des téléspectateurs sont variées, mais toujours négatives : indignation devant la destruction de biens chèrement acquis, qui, pour beaucoup d'habitants des banlieues ou des petites villes, sont indispensables pour se rendre sur le lieu de travail et au centre-ville, et qui sont l'objet d'un investissement symbolique et affectif fort ; totale incompréhension des motivations de tels actes, qui paraissent procéder d'une culture absolument étrangère à la leur ; peur enfin de voir ces comportements destructeurs s'étendre à l'ensemble des villes, et menacer non seulement la sécurité des personnes, mais aussi les fondements mêmes de la vie en société.

Le sentiment d'insécurité

Le vocable de *sentiment d'insécurité* recouvre un ensemble hétérogène de peurs et de préoccupations : peurs pour soi-même ou pour ses proches, liées aux représentations que l'on se fait des risques, mais aussi préoccupations sociales (peur pour son quartier, sa ville, sa région ou son pays), qui débouchent sur des choix politiques, et qui ne sont pas nécessairement le reflet des craintes personnelles. Nous réserverons le terme de sentiment d'insécurité aux peurs pour soi-même et pour ses proches, et nous traiterons à part des préoccupations sociales et des attentes des citoyens.

Lorsque l'on interroge les Français sur l'insécurité en général, ce terme évoque spontanément un ensemble de risques assez large : maladie, perte d'emploi, accident, etc. Nous l'entendrons dans un sens plus restrictif, celui de risque d'être victime de crimes ou de délits *(fear of crime),* traduisant par conséquent la peur de la délinquance et aussi, dans une certaine mesure, du désordre social. Le sentiment d'insécurité ainsi défini semble surtout lié, toutes choses égales par ailleurs, à l'estimation par la personne interrogée de sa propre vulnérabilité. En effet, toutes les enquêtes à ce sujet montrent qu'il y a plus d'« insécures » chez les femmes, les personnes âgées, et les moins instruits.

Ce sentiment fait référence à quelque chose de plus profond, et donc de plus stable, qu'une simple opinion. En effet, lorsque l'on dispose de résultats d'enquête sur une assez longue période, on s'aperçoit que, quelle que soit la manière dont ce sentiment a été mesuré, celui-ci n'a évolué qu'assez lentement (aux fluctuations aléatoires près). Au cours de la dernière décennie, dans les enquêtes du CREDOC, le taux de répondants qui disent ne pas se sentir personnellement en sécurité dans la vie quotidienne varie entre 16 % et 20 % ; en ce qui concerne la peur d'une agression dans la rue (peur pour soi-même ou pour ses proches), le taux d'inquiets varie plus fortement, de 47 % à 58 %. Dans les enquêtes *Agoramétrie*, pour la même période, la proportion de personnes qui se déclarent d'accord avec la phrase « on ne se sent plus en sécurité » oscille entre 60 % et 64 %. Il est vrai que l'on décèle actuellement une tendance à l'augmentation du taux des personnes inquiètes ; mais cette augmentation est sans commune mesure avec l'augmentation de la délinquance constatée et avec le retentissement que celle-ci trouve dans les médias.

L'analyse des variations du sentiment d'insécurité selon le contexte apporte de nombreux enseignements. Les plus saillants sont les suivants :

1. Comme nous venons de le signaler, le sentiment d'insécurité ne suit pas mécaniquement l'évolution de la délinquance. Lorsque l'on compare l'évolution du sentiment d'insécurité mesurée par *Agoramétrie* depuis 1977 avec celle des crimes et délits constatés, on n'observe aucun parallélisme, qu'il s'agisse des atteintes aux biens (graphique 3) ou aux personnes (graphique 4).

GRAPHIQUE 3. *Evolution du sentiment d'insécurité (%) et du taux de vols (‰).*

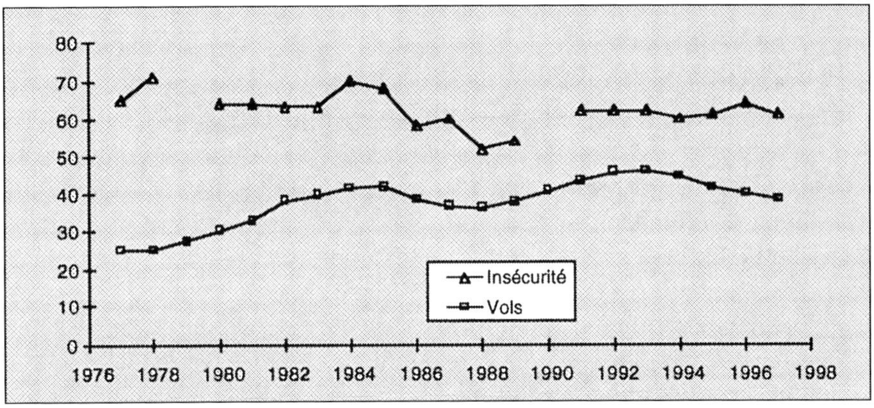

GRAPHIQUE 4. *Evolution du sentiment d'insécurité (%) et du taux d'agressions (‰).*

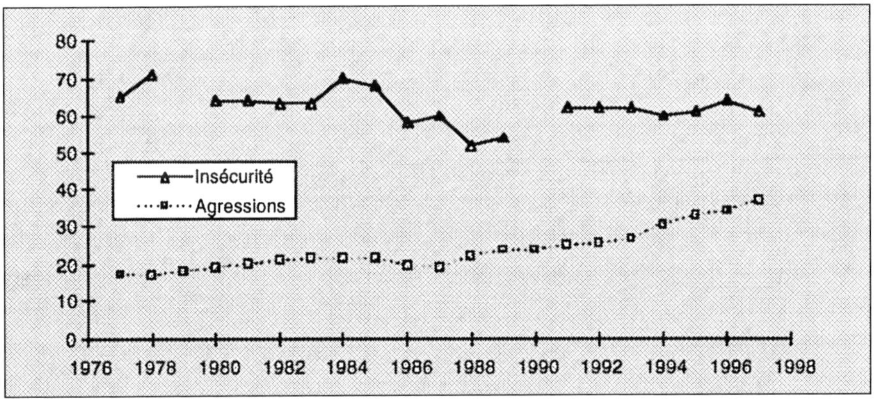

2. Contrairement à une croyance encore vivace dans les années quatre-vingt, selon laquelle le sentiment d'insécurité serait largement indépendant de la pression de la criminalité, il semble bien que les risques présents dans l'environnement aient une influence sur les craintes ressenties. On observe en effet que les personnes exprimant des craintes pour leur sécurité sont proportionnellement plus nombreuses dans les départements où la délinquance est plus importante : on a plus souvent peur d'être agressé sur la voie publique dans les départements où les agressions sont plus fréquentes, et il en est de même pour les cambriolages. Toutefois, selon certaines observations, malheureusement trop fragmentaires pour permettre leur généralisa-

tion, il semblerait que, plus que le niveau local des risques lui-même, ce soit son augmentation brutale qui détermine l'élévation du sentiment d'insécurité.

3. L'expérience de la victimation n'entraîne pas systématiquement une augmentation du sentiment d'insécurité : à risque égal, s'il est vrai que les victimes récentes de cambriolages redoutent plus d'être cambriolées que les non-victimes (graphique 5), on n'observe en revanche aucune influence de cette nature pour les victimes d'agressions dans la rue. La peur d'être à nouveau victime semble dépendre du retentissement affectif de chaque forme particulière de victimation, le cambriolage du domicile, lieu intime à valeur de refuge, étant plus mal vécu que la violence sur la voie publique, lieu plus anonyme et potentiellement plus dangereux. Ce constat renvoie à la notion d'*acceptabilité* du risque.

Graphique 5. *Peur d'être cambriolé, selon le taux par département de cambriolages de résidences principales.*

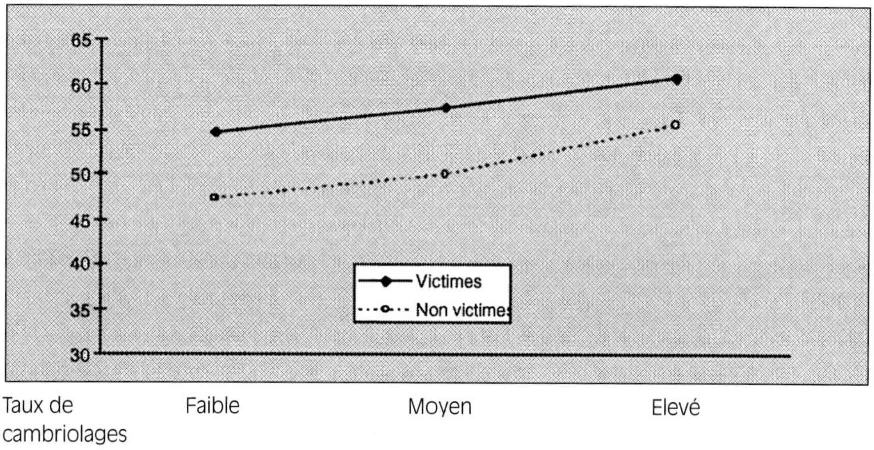

4. La perte de confiance dans les institutions a pour conséquence une augmentation du sentiment d'insécurité (à exposition aux risques constante), comme l'a montré une enquête réalisée en Espagne. Pour la France, on peut en trouver une illustration dans l'évolution de sens contraire, selon les enquêtes *Agorametrie*, du sentiment d'insécurité et de la confiance dans la justice (graphique 6).

GRAPHIQUE 6. *Sentiment d'insécurité et confiance dans la justice.*

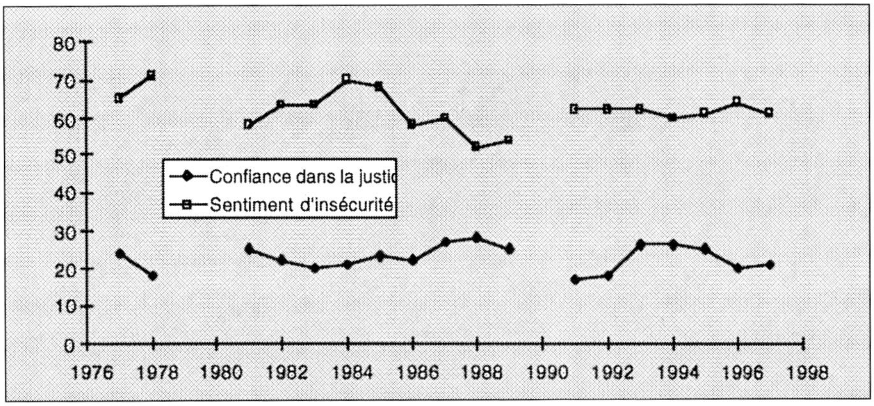

5. Les évolutions du sentiment d'insécurité reflètent les croyances dominantes sur les causes possibles de l'insécurité. Ainsi en est-il de la relation supposée entre l'immigration et l'insécurité, illustrée par les réponses aux enquêtes *Agorамétrie* : la proportion de répondants estimant qu'« il y a trop de travailleurs immigrés » et celle des personnes qui déclarent que l'« on ne se sent plus en sécurité » varient presque parallèlement (graphique 7).

Les causes de l'insécurité et les attentes des Français

Depuis 1990, l'IHESI et le CREDOC interrogent périodiquement les Français sur les moyens d'améliorer la sécurité : une liste de huit moyens leur est proposée, parmi lesquels ils sont invités à désigner les deux qui leur paraissent les plus efficaces. En 1998, quatre de ces moyens recueillent chacun plus de 20 % des citations. Ce sont, dans l'ordre décroissant de fréquence de citations : « il faut que la Justice condamne plus sévèrement les délinquants » (48 %) ; « il faut trouver d'autres moyens que la prison pour punir les petits délinquants » (42 %) ; « il faut plus de policiers et de gendarmes dans les rues et les lieux publics » (36 %) ; « il faut lutter plus efficacement contre l'immigration clandestine » (28 %). Parmi les quatre autres remèdes proposés, l'autodéfense recueille seulement 4 % des citations, et le recours aux entreprises privées de sécurité, 3 %.

Graphique 7. *Evolution du sentiment d'insécurité et de l'opinion sur l'immigration.*

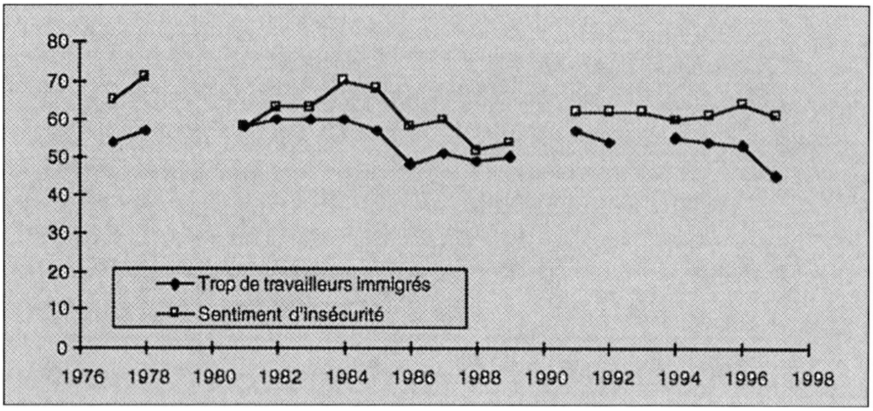

Si l'on compare les réponses de 1990 à celles de 1998, on observe une double évolution : la proportion des partisans de l'intervention des pouvoirs publics a augmenté (au détriment des partisans d'initiatives individuelles) et le taux de personnes préconisant des mesures « répressives » a été multiplié par plus de 1,5.

Les mesures reposant sur une action de l'Etat sont les quatre le plus souvent choisies en 1998 ; en huit ans, le taux cumulé de citations de ces quatre mesures a augmenté de 12 %. Corrélativement, entre 1990 et 1998, le taux de choix du principal moyen reposant sur une initiative individuelle (« il faut que les citoyens apprennent à moins s'exposer aux risques ») est passé de 28 % à 18 %.

Par ailleurs, la croissance de la demande de plus de fermeté de la part des pouvoirs publics peut être illustrée par deux exemples : 1° alors qu'en 1990, 22 % seulement des personnes interrogées choisissaient simultanément deux des quatre moyens « répressifs », ce taux s'élève à 35 % en 1998 ; 2° tandis que la recherche de solutions « alternatives » à l'emprisonnement pour les petits délinquants a perdu en huit ans près de 8 % de citations, la sévérité accrue envers les délinquants compte 15 % de partisans de plus en 1998 qu'en 1990 ; soit un glissement en faveur de la répression de plus de 22 % en moins d'une décennie.

On peut regretter que les enquêtes précitées n'abordent pas les causes profondes de l'insécurité. Il est généralement admis que celles-ci ne ressortissent pas à la seule action des Ministères de la Justice ou de l'Intérieur, mais concernent le gouvernement dans son ensemble, voire, dans une société démocratique, la population tout entière. Malheureusement, en raison des passions que ce problème soulève, les causes de l'augmentation de l'insécurité sont encore mal identifiées, ou font l'objet de controverses qui obscurcissent le débat.

Parmi les quelques recherches scientifiques qui ont été entreprises sur les mécanismes susceptibles d'expliquer l'évolution de l'insécurité en France, la mise en relation de divers facteurs économiques ou démographiques avec les chiffres de la délinquance constatée débouche sur les constats suivants (encore provisoires en l'état actuel de la recherche) : 1° le nombre des violences contre les personnes croît lorsque le pouvoir d'achat s'élève et il diminue avec le développement des TUC, SIVP, CES, etc. ; 2° le nombre d'atteintes aux biens augmente avec l'augmentation du chômage et avec celle de l'urbanisation (mesurée par l'accroissement du nombre d'emplois non agricoles). Ces observations, réalisées sur la période 1972-1994, au seul niveau national, mériteraient d'être affinées (en particulier en procédant à des analyses au niveau départemental) ; elles ouvrent la voie à des recherches sur les moyens d'améliorer la sécurité en France. Mais il serait prématuré d'en tirer des conclusions sur les causes profondes de l'insécurité et les solutions susceptibles d'inverser l'évolution actuelle.

En guise de conclusion

On s'accorde généralement sur la nécessité de prendre des mesures efficaces pour réduire l'insécurité en France ; mais on ne s'accorde guère sur la nature de ces mesures. Cela n'a rien d'étonnant si l'on considère que le phénomène lui-même est mal connu (le nombre même des infractions effectivement commises chaque année est encore un objet de conjectures, surtout en ce qui concerne les petits délits et a fortiori les contraventions) et que, faute de données fiables, il n'est pas facile de remonter à ses causes. Si un plan d'urgence, combinant sanctions et prévention, peut traiter les symptômes les plus graves et contenir les formes d'insécurité que l'opinion juge les moins tolérables, il n'en reste pas moins nécessaire d'assurer l'avenir en s'attaquant aux causes de cette insécurité. Un premier pas en ce sens pourrait être la création d'un *observatoire de la sécurité*. Un tel organisme, de taille modeste, serait chargé de rassembler et d'analyser les données existantes, mais aussi d'impulser et coordonner les recherches indispensables pour la compréhension des mécanismes producteurs d'insécurité, et ainsi d'identifier les facteurs sur lesquels il conviendrait d'agir en priorité.

ÉLÉMENTS DE BIBLIOGRAPHIE

Sur un sujet aussi vaste, il existe un nombre considérable d'articles et d'ouvrages. Aussi n'indiquons-nous ci-après que les textes que nous avons utilisés pour la préparation de cette communication.

Sur la mesure de la délinquance et les enquêtes de victimation :

AUBUSSON DE CAVARLAY, Bruno, « Les statistiques de police : méthodes de production et conditions d'interprétation », *Mathématiques, informatique et sciences humaines*, 134 (été 1996), 39-61.

GRÉMY, Jean-Paul, « Intérêt des enquêtes par sondage pour la mesure et l'analyse de la délinquance. L'exemple du *British Crime Survey* », note interne de l'IHESI, 1994, 10 pages.

MACKENSIE, Doris ; LAYTON, Baunach ; PHYLLIS, Jo ; ROBERG, ROY R. (sous la direction de), *Measuring Crime. Large-scale, long-range efforts*, Albany, State University of New York Press, 1990, 256 pages.

MAYHEW, Pat ; VAN DIJK, Jan J.M., *Criminal victimisation in eleven industrial countries. Key findings from the 1996 international crime victims survey*, Ministère de la Justice des Pays-Bas, 1997, 73 pages + annexes.

MINISTÈRE DE L'INTÉRIEUR, DCPJ, Division des Etudes et de la Prospective, *Aspects de la criminalité et de la délinquance constatées en France en 1997 par les services de police et de gendarmerie*, Paris, Documentation Française, 1998.

ROBERT, Philippe ; AUBUSSON DE CAVARLAY ; Bruno, POTTIER, Marie-Lys, TOURNIER, Pierre, *Les comptes du crime. Les délinquances en France et leur mesure*, Paris, L'Harmattan, 1994, 329 pages.

WALKER, Monica A. (sous la direction de), *Interpreting Crime Statistics*, Oxford, Clarendon Press, 1995, 237 pages.

Sur les incivilités et la « culture des banlieues » :

LAGRANGE, Hugues, *La civilité à l'épreuve. Crime et sentiment d'insécurité*, Paris, PUF, 1995, 310 pages.

LEPOUTRE, David, *Cœur de banlieue. Codes, rites et langages*, Paris, Odile Jacob, 1997, 362 pages.

ROCHÉ, Sebastian, *La société incivile. Qu'est-ce que l'insécurité ?*, Paris, Seuil, 1996, 236 pages.

Sur les violences urbaines :

AUBOUIN, Michel, « Peut-on prévenir les émeutes urbaines ? Le bilan d'une expérimentation », *Administration*, 177 (novembre-décembre 1997), 112-118.

AUBOUIN, Michel, DELANNOY, Michel-François, GRÉMY, Jean-Paul, *Anticiper et gérer les violences urbaines. Bilan d'expérimentation des cellules de veille*, IHESI, collection « Etudes et recherches », 1998, 47 pages.

BACHMANN, Christian, LE GUENNEC, Nicole, *Violences urbaines. Ascension et chute des classes moyennes à travers cinquante ans de politique de la ville*, Albin Michel, 1996, 557 pages.

BACHMANN, Christian ; LE GUENNEC, Nicole, *Autopsie d'une émeute. Histoire exemplaire d'un soulèvement de quartier*, Paris, L'Harmattan, 1997, 237 pages.

BAUER, Alain ; RAUFER, Xavier, *Violences et insécurité urbaines*, Paris, PUF (*Que sais-je ?* n° 3421), 1998, 128 pages.

BODY-GENDROT, Sophie ; LE GUENNEC, Nicole, *Mission sur les violences urbaines*, Paris, La Documentation Française, 1998, 150 pages.

BUI-TRONG, Lucienne, « L'insécurité des quartiers sensibles : une échelle d'évaluation », *Les Cahiers de la sécurité intérieure*, 14 (août-octobre 1993), 235-247.

BUI-TRONG, Lucienne, « Les violences urbaines à l'échelle des Renseignements Généraux. Etat des lieux pour 1998 », *Les Cahiers de la sécurité intérieure*, 33 (3e trimestre 1998), 215-224.

GRÉMY, Jean-Paul, *Les violences urbaines : comment prévoir et gérer les crises dans les quartiers sensibles ?*, IHESI, collection « Etudes et recherches », 1996, 31 pages.

PERALVA, Angelina, *L'émeute. Etude de cas sur une émeute urbaine en région parisienne*, Paris, Centre d'Analyse et d'Intervention Sociologiques, 1997, 168 pages.

Sur le sentiment d'insécurité et ses variations :

AGORAMÉTRIE, *Les structures de l'opinion fin 1997. Analyse du champ des controverses médiatiques et de sa dynamique*, Paris, 1998, 332 pages.

GRÉMY, Jean-Paul, *Les préoccupations sécuritaires et le sentiment d'insécurité des Parisiens selon les réponses à l'enquête Sofres de janvier 1994*, IHESI, 1995, 99 pages.

GRÉMY, Jean-Paul, « La délinquance permet-elle d'expliquer le sentiment d'insécurité ? », *Les Cahiers de la sécurité intérieure*, 23 (1er trimestre 1996), 54-67.

GRÉMY, Jean-Paul, *Les Français et la sécurité. Trois sondages réalisés en 1996 sur l'insécurité et ses remèdes*, Paris, IHESI, collection « Etudes et recherches », 1997, 158 pages.

MINISTERIO DE JUSTICA E INTERIOR, *Demandas de seguridad y victimación*, Estudio n° 7 del Instituto de Estudios de Policía, Madrid, 1996, 95 pages + annexes.

PHILIPONA, Laurence, « La représentation sociale du sentiment d'insécurité », rapport interne de l'IHESI, 1998, 81 pages.

ROBERT, Philippe ; POTTIER, Marie-Lys, « "On ne se sent plus en sécurité" ; délinquance et insécurité ; une enquête sur deux décennies », *Revue française de science politique*, 47 (1997), 6, 707-740.

ROCHÉ, Sebastian, *Insécurité et libertés*, Paris, Seuil, 1994, 192 pages.

ROCHÉ, Sebastian, « Expliquer le sentiment d'insécurité. Pression, exposition, vulnérabilité et acceptabilité », *Revue française de science politique*, 48-2 (avril 1998), pages 274-305.

STEMMELEN, Éric, « L'insécurité et les sondages », *Les Cahiers de la sécurité intérieure*, 4 (février-avril 1991), 63-71.

Sur les causes de l'insécurité et les attentes des Français :

COURBIS, Raymond, « Analyse économétrique des déterminants de la criminalité en France », communication au colloque *Les sondages et la sécurité intérieure*, IHESI, 20-21 février 1997.

GRÉMY, Jean-Paul, *Les aspirations des Français en matière de sécurité. Leur évolution depuis 1990 selon les enquêtes du CREDOC*, Paris, IHESI, collection « Etudes et recherches », 1998, 88 pages.

SCIENCE, GESTION DES RISQUES ET DÉBAT PUBLIC

Les controverses autour de la radioactivité et de la santé

Constantin Vrousos
PUPH Cancérologie-Radiothérapie CHU de Grenoble

Jean-Pierre Pagès
Sociologue, Agorамétrie

Les débats autour de la radioactivité et de la santé frappent par leur diversité. La plupart ne mettent en lice que des scientifiques ou des experts, les problèmes évoqués concernant soit le domaine des sciences de la vie (biologie moléculaire, génétique cellulaire, épidémiologie...), soit celui de la gestion des risques (sûreté et radioprotection), soit l'interface entre ces deux domaines. Les thèmes qui font par ailleurs l'actualité médiatique, quand ils relèvent de la science ou de la gestion des risques, ne constituent guère des priorités pour les scientifiques et les experts. Il est alors permis de s'interroger sur cette situation paradoxale : reflète-t-elle des insuffisances réelles ? Les priorités en matière d'amélioration des connaissances et de gestion des risques qui émergent du débat public sont-elles bonnes ? Les connaissances acquises et les bases de la sûreté et de la radioprotection sont-elles véritablement remises en cause ? Les faiblesses qui sont dénoncées ne sont-elles pas inhérentes aux principes et aux règles mêmes que l'on s'est donnés pour protéger les populations ? Est-il possible de faire la part du positif et du négatif dans les controverses ? Faut-il considérer en définitive que l'on a affaire à un débat en trompe l'œil : discuter sans fin sur les risques et leur gestion ne revient-il pas à exprimer, en décalé, son rejet du programme nucléaire ?

Pour passer en revue certains des problèmes qui sont soulevés et discutés, soit dans la sphère des scientifiques et des experts, soit sur la place publique, le médecin (Constantin Vrousos) va entamer une discussion avec le sociologue (Jean-Pierre Pagès). En circulant entre le passé et le présent, il s'agira d'abord de mettre en perspective les connaissances, les hypothèses, les concepts et les principes qui fondent la radioprotection. Il conviendra ensuite de juger de l'adéquation entre les manières d'agir qui s'en déduisent et la nature conflictuelle de la société d'aujourd'hui. L'édifice que constitue la radioprotection a une très longue histoire ; il s'est construit peu à peu, dans un contexte scientifique, technologique, social et politique très différent de celui que l'on connaît aujourd'hui. Il s'agit en définitive, ici, d'envisager son devenir en tenant compte, certes des progrès des sciences et des techniques, mais aussi de l'évolution de la façon d'envisager en cette fin de siècle la décision publique.

1. Connaissance des effets des radiations sur la santé et radioprotection

J.-P. Pagès : Les conséquences pour la santé des expositions aux rayonnements ionisants ont-elles été connues très tôt ?

C. Vrousos : Très tôt, quelques mois à peine après la découverte des rayons X, les premières lésions cutanées dues aux radiations ionisantes ont été décrites. Il s'agissait de radionécroses de la peau à la suite d'une dose excessive délivrée pour le traitement de certains cancers cutanés. En 1902, le premier cancer cutané radio-induit a été constaté. De 1902 à 1907, 170 lésions imputables aux rayons X ont été recensées sur des physiciens ou médecins utilisateurs des rayonnement ionisants. Parmi ces lésions, on a dénombré bon nombre de leucémies. Les altérations génétiques ont été découvertes bien plus tard, en 1927, par H. J. Muller, chez la drosophile puis chez la souris. Il s'agissait de lésions essentiellement chromosomiques qui ont laissé entrevoir des effets héréditaires chez l'animal irradié.

J.-P. Pagès : A-t-on pris immédiatement des mesures pour se protéger des radiations et comment s'est développée ensuite, jusqu'aux années 1990, la radioprotection ?

C. Vrousos : Antoine Béclère a été l'un des premiers à décrire les mesures de radioprotection en 1904, en énonçant trois principes : s'éloigner de la source d'irradiation, rester le moins longtemps possible près de celle-ci et interposer un écran d'un métal lourd tel que le plomb pour constituer une protection entre l'opérateur et les rayons. Les radiologues anglais, dès 1921, ont créé le Comité pour la Protection contre les Rayons X et le Radium. En 1928, lors du Congrès International de Radiologie de Stockholm, celui-ci est devenu la Commission Internationale de Protection contre les Rayons X et le Radium. En 1934, les premières recommandations basées sur l'expérimentation animale et l'expérience médicale ont été édictées. A partir de la dose érythème (en 30 jours), la dose limite de 60 rem par an a été proposée pour les travailleurs soumis aux radiations, ce qui revient à 0,2 roentgen par jour.

La Commission précédente qui est devenue en 1952 la Commission Internationale de Protection Radiologique (CIPR) est une organisation non gouvernementale qui élabore des recommandations sous forme de publications numérotées. Elle est reconnue par les Nations Unies et constitue sur le plan international une référence en raison de la valeur scientifique de ces documents et de l'approche prudente et pragmatique, mais pas toujours scientifiquement établie, des problèmes de radioprotection. Dès 1959, nous disposons d'un système cohérent et complet de recommandations pratiques basé essentiellement sur un système de doses limites complété par le principe « le plus bas qu'il est possible ». Dès cette époque, la CIPR a fixé les doses limites à 50 mSv par an pour les travailleurs et à 5 mSv par an pour la population. Ces doses limites vont perdurer jusqu'en 1990.

En 1966, dans la publication n° 9 est énoncé le principe d'optimisation : « il faut aller aussi bas qu'il est aisément possible compte tenu des considérations économiques et sociales ». En 1973, dans le n° 22, la méthode coût-bénéfice est introduite pour atteindre l'optimum. Enfin, en 1977, dans le n° 26, le principe d'optimisation sous sa forme ALARA (As Low As Reasonably Achievable, le « reasonably » remplaçant désormais le « readily ») est définitivement adopté. Cette dernière publication devait être révisée en 1993 ou en 1995, mais, en raison de l'accident de Tchernobyl, elle le fut en 1990 (CIPR 60). La volonté de quantifier le risque global introduisit une certaine complexification du système de doses-limites. Mais la CIPR 60 repose toujours sur les trois postulats : absence de seuil pour les effets stochastiques ; linéarité de la relation dose/probabilité de l'effet aux faibles doses ; proportionnalité entre les doses reçues cumulées et le risque collectif. On trouve dans ce document les facteurs correctifs, les extrapolations et les modèles mathématiques qui permettent de quantifier le risque virtuel pour des doses et des débits de doses faibles à partir des faits concernant des doses et des débits de doses élevés sur des périodes d'observation limitées.

2. Des controverses scientifiques ou radioprotectionnistes aux controverses publiques

J.-P. Pagès : J'imagine que l'élaboration des principes, des normes et des pratiques de radioprotection ne s'est pas faite sans des débats et des controverses entre scientifiques et gestionnaires du risque ?

C. Vrousos : La protection radiologique ne peut être conduite à partir des seules considérations scientifiques ; elle fait intervenir des jugements de valeur sur l'importance relative des différents types de risques et sur la balance entre risques encourus et avantages obtenus. Les grandeurs physiques utilisées en protection radiologique ont dû être complétées pour gérer les risques radiologiques par des notions telles que la dose *équivalente*, la dose *efficace,* la dose *efficace engagée* et la dose *collective*. Les effets biologiques ont été repartis en deux types : les effets *déterministes* dus à la destruction des cellules et qui apparemment apparaissent à partir d'un seuil pour les effets cliniques et les effets *stochastiques* qui peuvent survenir quand une cellule irradiée est transformée plutôt que détruite. Dans ce dernier cas, la CIPR a pris comme postulat l'absence d'un seuil alors que sur le plan biologique, en raison des systèmes de réparation, l'existence d'un seuil est loin d'être invraisemblable, comme l'a souligné le rapport de l'Académie des Sciences. Pour de très faibles doses, qui ne provoquent aucun effet observable, la Commission prend en considération des projections et des extrapolations, car l'individu ne peut pas être observé durant toute sa vie et, pour des faibles doses (< 200 mSv), il est nécessaire, si on admet l'absence de seuil, d'extrapoler à partir des phénomènes provoqués par des doses plus élevées. La Commission prend en considération la diminution du risque à des doses et à des *débits de doses* faibles en divisant la probabilité par un facteur de réduction posé égal à 2 (FEDDD), alors que celui-ci varie de 2 à 10. Enfin, la notion de *détriment* est définie par la combinaison de la probabilité d'un effet nocif pour la santé avec un jugement sur la gravité de cet effet. Pour distinguer les effets des doses à leurs différents niveaux et tenir compte de leur gravité, il a fallu introduire des facteurs correctifs. Toutes ces « extrapolations » ont l'inconvénient de conduire à un risque virtuel qui par son aspect quantitatif a perdu son caractère incertain. On comprend ici pourquoi l'Académie des Sciences propose qu'une fourchette de risque soit fournie quand des morts attendus sont annoncés dans les médias, suite à une irradiation ou à une contamination. La recommandation de la CIPR 60 a pour corollaire de réduire la dose maximum admissible pour les travailleurs de 50 à 20 mSv par an et celle de la population de 5 à 1 mSv par an. Pour la première fois dans l'histoire de la CIPR, une contestation violente s'est développée lors de cette publication, menée par l'OCDE, par de nombreux radiobiologistes de renom et par des sociétés savantes telles que l'Académie des Sciences en France. La Health Physic Society, en 1997, et la conférence de Wingspread ont conclu à l'absence de tout fondement scientifique à la réduction de la dose limite pour la population et mis en doute les trois postulats de la CIPR 60. Malgré ces avis et par le jeu des institutions internationales, la directive européenne n° 29 de l'EURATOM du 13 mai 1996, qui sera transcrite en France sur le plan législatif à partir du 13 mai 2000, va imposer ces nouvelles normes. Notons que la CIPR 60 passe totalement sous silence le phénomène de l'hormésis et de tous les processus de réparation mis en jeu par l'organisme vis-à-vis des effets des radiations. Enfin, si ces différentes recommandations sont basées sur le principe ALARA et sur le principe de précaution, les conséquences économiques et sociales de telles dispositions ne sont nullement étudiées. Mais les controverses ne se sont pas toutes déroulées dans l'univers clos des scientifiques et des experts. Certaines ont connu un fort retentissement public.

J.-P. Pagès : Dès le début des années 1950, les conséquences sur la population mondiale des essais atomiques dans l'atmosphère ont été discutées, d'abord dans des revues spécialisées, puis publiquement, suite aux conclusions pessimistes énoncées par certains scientifiques (L. Pauling, par exemple). On s'intéressait particulièrement aux effets somatiques et génétiques qui pourraient être induits par la diffusion dans l'atmosphère de carbone 14 et la présentation, soit rassurante, soit alarmiste, des données scientifiques à laquelle on se livrait, entretenait, à l'évidence, des liens avec la controverse autour de l'arme nucléaire qui alors battait son plein. Pour faire le point sur les connaissances, l'Académie Nationale des Sciences américaine fut saisie et un comité scientifique, l'UNSCEAR, fut créé par l'Assemblée Générale des Nations Unies (1958). Si les rapports publiés par ces deux instances furent plutôt rassurants, il n'en reste pas moins que le problème de l'exposition des grandes populations à de faibles doses se trouvait désormais posé. On mesure ici combien l'hypothèse d'absence de seuil émise pour les effets stochastiques par les radioprotectionnistes a pu alimenter un débat qui allait se révéler sans fin, aucune réponse définitive au problème de l'incertitude des effets aux faibles doses ne pouvant être donnée par la science. Cette discussion publique autour des effets aux faibles doses a repris aux USA, avec le développement du nucléaire civil. Alors qu'au niveau de la contestation, l'atome civil prenait le relais de l'atome militaire, les résultats publiés à partir de 1970 par J.W. Gofman et A.R. Tamplin, par exemple, ont contribué, en effet, à relancer la controverse : ne pouvait-on pas obtenir entre 16 000 et plus de

100 000 cancers supplémentaires par an, en mettant tous les Américains, de la naissance à 30 ans, à la dose-limite annuelle autorisée ?

C. Vrousos : La dose collective, c'est-à-dire la somme des doses individuelles reçues par la population et exprimée en homme-sievert, est utile pour comparer la quantité de rayonnement reçue par une population pour des irradiations d'origines diverses. Quand les individus reçoivent des doses inférieures à 100 mSv, la dose collective ne saurait être utilisée pour estimer le risque auquel est exposée la population. A travers la loi dose-probabilité de l'effet, elle ne peut fournir qu'une idée de la limite supérieure.

J.-P. Pagès : Quelles que soient les critiques qu'il est possible de faire aux travaux précédents, il est certain que les controverses publiques qu'ils ont provoquées ont accéléré l'acquisition de certaines connaissances et fait évoluer les manières d'envisager la radioprotection... et les nouvelles manières ont, à leur tour, alimenté des controverses d'un nouveau type. Ayant admis, par précaution, l'hypothèse d'absence de seuil, le problème de l'acceptabilité des niveaux d'exposition se trouvait posé. L'introduction de l'hypothèse supplémentaire de l'existence d'une relation linéaire entre l'équivalent de dose et la probabilité d'apparition d'un cancer ou d'une leucémie a permis de faire émerger ce problème sur la place publique avec fracas : cumulés sur un grand nombre, les petits effets, tels qu'on pouvait maintenant les mesurer à travers cette relation linéaire prudente, devenaient scandaleux et donc, du point de vue de l'opinion, socialement inacceptables. Le principe d'optimisation « ALARA », qui est déjà bien formalisé en 1973 (CIPR 22), peut être vu, pour une part, comme la réponse radioprotectionniste au débat qui se développe : l'approche économétrique encore très théorique de l'« acceptable » proposée a la vertu de rendre illégitime l'hypothèse d'une population américaine exposée à la dose-limite. Mais le fait de poser ce principe d'optimisation de bonne gestion donne un caractère scientifique et sacré à cette loi linéaire dose-effet, qui a été, au départ, retenue pour son caractère conservatoire et pratique. Elle va donc, par contrecoup, polariser les énergies de bien des scientifiques qui vont accumuler des données pour la conforter ou la remettre en cause : on en discute toujours aujourd'hui et on est loin, certainement, d'avoir fini d'en discuter.

C. Vrousos : Pour relativiser le problème que pose le risque industriel, il est nécessaire maintenant de rappeler brièvement les diverses sources d'irradiation auxquelles notre organisme peut être soumis.

Rayonnements naturels

La limite de 1 mSv par an pour la population maintenant imposée est d'abord à mettre en parallèle avec la dose efficace annuelle moyenne due à l'exposition d'origine naturelle qui est de 2,4 mSv par an pour un adulte en France. Cette dose varie en France entre 1,5 (région parisienne par exemple) et 6 (Massif central, Vosges, Bretagne). Elle est multipliée par 10 ou 20 dans certaines régions du monde, telles que le sud-ouest de l'Inde ou certaines régions du Brésil, sans que l'on ait observé d'effets sur la santé des populations. Cette exposition naturelle provient de trois sources :

• *L'exposition externe due au rayonnement cosmique*

Elle croît avec l'altitude et la latitude, doublant tous les 1 500 mètres. Ainsi, dans certains cas, elle devient notable pour les voyageurs des vols subsoniques. Il est certain que le personnel navigant et les spationautes sont hautement concernés par ce type d'irradiation. On estime que les doses reçues par le personnel navigant et les passagers pendant les vols long courrier à une altitude d'environ 10 000 mètres sont de l'ordre de 2 à 3 microSv par heure, ce qui totalise pour l'équipage effectuant 600 heures de vol par an une dose de 1 à 3 mSv annuelle. Le personnel navigant féminin, tout particulièrement en cas de grossesse, doit faire l'objet d'une surveillance attentive. Enfin, les spationautes de la station MIR reçoivent une dose de 1 mSv par jour et par individu ; pour des longs séjours, leur dose peut atteindre 0,5 Sv.

• *L'exposition externe au rayonnement tellurique*

Elle augmente avec la radioactivité du sol et est plus élevée dans les régions granitiques. Ce risque d'exposition par rayonnement naturel se trouve augmenté lors de certaines activités humaines : mines d'uranium, mais aussi mines d'autres substances non radioactives mais contenant des produits radioactifs. Il augmente lors de l'extraction des phosphates, de certains métaux aurifères, du zircon, du titane, de certaines huiles, lors de creusement de galeries et de tunnels souterrains ou de l'exploitation de champignonnières. En France, à peu près tout le personnel des mines non uranifères reçoit une dose équivalente moyenne inférieure à 15 mSv par an.

• *L'exposition interne*

Elle est due au potassium 40, au carbone 14, au rubidium 87 et surtout à l'inhalation du radon 222 provenant de la désintégration de l'uranium 238 présent dans le sol. Si la mortalité par cancer du poumon a été parfaitement étudiée chez les mineurs de fond pour l'extraction de l'uranium, les enquêtes épidémiologiques chez des populations habitant dans des maisons où la concentration du radon est élevée sont contrastées. En effet, certaines enquêtes en Angleterre ont évoqué l'hypothèse que, dans certaines habitations où la concentration de radon est élevée, il y avait surmortalité par cancer bronchopulmonaire, effet qui n'a pas été retrouvé dans d'autres enquêtes. En France, la concentration moyenne du radon dans les habitations est deux fois plus élevée dans le Limousin (100 Bq/m3) qu'en Poitou-Charentes. Bien que la consommation de tabac par habitant soit pratiquement la même dans les deux régions, aucune différence dans l'incidence des cancers bronchiques n'a été observée. Des constatations équivalentes ont été rapportées dans d'autres régions du Royaume-Uni et dans les pays scandinaves, plus particulièrement au Danemark. Il n'y a aucune preuve d'une relation directe entre l'exposition au radon dans les habitations et le développement des cancers bronchiques. Le radon pourrait jouer un rôle de cofacteur de cancérisation. Toutefois, certains experts particulièrement alarmistes sont en désaccord avec le rapport du Conseil Supérieur d'Hygiène Publique qui estime que ce risque est faible et ne peut être actuellement mis en évidence en France, car il est masqué par le risque tabagique. Les recommandations 90-143 du 21 février 1990 des Communautés Européennes préconisent, pour les constructions anciennes, une concentration maximum annuelle de 400 Bq/m^3 correspondant à une dose efficace de 20 mSv par an et, pour des constructions récentes, une concentration annuelle de radon de 200 Bq/m^3 correspondant à une dose efficace de 10 mSv par an.

Applications médicales

L'irradiation due aux activités médicales est de très loin la cause humaine la plus importante d'irradiation de la population, délivrant une dose moyenne efficace individuelle de 1 mSv par an, soit près de la moitié de la dose due au rayonnement naturel en France. La publication 73 de la CIPR adoptée en mars 1996 est consacrée à la protection et à la sûreté radiologiques en médecine. Elle reprend les grandes lignes de la CIPR 60 et insiste tout particulièrement sur les principaux objectifs et les principes fondamentaux du système de protection. Cette exposition médicale, qui résulte de l'ensemble des actes de radiodiagnostic, de radiothérapie, de médecine nucléaire pratiqués sur les individus d'une population, à visée thérapeutique ou à la recherche d'une affection, peut varier d'un pays à l'autre en fonction de la technicité et du niveau sanitaire d'une nation. Pour les investigations à visée diagnostique, il faut s'efforcer de limiter les doses en supprimant les examens inutiles ou en utilisant des techniques qui présentent la même valeur informative sans utiliser les rayonnements ionisants. Si ces mesures concernent essentiellement le radiodiagnostic, pour la radiothérapie, le développement des investigations en cytogénétique permettra à l'avenir de mieux connaître la radiosensibilité des individus et de prévoir des réactions inadéquates. Restons circonspects en ce qui concerne certaines études alarmistes qui, par le jeu des extrapolations et des projections, prédisent plusieurs milliers de cancers provoqués par les examens radiologiques, alors que ceux-ci sont avant tout réalisés pour apporter une meilleure connaissance de la maladie et adapter la thérapeutique en vue d'une amélioration de la survie et de la qualité de vie.

Exposition due à l'industrie

Il faut distinguer ici l'industrie électronucléaire qui produit de l'électricité à partir de l'uranium et du plutonium et les industries non électronucléaires, qui emploient des sources radioactives ou des générateurs de rayons X et de particules pour le contrôle de certains matériaux dans de multiples techniques. Depuis le début de l'ère nucléaire, on s'est efforcé de limiter au maximum l'irradiation externe et la contamination interne provenant d'incidents ou d'accidents sur les réacteurs ou dans les usines. Une doctrine s'est progressivement élaborée, basée sur la notion de *défense en profondeur* ; elle a conduit à un système de barrières étanches successives, interposées entre le combustible radioactif et l'homme. Le bien-fondé de cette doctrine, qui s'applique dès la conception et la construction des centrales, a été démontré à Three Mile Island en 1979, même si cet accident sans conséquence sur l'environnement n'a pas été évité, les procédures d'exploitation et l'interface homme-commandes n'ayant pas été suffisamment approfondies pour éliminer le facteur humain. En revanche, la catastrophe survenue en 1986 à Tchernobyl a montré les déficiences sérieuses de conception sur un type de réacteur propre à l'ex-Union Soviétique : les violations graves, multiples et délibérées des règles d'exploitation par les opérateurs ont abouti à cet accident qui est le plus grave de l'histoire du nucléaire civil. En France, dans le cadre de la réglementation actuelle, les effluents aussi bien des centrales nucléaires que des usines de retraitement, restent très nettement inférieurs par rapport aux limites de rejets autorisées. Les contrôles effectués par l'OPRI permettent de le vérifier. Aucun accident d'importance n'a par ailleurs été constaté. Le principal facteur de contamination actuel provient de la contamination de la nourriture par le jeu des phénomènes de bioconcentration des radionucléides, mais cette contamination reste très inférieure aux variations d'une région à l'autre du globe. Les deux principales causes d'irradiation aiguë à laquelle la population humaine a été soumise jusqu'à présent sont liées aux explosions atomiques expérimentales atmosphériques des années 1950 et à la catastrophe de Tchernobyl d'avril 1986. Les radio-éléments les plus dangereux de ce point de vue sont ceux qui se concentrent dans un organe spécifique (iode 131 dans la thyroïde, strontium 90, dans l'os, césium 137, dans les masses musculaires). Les différentes controverses autour de la radioactivité due au césium 137 au Mercantour ou dans un sanglier tué dans les Vosges, témoignent de la sensibilisation à ce type de risque nucléaire ; sur le plan sanitaire les doses pouvaient être considérées comme insignifiantes.

On voit donc que, dans le bilan global, les rayonnements dus à l'industrie ne pèsent en définitive pas lourd comparés aux irradiations « naturelles » et « médicales ». On a vu, de plus, que la doctrine basée sur les principes de la défense en profondeur et du retour d'expérience a montré son efficacité en matière de sûreté des installations et que les rejets des installations nucléaires sont très inférieurs aux limites autorisées. Et pourtant, on a l'impression, depuis déjà quelques années, qu'on assiste à une nouvelle vague de controverses publiques : on parle de leucémies autour de La Hague, de cancers autour des centrales nucléaires, d'une augmentation du nombre des cancers de la thyroïde après Tchernobyl, de la contamination des transports de combustibles usés, des risques pour les prestataires d'intervenir dans les centrales nucléaires, du risque causé par le radon dans les écoles et les maisons… et cette liste est loin d'être exhaustive. Finalement, n'y aurait-il pas aujourd'hui acharnement médiatique ?

3. Débat public et démocratie

J.-P. Pagès : Quand les faits dénoncés, aussi petits soient-ils, sont réels, on ne peut reprocher aux médias d'en rendre compte… et ce n'est pas au technicien, lorsqu'il est partie prenante, de juger du caractère excessivement spectaculaire et alarmiste du message transmis. Il s'avère donc peu efficace de dénoncer les « mauvaises intentions » des uns et des autres (les journalistes et les écologistes) : c'est en opérant ainsi qu'on discrédite le politique. Le jeu démocratique exige que l'on réponde aux faits dénoncés et aux arguments avancés. Reconnaissons donc du talent aux associations écologistes, et particulièrement à Greenpeace, qui savent si bien utiliser les médias. Cherchons par ailleurs à analyser le pourquoi des controverses, pour en tirer des leçons en vue d'améliorer l'adaptation du monde nucléaire à la réalité conflictuelle de la société d'aujourd'hui. Notons que le nucléaire n'est pas le seul danger à être dénoncé sur la place publique ; on parle aussi de vache folle, d'organismes génétiquement modifiés, d'amiante, de pollution atmosphérique et de gaz à effet de serre...

C. Vrousos : La multitude des débats autour des risques ne montre-t-elle pas que la société a changé. On parle de « société du risque » : qu'en est-il exactement ?

J.-P. Pagès : La France s'est considérablement transformée depuis la dernière guerre et les événements de mai 1968 montraient déjà que le modèle étatique, qui avait permis le succès de la reconstruction, n'était plus tout à fait adapté à une société devenue « consumériste ». Depuis, le secteur tertiaire a pris de l'importance, l'informatique et la télématique se sont imposées et les fondements du pouvoir ont été déstabilisés par la construction européenne et la mondialisation des marchés, qui conduisent à une perte non seulement de souveraineté, mais surtout de maîtrise des principaux leviers économiques nationaux. Parallèlement les niveaux d'éducation se sont encore élevés (près de 60 % des 18-24 ans ont en 1998 un diplôme égal ou supérieur au baccalauréat), les valeurs « matérialistes » (sécurité, ordre, mérite, respect des hiérarchies et des pouvoirs institués...) ont reculé au profit des valeurs « post-matérialistes » (respect d'autrui, épanouissement personnel, démocratie...), le thème de l'environnement et des risques industriels s'est imposé en tant que thème prioritaire et les nouveaux contre-pouvoirs se sont multipliés ou ont gagné en puissance (mouvement associatif, télévision et médias). Arme spectaculaire par excellence au service des contre-pouvoirs pour s'opposer aux projets et aux actions des gouvernants, le risque est donc, par la force des choses, au centre des débats publics. Et cette remise en cause du modèle étatique qu'il permet d'exprimer conduit de façon mécanique, en réaction, à réenvisager les processus décisionnels publics. La démocratie qui était restée « représentative », c'est-à-dire avant tout basée sur la légitimité que confère le suffrage universel, devient de plus en plus « délibérative » : on prône la transparence et la participation des citoyens ; on exige des débats contradictoires publics entre experts ; on cherche à bâtir des procédures décisionnelles multi-acteurs qui, opérant par étapes, laissent même une place à l'acquisition de connaissances nouvelles... Sur ces points, le nucléaire a déjà innové, avec la procédure adoptée pour régler le problème des déchets de haute activité, qui découle de la loi votée au Parlement en juillet 1991. Rapprocher les responsables des organisations nucléaires des citoyens et des forces qui les représentent, conduit à passer au crible des nouvelles conceptions les projets qui se dessinent. Il ne s'agit donc pas de renoncer, mais de préparer dans les meilleures conditions le nucléaire du futur.

C. Vrousos : Mais en quoi le nucléaire pourrait-il changer : les rejets des installations n'ont cessé de diminuer et les risques qu'ils représentent pour les populations sont déjà extrêmement faibles…

J.-P. Pagès : Il est légitime que les populations soumises à un risque, quel qu'en soit le niveau, aient leur mot à dire. Et la confiance, dans une société comme la nôtre, ne peut régner entre l'exploitant et le riverain d'une installation que si elle est partagée. Les affaires récentes ont montré que la sévérité des normes et le principe ALARA exigeaient des exploitants une grande rigueur avec laquelle ils transigeaient parfois, et que l'organisation complexe mise en place pour assurer le contrôle pouvait alors être prise en défaut. Il semble qu'une meilleure transparence, quant aux niveaux de contamination constatés, suffise ici pour, à la fois, imposer la rigueur, améliorer le contrôle et installer la confiance. Pour les situations de crise, depuis la directive « Seveso » et la mise en place des Plans Particuliers d'Intervention (PPI), les responsables d'installations à risque ont été amenés à transmettre aux riverains des informations sur les risques auxquelles ils n'avaient pas accès auparavant. Ce geste de confiance « malgré soi » n'a guère provoqué de réactions négatives des populations qui, sensibilisées et informées des consignes, sont maintenant susceptibles d'agir plus souvent dans le bon sens si l'accident arrive.

4. Sur la controverse autour de l'usine de retraitement de La Hague

C. Vrousos : On sait que les informations qui sont diffusées soit par des scientifiques, soit par l'administration, soit par les exploitants, peuvent être contestées sur la place publique par d'autres experts ayant pignon sur rue, puis, de fil en aiguille, par d'autres forces sociales : c'est bien ce que l'on a constaté à La Hague. Comment le citoyen-riverain peut-il alors s'y retrouver ?

J.-P. Pagès : Deux controverses se sont succédé et superposées à La Hague… et il ne faut pas les confondre. La première, d'essence scientifique, a été provoquée par les résultats des enquêtes réalisées par l'épidémiologiste J.-F. Viel : fallait-il conclure à un surcroît de leucémies dans un rayon de dix kilomètres autour de l'usine de La Hague ? Fallait-il mettre en cause la radioactivité, celle qui se trouverait sur les plages, dans les poissons ou les crustacés ? Pour asseoir la vérité, la seule stratégie possible était de reprendre et de prolonger le travail qui avait été effectué, au sein d'une commission pluraliste d'experts. La commission créée, présidée successivement par les Professeurs Souleau et Spira, a mis bien entendu du temps pour lever en grande partie le doute (non-significativité du surcroît de leucémies) et émettre des recommandations qui vont, en réalité, bien au-delà du problème qui avait été soulevé. Compte tenu de ce qui s'était passé dans les années 1990 autour de l'usine de retraitement anglaise de Sellafield, suite aux enquêtes épidémiologiques de Martin Gardner, on peut regretter que l'exploitant de l'usine de La Hague n'ait pas pris beaucoup plus tôt l'initiative en matière d'épidémiologie. La seconde controverse, qui découle directement par propagation de la première, est typiquement radioprotectionniste : elle concerne les mesures prises pour protéger les populations. On est ici sur le terrain préféré des écologistes, puisque leur stratégie est avant tout procédurière. Emmenés par Greenpeace, ils se sont évertués à montrer que toutes les sources de radioactivité n'avaient pas été prises en compte dans les calculs d'exposition et qu'on avait manqué de rigueur dans l'application des principes et des règles de radioprotection. Et bien entendu, dans une certaine mesure, ils sont arrivés à leurs fins : qui peut empêcher que ne resurgissent dans le présent des vestiges d'un passé où la radioprotection et le contrôle étaient moins contraignants ? A posteriori, on pourrait juger que la bonne stratégie pour l'exploitant eût été de faire immédiatement son mea culpa. Mais, compte tenu de l'acharnement de Greenpeace et des prolongements que la controverse a alors connus, cette position était-elle tenable ? Ici encore, à l'exploitant d'éviter de se mettre dans une telle situation en prenant des mesures rigoureuses beaucoup plus tôt, à sa propre initiative. Quoi qu'il en soit, si la stratégie des écologistes de Greenpeace s'est révélée payante sur les plans national et international, elle n'a guère séduit les populations riveraines qui ne semblent pas avoir été dupes. Les médecins du registre des cancers de La Manche, les élus, les organismes de contrôle nationaux (OPRI, DSIN), les instances créées (Commission d'Alfred Spira et CSPI de Bernard Cazeneuve) ont contribué à calmer le jeu et cela d'autant plus facilement que l'usine est maintenant considérée par beaucoup comme faisant partie du terroir.

C. Vrousos : Quelles leçons en définitive peut-on déjà tirer de cette controverse qui peut connaître encore certains rebondissements ?

J.-P. Pagès : Les bâtisseurs de l'atome font souvent l'erreur de croire que ceux qu'ils considèrent comme des opposants au nucléaire leur reprochent simplement d'avoir défié l'Olympe. Inspirés par le mythe prométhéen, ils fustigent l'ignorance comme source de tous les maux, l'information scientifique et technique se trouvant alors parée de toutes les vertus. L'éducation des uns valant celle des autres, la dissymétrie qu'ils affirment ainsi apparaît comme une fin de non-recevoir à une discussion qui pourrait remettre en cause un certain nombre de prérogatives. Pour éviter cette dissymétrie qui conduit à la surdité, la première chose est d'appréhender les controverses comme celle de La Hague en tant que simple épisode de l'éternelle querelle des anciens (les matérialistes) et des modernes (les post-matérialistes écolo-sensibles). Symbole d'une société et d'un système politique qui privilégiaient le grandiose, le mérite et l'élite, il est normal que certains vestiges du passé nucléaire servent de points de ralliement à ces forces contestataires qui, ayant maintenant des représentants au Parlement, incitent plus qu'hier à s'adapter à la nature conflictuelle du monde d'aujourd'hui. En se montrant aussi hardi que les anciens bâtisseurs en matière de projets, le pari est d'aller avec prudence beaucoup plus loin que les transformations déjà effectuées pour plus d'ouverture et de transparence. Il est logique, par exemple, si l'on se réfère au principe pollueur/payeur, que les industriels investissent dans l'amélioration des connaissances sur les relations entre environnement et santé : ne pourraient-ils pas aider à mettre en place en France une épidémiologie de l'environnement digne de ce nom ? S'ils n'ont rien à cacher, ils ont intérêt, de plus, que les mesures dans l'environnement soient réalisées et interprétées sous le contrôle de scientifiques ou d'experts organisés en commissions pluralistes. C'est en procédant ainsi que les diagnostics produits pourront être considérés comme indépendants, non seulement des intérêts et des pouvoirs, mais aussi des partis pris idéologiques. Le contrôle routinier de l'administration, qui est fondamental, a montré ses limites aussi bien à La Hague que dans l'affaire de la contamination des transports de combustible usé. Il faut enfin innover en matière de participation du public. On traîne depuis des lustres un modèle de citoyen idéal, actif ou compétent, mal adapté à la réalité et à cette démocratie délibérative vers laquelle on tend, où le choix technique a moins d'importance que le processus décisionnel qui permet de l'élaborer. Dans ce nouveau contexte, il est urgent de s'interroger sur le rôle effectif que pourrait jouer le citoyen : quand peut-on l'associer directement aux décisions dont il est partie prenante, de par les risques qu'elles impliquent, aussi petits soient-ils, et qu'il est susceptible de subir ? Quelles informations sur le processus décisionnel faut-il lui transmettre pour qu'il puisse s'exprimer dans tous les cas, avec un maximum de sagesse, sur le caractère acceptable des choix techniques, et cela sans qu'il soit nécessaire de le faire accéder au savoir du technicien ?

C. Vrousos : En somme, il faut jouer sur la modération et le bon sens de l'homme de la rue, pour parer aux excès des acteurs en conflit. N'est-ce pas le monde à l'envers, puisque ce seraient ceux qui ne disposent pas du savoir qui indiqueraient la voie ?

J.-P. Pagès : Quand les antagonismes entre pouvoirs et contre-pouvoirs se transforment en guerre de tranchées, ils ne sont plus producteurs d'innovation et de progrès. Certes, dans les opinions individuelles, on retrouve en général les mêmes oppositions figées. Mais, par la légitimité qu'elle confère, l'opinion publique, en tant que moyenne statistique, rend alors obligatoire la recherche d'un compromis. C'est ainsi qu'elle apparaît comme la gardienne, en dernier ressort, du bon fonctionnement du jeu social.

RÉFÉRENCES

1. Académie des Sciences (1995). – *Problèmes liés aux effets des faibles doses des radiations ionisantes.* Rapport n° 34, octobre 1995.
2. Bonet-Maury Paul (1969). – *La Radioprotection.* Presses Universitaires de France, Que sais-je ? n° 1347.
3. Fagnani Francis (1979). – Acceptabilité des risques et enjeux sociaux. Le cas des normes radiologiques. In : F. Fagnani, A. Nicolon : *Nucleopolis. Matériaux pour l'analyse d'une société nucléaire.* Presses Universitaires de Grenoble, p. 375-483.
4. International Commission on Radiological Protection (1950 à 1990). – Publications n°s 9, 22, 26 et 60. Pergamon Press.
5. Tubiana Maurice (1996). – Effets cancérogènes des faibles doses du rayonnement ionisant. *Radioprotection,* vol. 31, n° 2, p. 155-191.

DISCUSSION

Maurice Tubiana

Le principe ALARA repose sur la relation linéaire sans seuil, proposée en 1965 par la Commission Internationale de Radioprotection, qui a retenu cette hypothèse par commodité en ayant conscience, ainsi que l'indiquent les textes, qu'il s'agit d'une estimation des risques par excès et non par défaut. En revanche, le rapport de 1973 parle de la relation linéaire sans seuil sans aucune restriction quant à la signification scientifique de cette expression. Progressivement, cette hypothèse putative, à l'origine volontairement dénuée de toute base scientifique, devient un dogme dont on ne discute plus la validité. Depuis lors, toutes les utilisations du principe ALARA se fondent sur cette hypothèse. C'est un jeu de passe-passe intellectuel que de fonder une réglementation sur un principe sans préciser que celui-ci n'est qu'une simple hypothèse. C'est inadmissible en science. Cela explique la levée de boucliers constatée chez les spécialistes mondiaux de radiobiologie, qui n'ont eu de cesse de démontrer que ce dogme était fragile. Cependant, il semble que les choses évoluent puisqu'il y a quelques semaines la CIPR a reconnu que le dogme ne reposait sur rien et qu'il convenait de rectifier la méthode empruntée. Selon moi, le problème ne se situe pas dans une discussion sociologique mais bien dans une recherche scientifique. Puisqu'on nous a défié de prouver que la relation linéaire sans seuil est fausse, il faut amasser les connaissances sérieuses et objectives, avant de se lancer dans l'analyse sociologique des controverses fondées sur les phénomènes mal connus scientifiquement.

Monique Sené, GSIEN

Il ne faut pas déplacer les problèmes. Nous sommes confrontés à un problème de crédibilité : la question de la façon dont les populations sont renseignées se pose. Ces dernières années, nous ne sommes pas toujours parvenus à entretenir un dialogue cohérent avec l'exploitant, qui permette de renseigner les populations sur ce qui se produit à l'intérieur de l'usine. Aujourd'hui, s'il est indéniable que l'exploitant respecte les mesures prévues, il ne se livre cependant qu'à un suivi de fonctionnement de l'installation, alors que les populations revendiquent un suivi de leur santé. A cet égard, il existe un hiatus entre l'information et ce qu'il est possible de réaliser. L'énergie nucléaire doit impérativement consentir l'effort de répondre à ce type de questionnement.

Jean-Pierre Pagès

Il me semble que nos discours sont proches : je me situe dans une perspective théorique et vous, dans une approche de terrain. Il faut réfléchir à l'organisation d'un dialogue entre les entreprises, les experts et les riverains. Il me semble cependant que la réflexion consacrée à ce type de problèmes a progressé.

Pour répondre à Monsieur Tubiana, il me semble qu'une confusion s'est opérée entre la relation exposition/effet et ce que serait cette relation si l'on abordait le problème sous un angle exclusivement scientifique. Considérons le cas d'EDF, qui a tenté de rendre opérationnel le principe d'optimisation en acceptant la loi d'exposition/effet linéaire : on s'aperçoit que l'acceptation du principe, en dépit de sa validité scientifique, a conduit à des progrès considérables en matière de radioprotection. Un processus d'amélioration en spirale a ainsi été mis en œuvre, qui, sans coût déraisonnable, a introduit un progrès visible dans la gestion du risque nucléaire par les exploitants.

Maurice Tubiana

Je ne suis pas d'accord. Vous considérez comme un progrès la baisse des doses, ce qui est indiscutable, mais il faut également prendre en considération l'impact psychologique, le rôle de l'angoisse et de l'anxiété du public. Ces craintes peuvent avoir des conséquences dramatiques. Ainsi, à cause des articles terrifiants sur les conséquences possibles à Tchernobyl sur les fœtus, 100 000 femmes ont demandé un IVG, de crainte de donner naissance à un monstre. De même, l'exemple des 600 000 personnes ayant travaillé sur le site de Tchernobyl est éloquent : l'étude de ces populations indique que les cancers et les leucémies n'ont pas augmenté, alors que la fréquence des pathologies du comportement, tels les suicides et les dépressions nerveuses, s'est considérablement accrue. Cette conséquence n'a rien d'étonnant, dans la mesure où l'on a évoqué le principe ALARA, laissant entendre que la moindre dose était dangereuse.

Commentaire

On ne peut réduire Tchernobyl aux seules conséquences psychosociologiques ! Vous exagérez de relativiser à ce point les conséquences sanitaires de cette catastrophe.

Maurice Tubiana

Les données que j'avance concernent les décontaminateurs et non les enfants. Personne n'ignore que l'irradiation de la thyroïde des enfants par l'iode radioactif a causé environ 1 000 cancers de la thyroïde parmi lesquels quelques centaines évolueront vers le décès ; heureusement, le cancer de la thyroïde est l'un de ceux qui guérissent le plus fréquemment.

Jean-Pierre Pagès

Je parle de mesures de radioprotection alors que vous parlez des conséquences d'ALARA sur les controverses. La loi exposition/effet est selon vous une loi de gestion. Or les lois de gestion obéissent à des critères qui ne sont pas strictement scientifiques. L'essentiel pour un mode de gestion est d'être accepté par les professionnels. Or le principe ALARA a été accepté par les professionnels puisqu'il est mis en œuvre dans les entreprises, notamment chez EDF et à la COGEMA. Actuellement, personne parmi les exploitants ne remet en cause le principe d'optimisation. Pourquoi remettre en cause ce principe puisqu'il est maintenant entré dans les mœurs ?

Maurice Tubiana

Je le remets en cause pour des raisons de validité scientifique. Soit la relation linéaire sans seuil est vraie, auquel cas le principe ALARA en découle, soit elle est fausse et, dans ce cas, le principe ALARA n'a pas de fondement scientifique quand on passe au-dessous du seuil. L'accroissement des connaissances apportera très vite la réponse.

Jean-Pierre Pagès

En l'absence de certitudes, le principe de précaution, tel qu'il est appliqué dans le nucléaire, doit gouverner toute action.

Monique Guemann, Procureur Général Honoraire

Ma question s'adresse à Monsieur Grémy. Selon l'enquête CREDOC que vous avez mentionnée, les personnes interrogées, proposant des moyens pour lutter contre leur sentiment d'insécurité, demandaient plus de répression, moins d'immigration, plus de policiers. Cependant, vous avez affirmé que ces revendications étaient tout à fait indépendantes du sentiment d'insécurité. De quoi dépend donc la demande de répression accrue ?

Jean-Paul Grémy, Chargé de Mission IHESI

Le sentiment d'insécurité joue dans la demande de répression, en ce sens que les personnes qui se sentent exposées à l'insécurité exigent davantage de sévérité. Cependant, que l'on se sente en sécurité ou en insécurité, depuis dix ans, la demande de répression est la même. On note un phénomène d'opinion profond qui aspire à plus de sécurité. L'étude du CREDOC que j'évoquais ne permet pas de répondre à votre question mais je vais vous expliquer mon sentiment. En France, le monopole de la contrainte légitime est presque unanimement accepté puisque seulement 4 % de la population se prononce en faveur de l'autodéfense. La tradition répugne donc à se faire justice soi-même. En outre, pendant longtemps, on a nié, surtout à gauche, l'existence d'un sentiment d'insécurité, considérant que ce thème était l'apanage de l'extrême droite. Depuis, on a commencé à prendre cette question plus au sérieux, mais la surdité des responsables politiques, ainsi que l'amplification par les médias des violences urbaines ont eu un effet sur le désir de répression et sur le sentiment d'impuissance. Ces problèmes sont préoccupants car ils font le jeu de l'extrême droite.

RISQUE ET SANTÉ PUBLIQUE

Jean-François Girard
Conseiller d'Etat, ancien Directeur Général de la Santé

Tout le monde s'accorde à reconnaître que les deux décennies qui viennent de se dérouler ont été marquées, non pas par une augmentation du risque, mais par une augmentation de la perception négative des risques. Dans le même temps le monde de la santé a subi une mutation majeure. La santé est sortie d'un domaine bien connu qu'on appelle la médecine qui consiste à diagnostiquer puis à traiter la maladie. Ce domaine vient d'éclater parce que, ce que l'OMS appelait la santé, un état de bien-être physique, psychologique et social qui faisait sourire par son caractère utopique, est en train de devenir, par la force des situations et des débats, une réalité qui finit par s'imposer et qui oblige les médecins, professionnels de la médecine, à être à la fois ce qu'ils étaient et en plus à être des professionnels de santé publique. Cela veut dire, d'une part, s'intéresser à ce qui se passe en amont de la maladie, les déterminants qui la provoquent et, d'autre part, aux conséquences de cette maladie qui ne sont pas seulement le mal-être somatique, mais ses conséquences psychologiques, économiques, sociales et familiales. Le sida a été un élément moteur de cette évolution.

Cette mutation a été accompagnée par le fait que nous sommes passés de relations entre les acteurs relativement simples, dominées par la relation médecin-malade, à des relations plus complexes avec un nombre d'acteurs plus grand. Le nouveau modèle ne se substitue pas au premier ; il s'y ajoute. Le modèle de base de la médecine repose sur une relation médecin-malade, relation individuelle, biunivoque et sans symétrie aucune. Or c'est une caractéristique de notre époque, le malade est une personne qui sait de plus en plus de choses. Un malade conteste l'ordonnance de son médecin en fonction de ce qu'il a lu ou vu. Donc la relation simple, classique, historique, individuelle est en train d'évoluer tandis que la médecine s'intègre dans un ensemble plus vaste : la Santé.

La santé n'est plus une partie qui se joue à deux, elle se joue entre trois parties, trois pouvoirs : les usagers (consommateurs, citoyens, contribuables) ; les pouvoirs publics ; les professions de santé (sans oublier les industriels de l'agroalimentaire).

Dans le domaine de la santé, on attend des pouvoirs publics qu'ils prennent des responsabilités qu'ils n'avaient ni l'habitude ni les moyens de prendre. Et personne ne réclamait qu'ils les prissent ! L'émergence de la perception des risques se développe en miroir par rapport à cette évolution, aussi bien dans le premier schéma médical classique que dans le schéma plus nouveau de la réponse aux besoins de santé.

Dans le schéma médical classique, la notion de risque est un des fondements de la relation médecin-malade. On dit que le médecin a toujours eu le souci de suivre une démarche bénéfice-risques pour juger de la décision et du traitement à proposer. La situation aujourd'hui est plus complexe.

Dans une première période qui vient de se terminer seulement, l'équation bénéfice-risques a été déséquilibrée. Les médecins ont surestimé le bénéfice et sous-estimé le risque. C'est le résultat de notre culture et de notre histoire depuis Fleming, la médecine soignante n'a été que de succès en succès, parfois triomphants ; elle a été dans la situation de toujours considérer qu'un nouveau gain était un bénéfice supplémentaire. La médecine moderne, scientifique, fondant sa connaissance sur une science précise, rigoureuse et riche, n'apportait que des bénéfices, des bénéfices à coup sûr, ce qui amenait le médecin à les « surestimer ».

Dans le même temps, pour des raisons aussi culturelles, nous avons sous-estimé le risque. Le médecin passe du temps à rassurer les malades (peut-être pour se rassurer lui-même !) ; dans l'intérêt du malade, il a toujours minimisé le risque. C'est ce qui s'est passé dans l'affaire de la transfusion sanguine. On a surestimé le bénéfice de la transfusion et on a minimisé son risque.

On a toujours minimisé le risque, car la médecine de Claude Bernard n'est pas une médecine probabiliste. C'est une chose que de s'entendre dire qu'une transfusion sanguine est dangereuse et qu'elle peut donner le sida. C'est une autre chose de savoir que la transfusion contamine par le virus du sida *x* % de cas ou de dire qu'il y aura 3 000 cas de sida par transfusion. Le médecin n'a pas été formé au raisonnement probabiliste, et à l'évidence cela explique le déséquilibre de la situation passée en matière de bénéfice-risques.

Dans une deuxième étape, ce n'est plus le médecin qui gère le rapport bénéfice-risques, c'est l'usager ou le malade qui donne toute sa place aux risques au point d'en sous-estimer le bénéfice. Et de nouveau l'équation est déséquilibrée, mais dans l'autre sens. La relation médecin-malade en est rendue plus difficile : le risque paraît au malade excessif par rapport aux bénéfices attendus.

Le troisième temps auquel on arrive trouve sa solution dans la négociation et la communication. Car il faut négocier avec un malade et le médecin doit savoir « vendre » des situations où il y a des risques et des bénéfices ; il faut qu'il sache communiquer. Les choses ne sont pas simples dans cette période car une notion comme le « consentement éclairé », consacrée dans le droit écrit positif, n'est pas encore stabilisée. Sa maîtrise en est difficile. Ajoutons que la Cour de Cassation a rendu un arrêt non négligeable. Lorsqu'un plaignant, victime d'un dommage à la suite d'un acte médical, reproche à son médecin de ne pas l'avoir prévenu de l'éventualité de la survenue de cette conséquence, il appartenait jusqu'en 1997 au plaignant de faire la preuve qu'il n'avait pas été informé. Un arrêt de 1997 de la Cour de Cassation a inversé le dispositif. Il appartient au médecin de prouver qu'il a bien prévenu le malade de la complication potentielle. Cela suppose l'évaluation scrupuleuse des risques aussi objective que possible, objectivité qui sera confrontée à la subjectivité du malade. Qu'est-ce que cela veut dire de décliner une liste de *x* complications dont certaines sont effrayantes au point que le malade refusera son traitement alors qu'elles surviennent exceptionnellement ? Voilà où en est la relation médecin-malade, dominée par la communication et la négociation comme on va le revoir maintenant dans des situations plus collectives. Les médecins sont confrontés à une nouvelle donne et on voit bien les difficultés des sociétés savantes et du Conseil de l'Ordre confrontés à la mise en œuvre des conséquences de l'arrêt de la Cour de Cassation.

Dans l'époque moderne, les problèmes de risque se posent à un deuxième niveau, celui du risque sanitaire compris comme « la conséquence sanitaire dommageable d'une activité quelconque ». Si, dans le premier cas, on comparait un bénéfice sanitaire à un risque sanitaire, on compare maintenant un risque sanitaire à d'autres risques. Presque tous les risques ont une dimension sanitaire. Certes, un risque peut être considéré comme un risque moral, un risque esthétique : on peut avoir dans son assiette des aliments dégoûtants qui ne menacent en rien notre santé et qui n'ont pas de conséquence économique. Mais, le plus souvent, les risques ont une dimension sanitaire et une dimension économique. La décision de santé publique confronte en permanence le risque sanitaire et le risque économique. Le monde de la décision ne peut pas échapper à cette règle. Dans les exemples qu'on va aborder on prouvera que les outils que sont la communication et la négociation ne sont pas encore maîtrisés dans ce domaine ; l'équilibre risque économique/risque sanitaire a encore des progrès à faire pour atteindre une maturité qu'il n'a pas encore.

Le plus spectaculaire de ces risques économiques versus santé publique, c'est l'affaire de la « vache folle ». Il est encore trop tôt pour parler de ce que fut cette affaire car elle n'est pas encore terminée. Maintenant en 1999, il est facile de dire : voici une affaire inacceptable au départ. Quand on s'aperçoit que des farines sont dangereuses, on les retire du marché et on se donne les moyens de vérifier qu'elles ne sont plus utilisées. On s'assure qu'il n'y a pas de commerce international frauduleux de ces dites farines avec la région la plus proche géographiquement du pays exportateur. En France, la conséquence sanitaire est réduite à un cas de maladie de Creutzfeld-Jacob (une trentaine en Grande-Bretagne) liée à une consommation d'un aliment qui a lui-même apporté l'agent pathogène : le prion. Devant cette situation, la filière de production de la viande a été mise à mal : diminution de 40 % de la consommation pendant près d'un an. Cette situation économique, avec son cortège de licenciements et de chômage technique, ne peut pas avoir eu lieu sans répercussions psychologiques et sur la santé en général des responsables et des employés des entreprises impliquées. Ces derniers se demandent si cela avait été bien mesuré dans le rapport risque sanitaire/bénéfice économique. Une communication différente aurait sûrement atténué les effets de la crise.

Donnons un autre exemple où les choses n'ont pas été sainement envisagées. En 1991, l'affaire de la transfusion sanguine était particulièrement sensible. Les journaux ont rapporté l'existence d'un rétrovirus (virus HTL V1) proche du sida dont la fréquence dans le département des Antilles est beaucoup plus élevée qu'en Métropole. Ce virus donne exceptionnellement des complications. Le dépistage des anticorps contre ce virus a donc été institué pour tous les dons de sang aux Antilles mais pas en Métropole. Il y a eu une question orale à l'Assemblée Nationale : « On fait le dépistage du virus HTL V1 aux Antilles et pas en Métropole pour des raisons économiques et c'est intolérable. » La réponse immédiate du ministre a été la généralisation du dépistage en Métropole du virus HTL V1. La situation politique ne permettait pas d'agir autrement. Le coût de l'opération : 110 millions pour sauver une demi-vie humaine tous les 20 ans. La même somme d'argent mise sur le dépistage du cancer du sein sauverait 200 vies humaines. Etait-ce une gestion raisonnable dans l'optique risque-bénéfice confrontée à la double polarité santé-économie ?

Troisième situation : dans les années 1990 on disposait d'un test dit P 24, consistant à dépister dans le sang une structure antigénique du VIH. Ce test, différent des tests habituels du sida qui dépistent des anticorps, est plus direct. Doit-on oui ou non généraliser le dépistage P 24 dans tous les dons de sang ? Les instances consultées ont déconseillé de le faire. Un ministre a dit : « Si je le fais, c'est-à-dire si je choisis le non-dépistage de P 24, il faut que je l'explique. » Simone Veil a donné une conférence de presse : « Voilà pourquoi je ne le fais pas... » Il y a des cas où les responsables peuvent prendre des décisions en étant respectueux des dépenses économiques à condition formelle d'une transparence complète et d'une explication. Cette décision a été partagée. Si l'opinion publique, la presse avaient trouvé cette décision irresponsable, elles l'auraient fait savoir assez vite. La responsabilité politique aurait été mise en jeu.

Après avoir mesuré cet équilibre entre aspect économique et aspect sanitaire des décisions, il est clair qu'en matière de santé les décisions sont très souvent politiques et que parfois c'est le Premier ministre lui-même qui prend la décision !

On ne peut terminer sans évoquer la nécessité de gérer ces problèmes avec un esprit de relativité et de globalité. On a comparé risques sanitaires et risques économiques. On peut aussi devoir comparer entre eux les risques sanitaires de plusieurs situations. Aux cours des années passées, on a parlé de l'amiante, du plomb dans l'eau, des particules dans l'air ; on parle du bruit, de la radioactivité. A chaque fois l'analyse qui est faite du risque est totalement détachée des autres risques. Je ne parle pas de la comparaison difficile entre les risques subis et les risques acceptés. Les risques de l'alcool et du tabac ne sont pas de même nature ; certes ! Mais je n'ai jamais vu un écologiste prendre parti contre le tabac. La question de la relativisation des différents risques est un élément fondamental, parce qu'on ne peut pas dire qu'on affectera 120 milliards au problème du plomb dans l'eau, 60 milliards sur l'amiante, *x* sur la pollution, etc. Cette multitude de risques émergents ou de perceptions émergentes des risques impose des débats publics et donc politiques, car on ne pourra pas uniquement répondre par la somme des risques minimums acceptables ou acceptés.

Dernière relativisation de cette perception des risques et de leur gestion : le poids des comportements dans les risques. Derrière les comportements il y a intrication avec l'environnement au sens large du terme. Et une des difficultés actuelles pour les politiques publiques est de mesurer cela.

L'exemple le plus intéressant comme intrication entre environnement et politique publique est la vaccination contre l'hépatite B. Autant la « vache folle » est un exemple de ce qu'est un risque « exogène », autant l'hépatite B est un exemple de gestion de risque en matière de médecine ou de prévention. Dans ces exemples, les deux outils, les deux moyens méthodologiques indispensables pour sortir de situations difficiles qui peuvent mettre en péril la société, c'est la négociation et la communication. Le besoin de transparence et d'informations se fait puissamment sentir. Grâce à ces deux outils, la société française doit être en mesure de se montrer adulte, ce qu'elle n'est pas encore !

LA NÉGOCIATION AUTOUR DES RISQUES

Pierre Tanguy
Ancien Inspecteur Général pour la Sûreté Nucléaire à EDF

Il m'a été demandé de vous présenter une analyse du débat sur les risques nucléaires, débat dans lequel j'ai été personnellement impliqué pendant plus de vingt ans, alors que j'exerçais des responsabilités dans le domaine de la Sûreté Nucléaire, successivement au Commissariat à l'Energie Atomique puis à Electricité de France. J'ai été nommé à la tête du département de sûreté nucléaire du CEA au début des années 70. C'est précisément l'époque où Jean-Pierre Pagès, qui est l'un des organisateurs de ce colloque, et qui est expert dans l'étude des structures de l'opinion publique, situe le développement de la contestation antinucléaire en France. Il schématise ainsi l'évolution de l'opinion :

- De 1970 à 1977, le développement de la contestation. Le nucléaire depuis les années 50 était perçu positivement comme un signe de progrès. A partir de 1974, l'adhésion du public chute spectaculairement dans de nombreux groupes sociaux : les femmes, les jeunes, les ouvriers et les enseignants, les sans-religion, les sympathisants de gauche et surtout d'extrême gauche. Cette désaffection culminera en 1977, avec la manifestation de Creys-Malville marquée par la mort tragique d'un manifestant.
- De 1977 à 1986, on observe un redressement et la montée d'un incontestable soutien au nucléaire de la part d'une opinion préoccupée par la crise de l'énergie. Une citation le montre : en 1981, année marquée par le changement de majorité politique, le journal *Le Monde* écrivait qu'il existait « un consensus général dans l'opinion publique sur l'utilité des centrales nucléaires ».

- En 1986, le choc de Tchernobyl a bouleversé la situation et l'image du nucléaire dans l'opinion a été profondément altérée. Aujourd'hui encore cette image reste « troublée » en raison de la réactivation permanente dans la communication médiatique des conséquences de la catastrophe de Tchernobyl. On doit y ajouter la multiplication des nouvelles sur des incidents divers en France ou dans l'ancien bloc de l'Est, j'y reviendrai.

Il n'est pas surprenant que, dans la forme du débat, 1986 ait marqué un changement radical. Jusqu'en 1986, c'était la « communication » qui était au centre des débats. Les responsables des programmes nucléaires fournissaient au public et à ses représentants des informations propres à justifier ces programmes et à démontrer que leurs risques étaient correctement maîtrisés. Les opposants rejetaient cette communication « officielle » : « On ne nous dit pas la vérité, on nous cache les risques réels, le public n'est pas informé, etc. » Ce n'était pas tout à fait vrai, mais il faut reconnaître qu'au moins, jusqu'en 1977, la communication des exploitants était emplie d'assurance et manquait de nuances. Elle n'insistait pas particulièrement sur les problèmes de risques. A partir de 1977, et surtout après l'accident sur la centrale américaine de Three Mile Island en 1979, on corrigea le tir. Le discours fut plus complet et plus franc. Mais il serait illusoire d'attribuer à cette meilleure communication tout le bénéfice de l'amélioration de l'image du nucléaire dans l'opinion. Rétrospectivement, on peut penser qu'à l'époque les Français avaient pris conscience des problèmes d'approvisionnement en énergie, notamment en pétrole, compte tenu de l'attitude des pays arabes. Ils ne se posaient pas trop de questions sur les risques et faisaient confiance aux responsables, et à la classe politique qui soutenait dans sa quasi-totalité le programme nucléaire. Aujourd'hui l'opinion s'inquiète plus des risques sur l'environnement que d'une lointaine crise de l'énergie. Elle doute de la capacité des responsables à résoudre les problèmes et ne veut pas laisser à la classe politique le soin d'en juger seule.

Après 1986, les responsables, notamment politiques, ont eu tendance à donner moins d'importance à la communication à sens unique. Ils ont tenté d'ouvrir un dialogue avec le public. Ce dialogue est d'abord fondé sur un engagement de transparence de la part des responsables qui doit conduire à donner à tous toute l'information existante ; on doit ainsi arriver à un certain partage du savoir, préalable à l'engagement d'une négociation visant à obtenir l'adhésion d'une large majorité à un projet qui offrira aux partenaires un bénéfice reconnu en contrepartie des risques acceptés.

Cette nouvelle approche ne rend pas le débat plus facile avec les opposants qui considèrent toujours que la transparence est insuffisante. Ils profitent de tout incident ou événement anormal pour enfoncer le clou : « On ne nous dit pas tout ! » L'information que l'on souhaiterait partager avec tous est en outre en permanence « polluée » par des contre-informations de sources plus ou moins responsables. Le débat ne se développe pas dans la sérénité, ce qui aurait dû être possible puisqu'il n'y a pas dans la situation nucléaire française actuelle de réelle situation d'urgence. Il est au contraire rythmé par les annonces d'événements montés en épingle par les médias. Jean-Pierre Pagès cite pour les plus récents : la fermeture annoncée, puis confirmée, de Superphénix, la radioactivité des sangliers et des champignons vosgiens, le radon à l'école de Nogent, la distribution de pastilles d'iode autour des installations nucléaires, la tuyauterie de rejet de La Hague et les leucémies dans le Cotentin, la « déconstruction » de Brennilis, la recherche de laboratoires souterrains pour l'étude du stockage des déchets...

Malgré ces difficultés, on a progressé dans cette mise en œuvre d'un dialogue sur les risques entre les responsables, les experts et la société. J'en donnerai quatre exemples, choisis aux différents niveaux où doit se situer une négociation.

1. Il est normal que ce soit d'abord au sein même de l'entreprise exploitant les installations nucléaires que s'engage un dialogue visant à atteindre une communauté de vues sur les risques encourus aussi bien par les travailleurs des installations que par leurs familles qui habitent dans leur environnement immédiat. A EDF, la création auprès du directeur général d'un contrôle préoccupé uniquement sur les aspects de sûreté et indépendant de la production, a été le point de départ d'un dialogue interne, qui a conduit les responsables opérationnels à prendre publiquement position sur leur politique de maîtrise des risques. Le personnel y a été associé, sur un plan général, par le biais notamment d'un rapport annuel public consacré aux résultats obtenus en matière de sûreté, résultats positifs ou négatifs. Au niveau local, le personnel a joué un rôle déterminant dans la mise en œuvre de la maîtrise des risques, notamment par l'instauration et le maintien d'une culture de sûreté efficace. On n'en est plus au discours de l'expert qui explique pourquoi l'accident est quasi impossible, mais à un dialogue entre partenaires aussi bien sur les buts poursuivis que sur les moyens nécessaires.

2. Le deuxième niveau de dialogue est celui des relations entre l'entreprise responsable d'une installation nucléaire potentiellement dangereuse et l'organisme technico-administratif de contrôle qui représente les pouvoirs publics. On ne peut certes pas parler de « négociation » à propre-

ment parler dans ce cas, puisque le mot final revient toujours au contrôle public. Mais un dialogue reste indispensable pour rechercher le moindre risque en prenant en compte au mieux les contraintes de l'exploitation. Les décisions de l'autorité réglementaire doivent se fonder sur une information complète, objective et vérifiée autant que faire se peut, en particulier dans le domaine technique. C'est sur ce point que l'intervention de groupes d'experts sur les aspects sûreté crée un certain consensus technique sur lequel peuvent se construire les décisions. Devant ce groupe, les experts « officiels (1) » apportent leur témoignage, complété ou corrigé éventuellement par des experts extérieurs. Les responsables de l'installation défendent leur projet et c'est le groupe qui fait la synthèse, reprenant dans ses conclusions les points sur lesquels il y a accord, identifiant les divergences et leur signification pour la sûreté et proposant les voies à suivre pour atteindre les objectifs de sûreté. A mon avis, ce système fonctionne bien, en France comme dans tous les pays occidentaux, mais je regrette qu'il n'en soit pas assez tiré parti pour éclairer le débat public. Dans bien des cas, et je pense en particulier à la sûreté de Superphénix et aux feux de sodium, il existait des consensus d'experts qui auraient permis à tous d'avoir une vue objective des risques réels. Je pense que dans le cas du stockage des déchets, question clé sur laquelle je reviendrai en conclusion, les avis de la Commission Nationale d'Evaluation joueront un rôle déterminant dans le débat.

3. Le troisième niveau est celui du débat national. Depuis Tchernobyl, l'Office Parlementaire d'Evaluation des Choix Scientifiques et Technologiques y est impliqué de façon permanente ; il organise des réunions publiques et contradictoires sur les thèmes d'actualité et publie chaque année des recommandations au gouvernement pour une meilleure prise en compte des préoccupations de la population. Les travaux de l'Office constituent sans doute une base valable pour une négociation qui permettrait au citoyen de donner son aval à une industrie dont il comprendrait l'intérêt pour le pays et pour laquelle il mesurerait l'ampleur des efforts faits pour en maîtriser les risques.

4. Mon dernier exemple porte sur le débat au niveau régional, a priori le plus nourri car on est en droit de penser que le public s'y sent plus concerné. Plus encore qu'au niveau national, il est capital que le débat

---

(1) Il s'agit dans mon esprit des experts qui travaillent pour le compte exclusif des autorités de sûreté, qu'ils appartiennent à une agence spécialisée ou non. Aujourd'hui en France, ce sont les experts de l'IPSN qui jouent ce rôle.

puisse s'engager sur une base de données indiscutables, tant sur la réalité des faits, rejets radioactifs, incidents, etc., que sur leur signification pour la santé des hommes et la sauvegarde de l'environnement. Les commissions locales d'information, gérées par les Conseils Généraux, ont les moyens de vérifier toutes les informations relatives à la sûreté de l'installation ; avec le soutien d'experts, elles peuvent les analyser en permanence et constituer ainsi pour le public et les médias une source à la fois fiable et compréhensible pour le citoyen. Elles ne se réunissent pas uniquement dans l'urgence, sous la pression d'un événement plus ou moins grave. Elles peuvent travailler dans une relative sérénité, et assurer un suivi sur la durée qui permette de juger aussi bien de la pertinence des décisions prises par l'exploitant et l'autorité de sûreté, que de la réalité des craintes à la lumière des faits observés.

Dans cet esprit, la décision de la commission de La Hague de mettre en place un suivi épidémiologique des populations de la région sera particulièrement intéressante à suivre dans la mesure où ce suivi devrait permettre un dialogue libéré de ses aspects passionnels habituels.

Il me paraît important en conclusion de souligner que ces instances de dialogue ne modifient en rien les responsabilités des principaux partenaires que sont l'exploitant et l'autorité réglementaire. Elles jouent cependant un rôle important dans leurs décisions, en influant sur les choix de l'exploitant et en orientant les actions réglementaires. On peut néanmoins craindre une certaine confusion si tous les débats ne se réfèrent pas à une base d'informations cohérente, vérifiée et tenue à jour. Il ne s'agit pas de revenir à une doctrine officielle qui ne laisse aucune place au doute. Il s'agit dans tous les secteurs, et en particulier dans le domaine technique, de faire apparaître clairement ce qui est acquis et accepté pratiquement par tous, ce qui reste discuté et ce qui est encore inconnu. J'ai participé dans ma carrière à de multiples débats qui ne permettaient pas au public d'avancer dans la compréhension des questions discutées parce que les participants ne se donnaient pas la peine de préciser au départ les points sur lesquels ils étaient en gros d'accord et ceux sur lesquels leurs opinions divergeaient radicalement.

La négociation est un processus continu. Elle se développe par paliers, qui jalonnent ses avancées mais ne marquent pas la fin de son évolution. Dans certains domaines comme celui des centrales nucléaires, il semble qu'il ait été possible de créer un certain consensus, mais il peut toujours être remis en cause, comme l'a montré la polémique liée à l'arrêt définitif de Superphénix. Dans les années à venir, la question du stockage des déchets radioactifs de haute activité dominera sans doute le débat nucléaire. La manière dont elle sera traitée constituera un révélateur de l'efficacité du processus de négociation tel qu'il se met en place dans notre pays et dans d'autres grands pays industriels. Si elle réussit, cette approche pourrait servir de modèle pour l'avenir.

RISQUES ET MÉDIATISATION DU DÉBAT PUBLIC

Patrick Champagne
Sociologue à l'Institut National de la Recherche Agronomique et au Centre de Sociologie Européenne (EHESS)

La multiplication des médias qui caractérise les trente dernières années (généralisation de la radio, de la télévision et développement d'internet) tend à induire, par soi seule, un certain nombre d'effets sur la fabrication de l'information et sur sa diffusion. Pour se limiter à ceux qui sont les plus spécifiques au regard du problème des risques, on retiendra surtout une concurrence accrue entre supports et entre journalistes qui contribue à « faire sortir » des affaires (ou parfois à les inventer) et la nécessité de produire des « contenus » en quantité sans cesse plus nombreuse et sur des sujets sans cesse nouveaux.

Un espace public identifié à la télévision

L'une des conséquences les plus visibles de ce processus est ce que l'on peut appeler une médiatisation croissante de la vie sociale : tout est devenu potentiellement médiatisable, y compris des domaines qui étaient restés jusqu'à présent peu médiatisés auprès du « grand public » (on entend par là la population très large et très hétérogène socialement que les chaînes de télévision parviennent à atteindre). C'est le cas notamment des problèmes de santé publique qui, ces dernières années, sont devenus des sujets de choix des médias.

Une autre conséquence, peut-être moins remarquée comme telle, réside dans le fait que les médias, notamment les médias audiovisuels, sont devenus, au moins dans les représentations des journalistes, l'espace public par excellence, le lieu incontournable du débat public et de la discussion démocratique sur les problèmes du jour. Tous les médias sont loin d'avoir le même poids à cet égard. La presse écrite généraliste (essentiellement la presse quotidienne parisienne qui, globalement, a fortement chuté et les *News Magazines* qui se sont multipliés) tend à être de plus en plus dominée par les médias audiovisuels à travers les mécanismes de reprises : une information ne devient importante et n'exerce des effets dans le champ politique que lorsqu'elle est reprise par plusieurs journaux et surtout lorsqu'elle est reprise par les médias audiovisuels qui sont essentiellement des médias de reprise (les radios – notamment France-Info, Europe 1, RTL et France-Inter – et surtout les télévisions généralistes – TF 1 et France 2 et 3), qui sélectionnent, à partir de revues de presse et des dépêches de l'AFP, les informations qu'ils jugent les plus importantes et qu'ils développeront dans leurs propres journaux avec de puissants effets de diffusion. De fait, les médias audiovisuels et notamment la télévision, étant donné les auditoires considérables qu'ils sont capables de générer, sont perçus comme une moderne « agora électronique » dont les journalistes-présentateurs seraient les incontournables animateurs. Même le Parlement, qui est pourtant le lieu institutionnel traditionnel du débat politique, a perdu de son poids et ne reprend désormais toute son importance dans les débats publics que lorsque précisément ses séances sont télévisées.

C'est ainsi que la vie politique tend de plus en plus à vivre au rythme des médias audiovisuels. Chaque semaine est prévu, grille des programmes exige, un « problème de société » ou un « débat majeur » ou pour le moins une discussion sur une question qui est censée intéresser des millions de téléspectateurs-citoyens. Des experts, des témoins ou des responsables (ce sont souvent les mêmes qui reviennent en boucle comme d'ailleurs les thèmes des émissions auxquelles ils participent) sont conviés régulièrement à venir débattre et s'expliquer dans des émissions magazines. Le refus de se rendre aux « invitations » lancées par les journalistes qui composent chaque semaine « leurs plateaux » (il faudrait presque parler, lorsqu'il s'agit de responsables politiques, de « convocations » par les journalistes) est dûment signalé aux téléspectateurs et est jugé « antidémocratique ». Le refus de débattre dans les médias, ou du moins selon les formes imposées par les journalistes et sur les thèmes qu'ils ont choisis est désormais synonyme de refus de débattre tout court. Bref, l'espace public est aujourd'hui identifié aux médias audiovisuels. Si, pendant longtemps, la télévision a été très prudente s'agissant de traiter des problèmes qui agitaient la société, évitant soigneusement d'aborder à chaud les problèmes qui divisaient, si, plus généralement, l'information laissait le plus souvent peu de place à la contestation, politique ou autre, la situation s'est largement inversée aujourd'hui. Le point de rupture a été, pour la télévision, la crise de mai 68. Elle fit exploser les rédactions et contribua à l'instauration dans les années 70, d'un journalisme se voulant moins militant et plus « professionnel ». Avec la création, au milieu des années 80, de chaînes privées et surtout la privatisation de TF 1, avec des hauts et des bas, on peut dire que les journalistes de télévision courent désormais après tout ce qui agite la société et cherchent même à précéder les événements de peur de rater la couverture médiatique d'une nouvelle révolution en gestation ou d'une nouvelle affaire à faire émerger. C'est dans ce contexte médiatique que la question des risques s'est médiatiquement posée.

Le nouveau régime de l'information scientifique

Peut-on dire pour autant que cette course à l'information et ce souci de parler de tout sans censure apparente font que nous sommes de mieux en mieux informés ? Peut-on dire, en ce qui concerne les problèmes de santé publique, qu'il y a une amélioration du débat public ? On ne peut pas répondre aussi globalement à une telle question. Il faut essayer d'éviter, en ce domaine, un double piège : d'une part, au regard des « dérapages », voire des « bidonnages », qui sont régulièrement dénoncés par les journalistes eux-mêmes, le fait de croire que l'information était autrefois plus « sérieuse » ; d'autre part, inversement, le fait de croire en la montée d'un quatrième pouvoir de plus en plus puissant depuis la multiplication des révélations par la presse d'un certain nombre d'affaires ou de scandales sanitaires. Il faut plus modestement se borner à constater que le traitement de l'information scientifique et médicale a changé, entre autres raisons parce que la société et les attentes de la population ont également changé. Les journalistes scientifiques et médicaux ne sont plus (plus exclusivement en tout cas) les porte-parole des institutions savantes uniquement chargés de mettre en valeur les grandes découvertes et les grands découvreurs désignés par les autorités scientifiques. Et cela d'abord parce que le recrutement des journalistes a changé et parce qu'ils se sont émancipés des instances officielles. La compétence des journalistes – comme d'ailleurs du public – s'est élevée, les journalistes scientifiques étant de plus en plus diplômés et les journalistes médicaux étant de plus en plus d'anciens étudiants en médecine entrés dans le journalisme.

Mais, de plus, sous l'effet des transformations générales du champ journalistique, la science et la médecine sont devenues des domaines ne bénéficiant plus d'une sorte de traitement d'exception. Pour les journalistes spécialisés, il s'agit de domaines qui doivent être traités comme n'importe quel autre. Il y a une « actualité », un mode de traitement journalistique fortement marqué par le traitement de l'information politique qui s'applique désormais à l'activité scientifique. La science et la médecine, en particulier depuis le sida, sont, à leur tour, soumises à la polémique (la presse aime bien ce qui fait débat) et au journalisme d'investigation, l'activité scientifique étant soumise à la vigilance des journalistes qui cherchent à débusquer d'éventuels scandales. Bref, les institutions scientifiques sont de plus en plus soumises au débat public de type politique, ce qui est un type de débat auquel elles ne sont guère préparées, la presse n'étant peut-être pas, en outre, le lieu le plus adéquat pour débattre de questions scientifiques.

La télévision – et à sa suite – la presse écrite tendent ainsi à privilégier, en ce domaine également, le spectaculaire, l'extraordinaire mais aussi le conflictuel. Le travail des journalistes scientifiques et médicaux est marqué par une urgence croissante, le temps pour fabriquer l'information étant de plus en plus limité en raison de la concurrence et de la recherche de « scoops » et de « révélations » et par des formats de plus en plus réduits qui poussent à une simplification peu adaptée à l'exposé scientifique. La hiérarchie même des informations tend à changer, les journalistes, poussés par les nécessités économiques (attirer des audiences maximales) et par la concurrence, préférant traiter les sujets qui sont censés attirer le « grand public ». Enfin, la prudence qui était de règle dans le secteur de l'information à dimension médicale et qui consistait, chez les journalistes spécialisés, à veiller à ne pas affoler inutilement le public et à prendre en compte, avant toute publication portant sur les problèmes de santé, les éventuelles réactions des lecteurs, tend à disparaître au profit du scoop à tout prix et du sensationnalisme qui fait vendre. Non seulement le titrage des articles – qui peuvent de plus en plus fréquemment « monter à la une » des journaux – ne correspond pas toujours au contenu des articles, mais en outre les journalistes spécialisés peuvent de moins en moins s'interroger sur l'opportunité de publier une information qui n'est pas encore établie et reconnue par la communauté scientifique (comme la « fusion froide » ou la « mémoire de l'eau ») ou encore qui risque d'avoir des effets négatifs sur les lecteurs (comme tout ce qui concerne la transfusion sanguine et ses effets sur les collectes de sang ou encore comme tout ce qui touche au traitement du cancer et aux faux espoirs de guérison que cela risque d'entraîner). Les journalistes scientifiques et médicaux entrent désormais, plus qu'auparavant, dans les conflits internes à la communauté scientifique, prennent partie pour certains scientifiques contre d'autres (la concurrence entre supports de presse pour le leadership de l'information redoublant les oppositions proprement scientifiques), transformant des polémiques scientifiques en polémiques entre journaux. La conception de l'information en ce domaine a ainsi progressivement changé au cours des années 80 : on publie ce que l'on juge journalistiquement intéressant en se positionnant par rapport aux médias concurrents.

Des effets variables sur le débat public

Les effets de cette médiatisation croissante et de ce nouveau traitement de l'information scientifique, désormais moins liée aux autorités institutionnelles, sont loin d'être homogènes et dépendent des relais qui s'instaurent entre l'information publiée et le public. Trois exemples récents – l'encéphalopathie bovine spongiforme (la « vache folle »), l'affaire du sang contaminé et les polémiques sur le nucléaire – permettent de saisir quelques différences significatives. Ces trois exemples ont divers points communs qui en font de « bons sujets » pour la presse. Le premier est qu'ils touchent tous les trois à des sujets ayant une dimension scientifique mais aussi une dimension industrielle. C'est dire que ce qui est en cause ne relève pas seulement de la pure connaissance mais comporte des enjeux économiques et nationaux (protéger notre industrie). La deuxième caractéristique commune est que, dans ces trois exemples, il existe des risques en matière sanitaire et des incertitudes en matière scientifique. Cette situation est très favorable à l'emballement médiatique, d'une part, parce que cela signifie qu'il existe des conflits et des oppositions dans les milieux scientifiques (ce dont les journalistes sont friands et dont ils pourront se faire l'écho), et, d'autre part, parce que les incertitudes mêmes laissent aux journalistes une marge de jeu dans le traitement de l'information (le pire peut toujours être évoqué afin de donner des frissons aux lecteurs ou de susciter leur indignation). Ces trois exemples enfin mettent tous en cause des problèmes de santé publique, sujet particulièrement sensible aujourd'hui.

L'un des effets majeurs de la médiatisation telle qu'elle est faite aujourd'hui est que celle-ci pèse, plus fortement qu'auparavant, sur l'opinion d'une grande partie de la population (ce qu'on appelle « l'opinion publique »), qui ne prend connaissance d'un problème qu'à travers les reportages télévisés ou les sujets magazine conçus précisément pour toucher « le grand public ». Plus encore que la presse écrite, l'information télévisée tend à exercer, en ces domaines, un effet de suggestion très important (les gens font encore crédit aux images parce qu'ils pensent, à tort, que les images ne mentent pas) et contribue par là à faire l'opinion. Mais les conséquences pratiques de cette médiatisation et de cette action indiscutable que les médias exercent sur l'opinion de la population sont très variables.

Les conséquences économiques des campagne de presse

Si l'on prend l'exemple de la « vache folle » (ou plus récemment des listerias), on voit que la campagne médiatique peut se traduire presque instantanément par un changement dans les comportements économiques de la population, en l'espèce par une chute très importante (– 30 %) de la consommation de viande de bœuf durant plusieurs mois. L'action des médias sur l'opinion se reconvertit, dans ce cas, en sanction économique qui est une sanction forte et immédiate pouvant déstabiliser toute une filière de l'activité économique. C'est précisément parce que le pouvoir politique a la responsabilité non seulement de la santé publique, mais aussi de l'activité économique qu'il hésite à donner certaines informations qui risquent d'avoir peu d'effets en termes de santé publique (la crise médiatique de la « vache folle » s'est déclenchée alors que la crise proprement sanitaire était terminée) mais beaucoup d'effets négatifs en termes économiques. L'exemple de la médiatisation de la « vache folle » en 1996 est révélateur : les articles, reportages, interviews, consacrés à ce sujet furent nombreux et furent presque tous à sens unique. On pouvait voir, chaque jour, des vaches malades, le ramassage d'animaux morts pour l'équarrissage, des reportages pénibles sur les abattoirs, bref des images inquiétantes et repoussantes pour le téléspectateur ordinaire et peu au courant de pratiques pourtant très largement justifiées.

On rappelle que le déclenchement de l'affaire dans les médias, en mars 1996, a été provoqué par la déclaration à la Chambre des Communes d'un ministre anglais qui a évoqué les inquiétudes des scientifiques au sujet de l'éventuelle transmission à l'homme de la maladie des vaches par la consommation de certains abats (le problème avait été évoqué par les scientifiques dès 1991 et avait donné lieu à une page entière du *Monde*, en page intérieure, sans que cela soit alors repris par l'ensemble des médias). Or, non seulement la transmission n'était pas totalement établie de manière sûre (la probabilité est toutefois forte), mais la viande proprement dite n'était pas en cause. Pourtant, les journaux en rajouteront, chaque support de presse recherchant l'information cachée ou le « scoop » permettant de se démarquer des concurrents. On évoquera les produits à base de dérivés bovins. On jettera la suspicion sur toutes les productions des industries agroalimentaires, etc. Des sommes considérables ont dû être dépensées pour venir en aide aux producteurs de viande, les médias ayant en effet surtout provoqué une crise économique dans la filière de la viande de bœuf.

La presse a-t-elle permis pour autant un véritable débat public sur ce problème ? A-t-elle traité comme il convenait un grave problème de santé publique ? Certains responsables et même certains scientifiques en doutent lorsqu'ils considèrent le nombre de victimes qui serait dû à la transmission à l'homme du prion de la « vache folle ». En France, on recense à ce jour *un seul cas*, douteux de surcroît. Le traitement médiatique a surtout contribué à créer une situation critique pour un secteur économique, obligeant en fait les pouvoirs publics à mettre en place des stratégies de communication et des aides massives pour éviter un effondrement complet de la filière viande française, le Ministère de l'Agriculture étant finalement plus concerné par le problème que le Ministère de la Santé. Les effets sont surtout commerciaux, les grands distributeurs ayant mis en place une information destinée aux consommateurs dans laquelle est indiquée la provenance – française – de la viande.

Les conséquences judiciaires des campagnes de presse

Le deuxième exemple concerne l'affaire du sang contaminé (1). Dans cette affaire complexe qui a mis sur la place publique des problèmes extrêmement difficiles (comment progressent les savoirs scientifiques, comment fonctionnent les cabinets ministériels, quelle est la logique des prises de décisions politiques, etc.), la presse a joué un double rôle. Pour les hémophiles qui cherchaient en vain à se faire indemniser, elle a été une instance de recours et d'instruction officieuse qui a contribué à faire que leur plainte soit prise au sérieux et qu'une indemnisation leur soit accordée. Mais, en mobilisant l'opinion publique en faveur des hémophiles, la presse a fait pression sur les instances judiciaires pour que cette affaire ne se termine pas par un non-lieu. Plus profondément, et au-delà de l'affaire du sang contaminé, la presse a contribué à imposer une nouvelle approche juridique des risques par les pouvoirs publics (2).

Si cette affaire a permis de pointer un certain nombre de dysfonctionnements dans la transfusion sanguine et dans la pratique française des

(1) Sur le traitement médiatique de cette affaire, voir Patrick Champagne, avec Dominique Marchetti, « L'information médicale sous contrainte. A propos du "scandale du sang contaminé" », *Actes de la recherche en sciences sociales,* 1994, n° 101-102, pp. 40-62.

(2) On a développé ce point *in* Patrick Champagne et Jean-Pierre Pagès, « Opinion publique, représentation et environnement », *Espaces et Sociétés,* 77, pp. 45-64.

transfusions et si elle a imposé désormais, dans la gestion des risques, le « principe de précaution », il n'est pas sûr que le débat, tel qu'il s'est déroulé dans les médias (notamment dans les médias audiovisuels), avec ses conséquences judiciaires, ait été vraiment satisfaisant. Là encore, on trouve dans cette affaire des décalages importants entre la réalité objective et la réalité médiatique : même tendance à la diabolisation des accusés (procédé médiatique), même chasse aux coupables (certains ont parlé de « lynchage médiatique » de personnalités non encore condamnées), nombreuses erreurs factuelles, etc. L'action des médias sur le traitement du problème fut loin d'être sereine et à la hauteur des problèmes posés. Par ailleurs, la pénalisation de l'action politique, conséquence directe de cette affaire et de sa médiatisation, pourrait bien avoir pour effet de détourner de son sens le principe de précaution : il s'agira moins à l'avenir de protéger les citoyens de risques éventuels que de protéger les responsables politiques de poursuites judiciaires pour ne pas avoir pris les mesures qui rétrospectivement s'imposaient. Ces mesures ont un coût économique, souvent élevé qui est, en définitive, payé par la collectivité. Ici encore, le pouvoir politique est garant de la santé publique mais également de la gestion la plus efficace des moyens disponibles. Quel est le meilleur usage des fonds publics destinés à la politique de santé publique ?

Les conséquences politiques des campagnes de presse

Le troisième exemple, qui sera brièvement évoqué ici, concerne les polémiques sur le nucléaire. Les campagnes de presse ne peuvent pas avoir ici des effets aussi directs sur une industrie qui a été le résultat d'une volonté politique et qui ne peut être boycottée (les particuliers ne diminuent pas leur consommation d'électricité en signe de protestation contre l'énergie nucléaire). La remise en cause du programme nucléaire ne peut passer que par la voie politique, celle des bulletins de vote et par la montée, nécessairement lente, de partis politiques s'opposant à cette forme d'énergie. Les campagnes de presse qui se sont déclenchées à propos de la catastrophe de Tchernobyl ou de la radioactivité à La Hague ne sont pas sans effets mais elles n'exercent pas une pression immédiate et laissent un peu de temps à l'instauration d'un débat. D'ailleurs, bien ou mal engagé, celui-ci existe par la force des choses depuis une vingtaine d'années et échappe en partie aux emballements médiatiques, ne serait-ce que parce que les institutions concernées ont appris à connaître les comportements de la presse (ce qui n'était pas le cas du Ministère de l'Agriculture lorsque s'est posé le problème de la « vache folle ») et usent de stratégies de communication très précises. Elles ont dû acquérir une « culture de crise médiatique » et apprendre à communiquer avec les journalistes sur les incidents. Le débat sur le nucléaire s'est instauré dans le temps long de la lutte politique plus que dans le temps court des mouvements d'opinion plus ou moins suscités ou attisés par les médias. On ne peut sans doute pas soutenir que la nécessité de communiquer sur le nucléaire vers le grand public a été sans effets sur la manière de gérer réellement la sécurité nucléaire par l'institution. La politique de communication, dès lors qu'elle se voulait transparente, a entraîné, hommage du vice à la vertu, des conséquences pratiques utiles et, si l'on en croit les responsables de la sécurité nucléaire, une gestion plus exigeante de cette industrie dont personne ne peut contester qu'elle soit très dangereuse.

En conclusion, je voudrais seulement insister sur le fait que les médias ont un rôle important dans ce type de problème. C'est pour cela qu'une étude précise de la fabrication de l'information est indispensable. Mais leur pouvoir est très largement dépendant des attentes de la population qui est loin d'être homogène. Ils ne sont qu'un relais, plus ou moins déformant, de choses qui leur sont extérieures.

COMMUNICATION DE CRISE, COMMUNICATION EN CRISE

Patrick Lagadec
Directeur de Recherche à l'Ecole Polytechnique

Le thème de la communication, comme dimension importante de la gestion des situations à risques, émergeait voici un peu plus de dix ans. Des échecs, parfois cinglants, avaient souligné une évidence : les organisations, tout particulièrement en situation accidentelle, devaient résolument s'ouvrir à la communication publique. Sur la base d'un retour d'expérience systématique, les ornières les plus évidentes à éviter ont été identifiées, des principes de communication à intégrer dans toute conduite de crise ont été édictés.

Mais la question de la communication entre, elle aussi, dans le temps de la complexité et du questionnement attentif. Du côté des responsables, on a sans doute quelque peu succombé ces dernières années à la fascination de la « communication de crise ». Il ne faut pas oublier que la communication ne saurait être abusivement disjointe de la qualité de la prévention, de la conduite globale de la crise. Du côté des médias, on découvre aussi la nécessité de l'examen critique. Dans une civilisation de l'information instantanée, atomisée et planétaire, alors que les effets d'opinion deviennent de plus en plus structurants, le médiateur également a le devoir de s'interroger – sauf à prendre, lui aussi, le risque de crises graves.

Alors que, par bien des aspects, cette communication de crise était en train de passer à l'âge mûr, la voici confrontée à de redoutables questions et mises en question.

1. Communication de crise : des acquis à connaître

L'exigence de transparence, désormais largement reconnue, n'est certes pas aisée à appliquer effectivement. La crise n'est jamais un moment confortable poussant individus et institutions à s'ouvrir spontanément : les risques sont importants, les situations et jeux d'acteurs sont mal cernés, les enjeux sont colossaux. L'univers médiatique a de quoi ébranler responsables et organisations : « ce sont les médias qui m'informent » ; « ce sont des foules de journalistes qui affluent ». Les questions sont d'emblée déstabilisantes : un diagnostic sûr, alors qu'on ne sait rien ; des engagements pour l'avenir, alors que l'on s'efforce de traiter au moins l'urgence absolue ; la désignation des « coupables », alors que l'on est bien en peine de comprendre l'enchaînement des faits, et que toute mise en cause se traduirait sur-le-champ par une nouvelle cascade de crises. Le tout se déroule naturellement en direct, sous les projecteurs, avec la règle médiatique qui veut qu'à toute question il soit répondu en dix secondes, sur un mode binaire, et sans erreur de mise en scène. Un organisme non préparé ne peut que se bloquer, et casser. En quelques heures, c'est la disqualification.

L'anti-manuel classique, qui garantit le fiasco médiatique, est bien connu :

1. Le silence, l'absence : aucune communication.
2. La fermeture : « no comment ».
3. Les démentis : « il ne se passe rien ».
4. Les déclarations « rassurantes » : « nous ne savons rien, mais ce n'est pas grave ».
5. Le manque total d'humilité : « nous sommes les meilleurs au monde ».
6. Le dégagement sur d'autres responsables : « ce n'est pas nous ».
7. L'incapacité à fournir une information minimale sur des données élémentaires.
8. La mise en cause de ceux qui informent.

En réponse, les spécialistes ont mis au point une série de références pour cette communication de crise qui fut, jusque récemment, la voie royale de la déroute lors des crises à fort retentissement public.

Une information factuelle immédiate

La situation de crise appelle une intervention-flash en matière de communication publique. Il s'agit, par une prise de parole dont le contenu informatif sera immanquablement faible à cette phase initiale, de poser trois actes politiques majeurs :

- la reconnaissance du fait qu'il y a bien problème (ou tout au moins du fait qu'un problème apparaît possible à certains) : cela ne sera pas « arraché » aux responsables ;
- la démonstration de sérieux : les responsables sont à la barre ; ils ont engagé des actions ; ils suivent des procédures qui ne relèvent pas seulement de l'improvisation ;
- la reconnaissance des interlocuteurs : c'est là l'essentiel. On ne demande pas au décideur de faire un miracle, on exige cependant de lui qu'il ne traite pas avec désinvolture (c'est ce que traduit le silence) les personnes et les groupes concernés.

On est ainsi bien loin de l'obsession archaïque : « rassurer à tout prix, même si l'on ne sait rien ». Le communiqué réflexe : « tout est sous contrôle », après des décennies d'affirmations hâtives de la part des responsables, sera immanquablement source de discrédit (sauf preuves éclatantes à l'appui). L'affirmation : « vous vous inquiétez pour rien », ne sera pas davantage pertinente si les évidences ne sont pas claires pour tous.

L'expérience conduit à insister lourdement sur un piège commun : biaiser avec les exigences d'information est toujours extrêmement tentant, car cela offre sur le moment un confort ressenti comme exceptionnel. Un jour, une semaine, un mois, un an de tranquillité douillette et miraculeuse, à l'abri d'une dissimulation, d'un demi-mensonge subtilement enveloppé. Lorsque le pot-aux-roses sera découvert, la chute sera inexorable, les possibilités de rattrapage quasi inexistantes. Et plus longtemps aura duré la drôle de paix, plus lourd sera le tribut à payer. Il ne s'agira plus alors de simple manifestation d'incompétence mais de « faute impardonnable » ; il ne faudra plus seulement alors s'expliquer, mais *expier* – et le calvaire sera long.

Une communication tout au long de l'épreuve

L'exigence est claire : apporter une information de qualité tout au long de la crise, du début à la fin ultime de l'épisode. Les grandes repères sont les suivants :

- non pas « rassurer », mais « informer » ;
- informations fréquentes, exactes, aussi complètes que possible ;

- garder la cohérence des messages dans la durée (en reconnaissant sans retard les inévitables informations erronées).

Pour répondre à ces exigences, il faut disposer de solides points d'appui :

- un (ou des) porte-parole de haut rang, à la fois technicien(s) et décideur(s), préparé(s) à la communication médiatique ;
- un centre de presse bien identifié ;
- des règles de fonctionnement adaptées : respect des contraintes horaires des médias, engagements horaires spécifiés et tenus, traitement différencié des médias (qui ont des besoins spécifiques) ;
- des outils de communication préparés à l'avance : des listes de correspondants ; des données clés pour un certain nombre de scénarios éventuels ; des schémas visualisant les installations, les procédés, les organisations ; des « encadrés techniques » sur le secteur concerné, les accidents ou problèmes déjà connus, etc.

Dans l'urgence, malgré fatigue et bouleversement, il faut respecter les interdits majeurs : ne pas mentir, ne pas sombrer dans l'arrogance (que peut provoquer le stress). A l'autre extrême, il faut éviter de se lancer dans des extrapolations fantasmatiques ou des procès expéditifs. Eviter aussi de se mettre bientôt à la remorque des médias, en leur laissant en quelque sorte le rôle de décideur.

La communication doit naturellement ne pas se borner au seul monde médiatique. Vis-à-vis des victimes et de leurs familles, on se souviendra que la tentation de l'oubli, voire du rejet, est à la mesure du stress provoqué par la situation. Les règles d'or sont bien au contraire : l'information rapide selon des modalités humaines (attention aux dangereuses facilités offertes par les outils modernes de communication), une présence marquée par le tact et le souci de ne pas laisser la personne ou sa famille à l'abandon, l'offre de moyens de recours pour vaincre les multiples difficultés qui vont se présenter aux victimes (y compris les coordonnées d'associations bien connues pour leur compétence dans le domaine précis qui pose difficulté).

Le public interne est l'un des plus importants, ce que l'on peut oublier sous le choc médiatique. On aura prévu des réseaux et des moyens spécifiques pour joindre très rapidement et régulièrement ces publics internes ; on aura préparé des relais capables de faire des points de la situation avant ou tout de suite après une conférence de presse ; on sera attentif à faire fonctionner les structures de dialogue.

Elus, clients, fournisseurs, publics prioritaires (comme les médecins pour une firme pharmaceutique) doivent encore faire l'objet d'une attention soutenue. Pour une bonne conduite de la communication, il faut avoir identifié ces groupes dans leur diversité, leurs besoins spécifiques. Des techniques existent pour atteindre ces publics, et percevoir leurs attentes, sans passer par le seul canal des médias (qui ne peut répondre à tous les besoins) : déplacement personnel, discours publics, lettres personnalisées, réunions, numéros verts, affiches, publicité, communications par téléphone, etc.

Mais ces lignes d'action, que l'on pourrait développer, ne doivent pas aveugler. Lorsqu'il y a crise, les attentes en matière de communication ne se bornent pas à la réception d'informations factuelles élémentaires. En un mot, la « transparence » à chaud ne suffit pas. De tout autres capacités de communication et de prise en charge sont attendues du responsable.

Au-delà du « factuel », une attente profonde : des politiques à la hauteur des enjeux

Il faut éviter de s'enfermer dans une mode, celle de la « communication de crise », qui se bornerait à l'énoncé de quelques principes de bon sens du type : « soyez une maison de verre, non un bunker ». On introduira ici deux temps de réflexion.

Avant la crise, tout d'abord, il faut avoir assuré trois points d'appui, de nature politique :

- Légitimité quant aux risques engagés : la communication, en situation de crise, est vouée à l'échec si elle porte sur des risques qui n'ont jamais fait l'objet d'une procédure ouverte de légitimation (autrement plus ambitieuse bien sûr que les classiques procédures d'enquête publique).
- Qualité de la prévention : la gestion de crise, la communication de crise ne sont pas là pour pallier une absence de précautions ; bien davantage d'ailleurs, ces tentatives de colmatage apparaîtraient dans ce cas plus que suspectes et ne feraient qu'aggraver la situation en ajoutant l'indécence à l'irresponsabilité.
- Communication préalable, dans des forums appropriés : une communication d'urgence n'a de pertinence que si elle vient en rappel d'une communication développée dans la continuité bien avant l'événement. On a ici un capital d'expérience fort précieux avec les avancées très positives réalisées par exemple autour de l'Etang de Berre en matière d'information sur les risques industriels et avec les procédures institutionnelles des S3PI (Secrétariats Permanents pour la Prévention des Pollutions Industrielles), instances régionales qui réunissent l'ensemble des acteurs du

risque (producteurs, régulateurs, élus, citoyens) pour une maîtrise politique de ces questions.

Pendant la crise, ensuite, il faut mettre en œuvre des réponses politiques :

- Le courage d'assumer ses responsabilités, sans recherche de bouc-émissaire, sans évitement.
- Une explicitation claire des processus de traitement qui seront suivis : dans l'inconnu, quand les données manquent ou que leur interprétation est délicate, il ne suffit pas de « lâcher » quelques informations ; il faut aller jusqu'à clarifier les processus d'expertise et de décision qui seront suivis.
- Des arrangements institutionnels à la hauteur de l'enjeu : le responsable sera peu crédible s'il se contente de faire connaître les décisions prises par son état-major particulier ; face à une situation insaisissable, il lui faut mettre en place un groupe de pilotage reconnu comme légitime et crédible par le plus grand nombre. L'ouverture, là encore, sera un impératif.

Sans ces ancrages fondamentaux, point de communication de crise viable. Communiquer ne se résume pas à une maîtrise de quelques techniques de marketing social ; ce n'est qu'une des dimensions d'une conduite de crise, d'une politique de choix et de gestion des risques infiniment plus large.

2. Questions pour la communication

> « Nul n'a le droit de tracer à son usage personnel les frontières entre les vérités publiables et les indicibles. Ces frontières existent pourtant, s'agissant de la survie de telle personne, de telle collectivité. Mais où les situer ? C'est là une des énigmes que le Sphinx pose au journaliste ([1]). »

Jusqu'à présent, la grande révolution en matière de communication a été la prise de conscience d'un nécessaire passage du secret à la « transparence ». Les exigences à respecter ont fini par être bien connues : communiquer sur les faits, avec la plus grande rapidité, ne serait-ce que pour dire que l'on est bien averti du problème, que tels et tels dispositifs sont mis en œuvre, que des rendez-vous d'information vont être donnés, etc. La dimension « politique » de cette communication n'est pas la moindre : « je vous reconnais assurément la légitimité de poser des questions, le droit d'être très bien informés ».

([1]) Jean Lacouture, *Enquête sur l'auteur,* Arléa, 1989, p. 213.

Il reste bien sûr à voir ces règles de base réellement partagées par tous et effectivement appliquées. Or, en situation de forte turbulence, les organisations qui n'ont pas développé une préparation intensive tendent à oublier sur-le-champ ces beaux préceptes.

Mais il faut prendre en considération d'autres difficultés, auxquels les médiateurs de l'information n'avaient sans doute pas suffisamment réfléchi : dans les nouveaux contextes de crise, ces règles de base – qui restent valables – n'épuisent pas la question de la communication publique. Il faut avoir la lucidité de reconnaître ici encore de nouveaux défis. Les responsables vont devoir intervenir sur fond massif d'inconnu ; toute action et toute parole interviennent dans des milieux extraordinairement sensibles et susceptibles de cristallisations soudaines, les systèmes médiatiques en arrivent à structurer le théâtre d'opérations dans une mesure jusque-là inconnue.

Un système médiatique lui-même crisogène

Sans sombrer dans la dénonciation habituelle et trop commode, il faut avoir la lucidité de reconnaître ici l'existence de réels problèmes, qui tendent à rendre toute gestion de crise grave extrêmement délicate.

• *L'effet masse, l'effet en chaîne, l'effet Larsen*

En très peu de temps, des centaines de journalistes sont sur les lieux ou sur le dossier : 1 000 sur le site de Lockerbie, en 24 heures ; lors du séisme de San Francisco en 1989, les autorités ont du mal à intervenir en raison de la masse des hélicoptères de la presse tournoyant au-dessus des incendies offrant de belles images. En quelques minutes, tout ce dont on dispose peut être mis en réseau mondial. Exemple : un train faisant la liaison Bruxelles-Londres connaît un petit incident, avec de la fumée ; rien de grave. Il s'arrête, en territoire belge. Les Belges envoient à tout hasard des camions de pompiers. Fumée + camion rouge = un voyageur britannique appelle la BBC sur son radiotéléphone pour annoncer « l'incendie d'un *Eurostar* ». Et c'est rapidement l'effet Larsen : on somme le responsable de répondre sur-le-champ à ce qui vient d'être diffusé ; on injecte sa réaction avant vérification des informations données ; on sur-injecte des réactions contradictoires... avant de revenir éventuellement aux données de base, qui n'ont plus guère d'importance, le tout étant déjà joué au niveau symbolique.

• *L'effet canal*

Parler à la télévision, c'est accepter ses règles du jeu : le tout-ou-rien (« Il y a un risque ou il n'y a pas de risque »), la réponse-cliché en

10 secondes (« Je continue à manger du bœuf »). Ces codes sacrés ne permettent pas le traitement d'une vraie question. Et cela quel que soit l'entraînement effectué en *media-training*.

- *L'effet opérationnel*

Par exemple, le soir de la catastrophe de Furiani, lorsque France 2 annonce par la voix d'une de ses vedettes que les personnes voulant bien donner leur sang peuvent appeler l'hôpital d'Ajaccio : on risque la saturation du standard de l'hôpital en question, voire la perte des liaisons téléphoniques avec la Corse – au moment où ces liaisons sont critiques pour la vie d'un grand nombre de personnes.

La couverture médiatique lors de la prise en otage et du détournement de l'Airbus Alger-Marseille (24-26 décembre 1994) a montré que l'on passait ici un cap important. Au nombre des initiatives médiatiques lors de cet épisode : la demande faite au Ministre français des Affaires Etrangères, au cours du *20 heures* de TF 1, le 24 décembre, de confirmer la présence, à bord de l'avion bloqué à Alger, de deux personnes de l'ambassade de France (cibles de choix). Il y eut aussi l'information, juste avant l'assaut, le 26 décembre, selon laquelle l'aérogare de Marseille vient d'être évacuée, ce message pouvant précisément être interprété par le commando comme l'annonce de l'imminence de l'assaut.

- *L'effet sur-catastrophe pour les victimes*

Ainsi, toujours sur le cas de l'Airbus d'Air France, du reportage de France 2 annonçant, en direct et sans vérification, « la mort de seize personnes, plus celle du commandant de bord, plus celle du copilote » au moment de l'assaut du GIGN. Information fausse, dont on doit saisir toute la portée sur les familles. Ainsi de la traque des victimes d'attentats, des indications d'identité avant que les familles aient été prévenues, de la diffusion de photos ne tenant aucun compte du droit à l'intimité des victimes (surtout si la victime est dénudée, et pire encore si elle est jeune et jolie).

Des organismes non préparés n'auront aucune chance d'échapper au précipice. Pour les mieux préparés, les difficultés restent sévères. On opère en milieu de plus en plus sensible et insaisissable. Toute information peut soudain se révéler un détonateur puissant aux effets en chaîne irrépressibles. Le pilotage de crise tend parfois à s'apparenter à la gestion de systèmes de kaléidoscopes qui peuvent se mettre en folie au moindre effleurement. Ces mutations obligent les organisations à de nouvelles révolutions culturelles, alors qu'elles viennent souvent à peine (et avec peine) de rattraper un retard considérable sur ce terrain de la communication publique en reconnaissant la légitimité du droit à l'information.

Mais il y a plus déroutant : les médias eux-mêmes vont devoir s'interroger (comme l'a fait la BBC) sur les nouvelles références à forger si l'on veut faire œuvre d'information responsable et de qualité en temps de crise. Le témoignage du pigiste qui fournit au monde le film de l'assaut du GIGN à Marseille est ici d'un grand intérêt : il traduit une certaine mort du métier de journaliste dans les moments de crise, remplacé par des robinets qu'il faut ouvrir au maximum, en ôtant toutes les sécurités, avec pour seule conviction (d'une vacuité déconcertante) que « l'image ne ment pas ». Ecoutons ce héros cathodique d'un jour, hypnotisé par sa capacité à cracher de l'image dans le tuyau du direct :

> *« "Je filmais... mais j'avais du mal à croire à la réalité de l'assaut." L'assaut terminé, Jean-François rejoint le camion. "On avait le faisceau, alors on a tout balancé comme ça, en direct, sans montage" »* (*Le Journal du Dimanche,* 1er janvier 1995).

L'expérience montre malheureusement, pour user de la litote, que les médias ne sont pas spontanément ouverts à ce type de réflexion. La référence profonde reste que toute information est libération, que toute image brute est vérité salvatrice, que toute interrogation sur le travail journalistique est atteinte à la liberté de la presse et à la démocratie. Si ce travail, certes extraordinairement difficile et à haut risque (il ne faut pas conforter les attaques archaïques contre les journalistes), n'était pas accompli en raison de ces piètre lignes Maginot corporatistes, on s'exposerait au danger de régressions expéditives dans le droit à l'information, conquête démocratique centrale. Les prochaines crises pourraient fort bien être des crises pour les médias eux-mêmes : non préparés, ils risqueraient d'en être les premières victimes.

RÉFÉRENCES

Pilotage de crise :

LAGADEC, Patrick. – *La Gestion des crises – Outils de réflexion à l'usage des décideurs*, McGraw-Hill, Paris, 1991. Nouvelle édition : Ediscience International, 1994.

LAGADEC, Patrick. – *Apprendre à gérer les crises – Société vulnérable, acteurs responsables*, Les Editions d'Organisation, 1993.

LAGADEC, Patrick. – *Cellules de crise – Les conditions d'une conduite efficace*, Les Editions d'Organisation, Paris, 1995.

Communication de crise :

TEN BERGE, Dieudonnée, 1990. – *The First 24 Hours. A comprehensive guide to successful crisis communications*, Basil Blackwell, Oxford.

FINK, Steven. – *Crisis management. Planning for the Inevitable*, Amacom, American Management Association, 1986.

LAGADEC, Patrick. – « Stratégies de communication en situation de crise », *Annales des Mines*, octobre - novembre 1986, n° 10-11, pp. 125-131.

TIXIER, Maud. – *La Communication de crise*, Paris, McGraw Hill, 1991.

Communication en crise :

BBC. – *Producers' Guidelines*, London, 1993.

BRETON, Philippe. – *L'Utopie de la communication – L'émergence de « l'homme sans intérieur »*, La Découverte, Paris, 1992.

DREYFUS, Laurence et CASANOVA, Béatrice. – *Chroniques d'une prise d'otages*, Flammarion, Paris, 1997.

LAGADEC, Patrick, SCANLON, Joseph (Professeur à l'Ecole de Journalisme de l'Université Carleton à Ottawa). – « Responsables et médias lors des grandes situations de crise : des mutations à étudier – Réflexions sur l'affaire de l'Airbus Alger-Marseille (24-26 décembre 1994) », *Administration* (revue du corps préfectoral et des hauts fonctionnaires du Ministère de l'Intérieur), n° 168, juillet-septembre 1995, p. 197-210.

LAGADEC, Patrick et RUDETZKI, Françoise (Présidente de SOS-Attentats). – « Les Victimes d'attentats et les médias », *Administration* (revue du corps préfectoral), n° avril-juin 1996, p. 197-207.

LAGADEC, Patrick. – « Sauvons les médias ! », *Préventique-Sécurité*, n° 31, janvier-février 1997, p. 3-5.

LAGADEC, Patrick et RUDETZKI, Françoise. – « Arrêt sur image », *Stratégie*, n° 1000, février 1997.

LAGADEC, Patrick. – « Maternelle de Neuilly – Laurence Dreyfus et les médias », *Administration*, n° 175, avril-juin 1997, p. 145-148.

METROPOLITAN POLICE. – *Civil Emergency and the Media*, Metropolitan Police, London, MSDG 21/2/1991.

WOLTON, Dominique. – *Wargame – L'Information et la guerre*, Flammarion, 1991.

WOLTON, Dominique, WIEWORKA, Michel. – *Terrorisme à la Une – Médias, terrorisme et démocratie*, Gallimard, 1987.

WOODROW, Alain. – *Information-Manipulation*, Editions du Félin, 1990.

THE EVOLUTION OF RISK COMMUNICATION

Baruch Fischhoff
Pittsburgh, USA

The evolution of risk communication in the United States over the past twenty-five years is reviewied. The first half of the article describes the developmental stages, as relations between risk managers and the public mature. These stages involve successive beliefs that:

All we have to do is get the numbers right.
All we have to do is tell them (the public) the numbers that we have calculated.
All we have to do is explain what we mean by the numbers.
All we have to do is show them that they have accepted similar risks in the past.
All we have to do is to show them that it's a good deal for them.
All we have to do is treat them nice.
All we have to do is make them partners.

The second half of the article considers the proper role of risk (and risk assessment) in risk decisions and communication. It describes the scientific and social conditions for public trust in risk analysis.

These lead to a conceptually straightforward (if technically demanding) procedure for determining the content of risk communications, in a scientifically sound way:

- Explicitly describe the decisions that people face.
- Analytically determine what information is most critical.
- Empirically assess what people already know.

- Identify the critical gaps in their knowledge.
- Fill that gap between what is known and what needs to be known.

The aim of my talk is to give my view on the American experience with regard to risk communication, which I have been involved with over the past 25 years. Then I would like to describe some empirical work suggesting how we might advance, by combining the skills of engineers and social scientists.

Risk Perception and Communication

Paul Slovic, Sarah Lichtenstein, and I got into this business about 25 years ago as a result of a phone call from a distinguished nuclear engineer in the United States. He told us that he had been working very hard on nuclear power. However, many people didn't like the technology and, even worse, some people didn't like him, as a result of his work. His was the first of many similar calls. Each year, some new industry or institution discovers that it, too, has a risk problem. It, then, faces the choice of repeating the learning process that its predecessors have undergone, or attempt to adopt directly the best approaches that we have to offer, for dealing with the public face of risky technologies. Over this same period, risk communication research has undergone its own evolution. At each stage, it has made progress toward acquiring some new skills, only to discover that there were additional, more complicated problems to solve. In the first half of this talk, I would like to describe these developmental processes.

Although learning from the experience of others is appealing in principle, it may be difficult in practice. Few risk communication researchers or practitioners can claim to have gotten it right the first time. If what they tried first made sense to them at the time, then the same approach may also tempt others. Moreover, some of what we know now may only make sense as a result of the hard experiences that preceded it. Unfortunately, in risk (or other) communication, the damage can be irreversible if relations with one's communicants are poisoned. As a result, we ought to try to shorten the process, to the extent that we can.

The developmental stages are listed in Table I. Each stage is characterized by a focal communication strategy which practitioners hope will do the trick—and by the lessons learned about how far that strategy can go. Each stage builds on its predecessors. It does not, however, replace them. Simple skills are often essential to executing sophisticated plans.

Obviously, such an account is quite speculative. Documenting it would require the systematic research of a historian, rather than the anecdotal

TABLE I. *Developmental Stages in Risk Management.*

- All we have to do is get the numbers right.
- All we have to do is tell them the numbers.
- All we have to do is explain what we mean by the numbers.
- All we have to do is show them that they've accepted similar risk in the past.
- All we have to do is show them that it's a good deal for them.
- All we have to do is treat them nice.
- All we have to do is make them partners.
- All of the above.

observations of a psychologist. However, I hope that this captures some of the history that we've seen and lived.

First Developmental Stage

All we have to do is get the numbers right

The experts are often required to back up their claims with quantitative risk analyses. Then their jobs seem to be over once the numbers come out satisfactorily. However, technologies that have relied on risk analyses have frequently had particular difficulty in demonstrating their adequacy.

Those who work within a discipline accustom themselves to its limitations. They have to live with the reality of critical unsolved problems (e.g., how to model operator behavior, how to extrapolate from animal data). They realize the extent to which even the most sophisticated analyses are still exercises in disciplined guesswork ([1]). If they are candid with themselves they realize the presumptions of treating an applied intellectual technology, like risk analysis, as if it were a scientific pursuit. Like other applied sciences (such as much survey research and cost-benefit analysis), risk analysis may seek the rights of science without assuming its full responsibilities (e.g., independent peer review, data archiving, practitioner credentialing). Although understandable, such presumptions may compound public suspicions. It means, in effect, that the analysts are assuming more responsibility for risk management than they can deliver. Conceivably, talking to others, who have made similar promises, might be a useful antidote to hubris.

([1]) It will be interesting to see what effect, if any, is achieved by the current fad of relabeling probabilistic risk analysis as probabilistic safety analysis. The change could put a happier face on the process or be seen as a disingenuous diversion.

Second Developmental Stage

All we have to do is tell them the numbers

How good a story those numbers have to tell depends on how well the first developmental stage has been mastered (i.e., just how good the risk analyses are). How convincing that story is depends on how well the numbers speak for themselves. Frequently the answer is "not very well." Often, the risk communication is little more than a core dump of a technical analysis's findings. The confused recipients of such materials can hardly be faulted if they remain unconvinced. Nor can they be faulted if their attention settles on those few technical issues that seem accessible to them, while ignoring others that the experts realize to be more important to the overall problem. Experts owe it to them to clarify the uncertainty surrounding their estimates. Indeed, increasingly, one finds an admission of this kind of subjectivity—to the point that it is often required in Congressional proposals for regulatory-reform legislation and in position papers of the National Research Council.

There is slower growth in analysts' awareness of a second kind of subjectivity, the extent to which risk estimates reflect ethical values. Risk analysts have fought hard to create a clear distinction between the facts and values of risk management. Doing so, to the maximum extent possible, is a matter of good intellectual hygiene. However, there is a limit to how far it can be done. Values are inherent in risk assessment. They influence, for example, the allocation of resources to studying specific risks or risks in general—and, thereby, to producing the data needed to motivate action or quiet concerns. Values are also reflected in how risks are characterized. For example, hazards may be ranked differently if their risks are assessed in terms of the probability of premature fatalities or in lost life expectancy (which puts a premium on deaths among the young).

One of the earliest results in risk perception research was the discovery that experts and lay people might agree about the fatalities that a technology produces in an average year, but still disagree about its degree of "risk." These disagreements seem to reflect differences in how "risk" is defined. One possible difference is that lay people place greater weight on catastrophic potential. The size of that potential is a topic for scientific research (albeit one where hard estimates are particularly hard to come by). However, the weight to be given to that potential is a matter of public policy.

Risk analysts often seem unaware of such issues. However, where the choice of definition affects the estimated riskiness of technologies, they cannot escape some responsibility. Unless these assumptions are made explicit, the risk numbers alone do not say enough.

Third Developmental Stage

All we have to do is explain what we mean by the numbers

When the numbers do not speak for themselves, explaining them is an obvious next step. Those who attempt such full disclosure face significant technical problems. For example, citizens accustomed to hearing confident-sounding experts might misinterpret an explicit expression of uncertainty as evasiveness or equivocation. They might get the impression that scientists are completely confused or that one scientist's guess is as good as any other's. The controversy over climate change sometimes seems to be interpreted in this way. There is considerable overlap in the probability distributions of those scientists who are most and least concerned about greenhouse warming, yet the debate is sometimes interpreted as though "anything goes."

Thus, those who initially introduce a perspective may take some heat for it, as though they were needlessly obscuring or complicating the issue. This realization may account for the reluctance of many sources, including journalists, to use numbers at all, much less probability distributions—or more nuanced expressions of uncertainty.

Clearly communicating any number is a complicated task. Therefore, one should focus on those numbers that really matter. All too often, however, communications about risk involve a gush of issues, with little selection. Telling much more than people need to know can be (and be seen as) deliberately unhelpful. Communications focus on issues that are most important to their audience—things that matter in the science and that are not already common knowledge. Identifying that critical content requires detailed analysis of recipients' circumstances.

We have attempted to address this challenge with what we call the "mental models" approach. It begins by creating an influence diagram, showing the factors involved in creating and controlling a hazardous process—as those are understood by science. Citizens' beliefs are then elicited, using a mixture of open-ended and structured procedures. Those beliefs, comprising citizens' "mental models," are then characterized in terms of the influence diagram, or "expert model." Communications can be crafted to fill gaps, reinforce correct beliefs, and correct misconceptions—with some assurance that the messages are to the point and can be comprehended by recipients.

Fourth Developmental Stage

All we have to do is show them that they've accepted similar risks in the past

While systematic analyses of people's decisions are rare, more casual analyses are quite common. They often take the form of risk comparisons, in which an unfamiliar risk is contrasted with a more common one. Individuals are invited to use their response to the familiar situation as a guide to action in the new one. Certainly, it is legitimate to seek consistency in one's actions. However, little follows directly from most comparisons. Risk decisions are not about risks alone. One can accept large risks if they bring large benefits and reject small risks if they bring no good.

Even within these constraints, risk comparisons could still be mildly informative. Unfortunately, the specific comparisons often are chosen with rhetorical purpose. Their canonical form then becomes something like, "The risks of Technology X [which we promote] are no greater than those of Activity Y which you do already, [so why not accept X?]" The anecdotal experience of many risk communicators is that such comparisons are as unpopular in practice as they are disingenuous in principle. In their well-known guide to risk comparisons, Sandman, Covello & Slovic repeatedly warn, "USE OF DATA IN THIS TABLE FOR RISK COMPARISON PURPOSES CAN SEVERELY DAMAGE YOUR CREDIBILITY" (capitals in the original). Risk comparisons can backfire even when they are created in good faith—by people who are convinced by the comparison because they like the technology that is shown in so favorable a light. Such individuals need to pass through this developmental stage themselves before they can create useful messages for others.

A common corollary of the comparative-risk perspective is to believe that people must want zero risk, if they won't accept a small risk. However, the systematic evidence supporting this claim is very thin. People realize that life entails risk—but also that there is no reason to accept avoidable risks, unless there are compensating benefits. People do sometimes neglect the small benefit that they receive from technologies that create small risks. Misperceiving benefits is, however, different than having an unreasonable aversion to any risk at all.

Fifth Developmental Stage

All we have to do is to show them that it's a good deal for them

People need information about both the risks and the benefits of any activity that might affect them. This realization requires changes in more than just the formatting of messages. Thinking about benefits raises issues analogous to those confronted when estimating risks. For example, analyses can be specified in different ways, with alternative specifications representing different ethical positions—belying their ostensible objectivity. Whatever specification is chosen, the uncertainty surrounding its results will have to be assessed and expressed. That uncertainty will include disagreements about parameter estimates and disagreements about fundamental theories.

Together, risk and benefit estimates tell a story that neither does alone. Their juxtaposition alone may prompt changes in risk management—such as redesigning industrial processes, so that they provide an acceptable tradeoff for each person exposed to their risks. If that case cannot be made, then the message will be a disheartening, and perhaps, embarrassing one.

The basic research literature suggests some special problems. One class of those problems is "framing effects," in which formally equivalent representations of the same tradeoffs evoke inconsistent evaluations. For example, a health program may seem more attractive when described in terms of the lives that it will save, rather than the lives that will still be lost. Explicitly showing the cumulative benefits of a protective measure may enhance its attractiveness, even though it can, in principle, be inferred directly from its short-term benefits. People tend not to think about the lifetime protection afforded by using a seatbelt (or condom) routine, nor aggregate the risks accurately when they do. The relative and absolute increase in risk that a technology causes may look rather different, and demand rather different compensation (e.g., a doubling of risk—from .000001 to .000002).

These effects mean that the attractiveness of an action can depend on how it is presented. That can lead to unstable preferences, as frames vary over time. It can lead to suspicions of manipulation, in the choice of frame. If that perspective led to the choice that served people's interests, there would be little natural incentive to think hard about alternative perspectives.

It is, of course, also possible to influence perceptions with alternative representations that are not formally equivalent. For example, genetic counselors (and other medical professionals) have found surprising (to them) gaps in patients' understanding of medical conditions (and, hence, the risks and benefits of treatment). As a result, they have focused on what consequences really mean (e.g., what it is like to live with cystic fibrosis). In such cases, fuller descriptions are actually different descriptions. Or, some technical analysts have moved on from comparing risks to comparing options, computing the reductions in risk that are possible with a given investment in competing risk-reduction strategies. These comparisons are, however, more rhetorical than meaningful if the funds are not fungible (i.e., if they cannot be transferred to take advantage of the best buys in risk reduction).

Sixth Developmental Stage

All we have to do is treat them nice

Thus, getting the content of a communication right requires a significant analytical and empirical effort. It means summarizing the relevant science, analyzing recipients' decisions, assessing their current beliefs, drafting messages, evaluating their impact, and iterating the process as needed. Accomplishing these tasks can reduce the chances of producing messages that patently violate the norms of communication.

However, even perfect messages need not be perceived as such. It can take recipients a while to analyze the adequacy of a message carefully. Preceding, or replacing, that effort, recipients may look for more general cues. In particular, they may ask how trustworthy the communication and communicator seem to be. If that first impression is bad, they may look no further or discount some of what they do find. Even with a perfect message, an inappropriate delivery can exact a toll. People want to be treated respectfully, in addition to being leveled with. That desire is, in part, a matter of taste and, in part, a matter of power. People fear that those who disrespect them are also disenfranchising them. In risk debates, charges of incompetence are a (perhaps the) classic path to brushing aside pesky citizens.

The need for a suitable demeanor is increasingly being recognized, whether as a public right or a practical necessity. A popular response to this challenge is training in communication skills. There are enough subtleties to the mechanics of communication that most people can use some help (and not just with risk issues). Some problems with the mechanics of communication are neatly preserved in many published messages. For example, these messages may lack an overview or summary, even though they are known to aid learning. They may impose no obvious logical order on their material. They may use language that is needlessly condescending or technical. Their displays may be cluttered and poorly labeled. Even if these are just "mechanical" oversights, they still can undermine relationships. It takes a sophisticated recipient to forgive a communicator for failing to get professional help.

In-person communication offers additional pitfalls and opportunities. Blank looks and hostile expressions can quickly show when messages need refinement; ad lib responses may make matters better or worse. Non-verbal cues can support or undermine an overt message. Nervousness over the act of public speaking can be misconstrued as discomfort over what is being said. As a result, training in presentation skills per se may make a real and legitimate difference, by eliminating unwarranted suspicions. A smooth delivery could, of course, compound problems if the content of the message is inadequate—so that smoothness is seen as a substitute for substance.

Seventh Developmental Stage

All we have to do is make them partners

Dispensing niceness is an element of essential decency. It may, however, repel recipients if it seems as though the experts feel like they are doing citizens a favor, or attempting to disarm them, by preemptively softening opposition. Polite one-way communication respects the public's ability to cause problems, but not its ability to create solutions. The only responses of interest are, in effect, "I don't understand you" and "I don't believe you." Often, though, members of the public want to, and can, fill a more active and constructive role. At times, they have information to consider. At other times, they may just want a seat at the table. These are components of being partners in risk management.

Anthropologists often use "indigenous technical knowledge" to describe non-specialists' unique understanding of how their world works. Risk knowledge might be divided into exposure, toxicity, and mitigation information. Lay people could, in principle, have privileged knowledge about each component. For example, whatever the source of a risk, exposure to it is the result of human activities. Although their knowledge may not be organized in a systematic way, lay people should have some insight into where they go, how deeply they breathe, what they eat and drink, how long they shower, when they wash their hands, and so on. Careful study may estimate and reduce biases in their perceptions (e.g., self-serving exaggeration of positive activities, overestimating how recently unusual events have occurred).

Analogous arguments surround the strengths and weaknesses of lay beliefs regarding other components of risk. For example, what does it mean when they perceive health effects that science has not established? Or, how should one treat their skepticism about an elaborate official evacuation or inspection or training plan? Might they know something about what motivates people like themselves? Do they have an independent perspective on what motivates technical experts, possibly clouding their professional judgment?

Unless their every suggestion is to be rejected out of hand, it pays to ask. Just asking redefines a relationship, in ways that recognize the public's reality and competence. The sooner one asks, the greater the impact public concerns will have on the analytical process. Other things being equal, risk data should be collected, vetted, and presented in ways that suit the audience that they are meant to convince. If the experts see things differently, then a mutually respectful relationship will provide a forum for making their case to the public. Or, better, it might allow for bringing lay members up to speed, on that kernel of technical information needed to make policy-relevant judgments.

One of the miracles of democratic life is the ability of lay people, often with little formal education, to master technical material when sufficiently motivated (e.g., by the proposed, proximal siting of a hazardous facility). Unfortunately for risk managers, the motivation for this self-education often comes from a feeling of having been wronged. If passions become inflamed in the process, then this learning may produce more heat than light. All sides will be tempted to focus on data supporting their prejudices. Each will muster the radical skepticism needed to assail any study having inconvenient conclusions.

Yet, some comprehensive knowledge is a necessary condition for stable beliefs, immune from buffeting by each new result and rumor. Ideally, the more people know about a technology, the more they will like or dislike it—as its true colors emerge. Attracting the interest of people whose minds are still open will require special efforts. Some seemingly successful efforts involve active outreach. For example, the neighbors of an industrial facility might be invited to learn about its activities and, perhaps, join a standing advisory committee. Such invitations run the risk of revealing problems that people had never imagined. However, they can also show the safety measures taken in recognition of those risks. Moreover, this kind of communication fulfills other conditions of a partnership. It shows an interest in the public by offering direct contact, in settings conducive to creating human relations. Fears can color perceptions, if they create the impression that the experts have something to hide or just dislike the public. Recognizing that they are people, too, with foibles and emotions, is a part of experts' developmental process.

Partnerships are essential to creating the human relations needed to damp the social amplification of minor risks—as well as to generate concern where it is warranted. Often controversies over risk are surrogates for concern over process. People feel that they have been treated shabbily. However, they discover that being disgruntled does not have legal standing, while complaining about risks does. After some period of complaint and friction, the ensuing controversies over risk can take on a life of their own.

On purely practical grounds, deciding how much effort to invest in risk communication can be analyzed in cost-benefit terms. In some ways, communication is like an insurance policy. It is a fixed cost with some probability of preventing much larger costs. As when evaluating an insurance policy, a proposed communication effort can be analyzed in terms of how complete its coverage is, how much protection one can afford, and how much the attendant peace of mind is worth. Like other protective behaviors, risk communication is most easily justified when there is the threat of catastrophic damage. The descriptive research literature on risk communication can help predict which issues will get out of hand, if one fails to take the necessary precautions.

Effective risk communication fulfills part of the social contract between those who create risks (as a byproduct of other activities) and those who bear them. In addition to being an end in itself, creating those mutually respectful relationships is essential to having the sort of civil society needed to provide stable agreements on difficult topics.

It must, however, be recognized that avoiding all conflict is not a realistic, or even a legitimate, goal for risk communication. Risk communication should not and, in an open society, often cannot paper over situations where citizens are getting a bad deal. The best-case scenario for risk communication (and, indeed, risk management) is having fewer, but better conflicts. Some conflicts will be avoided by preventing needless misunderstandings, others by forestalling (or redesigning) unacceptable projects. Those that remain would be better focused on real issues.

The Role of Risk (and Risk Assessment) in Risk Decisions and Communication

As mentioned, values are embedded in the very formulation of technical analyses. The earliest form of such awareness typically is recognizing how the conclusions of an analysis depend on how it treats uncertainty and how much conservatism is embedded in its assumptions. Later, comes an understanding of the importance of such technical details as what units are used, how results are aggregated, and whether science is treated as a social process, whose internal mechanisms determine what gets studied at all and whose results are taken seriously. Some position must be taken on all these issues of design and interpretation, in order for analyses to proceed at all. However, each choice requires an expression of values that ought to come from the public that analyses are meant to serve.

Table II offers one summary of the conditions that experts must meet in order to secure one another's trust. A reasonable premise is that earning the public's trust requires the same things as does earning the trust of other

TABLE II. *Conditions for public trust in risk analyses.*

	Scientific conditions
Immediate	Familiarity with specific models Familiarity with specific inputs Access to sensitivity analyses Ability to double-check
Ambient	Familiarity with historical development Familiarity with underlying science Familiarity with auxiliary assumptions Familiarity with analytical perspectives
	Social conditions
Immediate	Familiarity with analysts Recognition by analysis Reward for participation Respectful treatment
Ambient	Familiarity with analytical community Influence on regulatory process Long-term involvement Accommodation with process

experts. That is, experts need to provide citizens the assurance that they themselves need to hear.

In this framework, there are both scientific and social conditions for securing trust. These deal, respectively, with the content and the conduct of science. In each domain, there are conditions associated both with specific analyses and with the general process of relying on formal analysis when managing risk. Even though analysts are concerned primarily with the completion of specific assignments, each of their analyses represents the profession as a whole and may be held accountable for its perceived strengths and weaknesses. As a result, individual analyses bear some of the burden of achieving credibility for analysis in general.

Risk research conducted for government agencies, or in response to government edicts, is ostensibly done in the public's name. Nonetheless, its connection with the public is usually tenuous. The communication channels between government and public are typically poorly suited to sharing complex messages about difficult risk issues. Pundits often blame the public for what they see as society's misplaced risk priorities. Yet, those priorities are the result of a complex mix of inputs from politicians, bureaucrats, lobbyists, interest groups, consultants, and commentators—each with a vested interest in depicting public concerns in a particular way. The relative success of the risk-ranking exercises sponsored by the Environmental Protection Agency suggests that people are willing to make reasonable tradeoffs when offered the proper setting. We have recently completed a large set of hour-long interviews with a diverse group of citizens and have found them remarkably open-minded about risk issues, once allowed to express themselves in their own terms on their own concerns (within a general domain). Among other things, these citizens were typically quite willing to consider a shift from technology- to risk-based regulation, assuming that rigor of enforcement was assured.

These experiences offer some hope that citizens will respond reasonably when the conditions for trust are met. Achieving the social conditions requires some variant on the sort of open, respectful approaches discussed at great length in the recent (US) National Research Council report, *Understanding Risk*. That report provides extensive references to the literature on institutional design, along with guidance regarding the degree of collaboration that various situations require. The National Research Council's even more recent *Toward Environmental Justice* and *Scientific Opportunities and Public Needs* takes this collaboration a step forward, to involving citizens in the research planning process.

Information is central to some decisions, peripheral to others. Where it matters, people need the right information, if they are to act in their own best interests. They also need to know how good their information is. If people exaggerate their own knowledge, then they may get themselves into trouble, by acting with unjustified confidence. If they underestimate their own understanding, then they may be needlessly paralyzed. If they realize that they know too little, then they should lack a feeling of self-efficacy, an essential to effective action. When people cannot think their way through to satisfying decisions, they may despair of analysis. Just as uncontrolled emotion can undermine thinking, so can poor thinking heighten emotion. The importance of information is recognized in many risk contexts.

Conceptually, determining what information to communicate is straightforward. First, describe the decisions that people face. Second, determine what information is most critical to those decisions. Third, assess what people already know. Finally, identify the critical gaps in their current knowledge. Having done all this, one can proceed to prepare, evaluate, and present messages. Success means bringing recipients closer to knowing what they need to know. All too often, though, it is hard to know why particular facts were chosen for risk communications. The communication as a whole may defy all but the most determined reader. Everyone has received such ill-considered communications, whether as instructions about appliance risks, patient package inserts for drug side effects, or risk analyses for investment instruments. Poorly chosen information can have several negative consequences: it can waste recipients' time; it can be seen as wasting their time; it can fill the place that might be filled with pertinent information; it can lead recipients to misjudge the extent of their knowledge.

If people feel inundated by poorly selected and presented facts, then they may feel hostile or paralyzed. Here, too, formal analysis can help to focus communications. In our own recent work, we have developed a process for creating communications about risks. It begins by creating an influence diagram, summarizing the major features of the risky system, pooling the beliefs of appropriate experts. Considered qualitatively, such a diagram specifies what issues are worth raising at all. Considered quantitatively, it provides a basis for determining the relative importance of those issues. Even without being overly precise, it can still provide a disciplined way of prioritizing issues.

Subsequent empirical research can determine how well people know what is worth knowing—as defined by the formal analysis. The next step is, obviously, to create communications whose success is evaluated by their ability to fill the gaps between what is known and what needs to be known. To date, we have applied this general approach to a variety of risk issues, including radon, electromagnetic fields, global climate change, HIV/AIDS, offshore oil spills, sexually transmitted diseases, mammography testing, and nuclear energy sources in space. Each application forces us to think hard about the scope and structure of the risk processes that people need to understand in order to grasp the big picture on that topic. We have found diverse groups of technical experts tremendously helpful in creating these influence diagrams.

Our experience has left us optimistic about the success of risk communications whose process and content are conscientiously designed. This view contrasts with the disparaging and despairing views of the public, often voiced by risk managers. This contrast requires an explanation. Psychologists typically make a distinction between reasons for people's behavior: cognitive reasons, coming from the head, and motivational reasons, coming from the heart. One can see both reasons in the pessimism of some risk managers.

The cognitive reasons reflect the information that risk managers rely on. Most technical specialists are isolated in their own social and professional communities. They have little direct contact with the public. And they are often the targets of stories told by pundits and consultants ready to put the public in a bad light (so as to create a demand for their own services). Where there is systematic research about public competence, it may not make it to the technical specialists. Forums like this symposium are a valued exception. Natural scientists and engineers are often as isolated from the social sciences as they are from the public. That is partly their failure to read social science and partly our failure to communicate it effectively.

The motivational reasons for skepticism about the public include the fact that taking the public seriously poses a short-term threat to the normal operation of science. It threatens the products of science, by acknowledging that people don't value our work and want us to do our both better and differently (by acknowledging their concerns). It threatens the process of science by asserting the public's right to participate in it. For example, the US National Institute of Health has just created a citizen's advisory panel parallel to its scientific advisory panel and chaired by the head of NIH. This panel will enhance a two-way communication between NIH and the public. It is intended to let the public let NIH know what it would like studied and how it should go about it. And it is intended to help NIH communicate with the public about the meaning of scientific research and its role in protecting its own health. This kind of intrusion into the process of science may change the kind of science that we have. If it works, it will create a scientifically sound partnership between the scientific community and public.

One cannot rely on undisciplined speculation about the beliefs or motivations of other people. One cannot expect to quiet a raging controversy with a few hastily prepared messages. One cannot assume that expensively produced communications will work without technically competent evaluations. Those who ignore these issues may be the problem, as much as the risk at the center of controversies. The price of this ignorance is borne by everyone concerned. When communications are incompetent, the public is demeaned by the experts as being hysterical, while the experts are vilified by the public as being evil.

Ideally, risk management should be guided by the facts. Those facts concern not just the sizes of the risks and benefits involved, but also the changes in political and social status that arise from the risk-management process. Effective risk communication is needed, not only to clarify these messages, but also to create social conditions that increase the benefits and reduce the risks of risk management.

REFERENCES

BOSTROM A, FISCHHOFF B & MORGAN MG. – Characterizing mental models of hazardous processes: a methodology and an application to radon. Journal of Social Issues, 1992, 48 (4), 85-100.

BREYER S. – Breaking the vicious circle. Harvard University Press, Cambridge, MA, 1993.

BROKENSHA DW, WARREN DM & WERNER O. – Indigenous knowledge: Systems and development. Lanham, MD: University Press of America.

BUDESCU DF & WALLSTEN TS. – Processing linguistic probabilities: general principles and empirical evidence. In: Decision making from a cognitive perspective, ed. JR Busemeyer, R Hastie and DL Medin. Academic Press, New York, 1995, 275-318.

BURNS W & CLEMEN R. – Covariance structure models and influence diagrams. Management Science, 1993, 39, 816-834.

CAMPEN JT. – Benefit, cost and beyond. Boston: South End Press, 1988.

Comparing Risks and Setting Environmental Priorities. – Environmental Protection Agency, Washington, D.C., 1993.

Confronting AIDS. – Institute of Medicine, Washington, DC, 1986.

CROUCH EAC & WILSON R. – Risk/benefit analysis. Ballinger, Cambridge, MA, 1982.

DAVIES C (ed.). – Comparing environmental risks. Resources for the Future, Washington, DC, 1996.

EWART C. – Social action theory for a public health psychology. American Psychologist, 1991, 46, 931-946.

FISCHHOFF B. – Cost-benefit analysis and the art of motorcycle maintenance. Policy Sciences, 1977, 8, 177-202.

FISCHHOFF B. – Eliciting knowledge for analytical representation. IEEE Transactions on Systems, Man and Cybernetics, 1989, 13, 448-461.

FISCHHOFF B. – Value elicitation: Is there anything in there? American Psychologist, 1991, 46, 835-847.

FISCHHOFF B. – Giving advice: Decision theory perspectives on sexual assault. American Psychologist, 1992, 47, 577-588.

FISCHHOFF B. – Acceptable risk: A conceptual proposal. Risk: Health Safety and Environment, 1994, 1, 1-28.

FISCHHOFF B. – What forecasts (seem to) mean. International Journal of Forecasting, 1994, 10, 387-403.

FISCHHOFF B. – Risk perception and communication unplugged: Twenty years of process. Risk Analysis, 1995, 15, 137-145.

FISCHHOFF B. – The real world: What good is it? Organizational Behavior and Human Decision Processes, 1996, 65, 232-248.

FISCHHOFF B. – Public values in risk research. Annals of the American Academy of Political and Social Science, 1996, 545, 75-84.

FISCHHOFF B. – Communicate unto others... Reliability Engineering and System Safety, 1998, 59, 63-72.

FISCHHOFF B, WATSON S & HOPE C. – Defining risk. Policy Sciences, 1984, 17, 123-139.

FISCHHOFF B & COX LA, JR. – Conceptual framework for regulatory benefit assessment. In Benefits Assessment: the State of the Art, ed. JD Bentkover, VT Covello and J Mumpower. D. Reidel, Dordrecht, 1985, 51-84.

FISCHHOFF B & DOWNS J. – Accentuate the relevant. Psychological Science, 1997, 8 (3), 1-5.

FISCHHOFF B & MACGREGOR D. – Judged lethality: how much people seem to know depends upon how they are asked. Risk Analysis, 1983, 3, 229-236.

FISCHHOFF B, SLOVIC P, LICHTENSTEIN S. – Knowing what you want: Measuring labile values. In: T. Wallsten (ed.) Cognitive processes in choice and decision behavior, 1980, (pp. 117-141), Hillsdale NJ: Erlbaum.

FISCHHOFF B, LICHTENSTEIN S, SLOVIC P, DERBY SL & KEENEY RL. – Acceptable Risk. Cambridge University Press, New York, 1981.

FISCHHOFF B, SLOVIC P, & LICHTENSTEIN S. – Weighing the risks. Environment, 1979, 21 (5), 17-20, 32-38.

FISCHHOFF M. – Ordinary housewives: Women activists in the grassroots toxic movement. Unpublished honors thesis. Department of Social Studies, Harvard University, 1993.

FREUDENBERG WR & PASTOR SK. – NIMBYs and LULUs: Stalking the sydromes. Journal of Social Issues, 1992, 48 (4), 39-62.

FUNTOWICZ S & RAVETZ J. – Uncertainty and quality in science. Kluwer, Dordrecht, 1990.

FURBY L, SLOVIC P, FISCHHOFF B, & GREGORY R. – Public perceptions of electric power transmission lines. Journal of Environmental Psychology, 1988, 8, 19-43.

GERRARD M, GIBBONS FX & BUSHMAN BJ. – Relation between perceived vulnerability to HIV and precautionary sexual behavior. Psychological Bulletin, 1996, 119, 390-409.

GORE A. – Reinventing government. Washington, DC: US Government Printing Office.

GRICE HP. – Logic and conversation. In: The logic of grammar, ed. D. Davidson and G. Harman. Dickenson, Encino, 1975.

HALLMAN WK & WANDERSMAN A. – Attribution of responsibility and individual and collective coping with environmental threats. Journal of Social Issues, 1992, 48 (4), 101-118.

HAMMOND KR & ADELMAN L. – Science, values and human judgment. Science, 1976, 194, 389-396.

HOGARTH R (ed.). – New directions for methodology of social and behavioral science: Question framing and response consistency. San Francisco: Jossey-Bass.

HOLTZMAN NA. – Proceed with caution: Predicting genetic risks in the recombinant DNA era. Baltimore: Johns Hopkins University Press, 1989.

HOWARD RA. – Knowledge maps. Management Science, 1989, 35, 903-922.

Improving Risk Communication. National Research Council, Washington, DC, 1989.

JASANOFF S. – Risk management and political culture. Russell Sage, New York, 1986.

JENNI K, MERKHOFER M & WILLIAMS C. – The risk and fall of a risk-based priority system. Risk Analysis, 1995, 15, 397-410.

JOHNSON B. – Advancing understanding of knowledge's role in lay risk perception. Risk, 1993, 3, 189-212.

KAHNEMAN D & TVERSKY A. – Choices, values, and frames. American Psychologist, 1984, 39, 341-350.

KAMMEN DM & HASSENDZAHL, D. – Shall we risk it? Princeton, NJ: Princeton University Press, 1999.

KASPERSON RE, RENN O, SLOVIC P, BROWN HS, EMEL J, GOBLE R, KASPERSON JS & RATICK S. – Social amplification of risk: A conceptual framework. Risk Analysis, 1988, 8, 177-187.

KRIMSKY S & PLOUGH A. – Environmental hazards: Communicating risks as a social process. Dover, MA: Auburn House, 1988.

KUNREUTHER H & SLOVIC P (ed). – Challenges in risk assessment and risk management. The Annals of the American Academy of Political and Social Science, Vol 545, 1996, 1-183.

LEVENTHAL H & CAMERON L. – Behavioral theories and the problem of compliance. Patient Education and Counseling, 1987, 10, 117-138.

LINVILLE PW, FISCHER GW & FISCHHOFF B. – AIDS risk perceptions and decision biases. In: The Social Psychology of HIV Infection, ed. JB Pryor and GD Reeder. Erlbaum, Hillsdale, NJ, 1993, 5-38.

MAHARIK M & FISCHHOFF B. – Public views of using nuclear energy sources in space missions. Space Policy, 1993, 9, 99-108.

MAHARIK M & FISCHHOFF B. – Contrasting perceptions of risks of using nuclear energy sources in space. Journal of Environmental Psychology, 1993, 13, 243-250.

MCINTYRE S & WEST P. – What does the phrase 'safe sex' mean to you? Understanding among Glaswegian 18 year olds in 1990. AIDS, 1992, 7, 121-126.

MCNEIL B, WEICHSELBAUM MD & PAUKER SG. – Fallacy of the five-year survival rate in lung cancer. New England Journal of Medicine, 1978, 289, 1397-1401.

MERZ JF, FISCHHOFF B, MAZUR DJ & FISCHBECK PS. – Decision-analytic approach to developing standards of disclosure for medical informed consent. Journal of Toxics and Liability, 1993, 15, 191-215.

MORGAN MG & HENRION M. – Uncertainty: A guide to dealing with uncertainty in quantitative risk and policy analysis. Cambridge University Press, New York, 1990.

MORGAN MG, FISCHHOFF B, BOSTROM A, LAVE L & ATMAN CJ. – Communicating risk to the public. Environmental Science and Technology, 1992, 26, 2048-2056.

In deciding if someone is to be trusted, four factors play an important role. They are perceptions of empathy and caring, perceptions of competence and expertise, perceptions of honesty and openness, and perceptions of dedication and commitment (i.e., the willingness to go above and beyond the call of duty, to walk the extra mile). These four trust factors appear to be universal. What changes in the five countries is the weight that people assign to these factors. The weights in the US, Canada, Great Britain, Italy, and Japan differ radically. For example, in the United States, the caring-empathy dimension played the key role in perceptions of trust. This key role of caring was reflected by the American humorist, Will Rogers, nearly 70 years ago, when he said: "When people are worried and upset, they don't care what you know until they know that you care." People don't care about facts derived from risk assessments until they know that you care. The fundamental failure of many risk communicators is the failure to display any form of caring and empathy.

In Great Britain, our study found that perceptions of dedication and commitment played the main role in perceptions of trust. In Canada, the primary emphasis in trust determination was honesty and openness. In Japan, the primary emphasis was competence and expertise. What this research suggests is that there is a very rich cultural and social context in which decisions about trust are made. The history and the cultural background of a country will very much determine how people decide if they will trust an individual or institution.

The last theoretical construct that we examined in the five countries was negative dominance theory. According to negative dominance theory, individuals experiencing high levels of concern and low levels of trust tend to interpret all information received by them (verbal and non-verbal) negatively. For example, a person sitting back in his chair can be perceived as relaxed, comfortable, and receptive. But according to negative dominance theory, instead of seeing someone who is relaxed and comfortable, a person who is upset, angry, or outraged sees someone who is complacent and indifferent. The most important finding from negative dominance theory is that 1N = 3P; that one negative, psychologically, is equivalent, at a minimum, to three positives. This creates an asymmetrical relationship in how people process negative and positive information, with much greater emphasis being given to the negative and much less emphasis being given to the positive.

How does this translate into practice? Negative dominance appears to be a universal characteristic. In all five countries, it was clearly observed.

The research did, however, find major differences in the way that government and industry officials communicated about risk in terms of their use of negative words such as no, not, never, nothing, none. In the five nation study, we found that government and industry officials in the US used ten times more negatives on average than officials in any other country in communicating about risk. The least use of negatives was found in Japanese communications about risk. It was virtually impossible to find the words no, not, never, nothing, none in communications by Japanese officials about issues such as nuclear power or toxic waste. An interesting finding was that Canada was closer to Japan than it was to the United States in the use of negatives. The Canadians are much closer to the Japanese in the way they discuss and communicate about risk. This finding provides linguistic proof that when you step over the US border into Canada you are entering into a different country.

I would like to conclude my presentation with these four thoughts. First, even though we can find major differences in the five countries, there is much that is the same. Second, in all countries, perceptions equal reality, what people perceive as real is real, what people perceive as real is real in its consequences. Third, trust is always the primary driving factor in perceptions of risk. This means that the primary goal of risk communication is not only to share facts, but also to share information—through actions, words, and non-verbal communication—about trust. Fourth, effective risk communication is a skill. As such, it requires a great deal of knowledge, a great deal of preparation, and a great deal of practice to be successful.

LA DIRECTIVE « SEVESO » À L'ÉPREUVE DES FAITS

La politique de « transparence » sur les dangers de l'industrie comme facteur de légitimité de l'action publique

Anne Lalo

Maître de Conférences à l'Université de Nice

Les catastrophes de Seveso, de Mexico, de Bhôpal ou même de Tchernobyl ont mis en évidence le désarroi des populations face à de tels événements. Le manque de connaissance sur la nature des risques auxquels elles pouvaient être exposées ainsi que sur les mesures élémentaires de protection qu'il fallait adopter dans de telles situations semble avoir été un facteur particulièrement aggravant pour elles. C'est pourquoi dès 1982, en complément des mesures de prévention technique destinées à réduire le risque à sa source, une directive européenne a imposé aux Etats membres de la Communauté d'informer les populations habitant au voisinage d'installations industrielles où pourraient survenir des accidents majeurs (celle-ci ne concernant toutefois que les activités de la chimie, du pétrole et du gaz et non celles du nucléaire).

Dans le cadre de cette contrainte réglementaire, dénommée « directive Seveso » en référence à l'accident chimique survenu dans la banlieue de Milan en 1976, l'obligation d'information du public fut limitée initialement aux seules consignes de sécurité que les riverains des usines devaient connaître pour se protéger (article 8 de la directive n° 82/501). Après Tchernobyl, cet article fut enrichi par une annexe (annexe VII de la directive remaniée n° 88/610) élargissant cette information à la connaissance des risques industriels, des dommages que pourraient causer des accidents de grande ampleur et du dispositif administratif de contrôle de cette activité, sous son double volet de prévention et d'intervention d'urgence. A l'aube de la mise en œuvre de la deuxième mouture de cette directive (datée du 9 décembre 1996, la directive Seveso II sera théoriquement applicable à compter du 3 février 1999 en France), un bilan des actions publiques engagées depuis une dizaine d'années s'impose.

En France, la *politique publique d'information des citoyens sur les risques technologiques* a été engagée très tôt, sans même attendre la traduction complète dans les textes français des exigences imposées à ce sujet par la première directive. En effet, si le principe du droit à l'information du public sur les risques majeurs fut acquis en 1987, grâce à la loi relative à la réforme de la Sécurité Civile, il fallut attendre janvier 1993 pour qu'un arrêté interministériel reprenne la liste intégrale des informations obligatoires prescrites par l'annexe VII de la directive Seveso. Or, à cette date, plus des deux tiers des entreprises françaises soumises à cette réglementation avaient, d'ores et déjà, respecté cette prescription de « transparence » sur les dangers des industries à haut risque en éditant des brochures d'information. La distribution de ces documents avait été souvent accompagnée de larges campagnes de communication, comme ce fut le cas dans la zone industrielle de l'Etang de Berre au printemps de l'année 1989. Des débats publics, des journées « portes ouvertes » dans les usines ou même des visites guidées pour les élèves avaient été organisés à cette occasion.

La directive Seveso II relie désormais en un tout cohérent l'ensemble des procédures où le public est partie prenante du contrôle de l'activité des usines à risque au double niveau de la prévention comme de l'intervention d'urgence. Les citoyens devront être consultés aussi bien dans le cadre de l'ouverture d'une installation industrielle que dans l'élaboration des plans d'urgence.

Au-delà des textes réglementaires, le but de notre démarche est d'apprécier dans quelle mesure la politique publique d'information sur les risques industriels a favorisé dans les *faits* l'intrusion du citoyen dans le débat public relatif à la technologie. Pour ce faire, nous en avons évalué systématiquement l'impact par des enquêtes auprès des populations concernées. Conjointement, nous avons également collaboré directement à la mise en œuvre sur le terrain de cette politique publique en participant aux négociations menées au sein des structures de concertation qui avaient pour mission d'en promouvoir la réalisation.

Le fil conducteur de notre travail part de l'idée que les déséquilibres en chaîne causés par les catastrophes industrielles de ces dernières décennies sont des facteurs qui ont non seulement porté atteinte à la productivité et à la rationalité des systèmes économique et administratif mais qui ont aussi été une source de déstabilisation de la vie sociale, au point de menacer l'équilibre du système politique lui-même. En accédant au statut de « cause publique », la production industrielle de substances dangereuses (telles que la chimie, le gaz, le pétrole ou le nucléaire) a suscité la genèse d'un nouvel *espace public* dans lequel la vigilance à l'égard des risques technologiques n'est plus une question d'ordre technique se déroulant à huis clos entre les industriels et les inspecteurs de l'Etat mais un enjeu politique exigeant un contrôle direct des citoyens.

L'interrogation qui motive notre investigation n'a pas toutefois pour seul objet d'élucider les ressorts de cette préoccupation nouvelle de la société civile à l'égard des dangers industriels. Plus fondamentalement, notre propos vise à mettre en évidence comment la *rationalité* du dispositif de maîtrise des risques technologiques s'est trouvée modifiée par cette demande sociale. En effet, la prise en compte du citoyen comme acteur à part entière dans les procédures de décision publique n'induit pas un simple réaménagement partiel du contrôle public des industries mais bien une remise en question de la logique technico-administrative sur laquelle se fondait jusqu'alors ce dispositif.

Cette émergence au sein de l'espace public d'une vigilance nouvelle à l'égard des dangers de la technologie a ouvert une brèche dans le système administratif de contrôle de la production industrielle, mettant en porte-à-faux l'approche technique du service public – l'inspection des installations classées – dont la mission est de surveiller la sécurité dans les usines. La légitimité de ce service ministériel (définie par Habermas [1985] comme « la capacité d'un ordre politique à être reconnu pour correct et juste ») en a été fragilisée au moment même où la multiplication des catastrophes nécessitait justement une ingérence accrue de sa part dans les exploitations à haut risque. Prise entre deux feux, l'inspection des installations classées semble avoir préféré, en cherchant alors à légitimer son action par le soutien de l'opinion publique, s'appuyer sur cette volonté d'un contrôle démocratique des citoyens pour amener les industriels à négocier plutôt que de renforcer son expertise technique et sa mission de répression pour justifier son intervention dans les usines.

Les étapes de la construction de la politique publique d'information des citoyens sur les risques technologiques majeurs

1° La mise sur agenda politique

Avant qu'une politique publique ne soit décidée puis mise en œuvre, elle est précédée par une période de montée en puissance d'une problématique sociale au sein de l'espace public jusqu'à ce qu'elle devienne un enjeu politique. S'interrogeant sur ce passage au politique d'un problème de société, P. Braud (1996) remarque qu'une faible partie seulement des multiples conflits d'intérêts, difficultés sociales et aspirations collectives de tous ordres est portée sur la scène publique. Après R. Cobb et C. Elder (1983), J. Padioleau (1982) emploie le concept de « mise sur agenda politique » pour définir « l'ensemble des problèmes perçus comme appelant un débat public, voire l'intervention des autorités publiques légitimes ».

Nous proposons de distinguer quatre étapes dans la prise en compte politique de l'information du public sur les risques technologiques majeurs, chacune d'entre elles s'étant traduite par une avancée significative du droit. La première remonte à juillet 1976 avec la loi française sur les installations classées et la protection de l'environnement et les trois suivantes à 1982, 1988 et 1996 avec les modifications successives de la directive Seveso.

Cette évolution juridique de la politique publique de transparence sur les dangers de l'industrie atteste le passage progressif d'une contribution passive à une participation active des citoyens. Dans la première phase, qui est strictement technico-administrative, les citoyens n'ont aucun droit de regard sur le fonctionnement interne des usines ; le contrôle de la production n'est exercé que par les inspecteurs de l'Etat. Avec la première édition du texte européen ensuite, la connaissance des consignes de sécurité devient un volet des plans d'urgence mais les riverains des usines restent cantonnés à un rôle passif dans le dispositif de sécurité et ne disposent d'aucun élément de connaissance sur les dangers réels de l'activité industrielle. Dans la troisième phase, l'information du public accède (grâce à l'annexe VII déjà citée) au rang de véritable droit de savoir, aussi bien sur les substances dangereuses utilisées dans les exploitations que sur les dispositifs de prévention et d'intervention d'urgence. La contrainte juridique de « transparence » permet au simple *riverain* de pouvoir exister dorénavant comme *citoyen* dans cette procédure de prévention puisque la loi établit désormais que l'information est un droit. Dans la dernière étape enfin, il n'est plus simplement question d'*information* mais de *participation* des citoyens aux décisions administratives relatives à l'implantation d'usines nouvelles (déjà acquise en France par la procédure d'enquête publique) et à l'élaboration des plans d'urgence.

Parmi les facteurs qui influencent la mise sur agenda politique d'un problème de société, R. Cobb et al. (1976) distinguent trois modalités : *outside initiative model, mobilization model et inside initiative model.* Dans le premier cas, la source de pression est extérieure à la puissance publique et la mise à l'ordre du jour d'un problème de société sur l'agenda formel (inscription institutionnelle) est provoquée par l'agenda public (saisine de l'opinion). Dans le second cas, l'initiative est interne aux instances parlementaires ou administratives mais celles-ci s'efforcent de rechercher une validation conjointe dans l'opinion publique. Dans le troisième cas, l'origine de la mobilisation est interne aux sphères gouvernementales et tout débat public sur le sujet est évité.

La mise sur agenda politique de la prévention des risques technologiques majeurs fut, pour les trois premières étapes tout au moins, essentiellement motivée par la survenue de catastrophes. En effet, même s'il est difficile de dissocier totalement la brusque prise de conscience publique suscitée par Seveso, Bâle, Bhôpal ou Tchernobyl au sein de l'opinion publique d'un mouvement historique plus ancien de mobilisation progressive d'associations écologistes, d'intellectuels ou même d'agents de l'administration en faveur d'un contrôle social accru des industries utilisant des substances dangereuses, il est indéniable que ces événements ont directement infléchi le sens des décisions publiques (voir P. Lagadec, 1981). La dénomination courante de « directive Seveso » atteste d'ailleurs sans ambiguïté le rôle déterminant des accidents, au moins comme facteur déclenchant, dans l'impulsion donnée à la prise en compte politique du contrôle public des industries à risque.

Pour mettre en évidence l'impact de ces catastrophes sur l'évolution de la législation en matière d'information du public, nous nous sommes référée au cadre théorique proposé par J. Habermas (1978 et 1987) pour interpréter les crises. La distinction qu'il opère entre « systèmes » et « monde vécu » lui permet de théoriser la relation existant entre les « crises de système » et les « crises d'identité ». Les ruptures de continuité (saturation, désordre entropique) qui touchent ces organisations complexes que sont les structures économiques et administratives seraient des crises de « système » alors que les atteintes au « monde vécu », c'est-à-dire aux ressources morales du politique ou aux significations du monde élaborées dans l'univers socioculturel, seraient des crises d'« identité » (destruction du surmoi, anomie, perte d'identité). Pour cet auteur, le brusque déficit de motivation et de reconnaissance qui se manifeste dans les crises d'identité prendrait sa source dans les décalages latents permanents qui existent entre *« les systèmes »* et *« le monde vécu »*, c'est-à-dire entre les finalités fonctionnelles des organisations économiques ou politiques et les exigences démocratiques socioculturelles.

Les accidents majeurs peuvent être alors interprétés comme le contrecoup du cloisonnement des mondes de l'administration et de l'industrie. Révélateurs dramatiques du renfermement et du repli sur eux-mêmes des systèmes économique et administratif, ces sinistres industriels mettent en évidence les limites d'une planification où les décisions administratives relatives aux orientations technologiques, largement indépendantes des motivations concrètes des citoyens, étaient effectuées en vase clos en dehors de tout contrôle démocratique, sur la base de critères purement économiques ou techniques sous prétexte que la complexité de la production économique et de la gestion publique rendait nécessaire l'autonomie de fonctionnement des entreprises privées tout comme celle de la puissance publique.

La mise à l'ordre du jour sur l'agenda politique d'une « maîtrise sociale de la technologie » qui dépasse les expertises d'ordre strictement technique est due, selon J.-J. Salomon (1992), au basculement progressif vers le statut de *cause publique* des enjeux que représentent les risques technologiques pour la cité. Pour comprendre le passage d'un mode de régulation économique et administratif interne à un contrôle démocratique ouvert intégrant les demandes du « monde vécu », il importe de déterminer à partir de quel moment les déséquilibres induits par les accidents industriels apparurent comme une cause potentielle de *crises d'identité* (sociale et politique), source de fragilisation de la cohésion sociale et de l'équilibre démocratique, et non plus simplement comme des facteurs générateurs de crises de systèmes.

2° L'utilisation des enquêtes d'opinion comme légitimation de l'action publique

Ce n'est qu'après mise à l'ordre du jour des impératifs institutionnels qu'une politique publique peut alors être réellement engagée. Après C.O. Jones (1970), Y. Meny et J.-C. Thoenig (1989) distinguent quatre étapes dans sa mise en œuvre proprement dite.

La première étape concerne la délimitation du problème. Pour P. Muller (1990), celle-ci consiste à mettre en évidence le *« référentiel »* de la politique publique. Il s'agit de recueillir ou de susciter, au moyen d'indicateurs pertinents, des données fournissant un premier éclairage sur les difficultés sociales rencontrées et sur les institutions concernées par sa réalisation. Les enquêtes sociologiques que nous avons menées en ce sens (et que nous présentons en partie ci-après) ont été effectuées auprès des habitants des principaux sites industriels de France, dans la zone industrielle située autour de l'Etang de Berre, en Isère, dans l'agglomération lyonnaise, en Corse et au Havre. Cette investigation quantitative avait notamment pour finalité de légitimer l'action du SEI (Service de l'Environnement Industriel du Ministère chargé de l'Environnement) car, comme l'a expliqué A. Desrosières (1992) : « L'espace public, en tant qu'espace à l'intérieur duquel les questions de la cité peuvent être soumises à un débat public, a partie liée avec l'existence d'une information statistique accessible à tous. »

A l'instar de la méthodologie des *formations discursives* de M. Foucault (1969) ou encore de l'*analyse du discours* telle que la préconise D. Maingueneau (1991), notre objectif n'était pas d'interpréter le sens caché des déclarations recueillies dans les enquêtes mais de prendre leur signification à la lettre, en les considérant comme des énonciations se situant dans un échange verbal. Ces déclarations avaient pour but de permettre la construction d'un espace discursif au sein duquel les citoyens puissent avoir leur place face aux industriels et aux pouvoirs publics. Les discussions souvent très animées que la présentation de ces données suscita étaient partie intégrante du processus même de construction de la politique publique d'information des populations car l'intérêt de ces enquêtes résidait beaucoup plus dans le support méthodologico-pratique qu'elles offraient pour faire prendre conscience aux industriels et aux élus locaux de la demande sociale, locale et très spécifique des habitants de chacun des sites, que dans la recherche d'une vérité scientifique quant à la perception psychosociale des risques technologiques.

La seconde étape dans le schéma de C. Jones est la phase stratégique qui consiste à *choisir les solutions concevables*. Les experts comparent alors divers scénarios possibles en confrontant les performances attendues, les contraintes à respecter, les coûts à prévoir. Cette analyse repose sur une évaluation des *enjeux* en présence ; elle doit anticiper les résistances, les freins et les conflits possibles mais elle doit aussi repérer dans le même temps les ressources susceptibles d'impulser une dynamique positive à l'action. Pour Y. Meny et J.-C. Thoenig, l'enjeu est un « problème autour duquel se greffe un débat, une controverse, qui est objet de valorisations contrastées. Un enjeu n'existe pas en soi, mais par rapport à des acteurs spécifiques qui, la plupart du temps, sont porteurs de priorités différentes les uns des autres ».

Là encore, les enquêtes étaient utilisées comme support argumentatif de légitimation de l'action publique afin de faciliter les arbitrages entre les enjeux contradictoires des industriels, des élus locaux et des inspecteurs de l'Etat. Les investigations de la première phase ont été complétées, ou parfois même précédées, par des entretiens qualitatifs qui portaient sur des thèmes de conflits précis destinés à répondre au coup par coup aux points de blocage propres à chaque site, en recherchant des évaluations en termes de coûts/bénéfices ou de priorités.

La troisième étape d'une politique publique est celle de la *mise en œuvre des décisions prises*. Elle suppose le déploiement de moyens budgétaires, la désignation des services administratifs concernés ainsi que la définition des missions qui leur incombent. Elle nécessite une réflexion opérationnelle sur l'organisation qui sera la plus adaptée aux objectifs visés. Nous avons participé à cette phase d'application sur le terrain dans trois des cinq sites cités précédemment, c'est-à-dire en Provence, à Grenoble et en Corse. Face aux industriels, nous avons mené une négociation serrée au sein des structures de concertation chargée des questions d'environnement industriel afin de choisir la forme et le contenu des informations détaillées qui seraient données aux populations. Dans cette phase concrète, les enquêtes menées dans les étapes antérieures n'ont pas été employées seulement comme support de base à l'argumentation mais aussi comme une ressource de données sociologiques permettant de répondre aux attentes précises des habitants.

Les résultats des enquêtes ont également été exploités lors de la phase active proprement dite de la politique publique, faite de débats publics, d'actions pédagogiques dans les écoles, de journées portes ouvertes dans les usines, etc. A cette occasion, nous avons pu constater que les élus locaux se mobilisaient au côté des inspecteurs des installations classées pour promouvoir une action publique concertée Etat/collectivités locales, en raison notamment de la responsabilité des maires en matière de sécurité dans les établissements scolaires. Dans ce contexte, les enquêtes ont trouvé une utilité nouvelle comme matériau de référence didactique au sein des débats avec les directeurs d'écoles et les enseignants, en particulier en Provence.

Enfin, la dernière phase est celle de l'*évaluation* de la politique publique réalisée. Y. Meny et J.-C. Thoenig distinguent deux modalités possibles, celle qui consiste simplement à recenser les appréciations des organismes qui assument dans la société une activité d'évaluation – tels que la presse, les groupes de pression, les corps de contrôle au sein du secteur public, etc. – et celle qui repose sur une expertise expérimentale, grâce à la finalisation de concepts et de méthodes qui permettent de juger l'action gouvernementale de façon scientifique. Il s'agit alors de mettre en évidence les variations qui sont intervenues entre un état t et un état $t + n$, ce qui suppose d'avoir établi des indicateurs dès le départ, avant que l'action ne soit effective.

Afin d'apprécier la portée de cette politique publique, nous avons procédé à une nouvelle enquête auprès des habitants de l'Etang de Berre en réutilisant les mêmes questionnaires que ceux de la phase exploratoire (dont une partie des résultats est présentée ci-après). Des évaluations « ciblées » ont été effectuées en outre dans les écoles. Une étape nouvelle fut franchie dans l'utilisation stratégique des enquêtes puisque ces commandes furent financées par tous les partenaires qui avaient participé à la campagne d'information : la CEE, l'Etat, les élus locaux et les industriels. Ainsi, au-delà de la légitimité qu'elles pouvaient accorder à l'action publique, les enquêtes étaient devenues un outil permettant de fédérer au sein d'une action unitaire les efforts engagés par l'ensemble des acteurs, dépassant en cela les seules exigences normatives de l'Etat.

Enfin, la portée effective de cette politique publique a été évaluée lors de trois accidents graves, parmi lesquels la catastrophe qui s'est produite le 9 novembre 1992 à l'usine Total de La Mède, près de l'Etang de Berre. Fait significatif, seuls les industriels ont accepté de financer ces enquêtes et ont admis qu'elles soient présentées publiquement dans des conférences plénières où étaient conviés les habitants. En donnant des repères chiffrés, elles ont alors joué un rôle thérapeutique inattendu en neutralisant les rumeurs et les dramatisations.

Protocole d'ensemble des enquêtes relatives à la politique publique d'information sur les risques industriels

1° Le référentiel de la politique publique d'information sur les risques technologiques

L'hypothèse centrale de notre travail est que le choix des axes directeurs de la politique publique d'information sur les risques industriels n'est pas le fruit du hasard et qu'il vise à renforcer les orientations stratégiques du service de l'Etat qui a pour mission de contrôler la sécurité industrielle, à savoir l'inspection des installations classées. En effet, le renforcement draconien du contrôle de la production industrielle préconisé par la loi de juillet 1976 sur les installations classées et la protection de l'environnement risquait de se heurter à terme à une résistance passive des exploitants (voire à un lobbying actif auprès du Ministère de l'Industrie), s'il ne réussissait pas à faire valoir le soutien de l'opinion publique à son action, d'autant plus que les élus locaux, qui n'étaient pas partie prenante de cette surveillance et qui encaissaient les retombées non négligeables de la taxe professionnelle des usines, n'éprouvaient aucune motivation particulière à s'engager au côté de l'Etat dans cette politique contraignante de prévention des risques.

La vocation de ce corps de techniciens est de protéger les habitants et l'environnement contre les nuisances et les pollutions des usines et d'imposer les mesures de prévention qui s'imposent pour éviter la survenue d'accidents et de catastrophes. Il s'agit donc d'une exigence très *locale* de défense du voisinage et d'une conception « intégrée » de l'ensemble des désagréments et des dangers de l'activité industrielle dans laquelle les risques diffus et chroniques, comme la pollution, ne sont pas artificiellement dissociés des risques accidentels. Au lieu de mettre en avant le potentiel catastrophique des risques en assimilant les risques technologiques aux autres risques majeurs, tels que les sinistres naturels (les inondations, les tremblements de terre, etc.), cette conception d'*environnement industriel* les replace au contraire dans l'univers plus général de la production économique. C'est pourquoi d'ailleurs les inspecteurs des installations classées exercent leur fonction au sein des DRIRE (Directions Régionales de l'Industrie, de la Recherche et de l'Environnement) dont la mission centrale est de promouvoir l'industrie. Ainsi s'explique aussi le fait qu'ils aient une double tutelle administrative, leurs missions étant définies par le Ministère de l'Environnement et leurs carrières étant gérées par celui de l'Industrie.

Cette double tutelle peut expliquer pourquoi le contrôle qu'ils effectuent ne repose pas uniquement sur une démarche répressive de police et de sanction ni sur une appréciation des risques en termes négatifs de dommages mais plutôt sur la balance existant entre les coûts et les bénéfices de l'activité industrielle. A ce titre, les solutions qu'ils proposent sont le plus souvent faites de compromis et d'arbitrages subtils entre la défense de l'environnement et les intérêts économiques. Pour promouvoir cette politique d'incitation et de persuasion, des *structures de concertation* associant l'Etat, les industriels et les élus ont été mises en place : les SPPPI ou S3PI (Secrétariats Permanents de Prévention des Pollutions Industrielles). Le premier S3PI fut créé par la DRIRE de Provence en 1971. A partir de 1988, c'est cette même DRIRE qui intégra pour la première fois les attentes des populations dans ses procédures de décision. Déjà établi par les enquêtes publiques destinées à recueillir l'avis des habitants avant l'ouverture d'une installation industrielle, le principe d'une *consultation* des riverains fut élargi à la procédure d'information préventive avec pour support la première enquête sociologique qui nous fut commandée.

Pour délimiter le « référentiel » de la politique publique d'information sur les risques industriels majeurs, nous sommes partie de la définition que P. Muller (1990) donne à ce concept. Ce dernier distingue le niveau de la *réalité sociale* étudiée et celui de la *gestion publique*. En ce qui concerne le phénomène ou le problème social qui justifie la mise en place d'une politique publique, il s'agit d'identifier le *secteur* qui est concerné (environnement, santé, etc.) puis l'*échelon territorial* au sein duquel celle-ci doit être appliquée (société globale ou échelon local). Au niveau du programme d'action publique, il convient de différencier ce qui relève du *dispositif institutionnel* proprement dit, c'est-à-dire des missions et de l'organisation des institutions impliquées et ce qui tient plutôt aux *modalités procédurales* de sa réalisation.

Dans notre étude, le secteur des risques technologiques majeurs s'inscrit dans le cadre de l'*environnement industriel.* Le niveau territorial visé se situe au *niveau local* puisque ce sont les riverains qui vivent au voisinage des usines dangereuses qui sont concernés. Le dispositif institutionnel de l'information préventive est mis en œuvre au sein des SPPPI qui sont des *structures de concertation* agissant sous l'égide du Ministère de l'Environnement. Quant à la procédure, elle associe les riverains à l'action publique grâce à une démarche contractuelle centrée sur l'échange *(débat public)* et non sur des décisions administrativement imposées.

TABLEAU 1. *Le référentiel de la politique publique d'information des citoyens sur les risques technologiques majeurs.*

Le problème étudié

LE SECTEUR	LE TERRITOIRE
Les risques technologiques majeurs	**Le voisinage des usines dangereuses**
Environnement industriel/Catastrophe	*Enjeu local/Enjeu national*

Le programme d'action publique

LA PROCÉDURE	LES INSTITUTIONS
L'information du public	**Le dispositif d'information préventive**
Débat public/Décision imposée	*Structures de concertation/Expertise technique*

Dans un deuxième temps, nous nous sommes proposé de mettre en perspective les déclarations recueillies avec les *enjeux* qu'elles soulèvent. En effet, le fait d'affirmer par exemple que les usines sont dangereuses ne permet pas de présumer le niveau d'acceptation ou de rejet de l'activité industrielle (enjeu économique). De même, il n'est pas possible d'inférer la place accordée aux risques technologiques majeurs parmi les priorités sociales (enjeu social) à partir de la seule compréhension sémantique qu'en ont les habitants. En outre, si ces derniers déclarent que les discours sur l'industrie ne sont pas crédibles, on ne peut pas préjuger pour autant de la légitimité des autorités qui sont chargées de protéger la sécurité des citoyens (enjeu politique). Enfin, le crédit accordé au dispositif de sécurité publique n'est pas directement lié à la rationalité attribuée au mode de contrôle de l'administration (enjeu institutionnel).

2° Phase stratégique de mise en évidence des enjeux des industries à risque

Les enjeux impliqués par les risques industriels ont été inférés à partir des crises susceptibles d'affecter l'équilibre des quatre sphères de valeurs, telles que les formalise J. Habermas (1987), et articulés avec le schéma du référentiel présenté antérieurement. A ce titre, le volet du *territoire* peut être rapporté à la sphère *économique* du monde de l'industrie, celui des *institutions* concerne la sphère *administrative,* le *secteur* relève du cadre plus général des référents *socioculturels* et la *procédure* enfin est à mettre en relation avec la sphère de l'*espace public.*

TABLEAU 2. *Les enjeux des industries dangereuses.*

Le problème étudié

LE SECTEUR	LE TERRITOIRE
Enjeu social	*Enjeu économique*
Priorité sociale accordée aux risques technologiques majeurs	**Acceptabilité des industries dangereuses au sein de la cité**

Le programme d'action publique

LA PROCÉDURE	LES INSTITUTIONS
Enjeu politique	*Enjeu institutionnel*
Légitimité des autorités publiques garantes de la démocratie	**Rationalité du dispositif de sécurité publique**

Dans la sphère privée, une crise d'identité pourrait se traduire chez les riverains des usines par un manque de motivation, consécutif aux sentiments d'insécurité et d'atteinte à la santé causés par l'activité industrielle. Pour savoir si les risques industriels représentent un enjeu social, il importe de mettre en évidence si ce problème est perçu comme une *priorité sociale.*

Une crise économique se manifesterait, pour notre objet d'étude, par une rupture de la production industrielle. Or, les nuisances que génèrent les usines dans l'environnement social et naturel sont susceptibles de causer un sentiment d'atteinte à la qualité de la vie, au bien-être et à la santé qui peut créer un comportement de rejet à l'égard de l'industrie, même si les usines sont aussi créatrices de richesses et d'emplois. Cet enjeu économique suppose un arbitrage en termes de coûts/bénéfices entre les avantages de l'industrie et ses inconvénients. Le niveau de rejet ou d'acceptation qui en est le fruit permet d'apprécier l'*acceptabilité de l'industrie* au sein de la cité.

En ce qui concerne le système administratif, une crise pourrait aboutir à une remise en cause des principes normatifs qui gouvernent la cohérence d'ensemble et la *rationalité* du dispositif de sécurité publique. Comme l'a montré F. Ewald (1986), ce dispositif forme un tout cohérent qui intègre dans une même logique l'idée qu'une société se fait à la fois de la notion de risque, du système de prévention ainsi que des modalités de remboursement des dommages.

Dans l'espace public, une crise politique signifierait une perte de légitimité des instances publiques chargées de protéger la sécurité des citoyens contre les dérèglements éventuels des industries. L'enjeu politique d'une crise de légitimité est donc relatif au capital de confiance dont bénéficient les acteurs institutionnels par rapport à ceux dont bénéficient les contre-pouvoirs au sein de l'opinion publique. Une faible créance à l'égard de l'action des autorités pourrait avoir pour conséquence de distendre les liens entre les citoyens et leurs représentants, créant ainsi un déficit de reconnaissance de la puissance publique. Une telle interrogation présuppose une investigation sur la perte de *légitimité des autorités publiques*. Les résultats d'enquête présentés ci-après ne portent que sur ce volet particulier.

Les résultats des enquêtes

Selon Habermas, comme nous l'avons vu, le propre de l'argumentation morale qui est au cœur de tout débat public se caractériserait essentiellement par la capacité d'un système normatif donné à résister aux contre-arguments rationnels s'appuyant sur des faits. A ce titre, le potentiel de justification des normes et des valeurs reposerait en dernier ressort sur une logique purement rationnelle et sur des schèmes cognitifs d'interprétation de la réalité. Dans les délibérations d'ordre moral-pratique, la recherche en commun de la vérité par les interlocuteurs serait avant tout motivée par la force rationnelle de ce qu'il nomme l'« argument le meilleur ». Cette thèse présuppose comme conditions préalables que soient validées tout d'abord les prétentions à l'intelligibilité des énoncés et à la sincérité des acteurs, c'est-à-dire que les interlocuteurs parlent bien de la même chose et qu'ils se fassent mutuellement confiance.

Or, nous avons évoqué comment les catastrophes industrielles de ces dernières décennies, surtout Tchernobyl, avaient rendu nécessaire une pluralité de sources d'information. Avant d'informer les riverains des usines dangereuses sur les risques technologiques et sur les mesures de protection qu'ils doivent prendre en cas d'accident majeur, il importait de vérifier la pertinence de cette hypothèse. Pour mettre en évidence l'enjeu politique que soulève un débat public portant sur cette question, nous avons essayé d'apprécier dans quelle mesure la *crédibilité* accordée à l'ensemble des acteurs qui sont partie prenante de cet espace discursif était susceptible de porter atteinte à la *légitimité des autorités publiques.*

Pour ce faire, nous avons mené des enquêtes sur les principaux sites industriels de France. Sur les 354 usines visées par la directive Seveso, la Haute-Normandie est la première région concernée avec 47 installations de ce type. Suit la région Rhône-Alpes avec 40 et la zone industrielle de l'Etang de Berre avec 37. Nous avons comparé ces sites à une région plus atypique, la Corse. Les cinq dépôts de gaz situés dans l'île comptent parmi les plus grands d'Europe car celle-ci n'est pas alimentée en gaz par pipeline mais par bateau. Ce gaz est stocké dans de vastes sphères autour desquelles l'urbanisation s'est développée. Quatre d'entre elles sont aujourd'hui en pleine ville, à Bastia et à Ajaccio, ou dans leur proche banlieue. Ces dépôts présentent des risques d'explosion dont l'impact sur les populations pourrait s'avérer dramatique.

1° Les résultats de la phase exploratoire initiale

Dans chaque enquête, nous avons distingué un groupe expérimental de personnes résidant directement dans la zone de danger qui entoure les usines et un groupe témoin d'habitants du même département qui vivent dans un lieu non exposé à l'activité des usines. Toutefois, par souci de cohérence, nous ne présenterons ici que les données du groupe expérimental de chaque enquête. Malgré ces précautions méthodologiques, il importe toutefois de ne pas perdre de vue que la composition des échantillons varie d'un site à l'autre puisque ceux-ci ont été élaborés à partir de la population particulière résidant sur chaque zone retenue. Nous nous garderons donc bien d'effectuer des comparaisons intergroupes. En outre, ces investigations n'ont pas été réalisées au même moment et se sont étagées dans le temps. Il convient d'en relativiser alors la portée même si les résultats obtenus attestent des tendances très stables entre les groupes.

Etang de Berre. Sur les 1500 personnes interrogées, seuls seront présentés les résultats concernant les 500 habitants des communes de Rousset, Martigues, Berre-l'Etang, Port-de-Bouc et Fos-sur-Mer. Cette enquête s'est déroulée au cours des mois de janvier et février 1988. Elle a été financée par la DRIRE (Direction Régionale de l'Industrie, de la Recherche et de l'Environnement) de la région Provence-Alpes-Côte d'Azur, EDF-GRETS (Groupe de Recherche Energie Technologie Société) et l'Association pour l'Information sur la Prévention des Risques Majeurs.

Isère. L'enquête d'ensemble portait sur un échantillon total de 800 personnes. Nous n'exploiterons que les données des 350 qui résidaient dans les communes de Jarrie, Pont-de-Claix, Champ-sur-Drac et Brignoud. Cette étude a été financée par le Conseil Général de l'Isère. Elle s'est déroulée au cours des mois de juillet et août 1989.

Lyon. L'investigation globale concernait 1400 individus. Dans l'agglomération lyonnaise, les 700 personnes dont nous présenterons les résultats résidaient sur les communes de Saint-Fons, Oullins, Pierre-Bénite, Feyzin, Lyon VIIe, Genay et Neuville-sur-Saône. Cette enquête a été financée par la Communauté Urbaine de Lyon et par le Ministère de l'Environnement. Elle s'est déroulée au cours des mois de septembre et octobre 1990.

Corse. L'échantillon complet concernait 700 personnes ; nous retiendrons les données des 350 habitants de Bastia et d'Ajaccio vivant près des dépôts. Cette enquête a été financée par la DRIRE de Corse ainsi que par les exploitants des cinq dépôts de gaz (Butagaz, GDF et Elf-Antargaz). Elle s'est déroulée au cours des mois de février et mars 1991.

Le Havre. L'enquête se rapportait à un échantillon de 1200 personnes. Nous exposerons les données des 400 habitants de la ville du Havre. Cette étude a été financée par la Commission des Communautés Européennes et par la ville du Havre. Elle a été réalisée au cours du mois de septembre 1993.

Les résultats obtenus attestent que tous ceux qui ont la responsabilité de mener à bien la procédure d'information du public sur les risques industriels majeurs n'obtiennent, quel que soit le site, qu'un faible score de crédibilité, qu'il s'agisse du *maire* et des *élus*, des *industriels* ou du *préfet.* Même si ces conclusions n'étaient guère réjouissantes pour les responsables en question, elles étaient toutefois quelque peu prévisibles. Ce qui l'était beaucoup moins, en revanche, c'est la méfiance témoignée à l'égard des vecteurs d'information sur lesquels on comptait précisément pour diffuser cette infor-

TABLEAU 3. *Crédibilité des acteurs susceptibles d'informer le public.*

Pour vous donner des informations sur les risques d'accidents industriels graves, faites-vous confiance aux personnes suivantes ? *(Les pourcentages correspondent aux réponses OUI [Oui, tout à fait et Oui, assez].)*

Isère N = 350		**Zone de Lyon N = 700**		**Corse N = 350**		**Zone du Havre N = 400**	
Pompiers	74 %	Pompiers	84 %	Pompiers	87 %	Pompiers	82 %
Médecins	59 %	Médecins	76 %	SAMU	80 %	SAMU	82 %
Scientifiques	58 %	Scientifiques	74 %	Ass. envir.	76 %	Médecins	74 %
Ass. envir.	57 %	SAMU	69 %	Médecins	71 %	Scientifiques	70 %
SAMU	53 %	Ass. envir.	68 %	Ecologistes	67 %	Pomp. usine	63 %
Ecologistes	47 %	CHSCT	61 %	Scientifiques	66 %	CHSCT	59 %
Ass. consom.	47 %	Min. Envir.	55 %	Inspecteurs -*2*	58 %	Ass. envir.	58 %
CHSCT	40 %	Inspecteurs -*1*	52 %	Enseignants	53 %	Ecologistes	57 %
Min. Envir.	37 %	Ecologistes	51 %	Préfet	30 %	Inspecteurs -*3*	54 %
Min. Industrie	33 %	Pharmaciens	50 %	Ouvriers	29 %	Ass. consom	49 %.
Ouvriers	30 %	Ass. consom.	48 %	Syndicats	18 %	Min. Envir.	46 %
Pharmaciens	27 %	Enseignants	46 %	Journalistes	18 %	Pharmaciens	44 %
Préfet	25 %	Gendarmes	44 %	Elus région	18 %	Ouvriers	40 %
Syndicats	24 %	Maire	44 %	Industriels	10 %	Police	39 %
Police	23 %	Police	42 %			Gendarmes	38 %
Journalistes	21 %	Syndicats	37 %			Maire	36 %
Enseignants	20 %	Préfet	37 %			Préfet	34 %
Armée	26 %	Armée	35 %			Journalistes	33 %
Elus région	16 %	Industriels	30 %			Enseignants	30 %
Industriels	15 %	Journalistes	29 %			Armée	28 %
		Elus COURLY	22 %			Gouvernement	28 %
						Min. Intérieur	27 %
						Min. Industrie	26 %
						Elus région	26 %
						Elus cons. gén.	25 %
						Agences pub	12 %.
						Industriels	11 %

Abréviations

Pomp. : pompiers
Ass. : Associations
envir. : environnement
consom. : consommateurs
cons. gén. : conseil général
pub. : publicité
Min. : Ministère
CHSCT : Comité d'Hygiène, de Sécurité et de Conditions du travail
COURLY : Communauté Urbaine de Lyon

Rubrique « Inspecteurs »

1 « inspecteurs de l'administration qui contrôlent les usines »
2 « inspecteurs du Ministère de l'Environnement »
3 « inspecteurs de l'Etat qui contrôlent la sécurité dans les usines »

mation, à savoir les *journalistes*, les *enseignants* ou les *syndicats*. Ces derniers éléments donnent à penser que le critère de l'indépendance à l'égard du pouvoir politique ou économique n'est pas le paramètre le plus décisif de la crédibilité, même s'il joue peut-être néanmoins un rôle, comme semble le démontrer la confiance attribuée aux acteurs qui figurent en tête de liste et qui ont tous en commun ce critère. Mais ils en ont aussi trois autres apparemment plus déterminants, celui de l'expertise technique ou scientifique, celui de l'assistance à autrui et celui de la connaissance des impacts de ces risques sur la santé.

Très largement en tête devant tous les autres, les acteurs jugés les plus crédibles pour informer les populations sont les *pompiers* avec 80 % en moyenne de réponses favorables. Cependant, la maîtrise de la gestion des crises n'est pas le seul facteur de crédibilité comme le démontre a contrario la confiance exprimée à l'égard des *scientifiques* et des *médecins* (qui se situe autour de 70 %). La connaissance de la nature des risques et de leurs conséquences sur la santé apparaît dès lors comme les deux volets complémentaires de l'intervention d'urgence. Le troisième groupe d'acteurs qui obtient un niveau de confiance positif (aux alentours de 60 %) regroupe les organismes dont le caractère dominant est d'exercer une action de vigilance à l'égard de l'activité industrielle en en dénonçant au besoin les abus, comme les *associations d'environnement* et les *écologistes*, ou en faisant prendre les mesures de prévention adéquates, ainsi que le font les *inspecteurs* qui contrôlent la sécurité industrielle et les *CHSCT*.

Tous les autres items que nous avons proposés ont donné lieu à des réponses négatives (pourcentage inférieur à 50 %), soit parce que les acteurs proposés n'avaient pas de compétence opérationnelle dans la crise (ouvriers, associations de consommateurs, pharmaciens), soit parce qu'ils n'avaient pas vraiment de connaissances pointues sur le sujet (maire, élus, enseignants), soit encore parce qu'ils n'avaient pas de réelle liberté de parole (préfet, syndicats, industriels, ministères, armée).

2° Les données de la phase stratégique

Ces enquêtes quantitatives ont été complétées par des investigations qualitatives afin de clarifier les raisons qui motivaient les réponses données. Sans entrer dans le détail des arguments recueillis, il importe de rappeler que la conclusion majeure à laquelle cette étude nous conduisit fut de souligner la nécessité de dissocier nettement la notion de la *crédibilité* de celle de la *légitimité*. En effet, le présupposé initial des enquêtes quantitatives reposait sur l'hypothèse que la légitimité de l'action publique était directement dépendante du capital de confiance exprimé à l'égard des autorités, reprenant en cela la thèse défendue par Habermas (1985). Or, les entretiens qualitatifs ont montré qu'il n'en était rien. Les acteurs jugés crédibles pour informer les populations n'étaient pas pour autant investis d'une légitimité qui les autorise à se substituer aux responsables ayant pour mission d'assurer cette action publique. A l'inverse, il apparut que la faible crédibilité des élus, des préfets ou des industriels ne remettait pas pour autant en cause leur légitimité en matière de protection des populations.

Ces conclusions eurent un impact décisif sur les orientations de la procédure de communication publique. La première campagne qui se déroula dans les Bouches-du-Rhône au printemps de l'année 1989 tint largement compte de ces données. En effet, en réalisant qu'une démarche de communication qui serait orchestrée par les directeurs de la communication des entreprises ne serait pas crédible, les industriels comprirent la nécessité de participer à une action unitaire avec les pouvoirs publics. Ils admirent qu'il était préférable de ne pas centrer cette procédure sur les seuls avantages de l'industrie et qu'il importait qu'ils contribuassent plutôt au débat public en acceptant la controverse au sein de discussions publiques. De leur côté, les élus surent s'entourer d'acteurs plus crédibles, comme la Sécurité Civile, ou encore de scientifiques éminents, comme H. Tazieff par exemple. Enfin, l'information dans les écoles ne fut pas simplement déléguée aux enseignants ; les pompiers et les inspecteurs de la DRIRE intervinrent dans les classes pour expliquer en quoi consistaient les mesures de prévention prises dans les usines et les plans d'intervention d'urgence.

3° L'évaluation de la procédure d'information

Afin d'évaluer la portée de la communication publique faite au printemps 1989, on procéda à une enquête quantitative auprès de 425 habitants de la zone industrielle de l'Etang de Berre, au cours des mois de décembre 1989 et de janvier 1990. Cette investigation fut financée par la CEE, la DRIRE de la région PACA et le groupe de recherche GRETS de EDF.

Les résultats obtenus attestent une très grande stabilité entre la crédibilité enregistrée *avant* et celle attestée *après* la procédure d'information du public. Les élus locaux semblent avoir été les seuls bénéficiaires de cette action. Pour être précis d'ailleurs, il importe de souligner que ce n'est pas tant la confiance témoignée à leur égard qui s'est améliorée que la méfiance qui a diminué, pour laisser alors la place au doute. Car si 4 % seulement des personnes interrogées jugent les *élus* plus crédibles après la campagne (soit 37 % contre 33 %), il faut noter en plus que les avis négatifs diminuent de 14 % (de 42 % à 28 %). Bien que la part du doute ait aussi augmenté dans les jugements portés sur la crédibilité des industriels, ce n'est pas toutefois au profit d'opinions plus favorables puisque celles-ci baissent de 33 % à 24 %. Cette action d'information semble donc avoir été plus profitable aux pouvoirs publics qu'aux acteurs privés.

Cependant, comme le laissait présumer l'enquête qualitative de la phase stratégique, les résultats de cette évaluation attestent que la faible crédibilité des élus ou des industriels n'implique pas pour autant qu'ils ne sont pas légitimes pour mener à bien une campagne d'information visant à renforcer les mesures de protection des populations face aux accidents majeurs. Ainsi, à la question ouverte leur demandant : « A l'initiative de qui, selon vous, cette campagne a-t-elle été décidée ? », les personnes interrogées ont évoqué en premier lieu ceux de qui relève justement cette responsabilité, à savoir les élus (23 %) et les industriels (15 %). Certes, le préfet n'est pas spontanément mentionné mais la dimension de l'administration centrale est malgré tout présente avec le « Ministère de l'Environnement » (9 %) et l'« Etat » (6 %). En conséquence, les acteurs jugés antérieurement les plus crédibles ne sont évoqués que très marginalement parmi les personnes qui ont impulsé cette procédure d'information, tels les pompiers ou les écologistes, ou même négligés totalement, tels les scientifiques ou les médecins.

Discussion et conclusion

Enjeu de *débat public*, les « risques technologiques majeurs » sont devenus un problème de société intéressant tous les citoyens et non plus seulement une question d'ordre scientifique, technique ou administratif, cantonnée à un cénacle restreint de techniciens ou d'experts. Les polémiques qui sont intervenues sur la scène publique lors de la survenue des catastrophes de ces dernières décennies ont montré, comme l'a souligné J.-J. Salomon (1994), que les réponses institutionnelles qui se contentaient de traiter ces problèmes en termes strictement techniques étaient dès lors insuffisantes car elles ne répondaient pas nécessairement aux exigences d'ordre éthique sous-jacentes à la demande du public ni au questionnement *moral* que suscitent des choix technologiques dont les conséquences peuvent se répercuter sur plusieurs générations.

La critique à l'égard des industries utilisant des substances dangereuses peut être interprétée comme l'indice d'une remise en question des certitudes

TABLEAU 4. *Evaluation de la crédibilité des acteurs après information*

Pour vous donner des informations sur les risques d'accidents industriels graves, faites-vous confiance aux personnes suivantes ? *(En pourcentage.)*

ÉTANG DE BERRE. Avant campagne d'information N = 500. Après N = 425.

	OUI	±	NON			OUI	±	NON	
Scientifiques	81	11	8	*Avant*	Syndicats	45	22	33	*Avant*
	70	20	10	*Après*	des usines	47	26	27	*Après*
Médecins	73	16	11	*Avant*	Ass. sociales	42	22	36	*Avant*
	73	15	12	*Après*	éducateurs	33	27	40	*Après*
Inspecteurs	73	14	13	*Avant*	Enseignants	37	29	34	*Avant*
	66	21	13	*Après*		36	29	35	*Après*
CHSCT	65	22	13	*Avant*	Journalistes	35	30	35	*Avant*
	69	21	10	*Après*		29	33	38	*Après*
Organismes	62	23	15	*Avant*	Elus de votre	33	25	42	*Avant*
ext. spécialisés	54	28	18	*Après*	région	37	35	28	*Après*
Ecologistes	55	18	27	*Avant*	Industriels	33	19	48	*Avant*
	53	25	22	*Après*	eux-mêmes	24	31	45	*Après*

OUI : *« Oui, tout à fait » et « Oui, assez ».*
NON : *« Non, pas vraiment » et « Non, pas du tout ».*
± : *« Plus ou moins ».*

Inspecteurs : *Inspecteurs des installations classées dangereuses.*
Organismes ext. spécialisés : *Organismes extérieurs spécialisés.*
CHSCT : *Comité d'Hygiène, de Sécurité et de Conditions du Travail.*
Ass. sociales : *Assistantes sociales.*

TABLEAU 5. *Légitimation de la campagne de communication publique.*

A l'initiative de qui, selon vous, cette campagne a-t-elle été décidée ? Qui en a eu l'idée ? *(Question ouverte.)*

ÉTANG DE BERRE. Après campagne d'information N = 425.

Le maire, la municipalité	23 %	Le Ministère de l'Environ.	9 %	Les écologistes	6 %
Ne sait pas	22 %	Les élus *	8 %	Autres **	11 %
Les industriels	15 %	L'Etat	6 %		

* Elus : autres que les élus communaux
** Autres : pompiers, inspecteurs, ingénieurs, etc.

technico-scientifiques et des procédures administratives sur lesquelles le pouvoir politique fondait ses assises et qui se seraient révélées brusquement fortement problématiques. En rendant manifeste le caractère obsolète du système de normes de sécurité en vigueur, cette critique aurait montré les limites d'une politique de prévention strictement technique des dangers de l'industrie. Aussi importe-t-il de comprendre, au-delà de la dimension événementielle, comment le système normatif gouvernant les orientations de la production industrielle s'est trouvé brusquement en porte-à-faux avec le *niveau de justification* de l'opinion publique, au sens qu'Habermas (1985 et 1997) donne à cette notion.

La théorie de la démocratie que cet auteur propose (1986) est susceptible d'expliquer comment les accidents industriels peuvent être à l'origine de telles déstabilisations politiques. Les risques de crises de légitimité au sein de l'Espace Public, instance où se construit l'équilibre démocratique entre la société civile et la puissance publique, sont accrus dans les situations de catastrophe car ce sont des contextes révélateurs de la validité du *consensus public* et de la confiance établis entre les citoyens et le pouvoir. Mais par tradition et par nécessité, l'Etat s'efforce de surmonter les catastrophes en évitant toute *« publicité »* à son action. Entièrement tournées vers la réussite des opérations de secours et guidées par la seule volonté de prévenir tout accroc dans la mise en œuvre des plans d'urgence, les autorités en négligent la communication publique extérieure. En cherchant ainsi à se prémunir à tout prix contre une crise de rationalité administrative, elles risquent par contrecoup de se retrouver confrontées à une crise politique de légitimité, faute de ne pas avoir jugé nécessaire d'informer le public.

Or, les insuffisances du dispositif administratif de contrôle des usines dangereuses peuvent créer un doute sur la légitimité d'une autorité publique qui n'a pas totalement rempli sa mission de prévention des accidents industriels et de protection des citoyens. Car, si l'effet de surprise, le hasard ou la fatalité peuvent être éventuellement invoqués face à des périls extérieurs inopinés et peu anticipables comme les guerres ou les catastrophes naturelles, les arguments manquent, en revanche, pour justifier le fait que la vie des citoyens puisse être menacée, de l'intérieur, par une source économique alors que la fonction de l'Etat est précisément d'assurer la sécurité de tous et de défendre le bien commun, la *« chose publique »*, contre les débordements des intérêts particuliers. C'est l'Etat, en effet, qui est censé garantir la sûreté des installations industrielles ainsi que l'innocuité des substances utilisées.

Si les catastrophes qui se sont succédé au cours de ces vingt dernières années ont été de telles sources potentielles de déstabilisation de la puissance publique, ce ne serait pas uniquement parce qu'elles ont mis en évidence les failles du dispositif de sécurité publique de contrôle des risques industriels mais aussi parce qu'elles auraient mis sous les feux de la rampe la bonne volonté ou la réticence de l'Etat à rendre publiquement des comptes, en toute franchise, sur la façon dont il s'acquittait de cette mission. Le doute suscité par le manque de transparence concernant les dangers réels encourus par les populations a eu pour effet de conduire à repenser le mode de surveillance administratif des usines en rendant nécessaires des procédures qui intègrent le droit de regard des citoyens eux-mêmes.

Nos enquêtes de terrain ont confirmé ces présomptions. Les autorités publiques responsables de la sécurité publique (préfet, maires) sont jugées peu susceptibles à elles seules de donner des informations véridiques sur les dangers auxquels les industries exposent les habitants. La bonne crédibilité accordée en revanche aux pompiers, aux inspecteurs ou aux scientifiques donne à penser que la procédure publique d'information relèverait plus, dans l'esprit des personnes interrogées, d'une démarche d'*expertise pluraliste* que d'une action politique qui ne serait organisée que par un seul acteur.

Quoi qu'il en soit, il nous est apparu également qu'une faible crédibilité en la matière n'était pas non plus un argument suffisant pour conclure à l'absence de légitimité des autorités responsables. Pour comprendre la légitimité accordée à une politique publique, il importe plutôt de la considérer comme un tout, à l'intérieur duquel certains acteurs publics peuvent ne pas bénéficier d'une bonne crédibilité sans pour autant porter préjudice à la validité accordée au système de normes conçu dans sa globalité. C'est pourquoi on peut penser, à l'instar des analyses stratégiques de M. Crozier (1977), que c'est plus le *jeu des acteurs* que chaque acteur pris isolément qui détermine cette légitimité.

Pour conclure enfin, il importe de souligner que la démarche même d'information auprès du public serait en elle-même porteuse de légitimité. En ce sens, elle corrobore l'analyse d'Habermas (1985) qui pense, dans la lignée des théoriciens du *contrat,* qu'au sein de l'espace public moderne la procédure serait elle-même porteuse de légitimité : « Les justifications ne s'appuient alors plus seulement sur une argumentation… ce sont les conditions formelles de la justification qui acquièrent elles-mêmes un pouvoir de légitimation. Les procédures et les présupposés de l'accord rationnel sont érigés en principes » (in *Après Marx*, p. 283).

RÉFÉRENCES

BRAUD P. – *Sociologie politique*, Editions LGDJ, 3e édition, 1996.

COBB R. et ELDER C. – *Participation in American Politics,* 2e édition, Baltimore, The Johns Hopkins University, 1983.

COBB R., ROSS J.K. et ROSS M.H. – « Agenda Building as a Comparative Political Process », *American Political Science Review*, 1976.

CROZIER M. et FRIEDBERG E. – *L'Acteur et le Système,* Seuil, 1977, 1981.

DESROSIÈRES A. – « Discuter l'indiscutable, raison statistique et espace public », *Raisons pratiques*, 3, p. 131-154, *Pouvoir et légitimité, figures de l'espace public*, éditions EHESS, 1992.

EWALD F. – *Histoire de l'Etat providence, les origines de la solidarité,* Grasset, 1986.

FOUCAULT M. – *L'Archéologie du savoir,* Gallimard, 1969.

HABERMAS J. – *Raison et légitimité,* Payot, 1978.

HABERMAS J. – *Après Marx,* Fayard, 1985.

HABERMAS J. – *L'Espace public, archéologie de la publicité comme dimension constitutive de la société bourgeoise,* Payot, 1986.

HABERMAS J. – *Théorie de l'agir communicationnel,* tomes 1 et 2, Fayard, 1987.

HABERMAS J. – *Droit et démocratie, entre faits et normes,* Gallimard, 1997.

JONES C.O. – *An Introduction to the Study of Public Policy,* Belmont, Duxbury Press, 1970.

LAGADEC P. – *La Civilisation du risque, catastrophes technologiques et responsabilité sociale,* Seuil, 1981.

MAINGUENEAU D. – *L'Analyse du discours,* Hachette, 1991.

MENY Y. et THOENIG J.-C. – *Politiques publiques,* PUF, 1989.

MULLER P. – *Les Politiques publiques,* PUF, 1990.

PADIOLEAU J. – *L'Etat au concret,* PUF, 1982.

SALOMON J.-J. – *Le Destin technologique,* Gallimard, 1992.

SALOMON J.-J. – *De la transparence,* in *Le Risque technologique et la démocratie,* rapport du Collège de la Prévention des Risques Technologiques, La Documentation française, 1994.

DISCUSSION

Question

Quels sont les modes de constitution des capacités de réflexion « à chaud » qui permettraient un meilleur traitement ?

Patrick Lagadec, Ecole Polytechnique

Il est nécessaire que chacun, dans son secteur spécifique, s'interroge sur la possibilité de mettre en place de telles procédures. Il faut envisager de mettre en place des équipes très restreintes mais qui soient en contact permanent avec l'extérieur. La réflexion doit se faire sans modèle a priori. Ce ne sera plus le résultat immédiat en termes de couverture de la crise qui sera important, mais les capacités de traitement et d'analyse.

Jean-François Girard, Conseiller d'Etat, ancien Directeur DGS

Les opérateurs ont tendance à considérer que chaque crise est différente de la précédente et que la capacité d'adaptation est la meilleure façon d'y faire face. Cette tendance est présente dans l'administration. Pourtant, ceux qui interviennent régulièrement dans la gestion de ces crises s'accordent à leur reconnaître des bases communes qui devraient permettre d'anticiper et de mettre en place des procédures de gestion.

Jean-Claude ARTUS, Professeur Chef de Service de Médecine Nucléaire à Montpellier

Je m'interroge sur l'incidence de la gestion de la crise par les médias sur la gestion de la crise elle-même. En quoi la gestion de la crise par les médias influence-t-elle les décisions qui devraient être prises à partir d'autres critères ?

Patrick Champagne, Sociologue INRA

Il faut distinguer la crise médiatique qui produit ses propres effets de la crise elle-même. De fait, l'un des soucis des responsables est de gérer la crise médiatique. La mise en place d'un ministre de la ville du fait de l'apparition des problèmes en banlieue correspondait plus au besoin de créer un « communicateur » sur la question que de créer une « instance de gestion » du problème.

Monique Sené, GSIEN

Au sein de la commission de La Hague, j'ai participé à des exercices de crise. La faculté des commissions locales à affronter et à gérer un problème n'a rien d'évident. Les conseillers techniques manquent, de même que les moyens financiers.

Pierre Tanguy, ancien Directeur Général pour la Sûreté Nucléaire, EDF

Ce type de commissions ne peut travailler que sur le long terme. Il est néanmoins indispensable qu'elles apprennent les procédures de crise et qu'elles les analysent. C'est à l'autorité de tutelle de leur en donner les moyens.

Jean-François Girard

La question de la participation de l'usager se pose dans tous les secteurs de la gestion des risques. Les élus ne sont pas assez proches pour représenter l'usager en la matière. Dans notre démocratie avancée, il est nécessaire de trouver de nouvelles formes de représentation active de l'usager. La légitimité de l'émetteur de parole est extrêmement importante dans la gestion de la crise. Lors de la crise de la vache folle, il a été décidé que l'émetteur serait le Ministre de l'Agriculture et non le Ministre de la Santé qui était pourtant très actif dans la gestion de la crise. Il me semble que le Ministre de la Santé était beaucoup plus légitime pour traiter cette crise. Il est légitime de vouloir rassurer le consommateur avant le producteur.

Patrick Champagne

La gestion de la communication sur la crise par le Ministère de la Santé n'aurait sans doute pas freiné le processus médiatique qui s'est mis en place à l'époque. En dehors du risque spécifique dénoncé à travers le problème de la vache folle, l'occasion était donnée de dénoncer un déclin général de la qualité de notre agriculture.

M. Amendola, Commission Européenne, ISPRA

Que pensez-vous de la deuxième directive Seveso qui impose d'élaborer les plans d'urgence en collaboration avec la population ?

Anne Lalo, Maître de Conférence à l'Université de Nice

La modification de la directive Seveso qui impose que les populations doivent être associées à l'élaboration du plan d'urgence me paraît une très bonne initiative. Mes études démontrent que si les plans d'urgence ne sont pas construits avec la population, ils sont souvent inadaptés. Les pouvoirs publics estiment qu'il faut maintenir une politique du secret, alors que les populations sont tout à fait disposées à participer à la gestion du risque.

Monique Sené, GSIEN

La commission de La Hague a effectivement participé à la modification du PPI dont certaines mesures étaient absurdes, alors qu'un certain nombre d'éléments essentiels n'étaient pas pris en charge.

Anne Lalo

La participation de la population à l'élaboration du plan remet en cause la volonté de la Direction de la Sécurité civile qui exige une unité dans l'élaboration des plans d'urgence. La participation de la population implique que l'on puisse prendre des mesures d'intervention particulières qui varient selon les risques et les zones industrielles.

Vincent Covello, Columbia University, New York

De notre étude, il ressort que la perception de la maîtrise des risques et la peur ou l'inquiétude qu'ils provoquent prennent trois dimensions. Ces trois dimensions impliquent toutes un effort de communication et aucune n'est prédominante par rapport à l'autre. La perception du risque dépend de la marge de choix dont on dispose et de la capacité que l'on a à évaluer le risque et sa maîtrise. Le degré de participation à la prise de décision est donc fondamental et ce degré de participation dépend étroitement du degré d'information. Chacun de ces facteurs joue un rôle équivalent dans le sentiment que les gens peuvent avoir de maîtriser les risques qui les environnent, de forger leurs propres décisions et en définitive de contrôler leur propre destinée. Les scientifiques doivent tenir compte du fait que la perception du risque par l'opinion évolue radicalement s'il y a eu participation au processus de décision et possibilité pour le public de se forger sa propre opinion.

Baruch Fischhoff

L'un des résultats les plus encourageants et optimistes de nos travaux est le suivant : si les industriels ont une bonne préparation et une bonne approche du sujet, ils peuvent initier des discussions constructives avec le public. L'industrie chimique américaine a mis sur pied 700 conseils de riverains. *Grosso modo*, le tiers de ces conseils sont inefficaces parce que trop timides ou trop affectifs. Un autre tiers d'entre eux ont été très efficaces : les gens y participent et des problèmes concrets ont été résolus. Ils abordent des sujets complexes, où l'enjeu est réellement commun à l'usine et aux riverains. Enfin, le dernier tiers des conseils de riverains sont ennuyeux. On ne parvient pas à impliquer la population parce que les sujets traités sont trop déconnectés de ses préoccupations. Dès qu'une communication constructive se met en place, l'industrie chimique et les populations apprennent à travailler ensemble et à trouver des solutions ensemble.

Patrick Simon, LASI

Le processus de gestion de crise par la population que vous nous décrivez a lieu dans un contexte de perception d'un risque avéré, mais passé. Ce processus peut-il s'appliquer également pour un risque qui s'inscrit dans la durée ?

Anne Lalo

Il faut avoir conscience que, lorsque vous informez la population, avant ou après une crise, vous informez sur vous-même. Vous informez sur votre attitude face à la crise et sur votre capacité à l'affronter. Il est également important d'organiser des concertations publiques post-crise pour informer les populations sur l'organisation générale de la gestion du risque. Il n'y a pas de perception du risque en soi mais une perception de sa gestion globale !

Maurice Tubiana

Quels sont les éléments qui peuvent déterminer la crédibilité et la confiance que les populations accorderont à un discours sur le risque ?

Vincent Covello

La confiance est déterminée par les capacités d'empathie perceptibles chez l'orateur. Ces capacités sont évaluées en fonction de ses actions, de la cohérence des mots qu'il utilise et de la façon dont il les dit : sa « communication non verbale ». Cette dernière peut influencer la perception de l'empathie par les interlocuteurs jusqu'à 75 %. La capacité d'écoute est particulièrement importante !

Perline, Journaliste scientifique

Un paramètre considérant d'éventuels liens de proximité entre la personne interrogée et les institutions a-t-il été intégré dans l'étude sur la perception des risques par la population ?

Anne Lalo

Nous avons intégré ce paramètre à nos enquêtes. Les personnes directement en rapport avec les industries en question perçoivent la responsabilité de manière moins globale, plus partagée entre tous les acteurs.

Patrick Rubise, Institut Européen de Cindyniques

Les différents degrés de structuration des consommateurs ne déterminent-ils pas les différentes perceptions du risque d'un pays à l'autre ?

Jean-François Girard

La structuration des usagers et des consommateurs correspond à une maturité démocratique et une pratique du débat public. Elle peut être une réponse pour une meilleure gestion des risques, à condition de s'inscrire dans une perception globale des risques.

Anne Lalo

Dans le cadre de la directive Seveso, le risque est figé dans un espace local.

La perception du risque relève d'une dynamique locale et est déterminée par des contraintes d'urbanisation spécifiques. La demande d'intervention publique en France n'est pas la même que dans les autres pays européens que j'ai eu l'occasion d'étudier. Les populations ne demandent pas uniquement aux pouvoirs publics d'intervenir auprès des industriels par des pressions économiques. Les populations ont la volonté de participer aux procédures de gestion des risques.

Jean-François Girard

Le débat public et la participation locale sont des éléments de maturité politique et témoignent d'une capacité à assurer la cohésion sociale.

Gilbert Sibieude

Comment travailler, à long terme, pour assurer une connaissance réelle des risques et mettre fin aux croyances et aux fantasmes ?

Pierre Tanguy

Les entrepreneurs qui vont prendre un risque et en faire courir à d'autres doivent justifier des bénéfices que la communauté doit escompter de l'entreprise. Le risque est que la communauté considère l'entreprise uniquement comme une source de profit pour ses promoteurs. Si la communauté ne comprend pas l'intérêt qu'elle peut en retirer, la discussion sur la gestion des risques sera très difficile.

IV

Débat public et évolution de la gestion des risques

LE RESPONSABLE POLITIQUE FACE À LA GESTION DES RISQUES

Jean-Yves Le Déaut
Président de l'Office Parlementaire d'Evaluation des Choix Scientifiques et technologiques

On a été confronté, à l'Office, aux conséquences économiques et sociales quelquefois douloureuses du progrès scientifique et technique. Les dangers induits par le développement existent, les enquêtes d'opinion le montrent, les gens attendent beaucoup du progrès, mais en même temps ils sont aussi très inquiets.

Certaines technologies sont contestées : par exemple l'énergie nucléaire en Europe. C'est parce que dans un premier temps, sans doute, on a insisté sur les avantages, en passant sous silence un certain nombre de problèmes qu'elle pouvait générer. C'est pour cela que j'ai intitulé mon rapport sur l'énergie nucléaire : « La longue marche vers la transparence ».

Si dans les années 80, le Sénat et l'Assemblée Nationale, c'est-à-dire le Parlement, se sont dotés par la loi d'un organisme chargé de l'informer des conséquences de ces choix dans le domaine scientifique et technique, c'est qu'on a estimé qu'il n'est plus possible de laisser aux seuls experts le soin de prendre certaines décisions susceptibles d'avoir des répercussions importantes sur la société et les conditions de vie de nos concitoyens. Un politique incompétent qui fait confiance aux experts, ce n'est pas suffisant, il doit exister un lien entre expert, politique, et citoyen… j'y reviendrai.

La notion de risque est bien sûr au centre de nos préoccupations et un grand nombre de rapports ont été consacrés à l'Office au risque et à la prévention : « pluies acides », « problèmes de déchets », « déchets nucléaires et loi Bataille », « lien santé environnement », « amiante », « problèmes posés par les OGM », etc.

Le paradoxe du progrès c'est que des risques nouveaux prennent le relais des risques anciens, alors que des risques telles les catastrophes naturelles persistent malgré les performances technologiques. Le degré zéro du risque n'existe pas ; une société sans risque serait une société virtuelle. Nous sommes donc environnés de dangers. Malgré cela, le risque est une réalité de plus en plus mal acceptée par nos concitoyens. Les promesses de la science et de la technique sont telles que nous n'arrivons plus à imaginer des ratés ou des échecs. Certaines disciplines, comme la médecine, sont particulièrement affectées par ce refus de l'éventualité du risque : si les choses se passent mal dans un domaine, c'est qu'il y a eu erreur ou négligence de quelqu'un. Aujourd'hui la population n'admet plus la fatalité. Le responsable politique doit savoir, doit pouvoir décider ; même en cas de catastrophe naturelle, il doit y avoir des coupables, des responsables. La place de l'élu dans la gestion du risque est délicate ; en tant que décideur, il porte la responsabilité des choix dans laquelle cette société s'engage. La marge de manœuvre est donc limitée ; une politique de prévention, même si elle est nécessaire dans tous les azimuts, n'est ni possible, ni suffisante. Il y a des contraintes qui peuvent hypothéquer une décision : les connaissances scientifiques sur un sujet évoluent très vite ; elles ne sont pas figées au moment où la décision doit être prise. Or le temps d'action est court, circonscrit ; le temps de la connaissance scientifique est un temps long, dilaté et « on doit prendre des décisions politiques dures sur des certitudes scientifiques molles ».

Le développement de l'épidémie du sida a montré la difficulté qu'il y avait à trouver un bon équilibre entre connaissance scientifique et décision publique. Rapporteur de la commission d'enquête sur le sida en 1993, j'ai pu me rendre compte du décalage entre, d'une part, l'état des connaissances et la perception des risques à l'époque des faits (entre 1983-1985) et, d'autre part, les responsabilités recherchées par les victimes, par la presse ou par la justice (plus de 10 ans après). Jusqu'en 1986, les meilleurs scientifiques pensaient que le fait d'être séropositif protégeait du développement de la maladie ; on parlait même de porteur sain. Personne n'avait pris au sérieux une circulaire de juin 1983 du Conseil de l'Europe qui préconisait de ne pas accepter de don de sang dans certaines zones à risque ou de certaines populations à risque. La France a été un des premiers pays à diffuser et à généraliser le test de dépistage. Des mesures de précautions ont donc été prises mais d'autres ne l'ont pas été, puisque certains responsables ont accepté de distribuer du sérum non chauffé alors qu'on savait depuis 1984 que la technique de chauffage inactivait le virus. Il y a là une responsabilité. D'une manière générale, tant les médecins que les associations d'hémophiles, les administrations de la santé, les organisateurs politiques et la presse avaient sous-estimé, sous-évalué le risque au moment des faits et « personne n'avait, à l'époque, tapé du poing sur la table ».

Quelle doit donc être l'attitude du responsable politique face à l'incertitude du savoir ? D'aucuns répondront qu'il faut appliquer le principe de précaution tel qu'il apparaît dans l'article 1er de la loi du 2 février 1995. C'est sur l'usage de ce principe que s'est appuyé le Conseil d'Etat dans sa décision récente de suspendre l'introduction de certaines variétés de maïs génétiquement modifiées. Cette décision est plutôt en opposition avec les conclusions de mon rapport et avec les conclusions de la conférence citoyenne que j'avais organisée.

La notion de risque concernant les OGM est particulièrement difficile à définir pour trois raisons, et les citoyens l'ont bien exprimé dans leur rapport (14 personnes prises au hasard, sans connaissances scientifiques préalables) : on n'a aucune idée du risque spécifique lié aux OGM pouvant survenir dans l'avenir, on ne peut prévenir les risques qu'on ignore, sachant qu'aucun gène n'est anodin, le risque zéro n'existe pas et comme on ne peut émettre un avis général sur le risque à partir d'exemples isolés, il convient d'agir au cas par cas. Ces conclusions ne témoignent-elles pas d'une grande sagesse de cette conférence ? Sur le thème des gènes, marqueurs de résistance aux antibiotiques, la conférence des citoyens a dit que, s'il y avait une possibilité de transfert du gène marqueur de la résistance aux antibiotiques, celle-ci n'était pas démontrée quoiqu'elle restait possible en théorie. Le panel des citoyens a décidé qu'il n'y avait pas de risque important lié à la réalisation d'OGM par l'homme, en l'état actuel des connaissances. J'ai repris ces recommandations en indiquant que la résistance des antibiotiques était, dans le cas des OGM, un risque mineur au regard des risques que représente l'emploi inconsidéré d'antibiotiques en médecine humaine ou dans l'alimentation animale. Je préconiserai, d'autre part, un moratoire sur les gènes de résistance aux herbicides, tant que la question du transfert de gène vers des adventices sauvages n'est pas résolue. Dans ce cas, en effet, le principe de précaution devrait être appliqué. Cependant, la décision du Conseil d'Etat, même s'il ne s'agit que d'un sursis à exécution, relance la polémique, introduit la confusion et rend encore plus floue la notion de précaution.

La notion de précaution doit-elle être seulement liée à des questions d'environnement ? Le principe de précaution stipule qu'en l'absence de certitude, compte tenu des connaissances scientifiques et techniques du moment, l'absence de certitude ne doit pas retarder l'adoption de mesures effectives et proportionnées visant à prévenir un risque de dommage grave et universel à l'environnement, à un coût économique supportable. On peut toutefois se demander si l'application de ce principe concerne effectivement la prévention des risques. La prévention suppose, en effet, la connaissance du risque puisqu'on va mettre en place une série de mesures destinées à l'éviter ou du moins destinées à en réduire les dommages. En revanche, dans l'application du principe de précaution, il ne s'agit pas de se prémunir contre un risque connu et mesurable, mais de se déterminer en fonction des incertitudes de nos connaissances : que le débat porte sur les OGM ou l'éventuel effet du CO_2 ou des déchets nucléaires, ce qu'il va falloir gérer est l'absence d'informations scientifiques sur les conséquences réelles du phénomène. Cette incertitude scientifique peut être simplement provisoire, mais il n'en demeure pas moins qu'il est, à l'heure actuelle, totalement impossible de déterminer et de mesurer les risques qui pourraient survenir. Les compagnies d'assurances font bien la distinction et refusent d'assurer des dommages simplement potentiels ou non quantifiables.

Bien entendu, l'absence de preuve scientifique ne doit pas servir d'excuse pour s'abstenir d'agir, mais il faut bien comprendre que les actions entreprises ne trouvent pas leur justification dans l'obligation de prévenir les risques ; la véritable justification du principe de précaution tient au fait que certaines éventuelles atteintes à l'environnement risquent d'être irréversibles et qu'il serait totalement impossible, quand les connaissances scientifiques seront disponibles, de revenir à l'état antérieur. La gestion de l'attente de l'information scientifique doit rester une exception limitée à quelques phénomènes qui pourraient revêtir, dans l'avenir, une exceptionnelle gravité.

La banalisation du principe de précaution risquerait de devenir un obstacle au progrès scientifique et à la recherche. La recherche de la sécurité absolue deviendrait un frein au développement et à l'amélioration des conditions de vie dans nos sociétés. En refusant, par référendum, l'interdiction absolue des OGM, les Suisses ont très bien pris conscience du danger que présenterait une application aveugle et doctrinaire du principe de précaution poussé à son extrême. La peur du risque ne doit donc pas devenir une crainte de l'incertain, il faut à la fois une pratique raisonnable du risque et une pratique raisonnable de la précaution. Prenons toutefois garde que dans une société où l'élu, y compris l'élu local, est rendu responsable de tout incident ou de tout accident, les vocations ne se tarissent pas et que l'on ne se dirige pas vers un désintérêt de plus en plus grand de la chose publique. Dans nos sociétés où le progrès est fulgurant, vouloir prévenir tous les risques ou anticiper toutes les catastrophes est impossible. L'amiante, la transmission du sida, l'hépatite C, le réchauffement de la planète, les accidents d'usines chimiques, les hécatombes sur les routes chaque année, les maladies cardio-vasculaires dues au tabac font partie de notre quotidien ; dans un certain nombre de cas, on ne souhaite pas faire baisser les risques au nom de la liberté individuelle.

La gestion des risques est soumise à une série de contraintes ; il y a les limites de la connaissance, mais aussi des contraintes d'ordre matériel, notamment le coût. Toute politique du risque représente un coût pour la société : une bonne allocation des ressources nécessite un arbitrage rigoureux. On demande parfois devant une grande catastrophe naturelle : « Comment se fait-il que des mesures préventives n'aient pas été prises plutôt ? » Mais, est-ce qu'on imagine un instant le coût que représente une politique de prévention des inondations ou des séismes en France ? Des dépenses aussi colossales sont-elles nécessaires pour des événements qui restent exceptionnels ? C'est là la question à laquelle il faut répondre, c'est aussi à ce type d'interrogation que se trouve confronté le responsable politique lorsqu'il doit mettre en place une politique de prévention des risques. Dans certains cas, il suffit d'introduire des interdictions réglementaires ou mêmes législatives, mais il y a d'autres domaines pour lesquels la prévention serait si coûteuse qu'elle en devient impossible. Le principe dit ALARA, élaboré pour la protection contre les rayons ionisants est une des bases fondamentales des politiques de la gestion des risques : il prévoit que le niveau des doses individuelles et le nombre des personnes exposées doit être maintenu aussi bas qu'il est raisonnablement possible. L'attitude à adopter face au risque doit être une attitude raisonnable, libérée de l'emprise de l'émotion. Dans la société qui est la nôtre, il y a des choix à faire, des priorités à définir. Les opposants à l'énergie nucléaire mettent aujourd'hui en avant le problème des déchets que nous laisserons aux générations futures. Je suis un ferme partisan de la création de laboratoires de recherches, car le problème de la réversibilité du stockage des déchets nucléaires doit être étudié de même que les risques que nous créons pour les générations futures. Mais sur une échelle des risques, le risque nucléaire est-il vraiment plus important que celui du réchauffement de l'atmosphère ?

De nombreux experts pensent aujourd'hui que les catastrophes naturelles des régions tropicales, comme le cyclone *Mitch* ou *El Niño*, sont des conséquences directes du réchauffement climatique et sont prêts à comparer objectivement les avantages et les inconvénients de certaines technologies et à en tirer les conséquences politiques. Comment définir les priorités dans une politique de prévention ? Un arbitrage entre risque réel et risque perçu est indispensable.

J'en arrive à la perception des risques par l'opinion publique qui est désormais une donnée incontournable pour l'homme politique qui est aussi un médiateur. Il a la mission délicate de recueillir les souhaits parfois divergents des citoyens qu'il représente en les canalisant en vue d'une solution non seulement cohérente sur le plan technique et économique mais acceptable pour la société dans son ensemble. Dans la démocratie qui est la nôtre, l'opinion publique a un poids considérable. Les associations qui la modèlent, les médias qui la conditionnent, constituent dorénavant une troisième force entre les citoyens et leurs représentants, un pouvoir presque autonome avec lequel les responsables politiques doivent composer. On image mal l'influence des lobbies ou des associations dans la perception des risques. Un risque minime peut être exagéré par telle association qui fait de la radioactivité son cheval de bataille, tandis que des risques très importants sont étouffés sous la pression de certains lobbies. Le nucléaire est une question d'actualité ; en Allemagne, les écologistes veulent son arrêt définitif ou la sortie du nucléaire. Mais le problème de la radioactivité n'est rien au regard de l'amiante qui a tué subrepticement des milliers de personnes sans donner lieu, pendant longtemps, à aucune mesure particulière. Sans doute, même si six cents personnes sont officiellement recensées comme ayant le cancer de la plèvre, 1 500 personnes meurent chaque année en France de l'amiante. Ces effets nocifs sur la santé étaient connus des experts et pourtant aucune mesure n'a été prise, ou certaines l'ont été très lentement parce que les intérêts en cause étaient tels que de nombreuses personnes ont préféré garder le silence. Même aujourd'hui les Canadiens disent que, dans certains cas, on peut utiliser l'amiante et le débat continue dans d'autres pays.

Des groupes de pression, certaines associations très médiatiques n'ont souvent aucun scrupule à jouer avec l'émotion et la sensibilité de l'opinion publique. On a vu des paniques générales provoquées par les médias, des peurs injustifiées et incontrôlées. Ainsi on a annoncé que les téléphones mobiles pouvaient provoquer des cancers du cerveau, que certains jeux vidéo, au Japon, étaient à l'origine chez les enfants de crises d'épilepsie. Mais l'exemple de l'encéphalite bovine spongiforme est également parlant. Il ne fait aucun doute que le prion agent de l'encéphalite bovine spongiforme soit passé à l'homme, mais le nombre de cas nouveaux variants de la maladie de Creutzfeld-Jacob : un en France, vingt-trois au Royaume-Uni, qui sont parfaitement identifiés, est loin des scénarios catastrophistes, établis entre mars et juillet 1997, qui ont provoqué la chute du cours de la viande bovine, entraîné de nombreuses faillites et modifié, du moins temporairement, le comportement alimentaire de nombreux consommateurs. Il faut bien sûr continuer à assurer une surveillance épidémiologique, car les experts britanniques sont incapables de prédire l'évolution des cas humains victimes de l'ESB. Il est toutefois fort probable, même si la totalité des Anglais mangeaient de la viande bovine contaminée par le prion, qu'une épidémie de grande ampleur ne se développerait pas.

Dans un même ordre d'idées, l'effet des faibles doses de radioactivité est aujourd'hui au centre d'une polémique entre ceux qui établissent un lien direct entre dose de radioactivité reçue (artificielle et naturelle) et risque sur la santé et ceux qui disent qu'aucune certitude scientifique ne peut fonder cette corrélation pour les faibles doses. Pourtant, un épidémiologiste, J.-F. Viel, n'a pas hésité à dire qu'il y avait, sur cinq ans, une augmentation des cas de leucémies chez les enfants vivant dans la zone de La Hague. On avait constaté, dans cette zone, 4 cas de leucémies, soit une faible augmentation par rapport aux valeurs moyennes observées en France. Depuis, après une contre-enquête, un autre épidémiologiste, qui était d'ailleurs son professeur, le Professeur Spira, a mis en cause ce travail scientifique dans son rapport, en lui reprochant simplement d'avoir sur-interprété les résultats. Le résultat de cette sur-interprétation, c'est que 500 articles de presse ont parlé de ce problème de leucémie et que, si j'interroge dans ma circonscription des personnes sur les effets des faibles doses, tout le monde est persuadé qu'il y a un effet direct et une augmentation des leucémies. Le rapport du Professeur Spira a fait l'objet de quelques articles et n'a pas eu le même impact que l'article qui fait scandale et qui, effectivement, fait augmenter la peur dans la population. La surestimation du risque a conduit à une exagération médiatique et cela continue puisque dans une émission scientifique récente sur une chaîne de télévision, seul J.-F. Viel était présent. Personne n'était là pour contester ce qu'il disait ; seul était présent un industriel qui, par définition, est quelqu'un qui ne peut pas être un interlocuteur puisqu'il représente un lobby. Donc, il y a certains problèmes qu'il faut poser et cela ne veut pas dire qu'il ne faut rien faire et se passer de l'avis du citoyen. Mais il faut parler des choses telles qu'elles se sont passées. Récemment des rats, en Angleterre pendant l'été, mangeaient des pommes de terre génétiquement modifiées : en fait, on faisait ingérer des lectines à ces rats et on sait que les lectines hydrophobes sont toxiques. Ce n'est pas le gène de la lectine, mais la lectine elle-même qui produisait le dépérissement et la perte d'appétence de ces rats. Le chercheur, en Angleterre, a été chassé de son laboratoire de recherche, mais entre-temps les députés anglais avaient interdit de manger des organismes génétiquement modifiés.

Dans ces conditions, il devient difficile, pour le citoyen, de faire la part des choses entre risque réel et risque imaginé. On touche là un point fondamental qui tient à la définition même du risque : le risque est une construction autant sociale que scientifique. Il n'est pas seulement défini par une série de données objectives ; il est aussi perçu, construit, inventé. C'est dire combien il est important de tenir compte des mentalités dans l'élaboration des politiques de prévention.

La protection contre les risques constitue un choix de société. Ni l'évaluation, ni l'élaboration de politiques de prévention ne peuvent être laissées aux seuls experts ; les citoyens doivent être associés à la gestion des risques au sein du processus de délibération. Néanmoins, il ne faut pas voir l'opinion publique comme quelque chose de figé, d'inflexible. Elle a besoin d'être informée, formée, éclairée ; l'information qu'elle reçoit est biaisée par certains qui souhaitent effectivement faire passer leur message ou leur perception ou par des médias qui cherchent le sensationnel. Le responsable politique doit avoir le courage de dire que tel phénomène ne constitue pas un danger réel, que tel autre constitue un danger au risque d'être désavoué. Le rôle du responsable politique est d'alerter mais aussi d'aller à contre-courant d'opinions dominantes ou de la pensée unique. Il a un rôle à jouer dans la mise en place de l'échelle des risques. Il serait bon que les scientifiques et aussi les sociologues aident à établir une échelle des risques qui permettrait de comparer, par exemple, le risque des faibles doses de radioactivité, le risque de contamination microbienne dans l'alimentation, le risque de maladies nosocomiales, le danger éventuel de l'ingestion d'OGM, la fréquence des maladies cardio-vasculaires chez le fumeur, de cancers, de cirrhoses chez les alcooliques ou encore les conséquences de l'ingestion de résidus de pesticides. Il serait intéressant de comparer les risques que représentent les pesticides ou les insecticides aux effets de la biotechnologie ou de la transgénèse. On oublie trop souvent qu'en l'absence de tout traitement chimique du produit alimentaire ou d'un recours aux biotechnologies, des problèmes apparaissent du fait de la prolifération de bactéries ou de champignons (Atrasine contre Affatoxine).

Une véritable réflexion doit être engagée pour analyser l'action publique par le bas : il est indispensable que la politique des risques associe aussi le citoyen dans un processus de débat qui peut aller jusqu'à un processus de co-décision.

Experts, politiques, électeurs doivent réfléchir sur les choix possibles et souhaitables en l'état actuel de la connaissance compte tenu des contraintes de coût. Il faut un débat public autour des risques non dans l'idéal utopique d'atteindre un degré zéro des risques mais dans le but d'éviter à la fois des politiques incohérentes dans le domaine économique, technique, et des politiques inacceptables pour la société dans son ensemble. Comment donc créer un partenariat entre : le savant, le politique et le citoyen ? Le défi de la politique est la construction d'un espace de discussion où peuvent être débattus des programmes techniques impliquant des choix de société fondamentaux. Quel peut-être cet espace de délibération ? La relation entre le scientifique et le citoyen a été trop longtemps appréhendée comme une relation unilatérale : un flux d'informations allant du haut (des experts) vers le bas (le citoyen par définition ignorant). On n'imaginait pas un seul instant que le citoyen avait, lui aussi, son mot à dire, que sa propre expérience pouvait constituer un enrichissement de la connaissance scientifique pure en ouvrant des perspectives nouvelles ou en les réorientant. Mon expérience de scientifique, d'abord d'élu local puis de responsable politique, m'a convaincu intimement de la nécessité d'un va-et-vient permanent entre la communauté scientifique et les citoyens. Les citoyens s'intéressent à la société qu'on leur destine, ils doivent donc être associés aux décisions que l'on a à prendre quel que soit le niveau de spécialisation et indépendamment de leur connaissance technique préalable. Je ne crois pas du tout que seuls les experts ou les spécialistes puissent se prononcer sur des questions qui derrière leur technicité impliquent en réalité des choix de société fondamentaux. Le débat public autour des risques ne doit être ni l'occasion de renforcer des craintes imaginées ni une façade destinée à légitimer par la base des décisions prises au sommet. Il est très difficile de faire discuter les experts et les citoyens : les uns croient tout savoir, les autres se sentent manipulés. La réussite d'un tel débat dépend tout d'abord d'une information à la fois rigoureuse et accessible à tous. Il faut informer le public dans la plus grande transparence, sans laisser le monopole de la communication aux associations, aux lobbies qui ne sont pas l'expression de l'ensemble de la société. La transparence dans l'information est un enjeu majeur dans la mesure où toute révélation inattendue prend la forme d'un scandale largement exploité dans la presse à sensations ; c'est du manque de transparence que naissent les risques imaginés. Une fois les inquiétudes suscitées par une nouvelle, ce n'est pas à force d'expertises ou de communications que l'on va remédier au malaise général. Le débat public autour des risques doit donc permettre de sortir du huis clos qu'il soit technique, réglementaire ou purement scientifique.

La transparence est un moyen de prévenir les réactions de panique mais aussi les actions publiques déraisonnables qui sont prises en réponse à certaines craintes injustifiées dans le seul but de rétablir une confiance ébranlée.

Le partenariat entre le savant, le politique et le citoyen peut prendre des formes variées : en Suisse, le recours au référendum, qui est une forme de démocratie directe, est très fréquent. Un modèle courant est la conférence de consensus initiée au Danemark qui repose sur la confrontation entre un groupe représentatif de citoyens et des experts reconnus. Des thèmes aussi variés que la pollution de l'air en 1990, les cartes d'identité électroniques en 1994 ou la thérapie génique en 1995 ont été débattus au Danemark dans ces espaces de discussions.

Depuis quelques années, le Parlement, par l'intermédiaire de l'Office, s'appuie sur trois procédures nouvelles. La première est un débat public et contradictoire sous la forme suivante : le parlementaire qui a été chargé de rédiger un rapport a en face de lui des experts qui ne pensent pas de la même manière ; l'expertise se fait de manière publique, les gens peuvent se contredire et cela se fait devant la Presse, c'est-à-dire en toute transparence. Ce dispositif a servi, par exemple, à mettre en place le dispositif de biovigilance qui est maintenant inscrit au niveau de la loi sur les OGM (votée en première lecture de la loi d'orientation agricole). La deuxième procédure, un peu plus classique dans les milieux scientifiques, est l'utilisation des forums interactifs sur Internet. La troisième procédure est la conférence de citoyens telle que je l'ai organisée les 20-21 juin 1998 sur le thème des organismes génétiquement modifiés. J'ai été, dans un premier temps, attaqué parce qu'on m'accusait de soustraire à la démocratie représentative le débat pour le donner finalement à des citoyens tirés au hasard. Ce n'était pas ça le but ; c'était de s'entourer de l'avis de citoyens en organisant le débat dans la société ; cela a marché parce que les gens ont accepté de s'approprier un sujet, de le travailler. Ils ont accepté de venir des week-ends entiers se former sur le sujet et au bout du compte de donner leur avis après avoir interrogé des experts. Cette séance, qui a vu un citoyen interroger un expert et se sentir un moment donné à égalité avec l'expert, est un moment fort dans la démocratie que j'ai vécu au niveau du Parlement. Les débats ouverts sur les enjeux des choix scientifiques et technologiques permettent l'expression des inquiétudes face aux risques mais constituent aussi des espaces où l'information peut circuler de manière plus transparente. Le déficit de compréhension et de communication peut-être comblé par de telles procédures qui sont un apprentissage vivant de la démocratie participative.

Dans une société où les choix à faire sont de plus en plus techniques, dans le domaine économique et a fortiori dans le domaine scientifique, la tentation est grande de laisser aux seuls experts, aux connaisseurs ou aux scientifiques, le pouvoir de décider des choix de société fondamentaux. Une telle démission populaire serait préjudiciable à la démocratie. Il existe de nombreuses façons d'associer le citoyen aux choix de société que représentent les politiques du risque ; leurs modalités méritent d'être appronfondies.

Les ateliers de réflexions autour de la politique du risque organisés dans le cadre du colloque « Risque et Société » font partie d'une expérience originale : « Risque et industrie chimique », « Risque et énergie », « Risque et transports », « Risque et pollution atmosphérique », « Risque et alimentation », « Risque et sécurité intérieure » sont les thèmes qui ont été retenus. Après avoir échangé les expériences et dressé un bilan des difficultés rencontrées dans l'élaboration des politiques de prévention, il s'agit de déterminer ce qui est socialement acceptable tout en étant cohérent sur le plan technique et économique.

Il est souhaitable que ces ateliers soient un lieu d'exercices de la démocratie. En tant que citoyen, nous serons de plus en plus amenés à participer à de telles réunions. A l'occasion des célébrations du centenaire de la découverte de la radioactivité, nous devons, ensemble, arriver à façonner une société plus avancée et une société plus sûre.

IV. I

AUTOUR DE LA RESPONSABILITÉ ET DE LA PRÉCAUTION
Introduction

Jean Foyer
de l'Institut, Ancien Ministre

Le développement du droit de la responsabilité illustre assez bien ce que le sociologue italien Vico a dénommé une évolution en spirale. De la faute à la faute sous des modifications différentes.

Selon le Droit du Code civil, dont les dispositions fondamentales sont toujours en vigueur, l'obligation de réparer un dommage a pour fait générateur, pour source, une faute. Elle est la conséquence civile d'un comportement illicite, dont une personne est coupable. En l'absence d'une faute, le dommage ne donne pas lieu à réparation au profit de la victime.

Dès l'époque du Code civil déjà, le Droit connaissait des cas de réparation, dont le débiteur n'était coupable d'aucune faute. Depuis la fin du Moyen Âge, l'assurance maritime était pratiquée ; par elle le terme de risque était entré dans la langue juridique. Elle procurait la réparation d'avaries causées par la force majeure. Le XIXe siècle a vu naître les assurances terrestres, qui furent d'abord des assurances de dommages et des assurances de personnes. La charge de la réparation était répartie sur une collectivité d'assurés ; le financement étant obtenu par les primes que ces assurés payaient. Ces mécanismes n'ont point changé.

A la fin du XIXe siècle, le machinisme que développe la grande industrie cause des dommages aux personnes qu'il est très souvent difficile d'imputer à une faute prouvée. La loi, d'abord, en matière d'accidents du travail, la jurisprudence ensuite admettent une responsabilité sans faute prouvée, une obligation de réparer fondée sur le risque créé.

Du coup, l'on assiste à une sorte de jeu de raquette entre la jurisprudence et l'assurance de responsabilité. Ceux que des auteurs ont nommés, d'un terme inélégant, les chargés de risques, se couvrent à l'avance du poids des dommages-intérêts par l'assurance de responsabilité, et les juges sont de plus en plus prompts à condamner le défendeur qu'en définitive celui-là ne supportera pas lui-même l'indemnité.

Une nouvelle étape est ouverte par la multiplication des assurances obligatoires : assurances de personnes avec les assurances sociales, assurances de dommages en matière de construction, assurances de responsabilité automobile. Le législateur est si soucieux de faire indemniser les victimes d'accidents de la circulation qu'il complète l'obligation d'assurance par l'institution d'un Fonds de garantie chargé d'indemniser les victimes d'accidents causés par un inconnu ou par un conducteur non ou mal assuré.

Pendant les dernières décennies, la généralisation de l'assurance de responsabilité entraîne la disparition à peu près totale de la faute en matière d'accidents de la circulation. Ne subsiste qu'une petite place laissée à la faute… de la victime. La jurisprudence n'est pas en reste, ni la judiciaire, ni l'administrative. Cette dernière n'exige plus qu'une faute légère là où elle exigeait une faute lourde ; elle admet une obligation de réparation sans faute où elle imposait la preuve d'une faute légère.

Au droit de la responsabilité conséquence d'un comportement fautif, s'ajoute, sinon même se substitue, un droit de la réparation. Réparation sans faute que supportent des collectivités d'assurés. Dans des circonstances exceptionnelles, qu'il n'ait été contracté aucune assurance, que l'importance du dommage soit énorme ou qu'il paraisse injuste d'en faire supporter le poids à une collectivité d'assurés si large soit-elle, la solidarité nationale entre en jeu.

La collectivité nationale entière prend en charge la réparation. Un exemple en est donné dans l'affaire du sang contaminé.

Si tout dommage appelle réparation dans l'esprit de nos contemporains, il est encore plus important et plus souhaitable de prévenir la réalisation du dommage, de prévenir le risque. De longtemps, législation et réglementation s'y sont employées. On en trouverait des exemples dans tous les temps. Au début du XIXe siècle a été élaborée la législation minière, et celle sur les établissements classés dangereux, incommodes et insalubres. Depuis lors et surtout depuis le début du siècle, les mesures de prévention sont devenues foisonnantes : règles d'hygiène et de sécurité dans le droit du travail, tout le Code de la santé publique. Le Droit de la construction et de l'urbanisme est en grande part à fin de prévention. Le Droit de la consommation l'est aussi. J'en passe et des meilleurs, le Droit nucléaire.

Lors de la formulation des règles générales et dans leur application aux cas particuliers se pose souvent la question : à qui le doute doit-il profiter ? Des précautions s'imposent-elles, ou peuvent-elles être méconnues ?

C'est à cette question redoutable que le principe de précaution a la fonction de répondre. Lui-même – les orateurs de cette matinée l'exposeront – est d'une interprétation bien difficile en nombre de cas.

Le développement de la prévention, la prévention la plus complète n'élimineront jamais tous les risques. Le « risque zéro », inventé par les militaires américains, est une utopie. La réparation ne disparaîtra point, elle ne perdra pas son utilité et la réparation assumée par la collectivité aura probablement de nouveaux champs d'application. Elle n'a pas éliminé la recherche de la faute dans ce propre champ.

Des victimes ou leurs ayants cause ont invoqué une faute pour obtenir un supplément de réparation, d'une réparation pour laquelle le législateur n'avait pas lésiné. On a vu des exemples dans l'affaire du sang contaminé. Les tribunaux n'ont pas été insensibles à ces demandes.

La responsabilité qui est alors recherchée n'est pas seulement une responsabilité civile, mais une responsabilité pénale. Et cela ne paraît pas marquer un progrès du temps. L'évolution, inachevée par malheur, avait tendu à séparer la réparation due aux victimes, de la répression, œuvre de la société. On voit réapparaître l'idée archaïque de vengeance. On veut que le décideur – ou celui à qui est imputé la faute de n'avoir point décidé – soit traîné sur la claie, déshonoré, noté d'infamie.

A ce propos les médias recherchent le *scoop,* les groupes de pression et des auxiliaires de la Justice s'en mêlent, et parfois la politique politicienne s'en saisit.

Je ne crois pas que ce soit là un progrès du droit. Prévenons les risques, réparons les conséquences des sinistres, sanctionnons finalement les fautes. Mais laissons cette dernière fonction à la Société, à une autorité indépendante seule.

LE PRINCIPE DE PRÉCAUTION POUR UNE RESPONSABILISATION DANS LA PRISE DE RISQUE

L'exemple de la gestion du risque radiologique

Marie-Claude Boehler
Conseiller Juridique, EDF, Service Juridique National, Paris

« Attendre d'en savoir assez pour agir en toute lumière, c'est se condamner à l'inaction. »
JEAN ROSTAND (1894-1977), *Inquiétudes d'un biologiste.*

Introduction

Les débats actuels qui se développent autour des problèmes liés à l'incertitude des effets sur la santé des expositions à des produits chimiques ou des agents physiques ou infectieux posent la question de l'attitude de précaution que les décideurs font ou auraient dû faire prévaloir dans leur action de protection par rapport à la prise de risque. La précaution fait naître des questions de droit nouvelles et délicates, notamment en matière de responsabilité face à l'« incertitude du savoir scientifique ».

La responsabilité qui modèle a priori l'action dans la prise de risque et sanctionne a posteriori les conséquences de celle-ci entre, avec la précaution, dans un nouvel âge. On peut ainsi distinguer la première forme de responsabilité au sens éthique du terme qui conduit à s'interroger sur la « bonne manière d'être dans l'action », du concept juridique classique de la responsabilité au sens de « répondre de », qui oblige chacun à être responsable des conséquences de ses actes, soit en réparant le préjudice causé par sa faute, soit en subissant une peine, réparation et punition qui constituent les fondements du droit de la responsabilité.

Le droit, en adoptant une définition juridique de la précaution, fait appel sous le signe de la vigilance à la responsabilité au sens éthique. Le principe de précaution est entré dans le droit européen à l'article 130 R du Traité de Maastricht de février 1992 qui le cite sans cependant le définir. La Déclaration de Rio de juin 1992 sur l'environnement et le développement donne une définition juridique internationale de la précaution. Le droit national, avec la loi Barnier de février 1995 sur le renforcement de la protection de l'environnement, consacre au niveau législatif ce principe dans les termes suivants : « *l'absence de certitudes, compte tenu des connaissances scientifiques du moment, ne doit pas retarder l'adoption de mesures effectives et proportionnées visant à prévenir un risque de dommages graves et irréversibles à l'environnement à un coût économiquement acceptable* ». Cette définition fait d'abord et avant tout de la précaution un principe politique porteur d'une éthique de l'action en univers incertain.

Le principe de précaution ne peut que plus difficilement conduire à la mise en œuvre du droit de la responsabilité, bien que la tentation semble forte pour certains d'en faire un nouveau principe de responsabilité par lequel le droit pourrait être susceptible de juger de l'attitude de précaution que les hommes, qui ont fait le choix de ne pas s'abstenir face à l'incertitude scientifique, ont eue ou auraient dû faire prévaloir dans leur action.

1. Précaution et responsabilité au sens éthique

La question est de savoir ce que signifie au sens éthique être responsable dans l'action en univers incertain. L'incertitude excluant toute élimination totale du risque, être responsable, c'est donc tenter d'instituer la vigilance face à l'inconnu au niveau social, non pas en s'abstenant mais en agissant par l'organisation de la prise et du partage du risque résiduel au niveau social, et en accompagnant notamment cette action d'une politique d'anticipation du risque d'impact incertain et de limitation de ce risque à un niveau aussi bas que raisonnablement possible, compte tenu des facteurs économiques et sociaux, et ce pour éviter d'introduire de l'irréversibilité dans les actions face à l'inconnu.

Avec la précaution, on quitte donc le domaine de la science pour se tourner vers l'éthique de l'action qui reste largement dominée par l'idée qu'à partir du moment où les connaissances scientifiques sont déterminées par une large incertitude et que l'on est confronté à la prise de risque, c'est l'action sociale qui pour partie doit prendre le relais.

Les crises sanitaires majeures que notre pays a récemment connues (en particulier la polémique sur la transmission à l'homme de l'encéphalopathie spongiforme bovine ou encore l'affaire de l'hormone de croissance...), sont venues rappeler dans des situations d'urgence et de crise de l'expertise scientifique que l'attitude de « vigilance responsable » que préconise le principe de précaution peut participer de la construction de la confiance sociale par rapport à la prise de risque. Ce que fait essentiellement la précaution, c'est en effet appeler notre société à trouver ensemble une dynamique d'acceptation du risque en construisant socialement le débat autour des questions liées à la nature et aux niveaux de risque que notre société est capable de tolérer pour garantir son développement durable.

La gestion du risque d'impact incertain réclame en effet une reconstruction sociale de la problématique du risque. L'incertitude scientifique excluant l'élimination du risque, la prise de risque est collective. De nouvelles formes de médiation, fondées sur une forte implication des individus dans des transactions à opérer pour la gestion du risque, sont à inventer. La prise de risque sera d'autant plus volontairement acceptée qu'elle résultera de transactions opérées dans la transparence sur les niveaux et les transferts de risques ainsi que sur les moyens de protection mis en œuvre. La précaution tente donc d'instituer une responsabilité au sens de co-responsabilisation des acteurs dans une nouvelle forme d'approche prospective et sociale de la prise de risque, qui nécessite toute une structuration de la confiance : c'est tout un nouveau processus de décision qu'il faut inventer et qui réclame de s'adjoindre la participation du public sur la base d'un débat éclairé.

L'exemple du nucléaire est à ce propos tout à fait intéressant : la Commission Internationale de Protection Radiologique (CIPR) s'inspire de cette logique de précaution lorsqu'elle recommande à ses contemporains, sur la base d'une hypothèse de linéarité sans seuil pour les faibles doses, un système de gestion responsable et prudente du risque lié à l'utilisation des rayonnements ionisants. C'est le principe d'optimisation (ou principe ALARA – As Low As Reasonably Achievable – dans la terminologie de la CIPR) qui traduit sans doute le mieux ce souci permanent de privilégier l'action responsable et vigilante dans une problématique de réduction, et surtout de répartition acceptée par tous du risque radiologique. La mise en œuvre du principe ALARA, qui repose sur la mise en commun des objectifs et des actions de protection sur un mode délibératif et participatif, illustre en effet cette coresponsabilisation liée à la précaution.

Le principe de précaution devrait ainsi générer une « démocratie sanitaire ». « Le plus inacceptable n'est pas que le décideur se trompe alors qu'il fait face à l'incertain, mais que sa démarche décisionnelle ne soit ni transparente, ni cohérente, ni explicite. Il est désormais crucial d'expliciter les critères quantitatifs et qualitatifs utilisés pour asseoir les décisions, organiser les débats et accroître leur lisibilité » (W. Dab). La question n'est pas ici tant technique que politique au sens de la définition par la collectivité d'une conduite à tenir face au risque grâce à une information de la population et à la création d'un cadre formalisé pour un débat public.

C'est dans cet esprit qu'a été organisée en juin dernier, par l'Office parlementaire d'Evaluation des Choix Scientifiques et Technologiques, la première « Conférence des citoyens » réunissant experts et profanes autour du thème « L'utilisation des organismes génétiquement modifiés (OGM) en agriculture et dans l'alimentation », dans le but d'associer les citoyens à un tel choix de société dont les risques ne sont pas cernés avec certitude.

Il est maintenant utile d'en venir à l'analyse que fait le Conseil d'Etat du principe de précaution dans son Rapport public de 1998 qui traite dans un chapitre consacré au droit de la santé « des vertus et des limites du principe de précaution » : ce principe défini par la loi Barnier de 1995 constitue pour le Conseil d'Etat un nouveau standard de comportement qui interroge notre droit tout entier. L'incertitude scientifique crée un devoir de vigilance, distinct de l'obligation de prudence qui doit être de mise face au risque d'impact connu. Le Conseil d'Etat définit ce principe « par l'obligation pesant sur le décideur public ou privé de s'astreindre à une action ou de s'y refuser en fonction du risque possible. Dans ce sens, il doit apporter la preuve, compte tenu de l'état actuel de la science, de l'absence de risque », définition qui nécessairement nous interroge, dans le domaine de la radioprotection peut-être plus qu'ailleurs à cause justement du choix qu'a fait la CIPR d'opter pour l'hypothèse conservatrice de linéarité sans seuil, qui signifie implicitement qu'un risque existe potentiellement jusqu'à la plus faible des faibles doses.

Or, si l'on reprend, par rapport à la définition donnée par le Conseil d'Etat, la définition légale du principe de précaution donnée par la loi Barnier, on voit qu'elle fait de ce principe une recommandation qui, d'une part, est destinée à protéger contre les risques hypothétiques et, d'autre part, qui vise idéalement à éviter qu'on utilise les incertitudes de la connaissance pour justifier l'inaction. Une attitude de précaution conduit, face à l'incertitude scientifique, et afin de minimiser le regret en cas d'erreur d'appréciation, à faire « comme si » le risque existait avec certitude. Il s'agit donc d'une « construction intellectuelle » destinée à fonder l'action et qui ne traduit pas une connaissance scientifique mais qui constitue une simple hypothèse (c'est le cas de l'hypothèse de linéarité sans seuil recommandée par la CIPR), ce qui conduit à nous interroger assez sérieusement par rapport à l'analyse du Conseil d'Etat sur la nécessité « d'apporter la preuve, compte tenu de l'état actuel de la science, de l'absence de risque », « impossible » à satisfaire en pratique.

De plus, cette « construction intellectuelle » est destinée à fonder, non pas l'abstention, mais l'action prudente et raisonnable visant à réduire la survenance de ce risque hypothétique. Or l'analyse du Conseil d'Etat, qui évoque la nécessité de la preuve de l'absence de risque, pourrait accréditer l'idée qu'il est légitime, au nom d'une interprétation radicale de la précaution, de poursuivre la logique du « risque zéro » sur la base de laquelle peuvent se développer deux types d'attitudes, soit l'inaction soit la « surprotection », conduisant chacune à entraver toute innovation (en tout cas, à supprimer tout risque, risque qui est la condition même de l'entreprise). Il ne nous semble cependant pas pertinent d'interpréter l'opinion du Conseil d'Etat de telle façon qu'elle puisse être considérée comme génératrice de l'inaction du décideur en l'absence d'une preuve avérée de l'absence totale de risque.

La logique d'inaction consiste à préférer, selon l'adage « dans le doute, abstiens-toi », l'impossibilité d'engagement, la réduction ou la cessation totale de certaines activités tant que l'on ignore les conséquences, ou de façon plus restrictive encore tant que l'on n'a pas fait la preuve de l'innocuité absolue des activités. A l'autre extrême, l'interprétation radicale de la précaution peut conduire à favoriser une logique de protection excessive « consistant soit à multiplier les mesures de protection au-delà de ce que la probabilité rend nécessaire, soit à adopter des mesures de protection à l'encontre de risques qui ne sont même pas probabilisables ». L'anticipation du risque doit certes servir de boussole à notre société, mais comme le rappelait Claude Allègre dans un entretien accordé au *Figaro* en 1996 : *« Si on vit dans l'optique du risque zéro, on va multiplier les peurs collectives. Une société qui n'assume pas les risques est une société vouée à la mort, car seule la mort est sans risque. »*

Le Conseil d'Etat, dans une décision du 25 septembre 1998, a décidé de surseoir à l'exécution de l'arrêté du Ministre de l'Agriculture du 5 février 1998 autorisant la mise en culture de trois variétés de maïs génétiquement modifiés. Il est prématuré de tirer des conclusions qui consisteraient à affirmer sans réserve à ce jour que la consécration, par le Conseil d'Etat, du principe de précaution est acquise. Cette décision de sursis à exécution est une mesure prise par le Conseil d'Etat pour retarder jusqu'à sa décision au fond l'exécution de cet arrêté, afin d'éviter que cette exécution puisse avoir des conséquences difficilement réparables ; elle ne repose pas expressément sur le principe de précaution et ne préjuge pas du jugement sur le fond qui interviendra ultérieurement (1). Tout au plus, peut-on d'ores et déjà estimer que, par rapport au principe de précaution, le Conseil d'Etat semble s'être engagé dans cette décision sur la voie du contrôle minimum de l'erreur manifeste d'appréciation qui lui permet, face à une erreur flagrante de l'administration, de contrôler l'appréciation des faits à laquelle elle s'est livrée : le Conseil d'Etat a décidé de suspendre l'exécution de la décision ministérielle au motif qu'il manquait au dossier un élément d'appréciation fondamental sur l'un des risques sanitaires évoqué par les requérants.

Le Commissaire du Gouvernement a considéré qu'il était juridiquement difficile d'invoquer le principe de précaution, qui, tel qu'il est formulé par la loi Barnier, n'a, selon lui, aucune valeur juridique contraignante : il s'agit simplement d'une « formule de recommandation générale, non applicable directement ». Il a indiqué toutefois que si le Conseil d'Etat voulait tenir compte de ce « principe politique », qui « constitue l'ossature du droit de l'environnement », il devrait le combiner avec le reste du droit existant, à savoir la loi du 13 juillet 1992, qui autorise la dissémination des OGM, tout en encadrant la procédure qu'elle soumet à une appréciation des risques pour la santé publique et l'environnement, risques qu'en l'état le Commissaire du Gouvernement a évalués comme étant très faibles ou donnant lieu à des débats d'experts aux avis contradictoires. Les conclusions du Commissaire du Gouvernement visaient ainsi au rejet des requêtes au motif que le Ministère de l'Agriculture n'avait pas commis d'erreur manifeste d'appréciation.

Si la précaution est envisagée ainsi qu'un objectif programmatique ou, comme le rappelle le Commissaire du Gouvernement, ainsi qu'une « formule de recommandation générale, non applicable directement », ce qu'elle

---

(1) Le Conseil d'Etat a décidé le 11 décembre 1998 de suspendre la réponse qu'il devait donner à la requête des associations de défense de l'environnement, qui lui demandaient d'interdire, au nom du principe de précaution, la mise en culture du maïs transgénique de la firme Novartis.

Avant de rendre son jugement sur le fond, le Conseil d'Etat, suivant la recommandation du Commissaire du Gouvernement, a effectivement préféré consulter d'abord la Cour de Justice des Communautés Européennes. La question posée est de savoir si les autorités françaises peuvent refuser l'autorisation de la mise en culture du maïs transgénique de Novartis, alors que la Commission Européenne l'a autorisée.

En attendant la décision de la Cour de Justice, qui ne sera pas rendue avant un an ou deux, la suspension provisoire de la mise en culture du maïs transgénique de Novartis, ordonnée au nom du principe de précaution par le Conseil d'Etat le 25 septembre dernier, reste en vigueur...

C'est donc aussi à une suspension de l'interprétation sur le fond et sur la valeur juridique du principe de précaution que nous contraint cette nouvelle décision du Conseil d'Etat.

est fondamentalement en ce qu'elle constitue essentiellement un principe politique porteur d'une éthique d'action, son influence sur le droit sera de moindre portée. La question sera probablement tranchée ultérieurement par le Conseil d'Etat de savoir si le principe de précaution, plus qu'un outil législatif au service du décideur, serait également une contrainte pour lui.

2. Précaution et droit de la responsabilité

Le Conseil d'Etat dans son Rapport annuel de 1998 s'est aussi interrogé sur la question : « Précaution et droit de la responsabilité ». Il cite à cet égard le Vice-Président honoraire du Conseil d'Etat Marceau Long : « *Je suis pour ma part sensible à tout ce que nous apporte la précaution. Ma conclusion personnelle est cependant qu'elle n'est encore, même lorsqu'elle est prévue par les textes, qu'un principe politique. Si la précaution ne nous met pas à l'abri des risques, elle peut parfois permettre d'y échapper, bien plus souvent d'éviter ou d'atténuer leurs conséquences dommageables. Gardons-nous d'en tirer trop vite le principe a contrario : s'il y a dommage, il y a eu manque de précaution, et d'en faire un fondement de la responsabilité.* »

La grande question de la doctrine juridique ces dernières années a en effet été de savoir si le principe de précaution pouvait contribuer à renouveler notre droit de la responsabilité, notamment en participant à l'extension de la responsabilité civile pour faute, et ce dans le but d'améliorer, par l'aspect « culpabilisant » de la notion de faute, la responsabilisation en amont des acteurs. Sur la base de cette logique, serait ainsi jugé fautif « non seulement celui qui n'a pas pris toutes les mesures de prévention du risque connu ou prévisible (engagement classique de la responsabilité), mais également celui, qui, en cas d'incertitude ou de doute, n'a pas adopté une démarche de précaution ». On pourrait ainsi être responsable de ce que l'on devait savoir, ce qui est *classique*, mais aussi désormais de ce dont on devait ou aurait dû se douter.

Par rapport à l'inscription de la précaution dans la responsabilité pour faute, le Conseil d'Etat, loin d'en attendre une amélioration sensible des comportements mais plutôt une restriction considérable sur l'esprit d'entreprise, se refuse à introduire le principe de précaution dans la responsabilité civile pour faute. Il met en particulier l'accent sur la difficulté tant à établir le lien de causalité qu'à prouver la faute de précaution, en rappelant la très difficile recherche sur l'état d'incertitude des connaissances scientifiques et techniques au moment de l'acte générateur de responsabilité.

De plus, le Conseil d'Etat craint que la rénovation de la faute par la précaution vienne remettre en cause les acquis de la responsabilité pour risque, ce qui à son avis participerait globalement d'une régression du droit de la responsabilité. La responsabilité sans faute ou pour risque, pour être engagée, ne demande en effet à la victime que la preuve du dommage et du lien de causalité, et non la preuve de la faute devenue trop difficile voire quasi impossible en particulier dans le cas des accidents industriels.

Nous devons cependant rester extrêmement vigilants dans le fait d'inscrire la précaution dans la logique de responsabilité civile pour risque, par rapport au mouvement de *victimisation* de notre société, très présent aux Etats-Unis et qui tend à pénétrer le droit occidental. L'une des dérives de la responsabilité pour risque par rapport à la précaution, et que rappelle le Conseil d'Etat qui exprime au final quelques réserves à inscrire la précaution dans la responsabilité pour risque, est en effet l'accent mis de préférence sur la victime que le dommage place en situation d'exiger une indemnisation : apparaît alors un individu animé d'une philosophie de l'indemnisation et qui se conçoit d'abord comme une victime d'autrui. Ce mouvement de *victimisation* entraîne ce que l'on appelle une « société de réparation généralisée », chacun cherchant dans les aléas multiples de la vie, et éventuellement aussi aujourd'hui face au risque incertain de dommage, une source de financement et de rétribution. Sauf à développer la logique de la responsabilité pour risque adoptée dans la Directive européenne du 25 juillet 1985 relative à la responsabilité du fait des produits défectueux (transposée en droit français par la loi du 19 mai 1998 relative à la responsabilité du fait des produits défectueux), qui a fait naître dans le droit européen le concept de risque de développement fondé sur la notion de précaution : cette Directive de 1985 prévoit en effet une clause exonératoire de la responsabilité pour risque du producteur si celui-ci prouve que « l'état des connaissances scientifiques et techniques au moment de la mise en circulation du produit par lui n'a pas permis de déceler l'existence du défaut ».

Conclusion

La responsabilité entre de façon positive dans le nouvel âge de la précaution, si l'on considère qu'il s'agit en fait essentiellement d'être capable aujourd'hui de développer une éthique de l'action en univers incertain sur la base d'une co-responsabilisation des acteurs dans une approche prospective et sociale de la décision. La responsabilité entre plus négativement dans ce nouvel âge de la précaution, si l'on considère que la responsabilité pourrait consister en une attitude d'abstention ou de surprotection face à l'incertitude.

De même, peut-on considérer que le droit de la responsabilité entre de façon positive dans un nouvel âge avec la précaution, si l'on appréhende les difficultés et les dérives d'une possible mise en jeu de la responsabilité des acteurs par le juge en matière de précaution ? Nous devons donc veiller à ce que le principe de précaution n'ait pas pour corollaire un caractère potentiellement dissuasif pour l'innovation scientifique et technologique, et plus globalement pour cet esprit d'entreprise que nous avons profondément ancré en nous depuis ce jour lointain où, comme le rappelait le Professeur Tubiana, un homme a pris le risque de se brûler sans lequel nous aurions même renoncé au feu.

RÉFÉRENCES BIBLIOGRAPHIQUES

BOEHLER M.-C. – « A propos du principe d'optimisation de la protection radiologique et du principe de précaution », *Revue Générale Nucléaire*, Volume n° 6, 1996, pp. 15-21.

BORN M. – *La Responsabilité du savant dans le monde moderne*, Payot, Paris, 1967, pp. 46-47.

CHAUMET F. et EWALD F. – *« Autour de la précaution », Risques,* n° 11, Environnement : le temps de la précaution, 1992, pp.99-104.

DAB W. – *Champs électriques et magnétiques de basse fréquence et santé : incertitude scientifique et inquiétude sociale*, Energies-Santé, 1996, Vol. 7 (2), pp. 191-196.

DOURLENS M. – *Figures du pragmatisme, complexité, incertitude et prévention des risques*, Institut Européen des Cindyniques, « Du danger au risque : économie des transactions dans la régulation sociale », *Les Cahiers du Groupe Epistémologie des Cindyniques,* n° 2, IEC, 1996, Paris, pp. 14-26.

EWALD F. – « La véritable nature du risque de développement et sa garantie », *Les Cahiers de l'Assurance,* n° 14, avril-juin 1993, pp. 9-47.

GIARINI O. et STAHEL W. – *Les Limites du certain*, Presses Polytechniques et Universitaires Romandes, Lausanne, 1990.

GODARD O. – *L'ambivalence de la précaution et la transformation des rapports entre science et décision*, in *Le Principe de précaution dans la conduite des affaires humaines,* INRS, Editions de la Maison des Sciences de l'homme, Paris, 1997, pp. 37-83.

JONAS H. – *Le Principe Responsabilité. Une éthique pour la civilisation technologique*, Les Editions du Cerf, Paris, 1995, 3e édition, 336 p.

LANOY L. – *Réflexions sur la place et la portée des principes généraux du droit de l'environnement*, Bulletin du droit de l'environnement industriel, 2/96, pp. 2-8.

Lascoumes M. – *Transactions sociales et modalités d'objectivation du nouveau principe de précaution*, Institut Européen des Cindyniques, « Du danger au risque : économie des transactions dans la régulation sociale », *Les Cahiers du Groupe Epistémologie des Cindyniques,* n° 2, IEC, 1996, Paris, pp. 66-77.

Martin G. – *Précaution et évolution du droit*, Recueil Dalloz Sirey, 1995, 39e Cahier, Chronique, pp. 299-306.

Rémond-Gouilloud M. – *« L'incertitude et le droit, Responsabilité et environnement », Annales des Mines,* avril 1996, n° 2, pp. 101-106.

Serres M. – *Eclaircissements*, Bourin, Paris, 1992, pp. 149-200.

LA RESPONSABILITÉ ET LA PRÉCAUTION

Jean-Pierre Galland
Chargé de Mission au Ministère de l'Equipement,
des Transports et du Logement

Le principe de précaution interroge les rapports entre science et décision. Ce faisant, il remet en cause, ou tout au moins réinterroge la pratique de l'expertise scientifique.

1. Histoire récente de l'expertise scientifique

Pour comprendre les questions qui se posent aux experts, aujourd'hui, en France, il faut avoir conscience de l'évolution rapide de la pratique de l'expertise scientifique depuis une trentaine d'années, tout au moins vis-à-vis de ce qui touche aux décisions publiques.

Dans les années 70, pour schématiser, l'expert scientifique français était relativement invisible, confiné dans les départements ministériels, et généralement dénoncé comme « un technocrate » au service de l'Etat. Ceci a largement évolué depuis le début des années 80, deux lois étant venues transformer le statut de l'expert scientifique, contribuant à rendre l'acte d'expertise plus visible.

La loi de 1982 sur l'orientation de la recherche avait notamment pour finalité de « mettre la science au service de la société ». Cela suppose que désormais les experts scientifiques ne travaillent plus seulement pour l'Etat, mais également pour les industries, ou d'autres collectivités publiques. Par ailleurs, c'est dans le cadre de la loi de 1982 qu'est créée la catégorie nouvelle des Etablissements publics à caractère scientifique et technique (EPST) : le CNRS, l'INSERM, l'INRETS, rentrent désormais dans cette catégorie et fournissent l'essentiel de l'expertise publique française sur leurs domaines de compétences respectifs.

Dans le même temps et du fait cette fois des premières mesures de décentralisation (loi de 1983), ce sont les commanditaires de l'expertise qui commencent à se diversifier : peu à peu, certaines communes vont commencer à avoir recours aux experts scientifiques, notamment dans les domaines émergents (environnement).

Ainsi et en quelques années, on aura assisté à une certaine autonomisation de l'expertise scientifique : le cordon ombilical reliant les experts à l'Etat aura été sinon rompu, du moins bien entamé, et la pratique de l'expertise, souvent d'ailleurs désormais contractualisée entre les deux parties, y aura gagné en visibilité.

2. Les évolutions de la responsabilité

Dans les années 1990 en France, la question de la responsabilité s'est infléchie ou développée dans deux directions différentes, voire divergentes, comme le décrit Paul Ricœur dans un article récent (« Le concept de responsabilité ; essai d'analyse sémantique », *Esprit* n° 11, 1994).

D'un côté, et dans son acception philosophique, le concept général s'est étendu à de nouvelles formes de responsabilité, selon la direction impulsée par Hans Jonas dans son ouvrage *Le Principe Responsabilité ; une éthique pour la civilisation technologique* (1990) : notre responsabilité présente s'étend de plus en plus, au fur et à mesure du développement de notre puissance technologique, et nous sommes même désormais comptables de nos actes vis-à-vis des générations futures.

De l'autre côté, simultanément, et sur un plan beaucoup plus pratique, la responsabilité juridique s'est considérablement accrue. La multiplication des procès, suite notamment à des accidents ou catastrophes, a transformé le paysage juridique. La République est désormais « pénalisée » et certaines personnes qui, jusque-là, n'étaient pas inquiétées, peuvent désormais être mises en cause.

3. Le principe de précaution

Le principe de précaution, même dans son imprécision actuelle, interpelle les experts, notamment vis-à-vis de ces évolutions récentes et divergentes de la responsabilité.

Distinguons en effet, à la suite de Gilles Martin (« Précaution et évolution du droit », Recueil Dalloz-Sirey, 1995) deux usages possibles du principe de précaution, correspondant finalement aux deux évolutions récentes de la question de la responsabilité évoquées ci-dessus :

- le principe de précaution, et c'est son « usage » le plus courant, peut être invoqué *ex ante*, lorsqu'il s'agit de prendre une décision importante en avenir incertain, sur des questions portant sur le long terme (effet de serre par exemple) ;
- le même principe, et cela s'est déjà vu, peut également être invoqué *ex post*, lorsqu'il s'agit d'analyser juridiquement des accidents ou catastrophes passées, et de tenter de déterminer des responsabilités.

Sous ces deux angles, et sous réserves que le principe soit lui-même manié avec une certaine prudence, le principe de précaution est sans nul doute un outil supplémentaire intéressant permettant d'asseoir des décisions plus raisonnées.

Cependant, le principe de précaution peut poser problème dès lors qu'il est invoqué, ou susceptible d'être invoqué, à la fois pour son aspect prospectif et pour ses aspects juridiques *ex post*. Dans le ministère pour lequel je travaille, des experts sont en charge de traiter d'un certain nombre de risques naturels localisés. Pour certains de ces risques (glissements de terrain en particulier), le principe de précaution pourrait « s'appliquer » : ces risques sont relativement identifiés et connus, mais en même temps entachés d'une énorme incertitude. Ils sont difficilement prévisibles, mais susceptibles d'entraîner des « conséquences graves et irréversibles », parfois sur des populations bien localisées. Nos experts sont sollicités par les collectivités locales pour établir des diagnostics, et parfois proposer des solutions de protection dans ces situations périlleuses. Ils sont ainsi soumis à une sorte de double contrainte vis-à-vis des deux facettes du principe de précaution, telles qu'indiquées plus haut : leurs institutions les poussent de plus en plus à pratiquer de nombreuses expertises – puisqu'ils sont au « service de la société » –, mais les laissent seuls devant la menace de la mise en cause judiciaire. Certains refusent, dans ces conditions, de s'engager. D'autres tentent d'inventer, avec les populations et les responsables politiques et administratifs locaux, des solutions intermédiaires en recourant par exemple à la notion de « scénario de risque acceptable ».

Une question demeure cependant irrésolue avec cette dernière piste. Que se passerait-il si, en dépit de toutes les concertations réalisées, advenait néanmoins une catastrophe non prévue ? quelles seraient les responsabilités engagées ? la notion de coresponsabilité aurait-elle un sens aux yeux de la justice ?

La question des rapports entre experts, populations concernées, et justice, dans le cas tout au moins de risques localisés et difficilement calculables, reste à explorer.

RÉFÉRENCES

Conquête de la sécurité, gestion des risques, ouvrage codirigé par Christine Dourlens, Jean-Pierre Galland, Pierre. A Vidal-Naquet, Jacques Theys, L'Harmattan, 1991.

Les Insécurités urbaines ; nouvelles approches, nouveaux enjeux, ouvrage codirigé par Christine Dourlens, Jean-Pierre Galland, Pierre.A.Vidal-Naquet, Ed. du STU, La Documentation Française, 1993.

Prévenir les risques : de quoi les experts sont-ils responsables ? ouvrage codirigé par Jean-Pierre Galland et Geneviève Decrop, Editions de l'Aube, 1998.

LE PRINCIPE DE PRÉCAUTION, UNE RÈGLE D'ABSTENTION ?

Olivier Godard
Directeur de Recherche au CNRS,
Laboratoire d'Econométrie de l'Ecole Polytechnique

1. Une incompréhension persistante de la nature du principe de précaution

Les discussions publiques sur le principe de précaution font apparaître de façon récurrente un écart important entre les croyances exprimées par des militants, des journalistes ou des « experts » sur ce que seraient le principe de précaution et les obligations qui lui sont attachées et ce qu'en disent de façon explicite les textes juridiques. Ces derniers lui ont récemment fait une place dans le droit positif international, communautaire ou interne. C'est par exemple la loi Barnier sur la protection de la nature de 1995 qui introduit le principe de précaution sous la forme d'un amendement au code rural. D'après ce texte, il s'agit du principe « *selon lequel l'absence de certitudes, compte tenu des connaissances scientifiques et techniques du moment, ne doit pas retarder l'adoption de mesures effectives et proportionnées visant à prévenir un risque de dommages graves et irréversibles à l'environnement à un coût économique acceptable* ». La vulgate circulante en fait pourtant quasiment une « règle impérative d'abstention », comme l'illustre la définition que, dans un souci pédagogique empreint de bonne volonté, la journaliste du *Monde* Raphaële Rivals, en donnait dans un commentaire d'un arrêt récent du Conseil d'Etat. Il s'agissait de l'arrêt suspensif relatif à l'autorisation de la mise en culture du maïs génétiquement modifié proposé par la firme Novartis. Cette journaliste disait ainsi de ce principe « *qu'il veut qu'un décideur ne se lance dans une politique que s'il est certain qu'elle ne comporte absolument aucun risque environnemental ou sanitaire* » (Rivals, 1998). Or le principe de précaution, ce n'est pas cela, la définition de la loi Barnier l'atteste, et ce ne peut pas être cela ! Est-on en présence d'un cas manifeste de légèreté de certains médias ? Peut-être, mais on doit surtout y voir le reflet d'un état actuel de l'opinion. Ce qui est donné dans cette formule erronée, c'est moins une définition du principe de précaution que l'aspiration qui émane de certaines couches de l'opinion, lasses des risques imposés par des pouvoirs économiques, administratifs et politiques qui échappent à leur contrôle et qui leur semblent avoir, par le passé, fait preuve d'une légèreté criminelle dans la manière d'exposer la population à de nouveaux types de risques.

Il faut dire que journalistes et opinion publique ont de quoi se tromper au vu des flottements et erreurs manifestés par certains de ceux-là même qui devraient les guider, par exemple les Conseillers d'Etat. Ainsi dans leurs réflexions sur le droit de la santé présentées dans leur rapport annuel de 1998, ces derniers discutent de la portée du principe de précaution et commencent par le caractériser de la façon suivante : « *Ce nouveau concept se définit par l'obligation pesant sur le décideur public ou privé de s'astreindre à une action ou de s'y refuser en fonction du risque possible. Dans ce sens, il ne lui suffit pas de conformer sa conduite à la prise en compte des risques connus. Il doit, en outre, apporter la preuve, compte tenu de l'état actuel de la science, de l'absence de risque* » (1998, p. 256). L'exigence de « preuve de l'absence de risque » est bien écrite en toutes lettres ! De même, usant d'une formule restée célèbre depuis lors, le commissaire du gouvernement Legal avait-il estimé le 9 avril 1993 devant le Conseil, ayant à rapporter sur un recours concernant la responsabilité des centres de transfusion sanguine du fait de la contamination du sang par le virus du sida : « *En situation de risque, une hypothèse non infirmée devra être tenue provisoirement pour valide, même si elle n'est pas formellement démontrée* ». C'est cette formulation que Michel Setbon (1997, p. 201), spécialiste reconnu de santé publique et défenseur d'une approche scientifique de la prévention, reprend à son compte pour caractériser le principe de précaution. Tout cela ne manque pas d'être impressionnant et peut troubler les esprits les mieux avertis : il y a plus que des nuances entre les formulations retenues par les Conseillers d'Etat et celle de la loi Barnier ou d'autres textes internationaux qui lui sont proches.

Le rideau de fumée peut et doit cependant être dissipé en se souciant de regarder les choses de plus près. D'abord n'est-il pas inutile de souligner que la formulation du Commissaire Legal n'a pas été reprise à son compte par le Conseil d'Etat dans son arrêt. C'est bien le principe de la responsabilité objective, sans faute, qui a finalement été retenu pour caractériser les obligations des centres de transfusion sanguine, comme le rappelait récemment

Marceau Long (1997), qui présidait le Conseil à cette occasion. Michel Setbon n'a retenu la formulation extrême, sans valeur juridique, du Commissaire Legal que pour mieux parvenir dans la suite de son texte à critiquer sévèrement le rôle qui pourrait être donné au principe de précaution comme guide de l'action publique en matière de risques, au profit d'une défense et illustration d'une approche classique de la prévention fondée sur la seule connaissance scientifique des risques. Quant à l'énoncé retenu par les Conseillers d'Etat à propos du droit de la santé, on s'aperçoit dans la suite de leur texte qu'il leur sert de repoussoir pour mieux défendre l'idée qu'il n'y a pas lieu de faire du principe de précaution un nouveau fondement de la responsabilité dans ce domaine. Autrement dit, à leurs yeux, ce qui est dit de ce principe dans des textes juridiques ne doit pas modifier les règles de responsabilité en vigueur, thèse à laquelle on peut adhérer sans avoir besoin au préalable de défigurer le principe en question...

Il me faut donc le marteler : le principe de précaution n'est pas une règle d'abstention qui aurait pour effet de conditionner la délivrance d'une autorisation publique d'une activité, d'une technique ou d'un produit à l'apport de la preuve de l'absence de risque...

2. Les apories de la règle d'abstention

La « règle de l'abstention » a trois composantes peu défendables considérées isolément et encore moins lorsqu'elles sont prises ensemble :

a. La référence au dommage zéro

L'idée de preuve de l'absence de risque contient l'idée implicite que le « dommage zéro » serait une norme possible et désirable. Or dans un monde de rareté où l'ensemble des demandes concurrentes ne peuvent pas être satisfaites et où s'imposent des arbitrages sur l'emploi des ressources économiques, il est impossible de faire du « dommage zéro » une norme universelle. Il est certes possible de se donner un tel objectif dans des cas très particuliers, tout en sachant que la mobilisation des ressources requises dans ces cas-là aura pour contrepartie d'empêcher que l'on donne un traitement analogue à d'autres risques. Il faut donc des justifications particulières (une gravité exceptionnelle même à faibles doses, par exemple) à un tel traitement d'exception. En tant que norme générale, le principe de précaution ne les fournit pas. Cela est d'autant plus vrai que la plupart des situations décisionnelles nécessitent un arbitrage entre un risque et un autre et non pas entre une option risquée et une autre qui ne l'est pas.

b. La focalisation sur l'évitement du scénario du pire

On invoque le principe de précaution lorsque la réalité du risque n'est pas encore bien établie sur le terrain scientifique, que plusieurs hypothèses ou théories sont encore en concurrence sans qu'une démarche scientifique ait encore pu les départager. Face à de tels risques, il est sage de chercher à cerner ce que pourrait être le pire scénario, mais il ne le serait pas d'accorder une importance exclusive à ce scénario du pire. Or l'exigence d'innocuité qui résulte de la règle d'abstention force le décideur à ne considérer que celui-là : si le pire scénario est bénin, l'activité à risque peut être autorisée ; s'il ne l'est pas, la preuve de l'absence de risque ne peut donc pas être apportée et l'autorisation devrait être refusée.

Or cette approche du problème conduit à de graves difficultés pratiques. Dans un contexte scientifique incertain et controversé, un scénario du pire ne peut pas être vu comme le reflet objectif et unique d'une réalité qui n'est encore connue que de façon très imparfaite. Il dépend de l'imagination des scénaristes et des conventions de méthode pour choisir les effets pris en compte et couper dans les séquences d'interaction. De plus, dans un contexte de controverse scientifique et sociale sur les options d'action à retenir, la logique de la controverse sociale conduira chaque camp à s'engager dans une surenchère du pire afin de disqualifier l'option adverse. Cela aboutira *in fine* à ce que j'appelle le « nivellement par le pire », chaque option d'action en présence étant créditée d'un potentiel de catastrophe ([1]). La référence à l'évitement du scénario du pire perdra alors toute valeur décisionnelle, elle ne permettra pas de choisir.

c. L'inversion de la charge de la preuve

Selon certains, on l'a vu, le principe de précaution se caractériserait par l'inversion de la charge usuelle de la preuve : ce serait à l'entrepreneur, à l'innovateur ou au promoteur d'une action nouvelle de prouver l'absence de tout risque de dommage avant de pouvoir recevoir l'autorisation demandée... La portée de cette exigence dépend de la conception qu'on se fait de la science. Dans une conception positiviste de la science où l'incertitude est supposée se réduire à proportion de l'avancée des connaissances, jusqu'à pouvoir totalement disparaître, la demande de preuve de l'innocuité se tra-

---

([1]) Que l'on songe à l'alternative fréquemment posée entre risque nucléaire et risque climatique et à ce que pourrait être une décision fondée sur le seul critère de l'évitement du scénario du pire !

duirait seulement par des délais supplémentaires de mise en œuvre des innovations, ceux qu'il faudrait à la science pour apporter les « preuves » requises. Cependant, cette vision de la science ne correspond plus à la conception que l'on en a acquise durant le vingtième siècle : il y a au cœur de tout savoir appliqué des incertitudes irréductibles, et le progrès scientifique engendre autant de nouvelles incertitudes qu'il n'en réduit d'anciennes. Exiger la preuve scientifique de l'innocuité d'une quelconque action revient à demander l'impossible.

3. Une conception non positiviste de la précaution

Dans une conception non positiviste de la science, le principe de précaution se caractérise non par l'idée d'inversion de la preuve, mais par une prise de distance de la décision vis-à-vis de l'exigence de preuve scientifique, que la preuve soit à charge ou à décharge. Cela correspond d'ailleurs aux énoncés figurant dans les textes juridiques comme celui de la loi Barnier. Il est légitime de s'inquiéter d'un risque avant d'avoir acquis des certitudes sur le danger encouru. Mais il est également légitime d'autoriser des innovations ou, plus généralement, des actions potentiellement génératrices de risques avant d'avoir acquis la certitude scientifique de leur innocuité. Le domaine d'application du principe de précaution se situe dans l'entre-deux borné par ces deux repères limites : la preuve de l'existence du dommage et la preuve de l'absence de dommage. On peut alors avancer que le principe de précaution est le principe « *selon lequel il est fondé d'agir avant d'avoir des certitudes scientifiques* », dès lors que l'agir embrasse solidairement la prise de risque, l'adoption de mesures proportionnées de sauvegarde (limitation d'échelle de l'introduction, surdimensionnement de sûretés, moratoire sélectif sur certaines substances...), et la définition de dispositifs collectifs d'accompagnement et d'encadrement de l'action traitée comme une expérimentation à partir d'une reconnaissance explicite et précoce des risques possibles (lancement de programmes de recherches, exploration des points de vue marginaux, recueil de données, suivi des actions autorisées...). Ces dispositifs doivent eux-mêmes être conçus de façon à être réversibles au vu des leçons de l'expérience. Dans de rares cas, il est possible que l'abstention s'impose au vu d'un tableau des risques et des avantages par trop déséquilibré au détriment de ces derniers. Ce sont des éléments d'appréciation particuliers, et non l'attitude générale de précaution, qui peuvent conduire à une telle issue.

On retrouve alors l'esprit « possibiliste » de la définition retenue par la loi Barnier dans le champ de l'environnement : l'absence de certitudes scientifiques ne doit certes pas retarder les actions de prévention, mais ces dernières doivent demeurer proportionnées et n'imposer que des coûts économiquement acceptables. Cette manière d'introduire la notion classique de proportionnalité et celle d'acceptabilité renvoie au plein exercice de différentes procédures d'instruction, d'évaluation et de débat public, à l'opposé de toute idée de norme impérative supérieure qui viendrait court-circuiter de telles procédures. C'est de la combinaison de l'expertise et de la délibération collective impliquant les citoyens que peut surgir une réponse raisonnable, mais toujours difficile à justifier complètement, au défi posé par des risques potentiellement graves et irréversibles.

L'enjeu d'une prise au sérieux du principe de précaution est le rétablissement progressif d'une relation de confiance des citoyens envers les institutions publiques et les responsables économiques, administratifs et politiques qui ont à connaître des risques. Cela ne sera pas obtenu par le seul renforcement ou la sophistication de l'expertise scientifique et technique. De nouvelles procédures doivent être trouvées pour permettre d'associer dès l'amont, au stade du recueil et de l'analyse de l'information sur les risques craints, des représentants des citoyens ordinaires qui puissent vérifier par eux-mêmes le caractère sincère du processus d'information et d'expertise. Cette association des citoyens ordinaires doit ensuite marquer les principales étapes de l'élaboration de la politique de prévention, selon des formes diversifiées. C'est en rompant avec la culture du secret et du monopole attribué aux experts que l'on pourra passer de la notion de « risque acceptable » à celle de « risque accepté ».

RÉFÉRENCES

CAMERON, J. and WADE-GERY, W. (1995). – « Adressing uncertainty. Law, policy and the development of the precautionary principle », in Dente, B. (ed.), *Environmental Policy in Search of New Instruments*. Dordrecht, Kluwer Academics, pp. 95-142.

CONSEIL D'ETAT (1998). – *Rapport public 1998. Réflexions sur le droit de la santé*. Paris, La Documentation française (coll. « Etudes et documents » n° 49).

GODARD, O. dir. (1997). – *Le Principe de précaution dans la conduite des affaires humaines.* Paris, Ed. de la Maison des Sciences de l'Homme et INRA-Editions.

GODARD, O. (1998). – « Le principe de précaution : renégocier les conditions de l'agir en univers controversé », *Natures, Sciences, Sociétés*, **6** (1), pp. 41-45.

GODARD, O. (1998). – « Sur la nature du principe de précaution et ses effets sur la responsabilité », *Esprit*, juin, pp. 185-189.

HERMITTE, M.-A. et NOIVILLE, C. (1993). – « La dissémination volontaire d'organismes génétiquement modifiés dans l'environnement. Une première application du principe de prudence », *Revue juridique de l'environnement* (3), pp. 391-417.

JONAS, H. (1990). – *Le Principe Responsabilité. Une éthique pour la civilisation technologique.* Paris, Ed. du Cerf.

LASCOUMES, P. (1996). – « La précaution comme anticipation des risques résiduels et hybridation de la responsabilité », *L'Année sociologique*, vol. 46 (2), pp. 359-382.

LASCOUMES, P. (1997). – « La précaution, un nouveau standard du jugement », *Esprit*, novembre.

LONG, M. (1997). – « Préface », in O. Godard (dir.), *op. cit.*, pp. 13-22.

O'RIORDAN, T. and CAMERON, J. (eds) (1994). – *Interpreting the Precautionary Principle.* London, Earthscan.

RIVALS, R. (1998). – « Le commerce de maïs transgénique suspendu au nom du principe de précaution », *Le Monde*, 27-28 septembre.

SETBON, M. (1997). – « Le principe de précaution en questions », *Revue française des Affaires sociales* (3-4), décembre, pp. 201-207.

LA PRÉCAUTION, ART DE LA DÉCISION EN UNIVERS INCERTAIN

Martine Rémond-Gouilloud
Professeur aux Universités

L'incertitude quant aux effets à terme d'une technologie neuve peut inspirer deux attitudes inverses. La première consiste à attendre d'avoir acquis une certitude sur le mal à conjurer pour réaliser le projet susceptible de comporter un risque ; la seconde à l'entreprendre sans attendre, repoussant les mesures de prudence au jour où des preuves de nocivité irréfutables seront acquises. Opposées, poussées à l'extrême, ces deux attitudes sont l'une et l'autre indéfendables. La première, conduisant à renoncer à tout projet soupçonné d'avoir des effets nocifs, paralyse le développement : conservatrice, elle caricature la réaction frileuse prêtée aux écologistes face à l'innovation. Quant à la seconde, faite de la témérité qui engendre les catastrophes, elle permet de poursuivre tranquillement développement et production en attendant des résultats incontestables. D'un côté, le présent se trouve hypothéqué au nom d'un futur improbable ; de l'autre, le long terme se trouve sacrifié sous la pression du bénéfice à court terme.

Réagissant également contre ces deux comportements, une voie moyenne commence à se dessiner, qui, sans paralyser l'innovation, suggère une conduite propre à minimiser les risques impossibles à anticiper : on l'appelle principe de précaution.

Emergence ; succès

« Lorsque existe une menace grave ou irréversible pour l'environnement, l'absence de certitude scientifique parfaite ne doit pas servir de prétexte pour ajourner des mesures propres à la prévenir. » Tel est en substance le principe.

Il s'agit d'inverser l'attitude traditionnelle face au risque : la présomption d'innocuité fait place à une présomption de nocivité. De l'audace à la prudence, le bénéfice du doute change de camp : la zone de doute devient zone tampon, ménageant une marge de sécurité inédite. L'idée, originaire d'Allemagne, y a été mûrie et débattue avant et plus qu'ailleurs (1). La première référence légale apparaît aux Etats-Unis, dans le programme fédéral sur l'environnement de 1971 (Rehbinder). Mais c'est en mer du Nord qu'il prend vraiment consistance : en 1972, dans l'accord instituant la Commission d'Oslo sur la pollution marine tenant aux immersions (2), puis, surtout, en 1987, dans la déclaration finale de Londres, adoptée à l'issue de la seconde conférence des Etats sur la mer du Nord, où il figure trois fois : sur la base de cette approche, les Etats riverains s'engagent à réduire leurs émissions toxiques sans attendre d'avoir acquis la certitude scientifique de leur effet nocif sur la flore et la faune marine (Cameron-Abouchar, p. 4). Dès lors, en quelques années, ce principe va faire fortune. Solennellement affirmé en janvier 1991 par les Ministres de l'Environnement de l'OCDE, il est consacré par la Déclaration de Rio, en juin 1992 (Principe 15), en décembre suivant par le préambule de la Convention sur la diversité biologique, enfin dans le texte d'un accord sur la protection des cours d'eau transfrontières et des lacs internationaux (art. 2, Conv. Helsinki, 17 mars 1992). Avec le Traité de Maastricht, le principe fait son entrée dans l'Union européenne, qui en fait l'un des fondements de la politique communautaire sur l'environnement (art. 130 R., Traité UE). Le Royaume-Uni l'inscrit dans un Livre blanc en 1990, l'Australie dans un accord intergouvernemental de 1992. Les droits nationaux s'y réfèrent : ainsi en France, la loi 2 février 1995 l'énonce parmi les principes propres à renforcer la protection de l'environnement (art. L. 200-1, Nouv. Code rural).

Voici encore la précaution devenue enjeu judiciaire, en Allemagne par exemple, en Australie, au Royaume-Uni. En France, l'idée, ignorée des années quatre-vingt, apparaît en justice avec le drame du sang contaminé en 1993, lorsque le Conseil d'Etat s'en inspire alors pour fonder une responsabilité élargie de l'Etat en matière de transfusion sanguine. Cependant, son arrêt n'en dit rien. Et il faudra attendre le 25 septembre 1998 pour que, dans une décision relative aux organismes génétiquement modifiés, il y soit expressément fait référence.

La précaution s'inscrit enfin dans les pratiques politiques. Avec la crise

(1) Les principes *vorsorgeprinzip et gefahrenvorsorge* en sont prémonitoires.

(2) Et non dans la déclaration des Nations Unies sur l'environnement adoptée la même année à Stockholm, contrairement à ce qu'on dit parfois.

de la « vache folle », la France en fait l'apprentissage sur le terrain. L'expérience est brutale. La nouvelle que la maladie bovine britannique, qui commence à se répandre en Europe, pourrait être transmissible à l'homme, touche un pays traumatisé par le drame du sang : 1992 est l'année des grands procès de la transfusion. Du coup, la démarche va s'imposer d'emblée : anticipant les effets de la maladie, les mesures exigeantes vont aller s'amplifiant, de l'obligation d'abattage des troupeaux à leur incinération, de l'interdiction d'emploi des produits à base de tissus bovins à leur retrait du marché. Le principe de précaution, fondement officiel de cette politique, d'abord évoqué, se trouve bientôt invoqué, puis martelé en toutes lettres par les arrêtés qui l'invoquent : ainsi un arrêté du 28 août 1996, suspendant la mise sur le marché de cosmétiques à base de tissus bovins.

Cependant, le succès du principe n'a d'égal que le flou qui l'entoure. Si, l'idée étant en vogue, chacun s'en prévaut depuis quelque temps, chacun lui prêtant le sens qu'il en espère et tentant d'exorciser celui qu'il redoute, nul n'en retient la même acception. S'agit-il d'une règle de fond, imposant l'action, ou d'une simple inversion de la preuve ? D'incertitude en général ou seulement d'un lien de causalité incertain ? Le principe est-il lié à d'autres, action préventive, correction à la source, pollueur-payeur, énoncés par l'article 130 R_2 du Traité CEE, en est-il indépendant, comme le suggère sa version anglaise, ou les englobe-t-il tous ? Sans surprise, aucune définition convaincante ne parvient à rallier tous les suffrages. Faut-il même s'arrêter aux dispositions légales ? Les lieux où l'on débat du concept ne sont pas nécessairement ceux où on le met en pratique. Suède, Etats-Unis l'appliquent sans le dire ; le premier accord international significatif de la démarche, le protocole de Montréal du 16 septembre 1987, par lequel les Etats industriels décidaient de contrôler la production de substances soupçonnées d'influer sur la dégradation de la couche d'ozone (1), se contente d'une brève allusion à des mesures de précaution, dont rien ne dit qu'elles constituent la mise en œuvre d'un principe spécifique.

Nul doute que l'émergence d'un concept si neuf suppose un temps d'hésitation, chacun cherchant à lui faire une juste place dans son appareil de pensée. Cependant, ce consensus flou ne doit pas tromper : par delà les enjeux théoriques, la précaution, principe tourné vers l'action, intéresse l'industrie de pointe et les grands aménageurs : et, par delà consensus bienveillant et attentisme de façade, la controverse bat son plein.

(1) Protocole du 16 septembre 1987, adopté en application de la Convention de Vienne du 22 mars 1985.

Il est exact que le principe risque de donner prise à divers effets pervers, justement soulignés (Duby, Ewald). Mal entendue, la précaution peut devenir prétexte à paralyser un concurrent disposant d'une avance technologique. De plus, comme les mesures prises à ce titre sont elles-mêmes, par hypothèse, entachées d'incertitude, le remède a des chances d'être pire que le mal. Enfin, bien entendu, la précaution a un coût. D'une part, elle peut se traduire par une prévention obsessionnelle, poussant à gaspiller des sommes inconsidérées à propos de risques minimes, parfaitement tolérables. D'autre part, efficaces ou non, les mesures adoptées à ce titre menacent les stratégies industrielles : ainsi, des délais d'expérimentation accrus, retardant la mise sur le marché de produits innovants, signifient une moindre rentabilité des investissements. Et l'entreprise respectueuse de la nouvelle règle du jeu a tout lieu d'y redouter un handicap supplémentaire face à des concurrents du bout du monde, qui n'en ont cure. Car ici gît le piège : l'incertitude, loin de freiner l'innovation, peut au contraire représenter un atout dans la compétition industrielle. Certains en jouent. Ainsi lorsqu'une entreprise renonce à grand renfort de publicité à l'emploi d'une substance réputée nocive, phosphates des lessives, plomb dans l'essence, dont la parade est connue, mais coûteuse, pour lui substituer un autre produit, dont nul ne sait rien : en attendant que, les inconvénients de la substance inconnue se révélant, la nocivité en soit dûment établie, l'investissement industriel sera amorti depuis longtemps.

A cette fin, l'intervention proposée vise à éclairer, d'une part, le champ d'application du principe, d'autre part, sa valeur juridique. En conclusion, la question, encore largement en suspens, du contenu du principe sera évoquée.

Sur le champ d'application du principe

- *L'incertitude* : la précaution, par de la prévention, en présence de risques incertains.
- *Le vivant* : la raison d'être de la prudence tient ici aux réactions incontrôlables, imprévisibles, donc insurmontables, de la nature ; la nature s'entend ici de la santé et de l'environnement, en nous comme hors de nous.
- *Le progrès technologique* : les avancées rapides de la science, multipliant les risques inconnus, imposent l'institutionnalisation de la prudence caractérisée par le principe de précaution.

Sur la valeur juridique du principe

La précaution, principe de politique publique, a pour fonction première de guider le décideur à l'instant de l'action.

- Faut-il aller plus loin ? L'efficacité juridique directe du principe ne va pas de soi, comme tendent à le montrer plusieurs contentieux récents : l'affaire Duddridge jugée au Royaume-Uni à propos des champs électromagnétiques émanant des lignes électriques à haute tension, la décision rendue au printemps 1998 à propos d'un commerce de la viande aux hormones dans le cadre de l'Organisation Mondiale du Commerce, par suite de plaintes des Etats-Unis et du Canada à l'encontre de la Communauté européenne, en offrent des exemples.
- Cantonner la précaution dans le rôle d'un principe vague, tout au plus limité à inspirer le décideur sans effet obligatoire direct, serait cependant négliger le rôle de la jurisprudence, chargée d'interpréter les silences de la loi, sous peine de déni de justice, ainsi que le réflexe normal du juge, réponse à l'attente du justiciable, consistant à privilégier la sécurité en toutes circonstances. En situation de risque technologique comportant une menace incertaine, grave ou irréversible pour l'environnement, le respect du principe de précaution correspond au comportement normalement exigible du décideur et sa violation à la négligence sanctionnée depuis toujours par le droit de la responsabilité.

Conclusion

Du contenu de la précaution, variable suivant la nature des risques, la pratique professionnelle en cause et l'urgence de la menace, on déduit qu'il convient, à ce stade, de se contenter d'esquisser quelques orientations méthodologiques. Il est clair, d'abord, que la réaction de précaution comporte deux volets, à la fois une part d'action et un effort accru de recherche : la précaution, par vocation provisoire, vise à sortir dès que possible de la situation d'incertitude née des effets potentiels d'une avance technologique. Autant, et plus que de recherche, c'est d'information qu'il s'agit : la vigilance y joue un rôle de premier plan, en temps de crise, mais également en amont, en dehors de toute crise, afin d'être paré à réagir à la première alerte ; les retours d'expérience y contribuent notamment. Il apparaît enfin que les risques incertains, suscitant l'inquiétude du public, requièrent la transparence de l'information en direction du public, celle-ci impliquant une formation permettant d'y accéder. Cette information dûment relayée jusqu'au décideur, se traduisant par un avis citoyen, la participation du public s'impose naturellement ; dans cet univers neuf, la décision ne se dicte pas d'en haut, mais se construit : dans ce processus, du sommet de la science au dernier citoyen chacun trouve sa place.

CONCLUSION

Jean Foyer
de l'Institut, Ancien Ministre

« Incertitudes, ô mes délices !
Vous et moi nous nous en allons
Comme s'en vont les écrevisses
A reculons, à reculons. »

G. APOLLINAIRE.

Les orateurs ont soulevé un certain nombre de problèmes de première importance qui se posent entre l'instant de la décision, dans laquelle s'impose le respect du principe de précaution, et d'autre part l'étape finale, la réalisation du sinistre et la responsabilité qui peut en découler.

Il y a un certain nombre de choses qui restent incertaines à la suite de ce débat :

- Est-ce que le principe de précaution est une règle juridique sanctionnée ou est-ce qu'il est un principe politique qu'il faudrait respecter ? Les opinions divergent quelque peu.
- Quelle est l'étendue d'application de ce principe ? Jusqu'ici nous avons des textes qui en ont fait application dans des domaines déterminés, fort larges certes, mais sont-ce des règles spécifiques ou des corollaires d'un principe général : un principe de précaution qui dominerait toutes les activités sociales ?

Quelle est la signification exacte de ce principe de précaution ? Nous avons entendu des choses différentes. On n'est pas très convaincu - et là je partage le point de vue de Monsieur Godard - de l'exactitude des propos du Conseil d'Etat qui d'ailleurs me semble avoir méconnu totalement une règle de la sagesse des nations exprimée par Aristote, à savoir que « la preuve d'une proposition négative universelle est impossible ».

Ensuite, quelles applications tirer du principe de précaution ? On est là en présence d'une dialectique du progrès et de la sécurité, et il est très difficile de trancher dans des cas particuliers et puis encore de donner une ligne générale. On décide au coup par coup et c'est dans ce domaine que l'expertise scientifique prend une importance de plus en plus grande. On est en train d'assister à une espèce de transfert de responsabilité du décideur public ou privé sur le scientifique car c'est celui qui sait.

Enfin, quant aux conséquences de l'irrespect du principe de précaution, ce que nous avons dit combat tout à fait l'idée qu'il ne s'agit pas d'une règle juridique car il est évident qu'aucune jurisprudence civile, quand on lui apportera la preuve qu'il y a eu absence de précaution, ne dira qu'il ne s'agit pas là d'une faute engageant la responsabilité de ses auteurs.

DISCUSSION

Maurice Tubiana

La médecine est un domaine dans lequel le principe de précaution s'applique depuis longtemps. Les médecins ont tenté de mettre en balance les risques et les avantages de toutes attitudes. A mesure qu'ils ont réussi à quantifier ces risques et ces avantages, la médecine a considérablement progressé. Le principe de précaution devrait tendre à une évaluation des risques putatifs et des avantages. Si nous ne tentons pas de quantifier les risques et les avantages, nous allons entretenir certaines difficultés et notamment le mythe illusoire du risque zéro.

Olivier Godard

Les économistes ont l'habitude de réaliser des analyses coûts/avantages et d'y incorporer la prise en compte des incertitudes par un recours aux probabilités. Dans un contexte de risques nouveaux encore mal définis, le recours aux probabilités est plus difficile. Sans probabilités, il existe différentes façons d'être raisonnable. Ceux qui ont le goût du risque vont minimiser les perspectives de perte et ne voir que les perspectives de gain. Ceux qui sont extrêmement prudents vont faire en sorte que les dégâts éventuels soient les plus limités possible. L'expert ne peut pas juger ces différentes attitudes face au risque. L'expert ne peut juger de ce qu'est le risque acceptable. Le principe de précaution n'est pas une solution : il maintient la question de l'incertitude dans la société et appelle la société à inventer des procédures pour y répondre. Ces procédures doivent reposer largement sur la délibération et l'implication des citoyens ordinaires. Mais le débat fondé sur des évaluations ne vaut pas substitution du point de vue de l'expert dans la prise de décision.

Gilbert Sibieude

Le droit de la responsabilité tel qu'il existe aujourd'hui en France est confronté au droit anglo-saxon. La jurisprudence du Conseil d'Etat et la jurisprudence européenne sont-elles conciliables ?

Martine Rémond-Gouilloud

Depuis toujours, la *common law* entretient des raisonnements très différents de ceux des droits latins. L'exercice qui consiste à combiner ces deux modes de raisonnement est pratiqué depuis le début du siècle. Les conventions internationales sont des compromis entre ces deux raisonnements. La décision de justice du 25 septembre 1998 ne peut interférer dans l'action ministérielle. S'il en était autrement, il y aurait infraction au principe de séparation des pouvoirs. La raison probable du sursis à exécution tient moins au principe de précaution qu'au caractère incomplet du dossier qui avait mis l'autorité de tutelle dans l'incapacité de prendre sa décision en pleine connaissance de cause.

Question

L'incertitude scientifique correspond-elle à une méconnaissance, une ignorance des relations de cause à effet ou à une incertitude statistique liée à une relation aléatoire connue par ailleurs ? Le principe de précaution doit-il s'appliquer de la même façon selon la nature de l'incertitude scientifique ?

Marie-Claude Boelher

Concernant le risque radiologique, juridiquement, la question de fond qui se pose concerne l'hypothèse de la relation linéaire sans seuil. Il est important de développer les recherches pour apporter à cette question une réponse scientifique claire. La CIPR a émis cette hypothèse parce qu'elle est conservatrice mais il est important de déterminer s'il est possible d'apporter la preuve de l'absence de risque en la matière.

IV. II

AUTOUR DES PROCÉDURES DE CONCERTATION ET DE DÉCISION PUBLIQUE

Introduction

La contribution des sciences humaines et sociales à l'analyse et à la gestion des risques collectifs

Claude Gilbert

Directeur de recherche au CNRS
Responsable du Programme Risques Collectifs et Situations de Crise (CNRS)

L'idée que l'on se fait habituellement de la contribution de la recherche à l'analyse et, éventuellement, à la gestion des risques repose sur un schéma assez simple : il reviendrait aux sciences dites « dures » de définir de la manière la plus objective possible les risques menaçant les collectivités et aux sciences humaines et sociales d'étudier les représentations et perceptions de ces risques. A charge aux acteurs administratifs et politiques, bénéficiaires potentiels de ces travaux, d'arbitrer entre risques objectifs et risques subjectifs pour décider des politiques à engager. Un tel schéma est aujourd'hui diversement questionné.

Le fait d'attribuer aux « sciences dures » le travail d'identification des risques présuppose que les chercheurs de ces disciplines mettent à jour des risques déjà présents, existant en soi, qu'ils soient mobilisés dans ce sens et que leur attention se porte normalement sur les risques les plus graves. Il peut être opposé à une telle approche que les risques sont moins mis à jour que définis (« construits »), en fonction des méthodologies, des théories, des instrumentations disponibles, des courants de recherche dominants, etc. ; que les chercheurs, évalués selon des critères d'excellence scientifique, ne sont pas spontanément conduits à s'engager dans l'expertise des risques (« entrer en expertise » peut même s'avérer problématique) ; que les questions scientifiques liées aux risques les plus graves, les plus pénalisants ne sont pas nécessairement de « bons » objets scientifiques (ce qui introduit un biais important dans la sélection desdits objets).

De même, confier aux « sciences humaines et sociales » la tâche d'analyser les perceptions, les représentations des risques, présuppose que les personnes, les groupes sociaux, les populations, etc., exposés à des dangers manquent habituellement d'objectivité, qu'elles ont même une propension à l'irrationalité, voire à la panique (dans des perspectives peu éloignées de celles de la sociologie des foules du siècle dernier) ; que les chercheurs en sciences humaines et sociales ont naturellement vocation à donner les clefs de ces comportements ; qu'il est enfin possible de remédier à cette situation via l'éducation, la pédagogie ou, si le retour à la « raison » par ces moyens n'est pas assuré, par la « communication ». Or, selon d'autres approches, si l'on s'attache aux « perceptions » des risques – ce qui peut-être contesté – il convient alors de prendre en compte les « perceptions », les « représentations » des scientifiques, des experts, des décideurs dans les sphères administratives, politiques. Par ailleurs, les chercheurs en sciences humaines et sociales, habituellement confinés dans le rôle de spécialiste du subjectif, des passions, de l'imaginaire, de tout ce qui est censé concerner le « public », la « société civile », etc., ont aussi vocation à étudier d'autres objets liés aux risques et à introduire d'autres perspectives : comment sont sélectionnés, hiérarchisés, les risques, les problèmes publics labellisés « risques » ; comment le type de structuration, autour de ces problèmes publics, de systèmes d'acteurs relevant de différentes sphères (scientifique, administrative, économique, politique, médiatique, associative, etc.), influe-t-il sur la « gestion » de ces risques ; comment se développent les phénomènes de crise, suite à des lancements d'alerte, à l'engagement de débats et controverses publiques, aux tensions et conflits apparaissant entre les acteurs « centraux » situés dans les différentes sphères, compte tenu des enjeux apparaissant alors en termes de légitimité, de pouvoir, de contrôle de ressources, de champs de compétence, etc. Enfin, concernant le rôle des citoyens, de la population – qui fait plus particulièrement l'objet de cette table ronde –, de plus en plus de chercheurs invitent à sortir des cadres assez convenus de l'éducation, de la communication et à admettre qu'aujourd'hui s'expérimentent, dans différentes instances (commissions locales d'information, forums de citoyens, commission nationale du débat public, etc.), d'autres formes de relations entre ceux communément désignés comme étant les experts, les décideurs et les représentants de la « société civile ». Il est noté, par exemple, que, dans le cadre de « forums hybrides », l'approche des risques tend à se faire par l'instauration de nouvelles relations entre experts et non-experts, par d'autres modes de confrontation entre savoirs « savants » et savoirs « profanes ».

Bref, si l'on veut prendre véritablement en compte l'importance des évolutions en cours dans le domaine des risques collectifs, il semble nécessaire que l'on s'interroge sur un certain nombre de conceptions, de présupposés encore très habituels dans ce domaine et qui pèsent sur la façon dont est envisagée la contribution des sciences humaines et sociales.

QUELLE PLACE POUR LE DÉBAT PUBLIC DANS LA DÉFINITION D'UNE POLITIQUE DE SANTÉ ET LE CHOIX DES PRIORITÉS ?

L'exemple britannique des « juries » de citoyens

Lucie Degail
INSERM

Anticiper une crise potentielle

Il s'agit, à travers cet exemple, de réfléchir à la façon d'anticiper sur une crise potentielle, à savoir la rupture possible d'un consensus social, face à des priorités de santé, imposées – et non concertées et négociées – par la puissance publique pour des raisons économiques et des ressources financières limitées.

Dans tous les pays, surtout les plus développés, les dépenses de santé progressent plus vite que le produit intérieur brut de ces pays.

En tout état de cause, l'effort consacré à la santé ne pourra être illimité dans les prochaines années.

Dès 1994, dans son rapport « La Santé en France », le Haut Comité de la Santé Publique, soulignait la nécessité d'ouvrir un débat public, sur la mise en place d'une politique de santé publique et la détermination des priorités.

Plus récemment encore, dans son rapport « Progrès technique, santé et modèle de société : la dimension éthique des choix collectifs », le Comité consultatif national d'éthique souligne à nouveau la nécessité d'adapter le débat démocratique aux enjeux :

« *Le débat démocratique consacré aux dépenses collectives de santé, sur la base duquel sera déterminé la hauteur de l'effort de la nation, devra prendre en compte des éléments éthiques..., des éléments techniques... et des considérations économiques...* »

Cette situation n'est pas propre à la France et ce souci de renouvellement du débat public est partagé par d'autres pays européens, avec des points communs : sans remettre en cause le système de démocratie élective, sans revendiquer un système de démocratie directe, *les citoyens demandent à être plus étroitement associés aux décisions, aspirent à une démocratie plus participative.* Dans tous les cas, le débat permet aux *citoyens* d'émettre *un avis* et *des recommandations*, qui peuvent être considérés, dans le meilleur des cas, comme des outils *d'aide à la décision* pour les décideurs politiques.

Malgré le cadrage, ces tentatives se heurtent à des réticences, voire à des oppositions très fortes de l'Administration qui revendique sa légitimité de réflexion et d'action au nom de l'Intérêt collectif et du Bien Public, des Elus, qui se considèrent mandatés par le Vote, pour décider en « leur âme et conscience » de ce qui est « bon » et « bien » pour la collectivité, des médias, qui ont réussi à imposer le fait que l'espace public, ce soit « eux ».

Le recours à l'expérimentation sociale

Bien entendu, la forme adoptée pour ces débats publics est étroitement liée au *contexte socioculturel* du pays, ce qui veut dire qu'aucune expérience, quelle que soit sa qualité, ne peut être transposée in extenso d'un pays à un autre. C'est dans cet esprit qu'est présenté ici l'exemple britannique des « juries » de citoyens. Plusieurs « juries » de citoyens ont été réalisés, en 1996, par l'Institute for Public Policy Research (IPPR), sur les questions de santé et d'organisation des soins, en collaboration avec les autorités sanitaires régionales, sur les thèmes suivants :

- Les citoyens doivent-ils être impliqués en ce qui concerne la régularisation des dépenses de santé et les priorités de santé ? Sur quels critères doit-on faire les choix de priorités ? Comment améliorer la qualité de vie des malades mentaux, du personnel soignant, et de leurs proches ?
- Quelles sont les priorités à retenir dans l'organisation des soins palliatifs ?
- Sur quels critères baser, pour l'avenir, la contribution financière des citoyens au système de santé ?

Cette expérience a été évaluée au cours d'un symposium en 1997, a donné lieu à un rapport disponible à l'IPPR et permis depuis la multiplication d'initiatives, dans le domaine de la santé, mais aussi de l'environnement, des transports... Insistons sur la méthodologie rigoureuse de cette expérimentation dont nous devrions tenir compte en tout état de cause pour des expériences de ce genre en France.

Un jury de citoyens est un *panel* de 12 à 16 citoyens représentatifs, autant que faire se peut, des communautés et zone géographique concernées, interrogés sur *une question controversée*, à forts enjeux socioculturels et économiques. *Il se réunit pendant 4 jours* (suivant la complexité de la question, la durée peut être réduite à deux jours), pour émettre un *avis transparent et crédible*, mettant en évidence le maximum de points d'accord, assortis de propositions, et les désaccords éventuels, dans un *rapport final écrit et diffusé*. Le commanditaire, en l'occurrence les autorités sanitaires régionales, s'engageait à expliquer et à rendre publiques les suites données au rapport.

Retour sur expérience

Quelles sont les caractéristiques d'un jury de citoyens ? Un niveau d'*information* préalable important, du *temps* pour un examen rigoureux de l'*état des connaissances des scénarios possibles* et des *points de vue divergents*, des moments de *délibération* importants, l'*indépendance*, une *légitimité* et une certaine *autorité* vis-à-vis des décideurs.

A partir des résultats de l'évaluation, on peut identifier quelques interrogations et pistes de réflexion pour la discussion : les « juries » de citoyens impliquent seulement une poignée de citoyens. Leur organisation prend du temps (environ 4 mois) et a un coût (environ 300 000 à 500 000 F). En fonction des questions posées, ils sont plus ou moins adaptés à la préparation de certaines décisions.

Un jury peut-il être vraiment représentatif ? Quelles méthodes doivent-elles être utilisées pour le recrutement des jurés ? Dans quelle mesure, un groupe de 16 personnes peut-il être représentatif d'une communauté ? Dans quelle mesure, un jury de citoyens peut-il être l'expression d'une opinion publique ? Jusqu'où les procédures et les propositions d'un jury de citoyens peuvent-elles être crédibles et légitimes auprès de la population qu'il est censé représenté ?

Compte tenu de ces questions, il faut utiliser les jurys de citoyens avec modération. D'autres méthodes sont mieux adaptées, par exemple, pour le transfert des connaissances et l'information du public. On doit veiller à la crédibilité et à la légitimité du processus : les individus accepteront cette forme de participation délibérative et interactive de citoyens ordinaires à la condition expresse qu'ils aient la sensation que la démarche est honnête et transparente, le processus crédible, non manipulé, avec un certain impact sur la décision finale.

RÉFÉRENCES

Citizen's Juries, edited by John Stewart, Elisabeth Kendall, Anna Coote. Institute for Public Policy Research (London) 1997.

Citizen's Juries : Theory into Practice, edited by Anna Coote and Jo Lenaghan. Institute for Public Policy Research (London) 1997.

LES RISQUES DE L'EXPERTISE SCIENTIFIQUE

Jean-Jacques Duby
Directeur Général de Supélec

Le jour de l'ouverture de notre colloque à la Cité des Sciences et de l'Industrie, deux panneaux côte à côte indiquaient deux manifestations simultanées : d'un côté de l'escalier, on se dirigeait vers le colloque « Risque et Société » où nous sommes actuellement, de l'autre, vers le Forum de l'Innovation. Pour être involontaire, cette coïncidence n'en illustre pas moins ce qui sera sans doute le grand dilemme du XXIe siècle : poursuivre l'innovation scientifique et technique sur la lancée des siècles précédents, ou la freiner comme on a commencé à le faire dans ces dernières années. Il s'agit là d'un choix de société, qui ne peut être fait que pour la société et par ceux qu'elle a mandatés, à savoir les décideurs politiques. Mais pour décider de ce choix, les politiques ont besoin des scientifiques.

Depuis longtemps, le scientifique ne peut plus n'être qu'un savant, en quête du pur savoir, cherchant des réponses à ses seules interrogations sans tenir compte de celles de la société. La demande sociale vis-à-vis de la recherche est de plus en plus pressante et diversifiée. Militaire à l'origine, elle est devenue industrielle avec l'accélération du progrès technologique, puis tertiaire avec le développement des services. Aujourd'hui, de nouveaux acteurs de la société interrogent les scientifiques : les politiques pour éclairer leurs décisions, le public pour répondre à ses inquiétudes, les médias en quête d'information, et si possible de sensationnel. Mais la nature des questions posées a aussi changé : il ne s'agit plus seulement de développer les connaissances et de faire progresser les technologies, il s'agit de prévoir les conséquences possibles – bonnes, ou surtout mauvaises – du progrès scientifique et technique. Cette évolution de la demande sociale se fait particulièrement sentir dans les domaines de la santé, de l'agroalimentaire, de l'environnement, mais la demande tend à s'adresser à toutes les disciplines, y compris les sciences humaines et sociales : partout, de plus en plus, le politique et le citoyen questionnent le scientifique en lui demandant de sortir de son rôle de chercheur pour entrer dans celui de l'expert. Or, répondre à la demande sociale d'expertise implique des changements profonds dans le métier du chercheur : dans la logique même de sa démarche, dans la manière dont il communique, et surtout – et ce sera mon principal sujet – dans sa responsabilité civile, voire pénale.

La différence fondamentale entre le chercheur et le politique est que le chercheur doit prendre une décision quand il *peut* la prendre, et le politique quand il *doit* la prendre. La seule obligation de temps du chercheur, c'est de publier avant un collègue concurrent, mais en aucun cas il ne doit publier avant d'être en mesure de parfaitement justifier son résultat. Le politique, lui, se doit de prendre une décision même s'il n'a pas toutes les informations et toutes les certitudes pour la prendre. Cet illogisme apparent de la décision politique est à l'origine du principe de précaution, énoncé d'une manière qui pourra paraître provocante aux scientifiques par les Ministres de l'Environnement de l'OCDE en janvier 1991 : « L'absence de certitudes scientifiques ne servira pas de prétexte pour ajourner des mesures visant à prévenir une dégradation de l'environnement. »

Décider en l'absence de certitude n'est pas le seul changement de logique que la démarche d'expertise exige par rapport à la démarche de recherche. Le métier de chercheur – du moins dans les disciplines expérimentales – consiste à observer et analyser les faits et à construire une théorie qui les explique mieux que les théories concurrentes, quitte à mettre ces dernières en défaut, sinon à les ignorer. Le métier d'expert, au contraire, demande d'examiner les faits à la lumière de toutes les explications possibles, y compris celles qui ne sont reconnues que par une minorité de scientifiques. Le Professeur Southwood et la commission qu'il présidait à la demande du gouvernement britannique avaient commis une erreur en tant qu'experts en ne retenant pas dans leur rapport la théorie du prion de Prusiner, scientifiquement très controversée à la fin des années 80. L'erreur d'expertise s'est révélée par la suite être aussi une erreur scientifique, mais la première erreur était plus grave et a eu plus de conséquences que la seconde.

Le chercheur qui exerce une fonction d'expertise voit aussi changer ses modes de communication. Ses canaux habituels, les fameuses « revues à comité de lecture », le protègent en quelque sorte par une méthodologie stricte de relecture par des pairs, et le sanctionnent éventuellement par une déontologie sévère qui ne pardonne pas le moindre cas de « *scientific mis-*

conduct ». Pour répondre à la demande sociale d'informations, le chercheur expert va communiquer par d'autres médias, la presse grand public, la radio, la télévision, qui n'offrent aucun garde-fou. Même indépendamment de la volonté du chercheur, les médias peuvent opérer, à partir de ses publications scientifiques, des amplifications sélectives impossibles à prévoir et encore moins à maîtriser. C'est ainsi qu'au milieu des années 90, alors qu'une étude franco-américaine sur 223 000 travailleurs de centrales électriques n'avait pu mettre en évidence aucune association entre l'exposition aux champs électromagnétiques et l'apparition de 25 formes différentes de cancer, la grande presse n'avait retenu – pour en faire ses gros titres – que les deux exceptions citées par la publication scientifique : deux types rares de leucémies pour lesquels l'étude montrait une association positive, mais à la limite de la signification statistique en raison précisément de leur rareté.

La différence majeure entre activité de recherche et activité d'expertise est le fait qu'en intervenant par une expertise dans la décision politique, le chercheur s'expose sur le plan de la responsabilité civile, voire pénale. A vrai dire, le scientifique a exposé sa responsabilité du jour où ses résultats ont été utilisés par l'industrie, mais sa responsabilité a été longtemps préemptée par celle de l'industriel : tant que l'identification d'un responsable était guidée par la recherche d'indemnisation, il est évident que l'entreprise offrait à cet égard des capacités financières bien supérieures à celles d'un Directeur de Recherche, fût-il de Classe Exceptionnelle... Or, depuis quelques années, la société ne demande plus seulement des responsables, mais des coupables, et les scientifiques sont alors des cibles plus faciles à atteindre que les politiques : on l'a bien vu dans l'affaire du sang contaminé, où des experts scientifiques ont été rapidement poursuivis et pour certains condamnés. C'est alors la responsabilité pénale du scientifique qui peut être mise en cause, comme c'est le cas pour les auteurs du rapport de l'Académie de Médecine sur l'amiante, sous le coup de poursuites judiciaires pour « diffusion de fausses nouvelles ». N'étant pas juriste, je ne suis pas qualifié pour discuter des fondements juridiques de jugements condamnant des experts scientifiques. Mais étant scientifique, je sais que l'erreur scientifique fait partie intégrante du long processus de progrès des connaissances, que les savants les plus illustres en ont commis, que les théories les plus fructueuses sont parfois fondées sur des erreurs : Kepler et Newton ont montré que Ptolémée s'était trompé, et Einstein que Kepler et Newton n'avaient produit au mieux qu'une première approximation... Que l'erreur scientifique soit devenue pénalement répréhensible suspend une épée de Damoclès au-dessus de la tête de chaque chercheur : l'expertise scientifique est aujourd'hui une activité à risque.

Les conclusions du Commissaire du Gouvernement dans un arrêt récent du Conseil d'Etat ([1]) vont encore plus loin en ouvrant la porte à ce que j'appellerai le « délit d'ignorance ». Ces conclusions énoncent que « en situation de risque, une hypothèse non infirmée doit être tenue pour valide, même si elle n'est pas démontrée ». On peut certes n'y voir qu'une autre formulation du principe de précaution, mais en l'occurrence – il s'agissait de définir les responsabilités dans un cas de sida post-transfusionnel antérieur à la découverte du virus et de sa présence dans le sang – *l'hypothèse n'était ni démontrée ni infirmée pour la bonne et excellente raison qu'elle n'était même pas formulée.* Si l'on pousse le raisonnement jusqu'au bout, ce n'est plus seulement l'erreur scientifique, c'est l'ignorance scientifique qui devient répréhensible !

On voudrait que les scientifiques se replient dans la tour d'ivoire qu'ils commençaient à quitter qu'on ne s'y prendrait pas autrement. Force est de reconnaître que, déjà, les mécanismes actuels d'allocation de ressources aux projets de recherche n'incitent pas les chercheurs à affirmer que tel ou tel artefact ne présente aucun risque : au contraire, la mise en évidence d'une suspicion de risque, qu'il convient bien sûr de confirmer ou d'infirmer, ne manque pas d'attirer l'attention des responsables, qui s'empressent en général de financer les travaux nécessaires, qui eux-mêmes ne manqueront pas de révéler de nouveaux dangers potentiels, et ainsi de suite… Si, de plus, l'affirmation d'une innocuité, même dans une publication scientifique, peut amener sur le banc d'infamie, elle exigera de la part de son auteur non seulement du désintéressement, mais bientôt de l'héroïsme. Et cela est encore plus vrai si c'est dans le cadre d'une expertise scientifique, à partir de laquelle les politiques vont être amenés à prendre des décisions qui peuvent avoir des conséquences dommageables. Avec pour conséquence inévitable que les avis que donneront les scientifiques aux politiques seront systématiquement biaisés par ce qu'on appelle familièrement « l'ouverture de parapluie ».

Il importe donc de protéger les scientifiques, et particulièrement lorsqu'ils exercent des fonctions d'expertise. Le progrès technique n'a été possible que parce que les ingénieurs sont protégés par leur entreprise, qui récolte tous les profits mais assume tous les risques. Il semble nécessaire aujourd'hui que la responsabilité des chercheurs des organismes de recherche publics soit protégée par leur employeur comme l'est celle des ingénieurs dans les entreprises. L'expertise « collective » peut apporter une réponse seulement partielle, car l'exemple du sang contaminé a montré que la justice n'hésite pas à

([1]) Conclusions du Commissaire du Gouvernement dans le cadre d'un arrêt rendu le 9 avril 1993 (cas de M.D.).

décortiquer les mécanismes de prise de décision pour rechercher les responsabilités individuelles dans la construction d'un consensus.

Il ne s'agit pas cependant d'exonérer le scientifique de toute responsabilité personnelle. Au contraire, l'exercice de fonctions d'expertise doit être soumis à une déontologie d'autant plus stricte qu'il donne un pouvoir considérable. Il faut à tout le moins éviter qu'un scientifique, tributaire des dépenses publiques pour ses recherches, ne succombe à la tentation d'influer sur les décisions politiques pour orienter ces dépenses vers le domaine qui l'intéresse – comme la « Big Science » a été soupçonnée de le faire... Mais en tout état de cause, le scientifique expert ne doit pas être soumis à une obligation de fin, mais à une obligation de moyens : ce qu'on doit exiger de lui, c'est de faire tout ce qui est en son pouvoir pour exprimer son meilleur jugement à partir d'une étude complète et impartiale – ce que les Anglais appellent « *due diligence* ».

Il semble aujourd'hui urgent que le législateur se penche sur les risques de l'expertise scientifique, et étudie avec les organismes de recherche les obligations légales auxquelles l'expert doit être soumis et les conditions juridiques dans lesquelles il exerce sa mission.

LA SCÈNE PUBLIQUE, NOUVEAU PASSAGE OBLIGÉ DES DÉCISIONS EN MATIÈRE DE RISQUES ?

Pierre Lascoumes
Directeur de recherche au CNRS-GAPP

1. Apparition de nouvelles formes de délibération publique

Depuis plusieurs années, nous assistons à la multiplication des procédures de concertation préalables ou parallèles à la prise de décision publique. Ces nouvelles procédures sont particulièrement importantes et visibles dans les domaines qui prêtent à controverse et dans lesquels les possibilités de décisions unilatérales sont réduites. Il peut s'agir de controverse scientifique comme de controverse sociale. Dans certaines situations, le risque de contestation sociale est plus important que les effets directs des risques techniques connus. L'acceptabilité sociale est devenue un enjeu aussi incontournable que la sûreté des installations.

Pour permettre la régulation de controverses de type environnemental, des instruments se sont multipliés depuis vingt ans : enquête publique, commission locale d'information, conférence de citoyens et commission nationale du débat public.

Différentes lectures des faits peuvent être effectuées

Certains considèrent que cette évolution est positive. Elle serait bénéfique à la démocratie qui serait de moins en moins institutionnelle et de plus en plus participative. La représentation politique classique est amenée à se renouveler et à redéfinir sa place dans ces dispositifs participatifs. D'autres considèrent que ces dispositifs ne sont qu'une activité de légitimation servant à contourner les controverses et à rendre acceptables des décisions qui resteraient maîtrisées par la technocratie en place, les experts officiels et les acteurs politiques classiques. D'autres encore considèrent qu'il faut prendre acte de l'existence et de la diversité de ces procédures. Ils estiment que l'évolution d'une société politique passe par le renouvellement des instruments qu'elle se donne pour agir. Des instruments d'aide à la décision tels que l'analyse coûts/bénéfices ou les études d'impacts ont déjà été introduits dans nos sociétés. La « boîte à outils » gouvernementale a vocation à se diversifier ; les enjeux sociaux, les acteurs sociaux et les instruments de régulation se transforment en interaction les uns avec les autres.

Intérêts et limites des nouvelles procédures délibératives

Ces nouveaux instruments présenteraient l'intérêt particulier non seulement d'accompagner la prise de décision mais de transformer les procédures de prise de décision.

En ce qui concerne les intérêts, ces instances délibératives mêlent des données, des faits et des savoirs hétérogènes qui fonctionnent traditionnellement en parallèle et non en complémentarité. Elles permettent la confrontation d'acteurs d'origines diverses qui n'ont pas l'habitude de s'écouter ou de se parler. Elles s'inscrivent dans une démarche ouverte où définir le juste n'est pas l'objectif immédiat mais où la confrontation de points de vue est un préalable à la décision.

En ce qui concerne les limites, le flou sur les activités de ces instances délibératives est plus ou moins volontairement entretenu. Il existe un risque de mécanisation de ces procédures. Les pouvoirs de ces instances, leurs règles de composition et leurs méthodes de travail demeurent extrêmement flous. Chaque instance négocie en interne ses règles du jeu. Cette activité accapare souvent une grande partie de son énergie au détriment de sa productivité.

2. Apports de ces nouvelles formes de délibération publique

Le traitement des controverses

Les connaissances scientifiques et les réponses techniques sont parfois insuffisantes à fonder une décision. L'exemple du traitement des déchets nucléaires montre que la définition a priori de certaines solutions techniques n'est pas suffisante quand elles sont socialement irrecevables. L'intérêt des formes délibératives est de considérer que la controverse n'est pas une pathologie sociale. La controverse n'est ni du temps perdu, ni l'échec d'un processus rationnel. Elle permet de prendre acte que les expertises traditionnelles ne sont pas suffisantes pour assurer le traitement politique d'un enjeu. Les controverses constituent en pratique un moyen pour évaluer un problème dans toutes ses dimensions. Elles permettent de créer des situations d'apprentissage, de définition commune et, à terme, de stabilisation des enjeux.

La légitimation des décisions

Les formes délibératives ont permis de transformer le processus qui rendait acceptable une décision administrative et politique. Pendant des années, nous avons eu une conception rationnelle, légale et formelle de la légitimité d'une décision. A la rationalité légale et formelle des décisions, nous avons ajouté une rationalité matérielle qui recherche l'efficacité et la cohérence des décisions. Les formes délibératives développent une troisième forme de rationalité : la rationalité contre-technocratique qui cherche à compléter les rationalités existantes. Ce nouveau processus de légitimation des décisions interroge la place de l'Etat. L'existence des formes délibératives démontre que l'autorité publique reconnaît ne plus détenir le monopole de la définition de l'intérêt général. Ce nouveau processus entraîne également la rupture du « triangle de fer des décisions », alliance concrète entre les autorités politiques, techniques et économiques. Les formes délibératives permettent un inventaire un peu plus large des différents types d'intérêts à protéger, des objectifs à poursuivre et de répertorier les valeurs directrices à partir desquelles ces intérêts vont être hiérarchisés. Les discours actuels sur la fin du politique ne me paraissent pas justifiés. Il reste toujours une place pour le politique qui doit se positionner par rapport aux résultats des différentes consultations. Sa décision sera d'autant mieux acceptée qu'il aura pris en compte les recommandations des assemblées délibératives et explicitera les intérêts retenus et les valeurs qui permettent de les hiérarchiser.

Les limites de l'exercice

Le développement de ces procédures ne correspondrait qu'à un droit formel qui viendrait compléter l'inventaire des procédures déjà existantes et souvent inefficientes. Dans 98 % des enquêtes publiques, les avis émis par les populations ne sont pas intégrés dans les recommandations du commissaire enquêteur. Ces instances délibératives se heurtent à une difficulté majeure : garantir la diversité des représentants en leur sein et parvenir à créer un « acteur collectif ». Une autre difficulté provient de l'incertitude quant aux pouvoirs et aux moyens dont ces instances disposent pour agir. Ces instances sont souvent confrontées à un risque de captation par des logiques professionnelles et techniques faute de savoir-faire délibératif préalable.

La crise de la décision publique provient du fait que les formes classiques de la délibération politique sont inadaptées aux nouveaux enjeux de nos sociétés. La prise de décision basée sur l'expertise technique a montré ses insuffisances et il existe toujours un risque de captation de l'autonomie de jugement des experts par les contraintes de la décision politique. L'intérêt des démarches délibératives est de permettre la création de processus d'apprentissage collectif et d'expérimentation. Tout dépend de la capacité des « profanes », des tiers par rapport aux cercles techniques de décision, à se faire reconnaître et entendre.

LES SCIENTIFIQUES FACE AUX POLITIQUES DANS LES AFFAIRES DE RISQUE

Philippe Roqueplo

Sociologue, Directeur de Recherche Honoraire au CNRS

En matière de risque, les cas de figure sont très nombreux. Je m'en tiendrai aux « affaires » et non aux événements, c'est-à-dire aux cas où le processus de décision s'étend sur une longue période. Exemples : l'énergie nucléaire, l'affaire des pluies acides dans les années 80, l'affaire de l'effet de serre, ou encore celle des Organismes Génétiquement Modifiés (OGM). Dans de telles affaires, les scientifiques jouent un rôle considérable et ce rôle revêt bien des aspects, en particulier – c'est la question que je voudrais traiter ici – selon la phase du processus décisionnel dans lequel se situent les interventions de ces scientifiques.

En ce qui concerne les relations du monde de la science à celui de la politique, on peut, me semble-t-il, évoquer deux mouvements en sens inverse. L'un caractérise plus particulièrement la phase de genèse d'une affaire ; l'énergie décisionnelle, si j'ose dire, va alors souvent des scientifiques vers les politiques auxquels les scientifiques s'adressent pour que ceux-ci décident de « faire quelque chose » : c'est la fonction d'alerte. L'autre mouvement caractérise davantage la fin du processus décisionnel et ce sont alors les politiques qui s'adressent aux scientifiques pour que ceux-ci leur fournissent la « connaissance de cause » leur permettant de décider ce qu'il faut faire, c'est-à-dire pour qu'ils formulent une expertise.

Bien entendu, c'est une simplification de parler ici de phases successives : dans la réalité ces phases ne cessent de se recouvrir au cours du dialogue entre politiques et scientifiques. Je ne procède ainsi que pour la clarté de l'exposé : pour mettre en évidence la différence qui existe pour un scientifique entre son action comme *citoyen expert* et son action comme *scientifique fournisseur d'expertise.*

1. Le rôle des scientifiques comme citoyens experts dans la genèse sociale d'un risque

Par genèse d'un risque, j'entends ici la prise de conscience de l'existence d'un risque et de la nécessité d'agir. Il arrive que ce qu'un scientifique découvre ou ce qu'il sait déjà soit perçu par lui comme l'autorisant - voire : comme l'obligeant - à intervenir publiquement au nom de sa responsabilité de citoyen : c'est-à-dire à s'ériger en expert. Etant citoyen scientifique conscient de l'éventualité d'un risque, il est *ipso facto* (individuellement et collectivement) placé en situation d'expert. Le cas typique est ici celui de l'effet de serre.

Certes, puisque nous sommes précisément au moment du surgissement d'un risque, le scientifique ne « sait pas » au sens strict ce qu'il déclare ainsi, mais il en sait assez pour penser que... et même, éventuellement, pour être convaincu que... Dans ces conditions il est inévitable que ses déclarations suscitent incertitudes, doutes et conflits (lesquels, du fait de leurs enjeux décisionnels, sont ici d'un tout autre ordre que les controverses scientifiques qui rythment l'avancement des sciences). Cela devient une « affaire » dont la presse puis l'opinion publique, les groupes de pression intéressés par cette affaire, le monde politique et le gouvernement... se saisissent. Le pouvoir est alors assiégé par un véritable tohu-bohu scientifico-médiatico-économico-politique.

Qu'on pense à l'affaire des pluies acides en Allemagne dans les années 80 ou à celle de l'énergie nucléaire dans tous les pays industrialisés. Les uns et les autres, dont maints scientifiques, prennent position et généralement, ensuite, campent sur les positions qu'ils ont prises : ils sont devenus les avocats (voire les militants) de telle ou telle cause (par exemple : militants antinucléaires ou militants nucléaires inconditionnels). Il se produit alors un phénomène capital : lorsque ces experts évoquent ce que l'on sait ou ce que l'on ne sait pas, ils ne choisissent que les données scientifiques susceptibles de justifier la cause pour laquelle ils militent. D'où la difficulté croissante des débats sur de telles questions. C'est d'ailleurs à ce niveau que – sur de telles affaires – se situent les interventions des scientifiques à la télévision ; ils prétendent diffuser le savoir mais ils sont entendus comme des experts s'adressant à leurs auditeurs non pas pour répondre à quelque désir de savoir que ce soit, mais – dans le contexte d'une affaire qui fait grand bruit – pour peser sur le jugement de leurs auditeurs afin que ceux-ci opinent dans le « bon » sens : afin, comme on dit, « de former l'opinion publique ».

Tout ceci est normal et si les scientifiques ne prenaient pas ainsi la parole, on les accuserait d'irresponsabilité. Ce tohu-bohu public entre scientifiques n'a rien de pathologique et ne compromet en rien l'autorité culturelle de la science, puisque – par hypothèse – on est dans une phase d'incertitude et c'est pourquoi il est essentiel d'insister ici sur la différence qui existe entre une parole d'expert et une assertion scientifique proprement dite.

2. L'expertise scientifique

J'en viens alors à l'expertise scientifique, laquelle ne s'identifie ni avec une parole d'expert au sens que je viens de développer ni, encore moins, avec une assertion scientifique au sens strict. Avec l'expertise scientifique nous nous trouvons en effet dans une tout autre configuration : celle où les responsables légitimes des décisions à prendre, quels qu'ils soient – chefs d'entreprise, parlementaires, ministres voire : chaque citoyen –, *« décident de décider »* ou du moins, comme disent les Anglo-Saxons, « to make up their mind ». Pour cela ils demandent aux experts de leur fournir *non pas un avis ou un conseil* (de cela ils ont les oreilles rebattues !), *mais les éléments de connaissances de cause dont lesdits experts sont censés disposer.* Par exemple : qu'en est-il de la traçabilité pour les OGM ? De la durée de vie des enceintes de confinement des déchets nucléaires ? Du niveau probable de la mer en Océanie en l'an 2100 ?

Ce que demandent les politiques, c'est alors *de la connaissance.* L'expertise scientifique, placée comme elle l'est à l'interface des sciences et de la décision, se situe donc *sur le versant connaissance de cette interface.* Cela fait une différence fondamentale avec le cas où ce sont les scientifiques qui prennent publiquement la parole : en effet – par le fait même qu'ils décident de prendre ainsi publiquement la parole – ils se situent *alors sur le versant politique de cette interface.*

Or, c'est un fait d'expérience, les réponses fournies aux politiques – bien qu'exprimées en termes de connaissance – seront ici fort différentes, comme si l'expression de la connaissance devenait un enjeu : et il l'est en effet. Ainsi en est-il allé en matière de pluies acides. Les uns disaient : « C'est le SO_2. » D'autres : « C'est l'ozone. » D'autres : « Ce sont les Bostryches. » D'autres encore : « Non, c'est le froid extrême des derniers hivers. » D'autres enfin : « Mais non, ce sont les mauvaises méthodes culturales utilisées par les forestiers. » Chacun répond catégoriquement : « C'est ceci » ou : « C'est cela. »

Alors, face au tohu-bohu des discours d'experts et à la cacophonie des expertises, une question essentielle se pose : À QUI LES POLITIQUES DOIVENT-ILS FAIRE CONFIANCE ? Là est la question essentielle de l'expertise : comment les pouvoirs légitimement en charge des décisions peuvent-ils contrôler la fiabilité des expertises qu'ils sollicitent alors que les scientifiques auprès desquels ils sollicitent ces expertises ne sont pas d'accord entre eux et alors que ceux-ci n'en sont pas moins a priori les seuls détenteurs des compétences nécessaires pour formuler ces expertises ?

Il est vain de répondre ici que les politiques n'ont qu'à s'adresser à de « vrais scientifiques », car quel super-expert jugera que tel scientifique est plus « vrai » que tel autre « autre » ? Et qui jugera de la « vérité » du jugement de ce super-expert ?

Il n'y a qu'une solution (du moins est-ce la conclusion à laquelle je suis parvenu) : que les scientifiques soient directement confrontés les uns aux autres en présence des instances en charge de la décision. Ainsi s'effectuera un processus dialectique de falsification/vérification de la façon dont chacun « fait parler » la science. Ainsi s'effectuera une sorte de dragage collectif des ressources scientifiques disponibles. Ainsi se manifestera la façon dont chaque orientation décisionnelle (explicite ou implicite) organise à sa façon le panorama des connaissances, des incertitudes et des zones d'ignorance. Ainsi les politiques présents à de telles confrontations pourront-ils percevoir comment l'espace ainsi ouvert entre science et politique par l'expertise collective est tissé de fibres indissociablement politico-scientifiques. Là est, à mon avis, la connaissance de cause demandée par les politiques : non pas dans le discours de tel ou tel expert, mais dans la structure de l'espace ouvert par la confrontation directe de ces experts. Là se situe l'expertise, dans son inéluctable complexité.

Encore que comparaison ne soit pas raison, l'exemple des procès en justice me paraît ici de quoi donner à penser. Il suggère au moins les points suivants :

- L'expertise exige la mise en place de procédures strictes.
- Les experts participant à la formulation d'une expertise n'ont aucune responsabilité directe sur la décision à prendre : leur responsabilité est de convoquer les savoirs disponibles. S'ils peuvent ensuite être tenus pour responsables de quelque chose, c'est d'avoir omis telle ou telle source disponible de connaissance pertinente, ou d'avoir trahi le sens de tel ou tel autre article.
- Ils n'ont pas à faire preuve de quelque conviction que ce soit, ni à faire des « effets de manche » pour gagner quelque procès que ce soit. Pro-

bablement cela exige-t-il qu'une grande partie de la procédure soit effectuée par écrit.

J'ajoute que la publication de tels débats dans des revues spécialisées fournirait des sources crédibles à la presse et contribuerait efficacement à la formation de l'opinion publique en dehors de toute démagogie et à la formation d'une culture d'expertise sur les grandes questions scientifico-techniques qui concernent la vie de tous les citoyens, culture d'expertise qui constitue en ces domaines une nécessité pour la vie démocratique.

De telles procédures exigent, certes, du temps. Or ce temps est rarement concédé à l'expertise en raison du caractère souvent urgent des situations dans lesquelles elle doit être mise en œuvre. C'est vrai. Mais les « affaires » scientifico-techniques ne surgissent pas du jour au lendemain. C'est, me semble-t-il, le rôle de l'ensemble des organismes de recherches d'instruire suffisamment à l'avance les dossiers d'expertise relatifs à ces « affaires » dont il est de leur responsabilité à la fois scientifique et politique de prévoir l'occurrence éventuelle.

PROCÉDURE DE CONCERTATION ET PRISE DE DÉCISION PUBLIQUE

Alfred Spira

INSERM U 292, Professeur à la Faculté de Médecine Paris Sud, Bicêtre

Il me semble que nous n'avons pas tous bien conscience du monde réel. Nous ne pouvons pas agir comme si les décisions politiques étaient principalement déterminées par des considérations d'expertise scientifique, ce qui est rarement le cas. L'exemple de la décision récente de suspendre la vaccination de l'hépatite B en milieu scolaire démontre que la prise en considération des connaissances scientifiques n'a que peu de poids dans les prises de décisions politiques.

Je confirme l'affirmation de Pierre Lascoumes selon laquelle les argumentations techniques sont insuffisantes pour asseoir les décisions politiques. Elles restent néanmoins nécessaires. Notre devoir social de chercheur est d'apporter les éléments qui peuvent entrer en ligne de compte dans la prise de décision. Or, malgré les systèmes de diffusion des connaissances et de mise en commun de ces connaissances dans des procédures d'expertise collective, les difficultés demeurent très importantes dès lors que l'on se situe dans l'interdisciplinarité. Lors d'une mission concernant les effets sur la santé du rayonnement ionisant et particulièrement lors de la rédaction du rapport, j'ai pu constater que les informations dont nous avions besoin relevaient de trois ordres de connaissances : la mesure de l'exposition, la mesure épidémiologique et la veille sociologique. Il s'agit de définir les perceptions et les représentations des risques dans les populations, et les attitudes des populations face aux situations d'alerte et de crise. Il s'agit également de déterminer la place respective des experts et décideurs, et la façon dont ils émergent de la société.

Nous n'avons pas su nous doter des instruments nécessaires à la surveillance de ces éléments, instruments pourtant indispensables pour comprendre les interactions à ces trois niveaux. En tant que chercheurs, nous devons nous doter des instruments de prospective adéquats. Le processus d'expertise collective, qui permet la mise en commun de connaissances de chercheurs provenant de disciplines différentes et la confrontation de connaissances non formalisées, assure un travail plus rationnel et plus efficace. Des instruments de surveillance pourraient constituer une aide intéressante pour la prise de décision.

Nous n'avons pas le droit, au nom de considérations méthodologiques trop strictes, de confisquer, au profit du milieu scientifique, l'utilisation des connaissances d'expertise dans la controverse publique. Je pense qu'il faut faire preuve d'ouverture pour laisser la société s'emparer de nouveaux instruments délibératifs.

Les Etats Généraux de la Santé sont une entreprise risquée et imparfaitement maîtrisée. Mais ils sont l'occasion de mettre en place des procédures délibératives. Il serait contre-productif pour les scientifiques, pour le reste de la société et pour la démocratie, que les chercheurs élaborent des méthodologies qui disqualifieraient les profanes.

RISQUE ET SOCIÉTÉ

En guise de conclusion

Bernard Kouchner
Secrétaire d'Etat à la Santé

Le Ministère de la Santé est à la fois le ministère des soins et le ministère de l'urgence, sans cesse confronté à l'apparition de nouveaux risques. En matière de santé publique et de risque sanitaire, nous ne disposons que rarement des expertises suffisantes pour mesurer immédiatement l'importance réelle du risque. Et très souvent, la perception même du risque par la population est disproportionnée par rapport au risque réel. C'est la difficulté des temps modernes.

1. Crédibilité du Ministère dans la gestion des risques

Le Ministère de la Santé tente de rendre les procédures d'expertise transparentes, explicites, et accessibles au public. Mais la démocratie sanitaire n'est pas simple à mettre en place. L'une des difficultés provient de la méfiance du public vis-à-vis des experts et vis-à-vis du Ministre et du Ministère. Les idées reçues sur un phénomène sont souvent plus fortes que les connaissances imparfaites que l'on en a. Les informations dont dispose le public proviennent d'enquêtes de presse souvent partielles, voire réductrices. Nous considérons avec beaucoup d'attention le travail des associations, qui nous alerte sur des dangers potentiels. Malgré tous les travaux d'expertise que nous pouvons réaliser pour vérifier les risques éventuels que l'on nous signale, malgré des études conjointes avec les associations, les suspicions demeurent. Il est toujours difficile de faire admettre que les chiffres publics puissent être les mêmes que ceux des associations (mesures dans le Mercantour faites conjointement par la CRIIRAD et l'OPRI).

Ainsi, l'opinion publique est très attentive aux problèmes de radioactivité autour des centrales. Mais, lorsque nous expliquons que 49 % de la radioactivité à laquelle peut être confronté un individu proviennent des appareils de radiologie, nous ne sommes pas écoutés.

2. Risques assumés et risques subis

La nocivité du radon est en question ; nous étudions ses effets pathogènes. Mais, dès que la question a été rendue publique, la pression des médias est devenue extrêmement insistante. Dans le même temps, je constate que l'application des règles pour la protection des non-fumeurs de la loi Evin est un échec dans tout le pays et particulièrement au Ministère de la Santé, où je n'ai pas encore réussi à faire en sorte que l'on ne fume plus que dans les endroits spécialement prévus à cet effet. Je ne comprends pas que l'on compare les dangers potentiels du radon relativement faibles et les dangers avérés du tabac qui entraînent 60 000 morts directes par an.

Les grands scandales de santé publique que nous avons vécus ces dernières années ont bouleversé les rapports entre risques avérés et risques potentiels. La sécurité sanitaire est devenue un impératif. D'un côté, nous sommes confrontés à des risques répertoriés contre lesquels nous avons développé un certain nombre de politiques d'information, de prévention et de traitement, sur lesquelles on nous interroge assez peu (accidents de la route, tabac et cancer) ; de l'autre, nous devons faire face à des risques sur des sujets sensibles et médiatisés momentanément. Les premiers finissent par devenir tellement connus qu'ils en deviennent presque inintéressants. La mémoire médiatique en matière de sécurité sanitaire est de dix à quinze jours. Le temps que vous réunissiez les données d'expertise concernant les risques sensibles et médiatisés, l'opinion et la presse sont passées à un autre sujet. Je ne conteste pas l'utilité de la vulgarisation scientifique dans la presse mais il est vrai que nous souhaiterions parfois qu'elle se fasse selon d'autres modes.

La recherche du risque zéro me paraît très dommageable pour une société. Je le dis avec d'autant plus de précaution que je suis responsable des risques sanitaires, que je dois les affronter et tenter de réduire le nombre des victimes évitables. Le problème est le suivant : certains risques sont assumés, autorisés et inhérents à notre modernité. Le risque zéro ne peut donc pas exister et ce n'est pas forcément une mauvaise chose. Une société sans risque est une société morte. J'ai passé ma vie à affronter des risques, en général dans les guerres, risques traditionnellement assumés par l'histoire, risques qui faisaient sortir les hommes et les femmes de leur quotidien. Quand on lutte contre la guerre, pour la paix, c'est la lutte, le combat, qui compte. Ce qui vous fait sortir de vous-même c'est le risque affronté. Il n'y a jamais eu d'épidémie majeure dans les catastrophes, il y a une prise en charge de soi-même différente. Affronter le risque nous fait sortir de nous-mêmes et progresser. Notre société a besoin d'affrontement au risque.

☆

Joël de Rosnay : Sous la pression des médias, le politique décide dans l'urgence et ses décisions sont de type binaire. L'expert a besoin de temps ; il travaille dans la nuance et dans l'incertitude. Comment le politique peut-il gérer le conflit binaire dans la durée ?

Bernard Kouchner : L'homme politique gère rarement à long terme. L'homme politique gère l'instant. L'exemple du problème posé par la vaccination contre l'hépatite B en témoigne. Tous les experts et épidémiologues m'avaient affirmé que les chiffres ne pouvaient pas déterminer ma décision et que celle-ci serait strictement politique.

L'alerte avait été donnée par des associations sur un problème de santé majeur à l'échelle mondiale. En outre, la vaccination a représenté un progrès considérable mais s'est accompagnée d'effets secondaires allégués mais non prouvés dans une région où la vaccination massive a concerné 27 millions de personnes en deux ans. La sclérose en plaques existe beaucoup plus dans les pays du Nord et l'hépatite B est beaucoup plus présente dans les pays en développement. Aujourd'hui, les gradients se déplacent. Dans le Nord, les vaccinations ne concernaient que les adultes à risque ; dans le Sud, elles concernaient tout le monde. Nous avons pu constater des convergences entre les différentes études nationales. Il fallait décider entre le bénéfice et le risque. Politiquement, la vaccination ne pouvait plus être aussi massive qu'elle l'avait été jusqu'à présent. Il fallait faire passer le message suivant : « La vaccination continue parce que les bénéfices sont très supérieurs aux risques. Elle continue chez les nourrissons parce qu'il n'y a aucun risque. Elle continue chez les préadolescents, qui sont des populations à risques, mais dans le cadre d'un entretien très poussé et d'une étude sur ses antécédents familiaux, donc oui à la vaccination en ville, non à la vaccination scolaire. Elle continue aussi chez les adultes à risque. » Cette décision était fondée sur la nécessité d'informer. Elle n'a pas été comprise : elle a été comprise comme un arrêt de la vaccination et a eu un effet inverse de celui souhaité.

Joël de Rosnay : Dans le public il existe un profond décalage entre le risque socialement imposé – ou risque subi – et le risque individuellement choisi. Ce décalage très profond est lié à une mauvaise perception des probabilités et de la statistique. Comment réduire ce décalage entre risque choisi et risque subi ?

Bernard Kouchner : Les chiffres, les statistiques, les probabilités sont certainement difficiles à percevoir mais la volonté d'avoir un adversaire contre lequel on peut se retourner ne doit pas être négligée.

Maurice Tubiana : L'éducation sanitaire à l'école ne serait-elle pas la meilleure façon d'améliorer la perception statistique des risques et de promouvoir une meilleure compréhension de la distinction entre risque accepté et risque imposé ?

Bernard Kouchner : Grâce à la Conférence Nationale de Santé Publique de 1997, 20 heures d'éducation sanitaire sont enseignées à l'école. L'Education nationale à qui nous demandons beaucoup va certainement se perfectionner dans ce domaine. C'est également le rôle des Etats Généraux qui sont en préparation. Il s'agit de multiplier les débats de ce genre sur les grands problèmes de santé publique. De nombreuses réunions ont déjà eu lieu sur des thèmes en rapport avec les risques sanitaires.

Joël de Rosnay : Le grand public estime que les experts sont arrogants et dissimulent des informations. Les experts ont tendance à considérer que le grand public est ignorant et émotif. Quand la distance entre deux groupes est aussi importante, même lorsque les faits sont là, la suspicion réciproque perdure. Des lieux comme la Cité des sciences et de l'industrie sont des lieux où il est possible d'œuvrer à rapprocher le grand public des experts. Existe-t-il d'autres lieux comme des conférences de consensus où il est envisageable de créer les conditions favorables à une meilleure perception et une meilleure gestion du risque ?

Bernard Kouchner : Plus que des conférences de consensus, la réponse est « Etats Généraux ». J'invite la Cité des Sciences et de l'Industrie à organiser des débats sur les Etats Généraux de la Santé. Ceux-ci doivent être l'occasion d'une véritable concertation. Les Etats Généraux devront également permettre l'investigation du système de soins. Des jurys citoyens seront mis en place dans cinq régions en France et nous développerons les débats publics réunissant les usagers et tous les acteurs qui se sentiront concernés ; on pourra même fournir des experts. Ces Etats Généraux devront aboutir à la rédaction de cahiers de doléances. Si nous ne consentons pas l'effort de faire de ces Etats Généraux le formidable instrument qu'ils peuvent et doivent être, les médias seront les seuls à communiquer sur ces questions et à occuper le terrain !

Maurice Tubiana : La volonté des médias de se considérer comme les seuls espaces publics de discussion a été bien perçue lors de ce colloque. Il est donc nécessaire que d'autres espaces se créent ; les processus de concertation sont donc très importants. Il est également nécessaire de suivre une méthodologie rigoureuse pour la mise en place des « conférences citoyennes », en l'absence de laquelle celles-ci peuvent donner une image infidèle de l'opinion.

V

Les Ateliers

SYNTHÈSE DES ATELIERS

Claude Frantzen
Inspecteur Général pour la Sûreté Nucléaire EDF,
Président de l'Institut Européen de Cindyniques

Six ateliers ont approfondi, chacun dans son domaine, l'examen des relations en matière de risques, entre ce domaine et la société :

– Risque et industrie chimique ;
– Risque et énergie ;
– Risque de pollution et transport ;
– Risque d'accident et transport ;
– Risque et alimentation ;
– Risque et sécurité intérieure.

Je vais tenter de présenter rapidement la synthèse des 1 000 minutes de travail cumulé de ces six ateliers.

Au préalable, je souhaite remercier les présidents et animateurs de ces ateliers :

– Chimie : la SCI, MM. Perroy et Voirin ;
– Energie : M. Stoffaës, Mme Meynaud, M. Philippon ;
– Pollution transports : M. Tissot ;
– Sécurité transports : M. Abraham ;
– Alimentation : M. Pilet ;
– Sécurité intérieure : M. Melchior, Mme Trauman.

Je remercie aussi tous les intervenants, mais les citer tous serait trop long. Quant aux cindyniciens et aux étudiants (Panthéon, Sorbonne, Paris 1), ils étaient « en service commandé ».

En effet, pour préparer cette synthèse, l'Institut Européen de Cindyniques qui en était chargé s'est appuyé sur la démarche la plus fondamentale de cette science des dangers, bien en amont de la conceptualisation que vous a présentée G.-Y. Kervern au début de ce colloque : *une volonté d'approche globale, transverse et systémique des dangers et des risques.*

C'est ainsi que, pour faire converger les travaux de cette synthèse, nous nous sommes appuyés sur une grille de lecture qui insistait sur le dialogue avec la société. Je vous épargnerai donc la revue des risques eux-mêmes.

Voici cette grille et les réponses qu'elle a fait émerger.

I. Y a-t-il, dans chaque secteur, une personne qui se sente « porteur » de la totalité de la chaîne du risque ?

Dans tous les secteurs, nous constatons une grande responsabilisation de tous les acteurs. La responsabilisation individuelle est très importante. Certains secteurs reconnaissent même qu'ils sont créateurs de risques du fait de leur fonction technique.

En revanche, la capacité à avoir un regard sur la globalité de longues chaînes de risques techniques est beaucoup plus discutable. Seul le secteur de la chimie, à travers la notion de « responsible care », a bâti une vision complète de son processus de risques. La globalité de la vision des risques est donc transférée vers les pouvoirs publics, eux-mêmes très fragmentés. *La vision globale de la chaîne de risques techniques est donc relativement faible.*

En revanche, en matière de sécurité intérieure, la responsabilité des maires est forte et correspond à une vision globale de la chaîne de risques.

De même, la responsabilité de l'usager est parfois ambiguë. L'usager est à la fois créateur de risques et victime potentielle, comme en automobile et dans la chaîne du froid alimentaire.

II. Sait-on de quoi on parle ? Existe-t-il des banques de données crédibles et des modèles cohérents pour les interpréter ?

Il est important de définir le risque dont il est question. En matière alimentaire par exemple, il faut distinguer l'intoxication individuelle et le risque de santé publique, deux risques qui appellent des réponses et des prises de position différentes parce qu'ils se situent sur un champ différent.

Tous les secteurs possèdent de *nombreuses banques de données mais ces dernières sont souvent incompatibles* entre elles. Il est remarquable qu'en matière de sécurité intérieure, il existe des banques de données bien développées : les Renseignements Généraux (Police Nationale) ont mis au point une échelle de prévision des risques urbains.

Il existe aussi de nombreux modèles narratifs mais *le vocabulaire peut vite devenir une source d'incompréhension* et d'incohérence entre les différents secteurs et entre les domaines techniques et le public.

Le besoin de synthèse entre une profusion d'études très diversifiées, parfois contradictoires et conflictuelles, est patent. Pour cela, on a *besoin de lieux de référence crédibles*. Une approche intéressante a été mise en œuvre par la Commission Locale d'Information du Gard : elle fait appel à des organismes compétents en épistémologie pour apprécier la rigueur scientifique d'un rapport, indépendamment de l'appréciation sur le fond.

Tous les acteurs s'accordent à reconnaître que les modèles en matière de pollution restent incertains. Dans le secteur de l'alimentation, des demandes d'études épidémiologiques sont formulées afin d'affiner les modèles existants.

Enfin, les modèles restent le plus souvent très techniques et *ne prennent que rarement en compte la variabilité de la perception des risques.*

III. Avec qui traite-t-on des risques ?

Les réponses sont très diversifiées. Le secteur de la chimie se distingue : il est sorti du schéma selon lequel « l'expert dirait le vrai dont découle le bien ». Mais, en général, avec qui discute-t-on ? Cela n'est pas encore très clair.

Le dialogue commence par un *dialogue interne qui demeure trop fréquemment fermé dans un monde circonscrit,* souvent doté de « Hauts Conseils » reflétant plutôt la fermeture. Toutefois, dans le secteur de la chimie, un débat interne a servi de support et d'assurance de crédibilité pour externaliser le débat.

La sécurité intérieure a attiré notre attention sur *le temps qui n'est pas le même pour tous les acteurs.* Par exemple, l'urbanisation sous forme de tours, correspondait à un besoin à une époque mais les tours demeurent. Le temps du nucléaire est particulièrement long par rapport aux cycles politiques et démocratiques. Les temps individuels et les temps publics sont également différenciés. Approfondir le rôle du temps pourrait être intéressant.

IV. Traite-t-on du risque à froid avant le lancement de l'activité technique, avant l'accident ou après la matérialisation du risque ?

Avant la matérialisation du risque, comme on l'a vu, il n'y a que peu ou pas de lieu de débat. Même les enquêtes publiques se révèlent peu efficaces. Il est très difficile de mobiliser le public sur le développement de plans d'urgence ou d'interventions de secours à froid. En revanche, *dès que le risque est avéré, une véritable « avalanche » d'initiatives* est déclenchée, par exemple après la catastrophe du vol TWA 800.

La réflexion sur la *dimension affective dans les situations après accidents* reste trop peu développée.

V. La forme du débat instaure-t-elle une véritable communication, un véritable échange entre partenaires ?

La culture des secteurs techniques en matière de débat est relativement récente : « au commencement fut l'infaillibilité ».

Cependant, tous les acteurs ont effectué un véritable progrès. La volonté d'engager le débat avec la société est manifeste et d'importantes démarches se font dans ce sens. Mais, en général, *c'est l'irruption de la crise ou celle de la justice qui provoque le recours au débat.*

Il est nécessaire d'anticiper et d'*instaurer le débat dès le lancement du processus technique*. C'est ce qui a eu lieu pour le stockage souterrain de gaz de Manosque.

La qualité des débats dépend aussi de la formation et de l'éducation du public. *Il faudrait, dès maintenant, préparer les débats de demain.* Certains juristes ont fait remarquer qu'aucun enseignement de la gestion des risques n'était dispensé à l'Ecole Nationale de la Magistrature alors qu'une forte proportion de l'activité des magistrats sera tournée vers les origines et les suites d'accidents.

Il conviendrait aussi de *« débattre du débat »*, quelle forme doit prendre le débat ? Les formes de débat possibles sont nombreuses. Chaque secteur mène ses réflexions indépendamment des autres. Quoi qu'il en soit, il faut garder à l'esprit la différence entre les débats d'alternative qui répondent à la question, « quel choix faire ? » (type du débat sur l'énergie ou sur l'alimentation) et les débats d'optimisation pour des systèmes qu'il est difficile de remettre fondamentalement en cause, par exemple les transports aériens.

VI. Les personnes impliquées dans ces débats couvrent-elles tous les réseaux acteurs ?

Dans tous les secteurs d'activité, la volonté de couvrir l'ensemble des acteurs est très nette. Cependant, la réponse concrète n'est pas la même selon qu'il s'agit d'un risque local ou d'un risque global. Dès lors qu'il s'agit d'un débat sur un risque global, il est indispensable de *définir sur quelle vision de la globalisation il repose* et quelle politique il implique.

VII. La typologie des risques est-elle prise en compte dans le débat ?

Officiellement, la typologie qui distingue risques perçus et risques réels, risques souhaités et risques subis, fait partie des éléments qui fondent le débat sur la gestion des risques. Dans les faits, *la typologie des risques n'est pas encore réellement intégrée, la sociologie a peu pénétré les entreprises.* Cependant, le secteur de la chimie différencie risque de voisinage et risque lié à l'usage des produits.

VIII. Le débat est-il engagé avec la communauté internationale ?

Tous pensent à la dimension internationale. Beaucoup la subissent. Peu y sont à l'aise. L'ouverture à l'international est une évidence pour certains secteurs tels que les transports. Le débat dans le secteur de l'alimentation correspond à une véritable « guerre » entre les Etats-Unis et l'Union Européenne, débat dans lequel intervient l'Organisation Mondiale du Commerce (OMC). Si certains pensent qu'une globalisation par l'écologie semble se mettre en place, d'autres estiment que la régulation des questions énergétiques à l'échelle planétaire (Kyoto et suites) demeure très hypothétique.

IX. Comment s'expriment les conclusions des débats ?

La conclusion d'un débat est essentiellement *tournée vers les pouvoirs publics et fabrique de la réglementation, voire de la sur-réglementation.* Le débat permet parfois l'apparition de bonnes pratiques et de bonnes mesures (étiquetage dans l'alimentation). Certains débats ont des difficultés à aboutir : le nucléaire reste dans la controverse, voire la culpabilisation. La justice est une conclusion du débat extrêmement fréquente dans tous les domaines. La chimie apparaît être un secteur calme. La sécurité intérieure croit beaucoup en ses contrats locaux de sécurité. Le transport aérien attire l'attention sur « le risque du risque zéro ».

☆

Dans l'ensemble, on constate une grande aspiration au débat, considéré comme un instrument d'insertion de la maîtrise du risque dans la démocratie. Il faut avancer sur le chemin du débat.

ATELIER

RISQUE ET INDUSTRIE CHIMIQUE

Animateur : Alain Perroy
Organisation : Société de Chimie Industrielle,
Luc Voirin

Contributions

I. ***La gestion du risque lié à l'activité industrielle : les installations.***
Yvan Vérot, Directeur Sécurité Environnement Industrie, Elf Atochem.

II. ***Le risque lié à la commercialisation et à l'usage des produits chimiques.***
Jacques Salamitou, Directeur Environnement, Rhône-Poulenc.

III. ***L'acceptabilité du risque : la communication entre l'industriel et les populations.***
Georges Rumeau, Directeur d'Usine, Elf Atochem Lavera.

IV. « ***Responsible Care*** » ***: l'engagement de progrès de l'industrie chimique.***
Jean-Jacques Pigeon, PDG Shell Chimie France.

☆

I. La gestion du risque lié à l'activité industrielle : les installations

Yvan Vérot, Directeur Sécurité Environnement Industrie, Elf Atochem.

Au fondement de la gestion du risque se trouve la légitimité qui peut revenir à l'industriel pour pouvoir informer et communiquer. Elle repose sur :

- Une démarche technique pour la prise en compte du risque dans le cadre des installations du génie chimique.
- Une démarche critique : avant de soumettre à l'extérieur le projet de nouvelles installations. Elle se fait au préalable en un débat interne au sein de l'entreprise.
- Les éléments d'information sur le contrôle et l'expertise qui permettent aux acteurs extérieurs de trouver des réponses en relation avec le risque perçu.

1. Situer l'industrie chimique

L'industrie chimique a eu pour vocation dès son origine de compléter des ressources insuffisantes en produits naturels tels que le bois, le verre, la céramique, de manière à assurer les besoins de l'Humanité. En se développant, elle a étendu la gamme de ses produits grâce à la synthèse aux vastes possibilités. Ils interviennent dans énormément de domaines pas toujours perçus du public. Augmentation des récoltes et de leur durée de conservation, filière alimentaire, augmentation du bien-être et de la sécurité dans la vie quotidienne, amélioration de la santé et accroissement de la longévité constituent une partie des bienfaits dus à l'industrie chimique. Par contre ses activités industrielles sont susceptibles de présenter des inconvénients, des nuisances, des risques qui touchent à la protection de l'environnement (prévention des risques majeurs) et à la protection de la santé, la sécurité des employés dans les usines et les postes de travail. En résumé, l'industrie chimique veut faire beaucoup de bien et ne pas faire de mal.

Je voudrais attirer l'attention sur un point qu'a abordé Pierre Tanguy. Comme l'industrie nucléaire, l'industrie chimique est confrontée à des risques qui peuvent parfois présenter un certain niveau de gravité. Il faut respecter deux exigences :

- On doit s'assurer que les produits présentent réellement une utilité et qu'ils peuvent participer au progrès.
- Les industriels savent et doivent adopter des dispositions qui permettent d'assurer la maîtrise du risque correspondant à leurs activités dans le cadre de leurs connaissances et des techniques du moment.

A partir de ces deux exigences, on peut souligner l'aspect bienfaiteur de nos activités et notre vision de la maîtrise des risques. Sur ces éléments-là, on peut fonder le bilan avantages/inconvénients.

2. Démarche technique

La première étape est une démarche de prévention. Dès qu'on a une nouvelle idée d'une évolution dans nos produits ou dans nos installations, la première démarche est d'éliminer chaque fois que l'on peut des éléments porteurs de risque ou au moins de les réduire. La deuxième étape est une démarche de contrôle. Pour cela on recherche toutes les dispositions qui permettent d'assurer la maîtrise des risques restants. Le risque nul n'existant pas, notre souci est par ailleurs de s'assurer que l'on a pris des dispositions convenables pour faire face à des situations inattendues. Nous nous organisons pour réagir en situation d'urgence.

La première composante de la démarche technique est une approche dite d'*anticipation* qui consiste en l'étude a priori des dangers et des risques. Elle est fondamentalement basée sur la technique, une rationalité la sert. A partir de cette étude, une mise en place systématique des éléments de prévention et des parades correspondantes est réalisée. Cette démarche est fondamentalement scientifique et technique.

La deuxième composante répond à la capacité de l'organisation à faire face à une situation d'urgence. C'est ce qu'on appelle la *résilience* : c'est la possibilité de résister aux imprévus et aux défaillances qui peuvent survenir dans le système. Elle comporte une part de prévision, d'a priori dans l'étude des scénarios qui pourraient survenir sur les installations et une part, extrêmement importante, qu'on a appelé souplesse, adaptation, récupération qui dépend de la *composante humaine* qui sert l'unité. Dans la gestion du risque, au-delà des aspects techniques et procéduraux, il existe une très forte composante humaine que l'on a parfois tendance à négliger qui joue un rôle important.

Si l'on regarde comment cette approche est mise en œuvre dans l'ensemble du processus, on aboutit à la présentation suivante : cette anticipation est là depuis le projet, la recherche, et le développement (fabrication, projet technique, ingénierie). Cela concerne, au stade de l'exploitation, tout ce qui implique l'activité de l'usine, l'aptitude à s'organiser et à agir en situation d'urgence.

3. Démarche critique

Quels sont les éléments politiques qui interviennent ? Dans tout cela s'exprime un certain nombre d'objectifs et de valeurs qui sont à la fois généraux pour la chimie et propres à l'entreprise. Tout ce qui est relatif à l'organisation, aux moyens, aux ressources, est mis au service non seulement du projet technique mais aussi des objectifs de sécurité. Cela constitue un ensemble méthodologique extrêmement complexe, extrêmement diffusé au plan européen, et au plan mondial. Il y a dans cette organisation la volonté d'assurer un contrôle interne et de prendre en compte l'aspect humain.

Recrutement, formation, entraînement, sont essentiels pour assurer la stabilité de fonctionnement des unités, c'est-à-dire l'exploitation, la préparation aux situations d'urgence. Cette logique a comme support une démarche technique et procédurale avec une base scientifique assez complexe. Dans la chimie au moment où le projet est décidé, il se fait un débat interne. Ce débat est encadré dans les procédures de l'entreprise. Il concerne un certain nombre d'acteurs appartenant à l'entreprise mais qui sont également des citoyens. Ces citoyens un peu particuliers sont au service d'une entreprise et d'une industrie, ils ont fait leurs les valeurs de l'entreprise et de l'industrie considérée mais ils sont aussi des citoyens.

La rationalité technique, scientifique et procédurale que l'on vient d'évoquer est confrontée à d'autres regards, d'autres objectifs, que des acteurs autres que les techniciens de l'entreprise portent sur le projet ou sur l'activité. La méthodologie oblige en chimie à travailler en équipe pluridisciplinaire, c'est-à-dire composée non seulement de techniciens mais d'autres acteurs dans le cadre du projet. On les retrouve dans les procédures, dans les contrôles. On les retrouve encore dans toute l'information des acteurs et des instances élues comme le Comité d'Hygiène et de Sécurité et des Conditions du Travail (CHSCT).

On suscite souvent des audits de l'extérieur et cette recherche du regard extérieur conduit ou pas à une « certification ». Au-delà du premier débat au sein de l'entreprise sur l'acceptabilité, il y a un regard externe. Celui-ci concerne tous les éléments que met l'industrie à la disposition des acteurs externes pour rechercher cette crédibilité, cette légitimité, cette acceptabilité, qui concerne à la fois les thèmes d'expertise, de contrôle, d'information, et de communication.

4. *Information et communication*

Quelles sont les voies qui permettent de porter vers l'extérieur l'ensemble des éléments qui contribuent au moins à assurer une information et une communication ? C'est d'abord le « Responsible Care » engagement de progrès de notre industrie pour l'amélioration de la sécurité, la protection, de l'environnement et de la santé ; c'est ensuite l'affichage dans chaque unité d'une charte environnement – sécurité qui reprend les valeurs propres à l'entreprise. Affichée vers l'extérieur, chaque site a à décider de sa propre politique compte tenu de la spécificité de ses activités et de son organisation.

Un problème est particulier à la France et à l'Europe. L'ensemble des activités de l'industrie chimique, pour la mise en service et l'obtention de l'autorisation d'exploiter, est encadré par une réglementation et une législation très complexes qui laissent très peu à l'initiative de l'industriel. La loi sur les installations classées a pour objet la prévention des accidents majeurs, la loi sur la protection civile ayant pour objet d'installer à la fois chez l'industriel et à l'extérieur les moyens nécessaires d'intervention en cas d'accident. La procédure d'autorisation, qui a subi de nombreuses modifications et amplifications, nous amène dans le cadre de la procédure d'enquête publique à mettre à la disposition de l'ensemble des parties intéressées, du public, des élus, des associations, de tous ceux qui peuvent le demander, un dossier qui comporte des éléments sur l'étude des dangers liés aux produits ou des risques liés aux activités, sur les mesures prises pour les prévenir et les scénarios d'accident. La même chose existe en matière d'environnement : l'étude d'impact ; la présentation des plans d'urgence dont une partie revient à l'industriel – c'est le plan opération interne (POI) – et une autre partie est laissée à l'initiative du préfet – c'est le plan particulier d'intervention (PPI). Le préfet peut demander à chaque instant une expertise externe pour conforter l'avis de ses services et éclairer des éléments contenus dans cette procédure. Au terme de cette procédure d'enquête, le Comité Départemental d'Hygiène, instance pluraliste d'expertise, sous l'autorité du préfet, prend la décision d'autoriser ou non l'installation. Si elle l'autorise, elle va prescrire, au-delà des dispositions générales de la loi et des règlements, un certain nombre de dispositions propres à l'installation. Cet arrêté d'autorisation, dont une procédure traite de l'information du public sur les risques majeurs, fait l'objet d'une grande publicité. Le processus complexe d'information réunit des acteurs comme l'industriel, les maires, le préfet, l'ensemble des instances administratives de contrôle. Par ailleurs, ont été mises en place des instances locales de manière à assurer les échanges d'informations concernant la sécurité et la protection de l'environnement et à décider du projet. Un travail de communication locale est alors réalisé : chaque site entreprend un certain nombre d'actions, de visites, de gestion d'appels téléphoniques, d'actions spéciales au sein de l'Education Nationale : collèges, lycées, universités.

QUESTIONS ET RÉPONSES

André Pentenero (Professeur à la Faculté des Sciences, Université Henri-Poincaré, Nancy) : On parle toujours de risque en terme d'accident mais on parle très peu de la situation dégradée (cette méthodologie existe chez les militaires, dans le nucléaire). Lorsque le traitement de cette situation dégradée est réussi, le risque passe inaperçu, triomphe de la sécurité. Dans cette affaire il y a un aspect communication. Or on parle d'urgence au sens « catastrophique ».

Y. Vérot : Je n'ai pas explicité le détail des méthodologies pour prévoir les situations dégradées et pour les gérer. Je ne suis pas sûr que toutes les situations dégradées internes qui ne débouchent pas sur un accident perceptible à l'extérieur et qui porte atteinte à ses intérêts nécessitent une communication permanente de l'entreprise. Donc je me suis situé en situation d'urgence (différente de l'accident). Il peut y avoir des événements qui ne se traduisent pas au détriment de la communauté qui entoure l'installation mais qui malgré tout peut l'alarmer, l'inquiéter. C'est cela la situation d'urgence. L'industriel doit rapidement apporter une réponse de manière à tranquilliser ou à informer de façon concrète et éventuellement instituer un débat. Je me suis placé devant l'interrogation : de quoi sommes-nous redevables vis-à-vis de l'extérieur en cas d'urgence ? Il faut essayer de stopper les évolutions avant de basculer dans l'accident.

Sabine de Jacquelot (Journaliste expert, *Le Quotidien du Médecin*) : Avant de promettre que vous allez communiquer, vous chimistes, sur les procédures, est-ce que vous êtes capable aujourd'hui de faire un bilan sur vos déficit et handicaps institutionnels ? Si on ne le fait pas, le public ne peut pas comprendre les difficultés ou les accidents. En plus on laisse une place vacante pour les groupes de pression. Par ailleurs, vous dites en interne que les gens ont fait leurs « les valeurs de l'entreprise ». Cela n'est pas sûr. Quand on regarde des débats sur l'industrie pharmaceutique à la télévision et que des gens expliquent qu'on leur fait prendre des risques, on ne semble pas avoir assez réfléchi dans l'entreprise au capital image et au premier véhicule de ce capital qui est l'interne.

Y. Vérot : Disons un mot sur ce que fait Elf Atochem à l'égard des médias. On reçoit les journalistes, par temps calme d'abord, pour essayer de leur faire partager le « jargon » de la chimie. Ils sont invités à visiter librement les installations, à l'échelon régional. Chaque année on les réinvite pour faire un bilan complet de l'année : aspect économique, aspect social, thème de sécurité, protection de l'environnement... Les journalistes interrogent les dirigeants (directeurs généraux, régionaux) sur les accidents qui se sont produits dans l'année. Donc on essaye d'informer et on communique : on essaye de comprendre quels sont les thèmes qui intéressent le public. Malgré ces actions, il y aura des trous qui sont obligatoirement porteurs d'éléments de prévention, qui pourraient rassurer, mais qui sont trop techniques pour pouvoir être connus.

En ce qui concerne les valeurs de l'entreprise on peut espérer que ceux qui travaillent dans l'entreprise, tout en n'étant pas prisonniers de leur salaire, partagent des valeurs similaires. Qu'il puisse y avoir des points de vue légèrement décalés, c'est possible, mais il n'y a pas de vrais réfractaires.

A. Perroy : Au-delà du terrain, l'industrie chimique a la préoccupation de comprendre et d'évaluer son image, la façon dont elle est perçue. On le fait sous forme d'un baromètre européen : géré au niveau européen, il renvoie sur les dirigeants ce qu'est l'image et la façon dont elle évolue. L'amélioration de l'image vient avec une grande lenteur. Il peut y avoir des initiatives plus locales, régionales par exemple : le groupe Rhône Alpes, avant de lancer des programmes d'actions pour rendre plus acceptable l'industrie, a pris l'initiative d'interroger le public en direct, de hiérarchiser les ordres de préoccupation des gens. Il dispose d'un instrument de suivi ainsi que d'un CD-ROM éducatif.

☆

II. Le risque lié à la commercialisation et à l'usage des produits chimiques

Jacques Salamitou, Directeur Environnement, Rhône-Poulenc.

De nos jours toutes les initiatives diverses dans l'industrie chimique concernant le produit sont formalisées dans le cadre de l'enseignement de progrès (Responsible Care) par ce que l'on appelle « Product stewardship » qu'on traduit par « accompagnement de produit ». Le « Product stewardship » est le suivi des caractéristiques du produit : santé, sécurité, environnement, tout au long de son cycle de vie sur le marché, avec un esprit d'amélioration continue, c'est-à-dire de diminution globale du risque. Les phases suivantes sont prises en considération dans la chaîne de vie du produit :

- conception : les propriétés « santé, sécurité, environnement » doivent être prises en compte dès le choix du procédé et des matières premières ;
- fabrication ;
- distribution : emballage, commercialisation, stockage, transport ;
- utilisation chez le client y compris ses transformations ;
- devenir en fin de vie : déchet recyclage, réutilisation.

Dans le groupe Rhône-Poulenc, on travaille sur :

- la pharmacovigilance (médicament) imposée par la législation ;
- la protection des plantes : les produits sont à utiliser avec de plus en plus de précaution ;
- le produit chimique : une banque de données, Diapazon, rassemble toutes les informations y compris celles qui reviennent de l'expérience. On a mis en place des programmes d'évaluation des risques (Sherpa).

Ces actions conduisent à un certain nombre de progrès. De façon un peu plus systématique, on a mis au point un nouvel outil pour avoir une idée de la cartographie des risques présentés par les produits. On est à la recherche d'un modèle global. Il faut procéder à une identification de ces risques et évaluer leurs niveaux pour demander à chaque entreprise des plans d'actions de manière à diminuer ces risques (suivi tous les ans par le Comité Exécutif du Groupe).

Pour les dangers, on reprend les propriétés intrinsèques, les effets observés, on y ajoute les problèmes créés par la destruction du produit pour intégrer l'aspect fin de vie. Pour la partie exposition, on regarde tout ce qui se passe pour le produit durant son cycle de vie, emballage, transport, système de distribution, nombre de clients (plus il y a de clients plus il y a d'exposition). On doit savoir si le produit a un usage industriel ou s'il va dans le grand public. On doit envisager par ailleurs la possibilité d'usage détourné, problème très important dans l'industrie chimique. Pour ce faire on utilise un questionnaire. A la fin, on arrive à un graphique où chaque produit est classé selon son risque et son exposition. Modèle sommaire qui, loin d'atteindre la précision cherchée dans les modèles précédents, a l'avantage de permettre des programmes d'actions rapides.

Au niveau de l'industrie chimique européenne, on fait des choses pour accélérer ces programmes d'évaluation de risque :

- mise en place d'un programme de recherche commun à long terme qui permet de combler un certain nombre de trous qui manquent dans l'évaluation ;
- mise en place d'un programme pour rassembler les données et évaluer les dangers les plus élevés de risque pour la santé (usage dispersé, exposition élevée). Les produits sont sélectionnés en référence au programme OCDE. L'industrie chimique s'engage à tester 1 000 substances en liaison avec les Américains d'ici à l'année 2004 et à améliorer les relations avec la Commission Européenne. L'industrie fait les analyses que la Commission validera. On devrait améliorer aussi la coopération avec la Commission Européenne et la confiance de l'opinion publique dans les produits chimiques : comment diminuer le fossé entre la perception du risque des produits chimiques et sa matérialité ?

QUESTIONS ET RÉPONSES

M. Killé (ENS, Chimie Mulhouse) : Pouvez-vous donner un ordre de grandeur de ce que coûte actuellement la mise sur le marché d'une nouvelle molécule à destination non pharmaceutique ?

Réponse : 500 000 à quelques millions de francs, coût des étapes réglementaires.

Marcel Le Dantec (EDF) : Sur la partie « management du risque », on voit mal comment on peut évaluer la fin de vie d'un produit... mais comment réduire les risques de l'utilisation. Est-ce que vous agissez sur la composition d'un produit ? Ou est-ce que vous agissez sur les modalités d'emploi ?

J. Salamitou : On peut réduire les expositions, les clients... On peut même retirer un produit du marché et le remplacer par un nouveau produit. C'est ainsi qu'on a substitué dans les peintures le cadmium, produit dangereux, par des sels au césium...

☆

III. L'acceptabilité du risque : la communication entre l'industriel et les populations

G. Rumeau, Directeur d'Usine, Elf Atochem Lavera.

L'entreprise est située en région PACA près de Marseille, dans une zone industrielle qui regroupe 4 raffineries, 13 sites Seveso, 20 000 personnes sur le bassin d'emplois (150 000 personnes y vivent).

L'intervention sera un témoignage de retour d'expérience : comment les entreprises ont évolué dans leur action d'information en fonction de la demande du public, et des gens qui vivent autour des sites ?

En mai 1987 : création d'une commission « risques spécifiques, risques industriels ». Première tribune qui ne rassemble que des acteurs concernés mais pas le public.

En avril 1989 : on touche le public au cours d'une campagne d'information « une confiance lucide » par des supports papiers plus une ou deux rencontres générales. Plus de 120 000 plaquettes furent distribuées. Enquête faite 5 ans après, il n'en restait plus que 4 ou 5 %. La déception est donc grande, on va essayer d'améliorer les choses.

En novembre 1991 : engagement dans une information du public des principaux acteurs locaux : le « collège de l'Etat », les collectivités territoriales, les maires ou leurs représentants, les industriels, des scientifiques et des associations environnementales représentatives de la région. Cela justifie la création du *Cyprès* dont la composition est la suivante :

- Collège de l'Etat : DRIRE, préfecture de région, Sécurité Civile, Service Maritime, DIREN.
- Collège des élus : DDSIS, Union des Maires des Bouches-du-Rhône, Conseil Régional PACA, Conseil Général des Bouches-du-Rhône, communes.
- Collège des industriels : industries classées « Seveso », autres industries, Association environnement, industrie, SGIC.
- Collège des membres associés : associations (CSCV – URUN – Association Environnement Intervention), syndicats (CFDT Chimie, CGT Chimie), scientifiques (INERIS, IUT Aix-en-Provence).

Quelles sont les missions du Cyprès ? Mieux comprendre ce qu'est le public en ayant recours aux adhérents qui sont en même temps des acteurs. On coordonne l'action à partir d'une première démarche d'information et de contacts directs qui s'appuie sur des outils pédagogiques. Cyprès a été chargé d'organiser des réunions thématiques : risques industriels, pollution de l'air et de l'eau, déchets, transports des matières dangereuses (c'est une région de transit de matières dangereuses). Par cette démarche on a touché énormément de gens mais l'information technique diffusée auprès des populations était toujours mal comprise. Il a donc fallu interroger les gens en leur demandant ce qu'ils voulaient exactement. On a amélioré les contacts avec les populations voisines en développant une communication interactive.

Au cours du 1er trimestre 1995, on a organisé un des premiers exercices en vrai grandeur de plan particulier d'intervention (PPI) qui a mobilisé sur la région énormément de monde. On a dit au public : « Soyez acteurs et on analysera vos remarques, vos commentaires, et votre comportement. »Les gens ont participé avec conviction, ils ont mis en avant leurs préoccupations, d'autant qu'il y avait eu un accident important sur l'une des raffineries du site de la zone. On fait en sorte que la situation d'exercice soit vécue comme une situation de crise pour faire émerger les préoccupations ressenties lors de faits réels. On a été surpris d'apprendre qu'une des premières choses qui préoccupent les gens c'est d'être informé : « Vos sirènes, on ne les entend pas, pourquoi ne pas utiliser les sirènes utilisées pendant la guerre ? » On a donc mis en réseau sirènes des sites et sirènes de la ville. La deuxième préoccupation concerne les enfants : « Que vont-ils faire des enfants qui sont à l'école lorsque les adultes doivent se confiner ? ». D'où la décision de mener une nouvelle action : le plan « SESAM » (Secours des Etablissements Scolaires face à l'Accident Majeur). On transfert l'expérience industrielle du plan d'organisation interne (POI) à l'établissement scolaire avec un engagement des enseignants qui se trouvent dans les écoles. En liaison avec les Ministères de l'Environnement et de l'Education Nationale, en 1996, on a mis en place sur 17 établissements scolaires le plan SESAM auquel les industriels, les élus, les responsables d'administration ont prêté leur concours.

Voilà ce que l'on fait sur le terrain, voilà comment nous fonctionnons.

Précisions complémentaires : *Sylvette Pirouel (Institut Français des Formateurs Risques Majeurs et Protection de l'Environnement)*

Ce sont 450 personnes réparties sur le territoire national depuis les années 90 sur l'initiative des Ministères de l'Environnement et de l'Education Nationale (groupe de formateurs) qui ont élaboré le plan SESAM en 1994, validé par la Direction Civile en 1995 et proposé aux établissements dans le bulletin de l'Education Nationale. Il s'agit bien d'un plan d'organisation des secours dans les établissements scolaires en cas d'accident majeur en attendant que les secours externes arrivent car c'est le préfet qui reste maître à bord dans l'organisation de la sécurité civile. En 1996, une université d'été de Port-de-Bouc a permis de mettre en place le plan SESAM sur l'ensemble du secteur (Fos, etc.). Il est développé à la demande de l'établissement scolaire pour les sites sensibles. Donc ce plan existe sur le territoire national, très concentré et remarquablement organisé sur l'Etang de Berre, on veut le développer sur tous les sites à risque.

QUESTIONS ET RÉPONSES

Nathalie Hautin (Direction de la Communication, COGEMA) : Comment évalue-t-on le succès du Cyprès ? Par une mesure de la fréquentation des commissions ou y a-t-il d'autres indicateurs, et quand on parle de demande locale, comment récolte-t-on l'information et comment la traite-t-on ?

G. Rumeau : Parmi les critères d'évaluation du succès du Cyprès, la fréquentation des réunions. La première réunion : 13 personnes, la dernière : 315 personnes.

Puis les outils d'informations. Réseau d'information 36.15 Cyprès mis en 1995 à la disposition du public (10 ou 12 appels pour l'année). En 1998 : 450 appels.

Enfin l'augmentation de la présence aux assemblées générales des acteurs et l'augmentation des adhérents.

Pour l'information, ce sont les maires qui la récoltent auprès de la population, à partir de bornes interactives. On a sauté une génération, car on cible particulièrement les enfants de CM 1 et CM 2 qui posent beaucoup de questions. On commence à utiliser le personnel comme relais d'information et d'échange. Ces gens vivent souvent dans les communes voisines. On en forme certains ; ils font part des risques et des actions et retransmettent à l'entreprise des questions que l'on fait remonter au Cyprès.

Question : Quelles sont les remarques de la population et les remarques des associations écologiques ? Y a-t-il une évolution ?

G. Rumeau : Il n'y a pas d'évolution. On est toujours devant une situation d'échec. On vient d'avoir en mai 1998 une enquête publique. Pas de remarque, pas de question. Il y a une permanence, personne ne vient.

Marcel Le Dantec (EDF) : Dans le Cyprès est-ce que le public est associé comme dans les conférences de citoyens. Pour le PPI, je suppose qu'il y a choix entre confinement et évacuation. Est-ce que vous croyez réaliste le confinement des enfants confrontés à la crainte des parents d'avoir leurs enfants éloignés d'eux ? N'y a-t-il pas un risque de panique ?

G. Rumeau : Par le biais des relais, par des conférences on associe le public. Le Cyprès lui est ouvert : bibliothèque et possibilité de faire des commentaires sur le 36.14. Au sujet du PPI et du confinement des enfants, les enseignants sont très efficaces dans l'organisation. On ne peut pas empêcher une mère de venir chercher son enfant mais les enseignants ne laisseront pas partir l'enfant. D'après une enquête d'Anne Lalo, les parents sont tentés de faire confiance aux enseignants à partir du moment où les choses leur sont expliquées. On espère que c'est ce qui se produira en cas d'accident. De toute façon, lors du confinement les parents resteront à la porte de l'école.

☆

IV. « Responsible Care » : l'engagement de progrès de l'industrie chimique

Jean-Jacques Pigeon, PDG Shell Chimie France.

On parle d'engagement de progrès pour l'amélioration de la sécurité, la protection de la santé et celle de l'environnement. C'est la traduction du terme « Responsible Care » qui a pris naissance au Canada en 1985 puis est passé aux Etats-Unis, puis en Europe et en France où cette démarche a démarré le 3 mai 1990. C'est une démarche volontaire de l'industrie chimique et un engagement des directions générales des entreprises.

Lorsque l'industrie chimique s'engage dans cette démarche de comportement responsable, elle suit, elle obéit à toutes les réglementations et, au-delà de cela, elle a voulu démontrer qu'il y avait une amélioration continue des performances dans le domaine de la sécurité et de l'environnement.

Cet engagement de progrès est un engagement en neuf points qui s'étend tant au niveau de la chaîne des industriels qu'au niveau géographique : il y a adhésion totale de l'entreprise, engagement pris par la direction générale des groupes et implication de tous les échelons et de toutes les activités. Ces principes sont étendus aux partenaires avec lesquels l'industrie chimique travaille : sous-traitants, contractants. L'activité externalisée est soumise à cet engagement (maintenance, transporteurs). Comme on l'a dit, il y a respect des dispositions réglementaires et des règles de l'art mais aussi recherche d'une amélioration constante. Il y a aussi information complète du personnel, une communication claire de toutes les informations aux différents acteurs et en particulier aux clients, utilisateurs du produit. Il y a recherche de l'optimisation de l'emploi des ressources et d'une réduction au strict minimum des déchets, contribution à la recherche dans ces domaines et promotion des principes de cet engagement. C'est donc une démarche très large dans sa dimension.

L'industrie chimique n'a pas attendu le « responsible care » pour faire des progrès dans le domaine de la sécurité et de la protection de l'environnement. Au niveau des accidents mortels, il y en a encore trop, mais on peut constater une amélioration si on compare le taux de fréquence des accidents avec arrêt de l'industrie chimique à celui de l'industrie en générale (voir graphiques 1, 2 et 3). Au niveau de l'environnement, de l'eau, l'indice UIC de l'ensemble des industries chimiques s'améliore (voir graphique 4) ; il y a amélioration aussi pour d'autres matières émises (voir graphiques 5 à 9).

Un élément important de l'engagement de progrès est le suivi des produits, ce qui veut dire la prise en compte de la dimension sécurité-santé – environnement des produits depuis la conception jusqu'à leur devenir après usage.

Cet engagement de progrès peut être amélioré surtout auprès des entreprises de petites dimensions qui n'ont pas les facilités que les groupes peuvent avoir. Les grands groupes ont réalisé des outils (voir dernier transparent) : guide d'aide à la mise en œuvre de l'engagement de progrès, guide d'aide à la mise en place d'un système de management HSE, organisation d'une assistance aux entreprises.

En ce qui concerne l'organisation d'une assistance aux entreprises, il s'agit

GRAPHIQUE 1. *Accidents mortels (source : CNAMTS).*

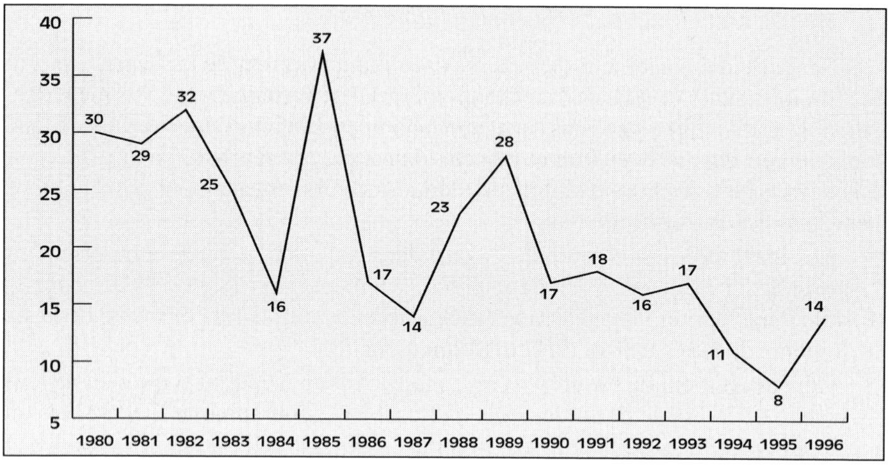

GRAPHIQUE 2. *Taux de fréquence des accidents avec arrêts. Nombre d'accidents par millions d'heures travaillées (source : CNAMTS).*

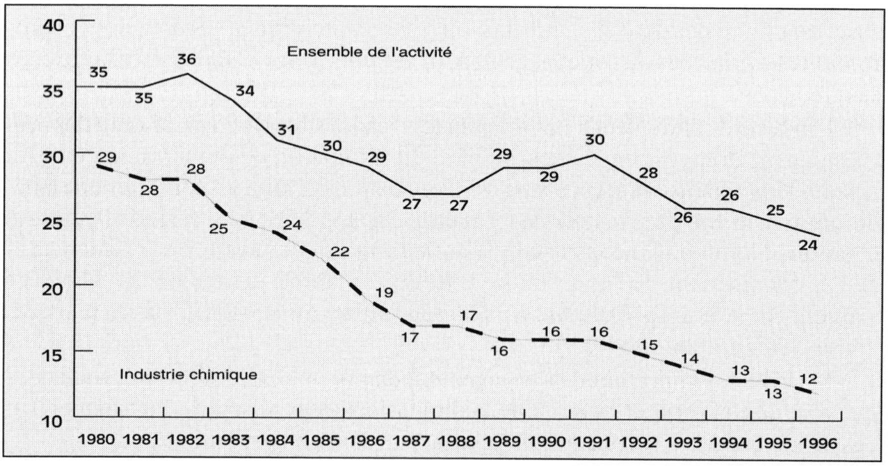

GRAPHIQUE 3. *Taux de gravité des incapacités temporaires. Nombre de journées perdues par milliers d'heures travaillées (source : CNAMTS).*

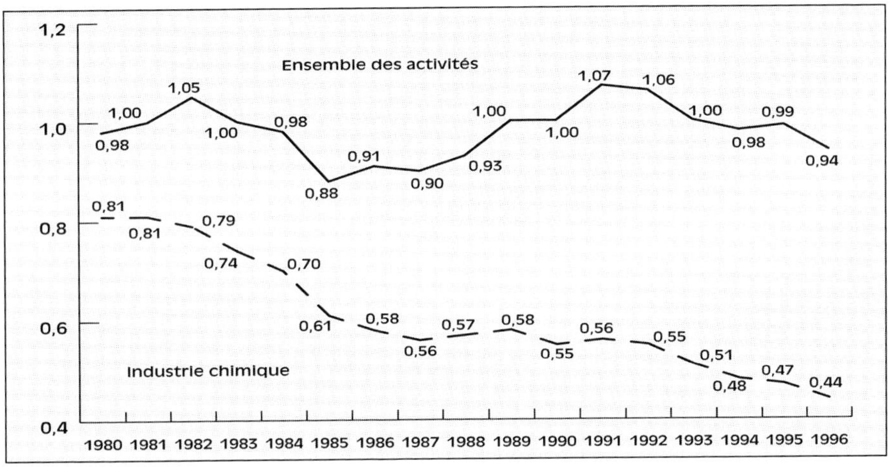

GRAPHIQUE 4. *Indice environnement eau de l'UIC (source : Ministère de l'Environnement, de 1980 à 1989, panel UIC de 1990 à 1997).*

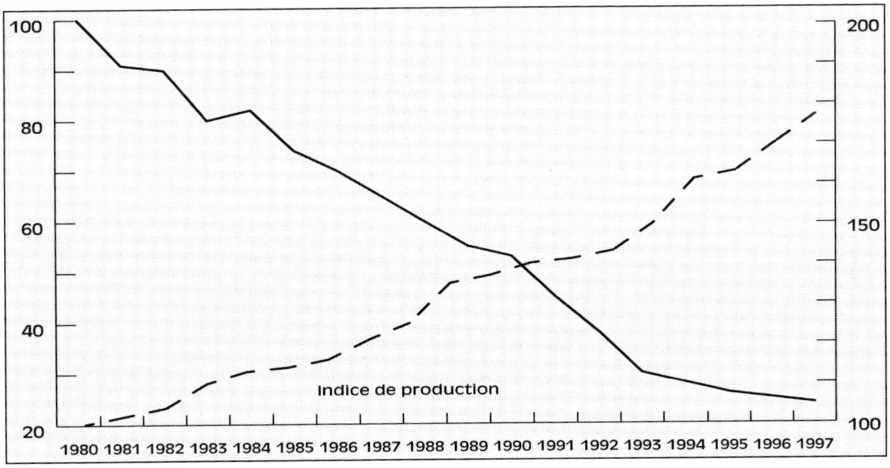

GRAPHIQUE 5. *Rejets de matières organiques*
(source : Ministère de l'Environnement, de 1980 à 1991, panel UIC de 1992 à 1997).

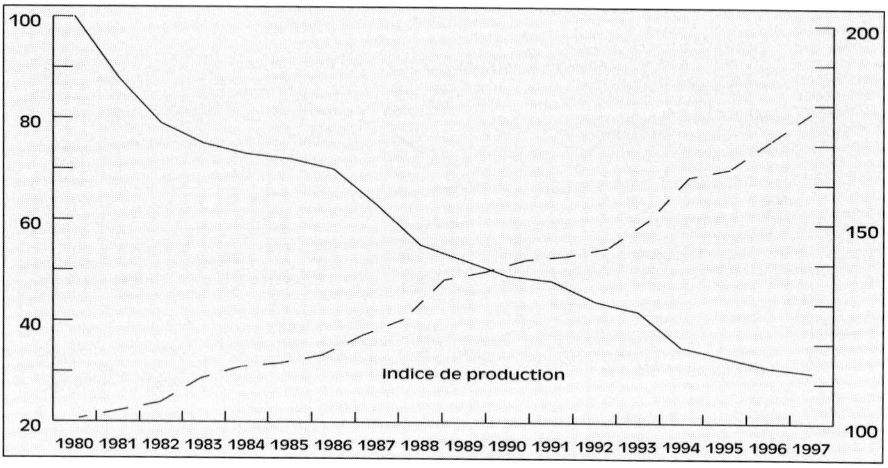

GRAPHIQUE 6. *Rejets de matières inhibitrices*
(source : Ministère de l'Environnement, de 1980 à 1991, panel UIC de 1992 à 1997).

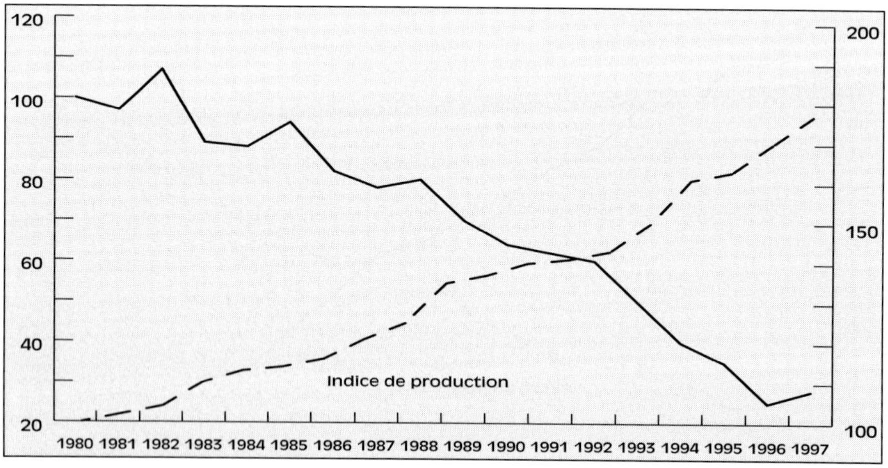

Introduction à l'atelier

1

Christian Stoffaës, Directeur, Mission Prospective EDF

La Conférence de Buenos Aires

La Conférence de Buenos Aires sur le « changement climatique » fait partie du cycle des réunions internationales où se retrouvent les gouvernements, des industriels, mais aussi des ONG autour du développement durable de la planète. C'est une suite de la Conférence de Rio. On soupçonne que certaines activités humaines, notamment la production de gaz carbonique ou d'autres gaz à effet de serre, jouent un rôle sur le climat. Ces gaz se concentrent dans l'atmosphère et contribuent à un réchauffement progressif et inexorable de la température de la terre, susceptible d'avoir à terme des conséquences très graves sur les climats, l'agriculture, et l'élévation du niveau des océans. On est typiquement dans un problème de risque majeur, si ce phénomène est vrai. Il y a des conséquences incalculables, la planète est en cause. On est dans un contexte d'incertitude scientifique car tout ceci n'est pas prouvé indiscutablement. Il n'y a pas de certitude, on est devant un problème où le risque est important, les conséquences sont importantes, la probabilité est incertaine. Autour du « principe de précaution » c'est un problème de politique nouvelle qui est posé, un problème à l'échelle mondiale qui s'inscrit dans le contexte de la globalisation. C'est un problème qui commence à prendre une dimension géopolitique. On commence à voir s'opposer des groupes de nations, il y a de nouveaux clivages qui prennent la suite des lignes de séparation anciennes Est-Ouest et Nord-Sud.

La question du changement climatique met en exergue le rôle des scientifiques. La fonction d'un scientifique est de préparer des dossiers complexes, séparer le vrai du faux. L'ONU et l'Organisation de Météorologie Mondiale ont suscité l'organisation d'un groupe qui réunit deux mille scientifiques, le Panel International sur le Changement du Climat (IPCC). Avec ces négociations se profilent des mesures contraignantes, puisqu'il y a un protocole d'accord par lequel les signataires s'engagent à réduire leurs émissions de CO_2 à l'horizon de 2010 avec des quotas chiffrés.

De plus, nous assistons à la naissance d'une nouvelle société internationale avec l'émergence de groupes sociaux de pensées, en premier lieu les O.N.G. et les partis écologistes verts qui prennent une place incontournable dans l'échiquier politique et constituent une nouvelle gauche. Ils trouvent dans ces conférences internationales un point de référence commun : une sorte « d'internationale écologique » est en train de se structurer.

Le secteur de l'énergie

Le secteur de l'énergie touche à beaucoup de risques, à toutes les formes de risques que l'on peut imaginer : épuisement des ressources (pétrole), rejets de polluants, risques liés à une logistique énorme (accidents dans les mines, explosion de centrales, naufrages de pétroliers, etc.), risque majeur (risque à probabilité d'occurrence infime dont les conséquences sont considérables).

Le risque majeur, il faut le souligner, ne concerne pas seulement l'énergie nucléaire avec les accidents de Three Mile Island et de Tchernobyl : on a vu des réactions des médias et de l'opinion publique dues à l'assimilation entre centrale nucléaire civile et filiation atomique militaire, (le développement de l'énergie nucléaire est handicapé par un amalgame entre l'énergie nucléaire civile et le nucléaire militaire). Mais le risque majeur concerne aussi l'effet de serre qui, s'il est avéré, entraînerait des conséquences considérables (voir plus haut).

Sur les décisions énergétiques, pèsent non seulement des considérations économiques mais aussi les opinions publiques. A notre époque où les problèmes de risque prennent une importance croissante dans la société contemporaine, les questions de risque occupent le devant de l'actualité. On peut accuser les médias ; mais si les médias s'en emparent c'est parce qu'ils répondent à une demande sociale très puissante. Il existe aussi des forces politiques qui cherchent des thèmes pour leur programme et qui ont pris ces thèmes en ligne de mire.

La démocratie moderne est confrontée à des problèmes de compréhension. Certains milieux ne dialoguent pas ou dialoguent mal. Pour le milieu professionnel de l'énergie et pour les ingénieurs de formation scientifique, il y a le vrai et le faux. Ces milieux ne comprennent pas toujours les attitudes du public à l'égard du risque ; ils qualifient ces attitudes d'« irrationnelles ». A cet égard le cas du nucléaire est typique. Mais on peut considérer, qu'à partir du moment où il y a des attitudes observées dans la vie courante, elles sont rationnelles. Il faut seulement chercher à les expliquer par des niveaux d'explication qui ne sont pas techniques. Lorsque des milieux ne se parlent pas, il y a danger : risque de panique, risque de manipulation, risque de conflit. Ces milieux doivent dialoguer mais il y a un problème majeur qui est le problème de la confiance. Le débat vient d'une défiance (*cf.* la série américaine télévisée à succès *X-Files* fondée sur le thème « le gouvernement vous ment sur des questions scientifiques complexes »).

Comment regagner la confiance ? Il faut faire des propositions pour le fonctionnement de nos sociétés démocratiques : risque, science, démocratie, comment associer et concilier ce triptyque dans le monde de demain ? Comment rétablir la confiance ? Une idée intéressante pourrait être la « magistrature technique », soustraite à l'influence des lobbies, indépendante des pouvoirs politiques, économiques et médiatiques, de haut niveau scientifique, capable d'arbitrer et de donner des avis autorisés autour des sujets de controverse et selon des processus contradictoires. Faire admettre que si la science vous affirme que c'est bien, vous n'avez rien à dire, sinon vous êtes irrationnel, est une méthode qui appartient au passé. L'idée de demain est de dire : il y a des controverses, écoutons-les, que chacun s'exprime, multiplions les études, que les pairs se jugent entre eux, que les scientifiques s'évaluent entre eux. Et, après un certain temps et un certain débat, arbitrons. C'est comme cela que l'on peut envisager de rétablir un certain niveau de confiance.

2

M. Philippon, animateur, Union Française des Industries Pétrolières

Le pétrole est concerné à tous les stades par cette notion de risque. Le risque existe au niveau des installations mais il y a aussi tous les problèmes de l'environnement : eau, atmosphère. Il faut aboutir à des taux d'accidents les plus faibles possible. Le point important est de dialoguer autour de ces problèmes. Le message est difficile à faire passer auprès de la presse. On explique que la presse est en train de changer, mais sur des problèmes d'énergie, de pétrole, il est très difficile de trouver des journalistes qui se soient investis sur ces sujets (en dehors de la presse professionnelle). Pour la presse grand public, ce sont des météores. Peu de journalistes connaissent le sujet. L'information grand public n'est pas bien élaborée. Pour expliquer aux gens quels étaient ceux qui devaient rouler au plomb et ceux qui devaient rouler au sans plomb, cela a pris un temps fou. Le dialogue est un art difficile, mais qu'il faut développer.

☆

I. Gestion de l'enjeu des champs électriques et magnétiques

P. Sarma Maruvada, Hydro-Québec, Canada.

1. Introduction

C'est au début des années 1970 que des inquiétudes ont été exprimées concernant les effets possibles sur la santé des travailleurs des champs électriques de fréquence industrielle (50 ou 60 Hz). En particulier, un rapport présenté à la Conférence internationale des grands réseaux électriques (CIGRE) par l'URSS *[1]* a fait état des symptômes de mauvais fonctionnement du système digestif chez des travailleurs de postes de 500 kV. Dans le but de mieux comprendre ce problème, un grand nombre d'études ont été réalisées dans différents pays sur les effets biologiques possibles des champs électriques associés avec le réseau de transport c.a. La gamme des systèmes biologiques étudiés couvre les cellules, les plantes, les animaux et les humains. La conclusion dominante qui se dégage de ces études est qu'il n'existe aucun risque significatif aux effets biologiques nuisibles associés à l'exposition aux champs électriques. En fait, au début des années 1980, même les Soviétiques ont concédé que les inquiétudes exprimées auparavant avaient été exagérées *[2]*.

A peu près en même temps que les inquiétudes reliées aux champs électriques commençaient à diminuer, une nouvelle inquiétude a été soulevée au sujet des champs magnétiques à la fréquence du réseau électrique. Dans un article publié en 1979, Wertheimer et Leeper *[3]* suggèrent, suite à une étude rétrospective du type cas-témoin, une association entre l'exposition à des faibles champs magnétiques alternatifs et l'induction de cancer chez l'enfant. Cette association fut établie entre les différentes lignes du réseau de distribution de la ville de Denver (E.-U.) et la répartition des cas de cancer sur ce territoire, les lignes à fort courant étant plus souvent retrouvées près des cas que près des témoins. En 1982, Wertheimer [4] a repris l'étude de 1979, mais cette fois en associant tous les types de cancers chez l'adulte avec les lignes à fort courant de la banlieue de Boulder.

Suite à la publication des résultats de Wertheimer, plusieurs autres études similaires ont été réalisées. Bien que l'ensemble des études scientifiques réalisées jusqu'à maintenant sur les effets possibles des expositions aux champs électriques et magnétiques (CEM) n'ont pu indiquer la présence d'un risque significatif, celles-ci ne permettent pas non plus de conclure à l'absence totale de risque pour la santé humaine. Face à cette situation d'incertitude scientifique, quelques approches ont été proposées pour la gestion de cet enjeu, basées pour la plupart sur le principe de précaution. Ce rapport présente une analyse critique du concept *d'évitement prudent* proposé aux Etats-Unis en 1989 [5], et la démarche suivie à Hydro-Québec (HQ) pour en arriver à une position d'entreprise sur la gestion des CEM.

2. CEM et santé humaine : l'état actuel de connaissance

Suite à l'étude de Wertheimer et Leeper sur le champ magnétique et la leucémie chez l'enfant, une douzaine d'études de même type ont été réalisées. Certaines de ces études suggèrent une association entre la présence d'équipement électrique au voisinage des maisons et un risque faible de leucémie (risque relatif inférieur à 2). La principale difficulté identifiée par les chercheurs est celle de l'estimation des expositions au champ magnétique avant l'apparition de la maladie. Les premières études ont utilisé comme indice de cette exposition le diamètre et le nombre de conducteurs du réseau électrique autour des domiciles des cas et des témoins et la distance séparant le domicile de ces équipements. Cinq de ces études ont utilisé une autre approche plus laborieuse qui consiste à mesurer directement le champ magnétique à un ou plusieurs endroits dans chacun des domiciles des cas et des témoins. Or, ces trois études ont rapporté des résultats similaires : on observe toujours une corrélation entre la présence des équipements électriques et la maladie, mais peu ou pas de corrélation avec le champ magnétique mesuré dans le domicile. Laquelle des deux méthodes est la plus représentative de l'exposition précédant la maladie demeure une question controversée. Les mesures contemporaines sont réelles mais peuvent avoir été différentes dans le passé, tandis que l'approche théorique basée sur la présence de lignes de distribution ou de transport ne tient pas compte des autres sources qui influencent souvent le champ magnétique domestique. L'absence de concordance entre les résultats issus de ces deux méthodes rend également plausible qu'un facteur non identifié autre que le champ magnétique soit responsable du risque accru de cancer observé.

Huit études ont examiné l'association entre la proximité d'installations électriques et le cancer chez l'adulte. Dans l'ensemble, ces résultats ne suggèrent aucun risque de cancer. Seule la première [4] est positive : un risque accru de cancer du système nerveux, de l'utérus et du sein est rapporté. La leucémie n'y est pas considérée. L'absence de mesures de champs et la procédure d'attribution de l'exposition qui n'était pas réalisée à l'aveugle jettent un doute sur l'association observée.

Durant cette période, une vingtaine d'études épidémiologiques ont testé l'hypothèse en milieu de travail examinant surtout les risques de leucémie et de cancer du cerveau. Presque toutes les études publiées jusqu'en 1992 ont utilisé les profils d'emploi pour établir la probabilité et l'intensité de l'exposition sans confirmer par des mesures in situ la justification des classes d'exposition aux CEM. Ces premiers résultats suggèrent tout au plus une possibilité d'une association faible entre l'exposition à divers paramètres électriques et magnétiques de très basses fréquences et ces cancers.

Depuis 1993, cinq études majeures ont été publiées, chacune comportant une évaluation des expositions basées sur des mesures réelles faites en milieu de travail à l'aide de dosimètres appropriés. Quatre d'entre elles ont eu l'avantage d'étudier des populations assez homogènes puisqu'il s'agissait exclusivement de travailleurs de compagnies d'électricité (Sahl *[6]*, Thériault *[7]*, Savitz *[8]* et Harrington *[9]*).

L'étude de Sahl n'a montré aucun risque de leucémie ou de cancer du cerveau. Les lymphomes étaient légèrement plus élevés mais la différence n'était pas statistiquement significative. L'étude Thériault est une importante étude cas-témoins réalisée auprès des travailleurs d'Hydro-Québec, Ontario Hydro et Electricité de France. Cette étude a analysé 25 différents types de cancer et a porté sur un nombre total de 4 151 cas. On a évalué l'exposition de chaque sujet à partir de son histoire professionnelle et de plus de 10 000 personnes-jour de dosimétrie. Lorsque tous les cancers sont étudiés ensemble, les résultats ne montrent aucun lien entre la maladie et l'exposition au champ magnétique ou électrique. Cependant, l'analyse détaillée suggère une association pour deux types spécifiques de cancer, soit la leucémie et le cancer du cerveau. Les travailleurs ayant subi une exposition supérieure à la médiane des expositions montrent un risque supérieur pour la leucémie myéloïde aiguë. Cependant, on n'observe pas de relation dose-réponse et les résultats individuels de chacune des compagnies sont peu concordants. On observe également un risque élevé d'un type de cancer du cerveau (l'astrocytome) pour les travailleurs exposés à plus du 90e percentile des expositions, mais ce résultat est basé sur uniquement 5 cas. Ces deux types de cancers représentent environ 2,5 % des cancers de l'étude. Aucune association n'a été suggérée pour les autres cancers.

L'étude de Savitz est également une étude de grande envergure. Elle a analysé les causes de plus de 20 733 décès survenus parmi les travailleurs de cinq grandes entreprises d'électricité aux Etats-Unis. Contrairement à l'étude de Thériault, la mortalité par leucémie n'a montré aucune association avec l'exposition au champ magnétique bien que l'évaluation des expositions ait été faite de façon similaire. Par contre l'étude montre une association entre le cancer du cerveau et le champ magnétique. Il n'y a pas d'explication claire quant aux différences observées entre les deux études.

La dernière étude publiée [10] sur les champs magnétiques et la leucémie chez l'enfant a été réalisée dans neuf Etats américains sous la direction du Dr Martha Linet, du National Cancer Institute. Sur la base des champs mesurés dans les maisons, les auteurs de l'étude rapportent une faible augmentation du risque à une intensité intermédiaire (ni faible ni élevée) de champ magnétique, mais aucun risque pour les niveaux les plus élevés. Sur la base de la densité des lignes autour des maisons *(wire code)*, l'étude ne montre aucun lien avec le risque de leucémie. Les auteurs concluent que leur recherche offre peu d'évidence que l'exposition aux champs magnétiques augmente le risque de leucémie chez l'enfant.

Deux études animales de longue durée ont récemment été publiées [11, 12] sur les CEM. La première a été réalisée par l'équipe du Dr Rosemonde Mandeville de l'Institut Armand-Frappier, au Québec, Canada. L'étude portait sur des rats femelles exposés à des champs magnétiques de 2 à 2 000 µT et n'a montré aucune augmentation de tumeurs chez les animaux les plus exposés aux champs magnétiques, en comparaison avec les animaux non exposés. Une autre équipe de chercheurs dirigée par le professeur Yasui, au Japon, a effectué une étude très semblable à celle du Dr Mandeville. L'étude du Professeur Yasui portait à la fois sur des rats mâles et femelles. Le niveau maximal de champ magnétique était plus élevé, soit 3 000 µT. Tout comme l'étude québécoise, les résultats de l'étude japonaise n'ont montré aucune relation entre l'exposition au champ magnétique et le risque de cancer. Ces deux recherches constituent les premiers résultats expérimentaux d'importance pour l'étude de la cancérogénicité des champs magnétiques. Ce sont des résultats rassurants.

En octobre 1996, l'Académie Nationale des Sciences Appliquées et l'Institut de Médecine des Etats-Unis ont fait une revue de la littérature scientifique et ont émis l'avis suivant concernant la question des CEM et le cancer : *Il n'existe pas de preuve claire et convaincante permettant d'affirmer que l'exposition résidentielle aux champs électromagnétiques (CEM) constitue un risque à la santé humaine. Après avoir passé en revue plus de 500 études réalisées sur une période de 17 ans, le comité de chercheurs affirme qu'il n'existe pas d'indice scientifique permettant de conclure que l'exposition aux CEM joue un rôle dans le développement du cancer, ou qu'ils soient responsables de problèmes liés à la reproduction, au développement, à l'apprentissage et au comportement.*

3. Gestion de l'enjeu des CEM

On constate un écart parfois important entre le consensus scientifique maintes fois exprimé qu'il n'y a pas de preuve permettant d'affirmer que l'exposition aux CEM constitue un risque pour la santé humaine et le risque tel que perçu par le public en général. L'incertitude scientifique et la difficile dynamique entre le progrès des connaissances et sa perception publique ont conduit à une attitude de prudence de la part des décideurs. Le principe de précaution est souvent invoqué pour la gestion d'un enjeu de santé publique caractérisé par l'incertitude scientifique. La prudence qu'il sous-tend est certes de mise mais le principe peut aussi être interprété de façon abusive : selon un article récent [13] : « La précaution, érigée en principe pour l'action publique, peut être ainsi énoncée : *en situation de risque, une hypothèse non infirmée devrait être tenue provisoirement pour valide, même si elle n'est pas formellement démontrée.* » Une telle définition rend légitime la rupture du lien entre la connaissance scientifique et la décision face au risque. Elle confond perception et réalité du risque et répond davantage à celle-ci qu'à celle-là. Utilisé dans un cadre juridique normatif sous cette définition, le principe de précaution, en agissant selon l'hypothèse du pire, constitue une sur-réaction dont l'application entraînerait inévitablement des torts et des dommages sans garantie de bénéfices préventifs.

La notion de prudence dans la gestion des CEM est apparue à travers le concept *d'évitement prudent* formulé par une équipe de l'Université Carnegie Mellon aux Etats-Unis au cours des années 80. Ce concept mérite d'être examiné de près.

3.1. Le concept d'« évitement prudent ». – Le concept *d'évitement prudent,* basé partiellement sur le principe de précaution, fut proposé par Granger Morgan, en 1989 [5], comme une politique publique de gestion applicable spécifiquement au risque présumé associé à l'exposition aux CEM. Brièvement, cette politique propose ce qui suit :

« *To adopt a* prudent avoidance *strategy. That is, to look systematically for strategies which can keep people out of 60 Hz fields arising from all sources but only adopt those which look to be prudent investments given their cost and our current level of scientific understanding about possible risks.* »

Ce concept est donc centré sur l'adoption d'une approche visant la diminution des expositions aux champs mais de façon prudente. La notion de prudence est comprise ici en terme des investissements consentis ; ceux-ci devant être raisonnables, pratiques, relativement peu coûteux et simples à réaliser.

Plusieurs Etats américains ont adopté diverses formulations de politiques au sujet de l'*évitement prudent.* La plupart des Etats ayant traité de politiques relatives aux CEM l'on fait devant des tribunaux à caractère administratif. Avant 1989, le processus d'obtention d'un permis d'études ou de construction des lignes de transport était basé sur une démonstration scientifique que les équipements ne présentaient pas de danger pour la santé des citoyens. Mais, après l'énoncé du concept *d'évitement prudent,* les opposants aux projets ont exigé qu'une démonstration soit faite : le projet, pour être acceptable, devrait avoir fait l'objet d'une analyse de variante sur laquelle reposerait le choix de la variante de moindre exposition.

3.2. La gestion de l'enjeu à Hydro-Québec. – Hydro-Québec est le principal producteur et distributeur de l'électricité au Québec ainsi qu'une des plus grandes entreprises électriques au Canada. Depuis 1972, Hydro-Québec s'est impliquée dans la recherche sur la caractérisation de l'environnement électrique et magnétique de son réseau de transport ainsi que sur les effets potentiels sur la santé. C'est dans ce contexte qu'Hydro-Québec a mis sur pied, en juillet 1982, un comité de travail sur les effets biologiques des équipements électriques, avec comme mandat de produire un document de base sur les connaissances actuelles dans le domaine des effets biologiques des CEM. Le comité a présenté son rapport en 1983 et a fait des recommandations pour assurer un suivi concerté de ce dossier. En s'appuyant sur les recommandations de ce comité et sur les orientations établies par un décret du gouvernement du Québec en 1984, Hydro-Québec a élaboré en 1986 un plan d'action corporatif sur les effets biologiques des CEM contenant 9 projets de recherche et 2 projets de communication. L'étude épidémiologique, coordonnée par Gilles Thériault et réalisée auprès des travailleurs d'Hydro-Québec, Ontario Hydro et Electricité de France, faisait partie de ce programme.

Suite à la publication de l'étude épidémiologique conjointe EDF-HQ-OH en 1994 *[7]*, un comité interministériel du Québec a adopté une position sur les CEM. Le comité constate que l'incertitude scientifique persiste, mais considère que les connaissances scientifiques actuelles ne permettent pas de recommander la modification des pratiques de conception et d'exploitation d'Hydro-Québec. Elle souhaite néanmoins que l'entreprise examine avec ses partenaires concernés les moyens de concrétiser le concept *d'évitement prudent à* l'égard des nouvelles installations électriques. C'est en réponse à cette invitation qu'en novembre 1994 le Président et chef de l'exploitation d'Hydro-Québec mandatait un comité d'entreprise pour examiner le concept *d'évitement prudent,* afin de déterminer sa pertinence et son applicabilité à Hydro-Québec et, le cas échéant, pour définir ses limites d'application et des moyens de concrétisation. Le comité a analysé les conséquences qui découleraient de l'application d'une telle politique de gestion publique selon diverses perspectives de santé, d'ingénierie, d'environnement, de communication et de droit.

3.3. L'analyse du concept d'« évitement prudent ». – Le concept d'*évitement prudent* vise avant tout à résoudre un problème d'incertitude en matière de santé. Rappelons qu'aucun organisme ayant une responsabilité en matière de protection de la santé n'a conclu à un lien de causalité entre une exposition aux CEM et la santé. Dans l'hypothèse où ceux-ci seraient cancérogènes, la notion *d'évitement* serait tout à fait approprié. Par contre, la notion de « prudence » signifiant ici « à coût modeste » apparaîtrait inappropriée compte tenu de la gravité de la maladie appréhendée. De plus, le fait que ce concept s'appliquerait préférentiellement aux nouvelles installations en ferait une mesure trop limitative et peu efficace en termes de prévention de la maladie. Dans l'hypothèse contraire, où les CEM ne serait pas cancérogènes, le coût des mesures d'évitement, si modeste soit-il, serait injustifié.

Sur le plan de l'éthique biomédicale, l'imposition à toute la collectivité d'une politique d'*évitement prudent* en matière de CEM n'apparaît pas non plus justifiée. En effet, en présence d'un sujet controversé qui est encore du ressort de la recherche et en l'absence de mesures préventives dont l'efficacité n'a pas été établie, le premier devoir est d'informer les citoyens et de favoriser au maximum leur autonomie dans leurs décisions qui dépendent de cette question. L'imposition collective de mesures correctrices, tel l'évitement prudent, doit être réservée aux situations d'un problème avéré pour lequel des mesures préventives efficaces existent. De plus, de telles mesures ne doivent être appliquées qu'après un examen des dommages qu'elles pourraient engendrer. L'absence d'examen des dommages possibles liés à l'application d'une politique d'*évitement prudent* constitue en soi une lacune importante.

Sur le plan juridique, l'état actuel des connaissances scientifiques ne permettent pas l'établissement d'un lien de causalité entre les CEM et des effets négatifs sur la santé, ce qui est confirmé par les décisions des tribunaux tant américains que canadiens ou québécois sur cette question. Le fait de ne pas adopter une politique d'*évitement prudent* ne serait pas en soi décisif dans l'évaluation de la faute que les tribunaux doivent apprécier en fonction des circonstances, des usages et de la loi. Hydro-Québec fait déjà preuve d'une attitude prudente et responsable dans le domaine des CEM, et elle pourrait, même sans l'adoption d'une politique d'*évitement prudent*, repousser des allégations portant sur un comportement négligent.

Sur le plan de l'ingénierie, il s'avère qu'une politique d'*évitement prudent* intégrant les moyens pour le concrétiser ne fournit aucune direction suivant laquelle des critères techniques de conception pourraient être développés. En effet, aucun organisme responsable n'a identifié un ou des niveaux de champs acceptables pour la protection de la santé publique, qui ne soient pas déjà respectés par Hydro-Québec. De plus, en raison des coûts importants nécessaires pour aller au-delà des pratiques actuelles de conception, l'application du principe d'*évitement prudent* entraînerait peu de changement puisqu'il prescrit des modifications à coûts modestes seulement.

En termes de communication, d'une part, on peut envisager que l'adhésion au concept d'*évitement prudent* donnerait une image plus positive, car il pourrait être considéré comme une ouverture additionnelle auprès du public. De plus, cette pratique aurait l'avantage de suivre un courant adopté par plusieurs compagnies d'électricité nord-américaines. Cependant, on peut aussi envisager que l'adoption de concept pourrait entraîner un biais, une confusion dans la communication. En effet, en entérinant des mesures pour exclure le public des champs à moindre coût, l'entreprise risquerait de consacrer la perception du risque encouru par le public dans son exposition aux CEM, lançant ainsi des signaux contredisant les informations scientifiques qu'elle véhicule dans ce dossier. Sur le plan de l'aménagement du territoire, l'adoption collective et généralisée de cette politique aurait pour effet d'entraîner des limitations à l'utilisation du territoire, privant ainsi les citoyens des avantages associés à son utilisation. Par ailleurs, sur le plan des externalités environnementales, le bien-fondé et la valeur actuelle de la recherche sont reconnus, cependant, il n'est pas justifiable ni recommandable d'internaliser les coûts associés à l'atténuation d'un impact hypothétique non reconnu par la communauté scientifique.

3.4. La position de gestion prudente. – Il s'ensuit donc que l'application du concept *d'évitement prudent* aurait pour conséquence d'encourager la mise en place de pratiques incohérentes, peu efficaces et parfois injustifiées. Cette remise en question ne doit cependant pas être perçue comme un rejet de la prudence au sens propre. Le comité est arrivé à la conclusion qu'une stratégie de gestion prudente s'impose. L'exercice de la prudence dans un contexte d'incertitude se justifie lorsque guidé par des balises techniques et scientifiques rigoureuses. Après avoir soumis à un processus de comparaison (balisage) ses pratiques de gestion des CEM à celles d'autres compagnies d'électricité, Hydro-Québec a adopté une position de gestion prudente, énoncée comme suit :

Depuis une trentaine d'années, la question des effets potentiels dus aux champs électriques et magnétiques de 60 Hz a fait l'objet de nombreuses études. Les résultats de ces recherches demeurent équivoques et ne permettent pas de conclure si une exposition aux champs de 60 Hz constitue un risque pour la santé humaine. Jusqu'à ce jour aucun lien de cause à effet n'a encore été démontré mais des incertitudes subsistent toujours notamment en regard de la question de certains effets sur la santé.

Les données et résultats scientifiques disponibles actuellement justifient la poursuite de la recherche pour vérifier l'existence des effets présumés sur la santé mais ne permettent pas de recommander de faire des investissements importants dans des mesures correctrices ni de modifier substantiellement les pratiques actuelles de planification et de gestion des installations électriques.

Hydro-Québec considère que l'enjeu résultant de cette situation d'incertitude est important pour ses employés, ses clients et le public. Il s'agit d'une question qui doit être évaluée avec la plus grande rigueur scientifique et qui doit être traitée avec la plus grande transparence.

Hydro-Québec s'engage à faire en sorte que la conception et l'exploitation de ses équipements respectent la sécurité et la santé de ses employés et le public. Ainsi Hydro-Québec entend concevoir et exploiter les installations électriques de telle sorte que les champs électriques et magnétiques de 60 Hz respectent les limites d'exposition humaine recommandées par les organismes nationaux et internationaux.

L'entreprise entend également maintenir une attitude prudente, notamment en poursuivant sa contribution à l'effort de recherche, en exerçant une vigie constante de l'évolution des connaissances, en partageant ces connaissances avec ses partenaires et le public. Elle s'engage aussi à poursuivre ses pratiques actuelles de conception et au besoin, dans une perspective sociale, à les réviser. Dans ce contexte, Hydro-Québec continuera de favoriser l'utilisation secondaire des emprises de lignes électriques, tout en privilégiant les nouvelles initiatives qui n'auraient pas pour effet d'accroître significativement l'exposition humaine.

RÉFÉRENCES

[1] KOROBKOVA, V.P., MOROZOV, YU. A., STOLAROV, M.D. ET YAKUB, YU. A. – « Influence du champ électrique dans les postes à 500 et 750 kV sur les équipes d'entretien, et les moyens de leur protection », CIGRE 1972, rapport n° 23-06.

[2] BURGSDORF, M.F. – « Roundtable on UHV Feasibility, How the Advancement of Knowledge has Modified the Technical Economical Feasibility Forecasts », Electra 73, 27-42, 1980.

[3] WERTHEIMER, N., LEEPER, N. – « Electrical Wiring Configurations and Childhood Cancer », American Journal of Epidemiology, 109 : 273-284, 1979.

[4] WERTHEIMER, N., LEEPER, N. – « Adult Cancer related to Electrical Wires Near the Home », International Journal of Epidemiology, II : 345-355, 1982.

[5] NAIR, I., MORGAN, M.G., FLORIG, H.K. – « Biological Effects of Power Frequency Electric and Magnetic Fields », Congress of the United States, Office of Technology, 1989.
[6] SAHL, J. et. al. – « Cohort and Nested Case-Control Studies of Hematopoietic Cancers and Brain Cancers Among Electric Utility Workers », Epidemiol., 104-114, 1993.
[7] THÉRIAULT, G., et. al. – « Cancer Risks Associated with Occupational Exposure to Magnetic Fields Among Electric Utility Workers in Ontario, Québec, Canada, and France : 1970-1989 » Am. J. Epidemiol., 139 (6) : 550-572, 1994.
[8] SAVITZ, D.A., et. al. – « Magnetic Field Exposure in Relation to Leukemia and Brain Cancer Mortali among Electric Utility Workers », Am. J. Epidemiol., 141 : 123-133,1995.
[9] HARRINGTON, J.M., MCBRIDE, D.I., SORAHAN, T., PADDLE, G.M. and van TONGEREN, M. – « Occupational Exposure to Magnetic Fields in relation to Mortality from Brain Cancer among Electricity Generation and Transmission Workers », Occupational and Environmental Medicine, 54, 1997, 7-13
[10] LINET, M.S., HATCH, E.E., KLEINERMAN, R.A., ROBISON, L.L., KAUNE, W.T., FRIEDMAN, D.A., SEVERSON, R.K., HAINES, C.A., HARTSOCK, C.T., NIWA, S., WACHOLDER, S. and TARONE, R.E. – « Residential Exposure to Magnetic Fields and Acute Lymphoblastic Leukemia in Children », The New England Journal of Medicine, Vol. 337, No. 1, July 3, 1997, 1-7 and 44-46.
[11] MANDEVILLE, R., FRANCO, E., SIDRAC-GHALI, S., PARIS-NADON, L., ROCHELAU, N., MERCIER, G., DÉSY, M., GABOURY, M. – « Evaluation of the potentiel carcinogenicity of 60 Hz linear sinusoïdal continuous-wave magnetic fields in Fisher F344 rats », The FASEB Journal : Vol. 11, November 1997, 1127-113 6.
[12] YASUI, M., KIKUCHI, T., OGAWA, M., OTAKA, Y., TSUCHITANI, M. AND LWATA, H. – « Carcinogenicity Test of 50 Hz Sinusoidal Magnetic Fields in Rats », Bioelectromagnetics Journal, Vol. 18, No. 8, 1997, 531540.
[13] SETBON, M., « Le Principe de Précaution en Questions », Energie et Santé, Vol. 9, n° 2 (89), 1771984, juin 1998.

☆

II. Le stockage souterrain de gaz naturel de Géométhane à Manosque : comment intégrer un ouvrage industriel et ses risques dans un environnement protégé et sensible ?

René Le Marchand, Président de Géométhane, Gérant de Géostock.

On va parler du « projet Géométhane ». Comment est-ce qu'un projet de stockage souterrain de gaz naturel dans un environnement très protégé, le parc du Luberon (Parc Naturel Régional), d'abord reçu de façon très négative, a pu malgré tout être mené à bien et être accepté par son environnement ?

De quoi s'agit-il ?

Il s'agissait de développer à Manosque, dans le pays de Giono, un stockage souterrain de gaz naturel comprimé en qualité saline. Dans un massif de sel entre 500 et 1 500 mètres de profondeur, il s'agit de faire des cavités en réalisant des forages à l'intérieur de la structure saline en injectant de l'eau douce de façon à dissoudre le sel de façon contrôlée et remplacer le sel dans le vide ainsi créé par du gaz comprimé. On a constitué, pour développer ce projet, une structure juridique spécifique : « Géométhane » *joint-venture* entre Géostock, opérateur sur le site qui existe depuis une trentaine d'années, et Gaz de France (utilisateur final).

Ce projet se développe en deux phases : une première phase consistait à réutiliser certaines cavités en les agrandissant (stockage capacité moyenne). Il fallait des installations de surface. Il était de plus nécessaire de construire un gazoduc de 60 kilomètres entre l'artère du Rhône et la ville de Manosque, construit sous la responsabilité et le financement de Gaz de France. Il y a une deuxième phase, pas encore réalisée mais annoncée, qui consisterait à doubler le centre de stockage et à augmenter en conséquence les installations de surface. Le financement de la première phase représente un investissement de 430 millions de francs (hors gazoduc). La procédure administrative commence en 1990 ; en 1991, les travaux débutent après l'obtention du permis de construire ; en mars 1993, on obtient l'autorisation de stockage ; en août, c'est la mise en service.

Quel était le contexte ?

Il existait depuis trente ans un site qui s'appelle « Géosel », qui est un site de stockage d'hydrocarbures liquides. Le concept de stockage souterrain est donc connu dans la région. Géosel est situé dans les Alpes-de-Haute-Provence qui est un département avec peu d'habitants et d'industries, consacré au tourisme et habité par une population de retraités. Manosque est situé dans le Parc Naturel du Luberon, élément très structurant de toute l'activité touristique locale. Ce parc a une très forte influence locale. Il y a un tissu associatif de défense de l'environnement très important : 50 associations dédiées à cette défense. Le contexte politique est très diversifié : un Conseil Général qui jusqu'aux dernières élections était 50 % à gauche, 50 % à droite, avec un président élu au bénéfice de l'âge. Au moment où on a parlé de ce projet, on venait de rejeter un projet de déchets industriels dans les mêmes cavités salines de ce site et cela avait suscité un grand débat. Le nouveau projet gazier a soulevé une opposition, mais certains politiques affirmaient leur intérêt pour le gaz naturel.

Quels atouts ?

Les atouts :

- Une technologie bien maîtrisée ancienne, très protectrice de l'environnement.

- L'image positive que le gaz naturel a dans la population. Energie familière qui ne suscite pas d'emblée de réactions négatives, bien au contraire.
- Le stockage existait déjà, la population était bien disposée par rapport aux antécédents historiques de Géosel.
- Ce projet dégageait des ressources fiscales importantes pour les communautés et les collectivités locales intéressées (pour Manosque cela représentait 15 % de ses ressources annuelles).

Quels risques ?

- Le premier risque perçu par la population et les organisations était le risque d'incendie (« bombe sous les pieds ») car l'espace est forestier, le climat sec et chaud – il existe un haut risque d'incendie de forêt.
- Le risque sismique (la région est sismique) : qu'est-ce qui se passerait en cas de tremblement de terre ? N'y a-t-il pas risque de fuite, d'explosion ?
- Risque administratif fort : vous ne pouvez créer quoi que se soit dans la région du Parc Naturel du Luberon. Ce n'est même pas la peine d'en discuter. Il y a opposabilité de la charte du Parc Naturel National par rapport à des tiers.
- Autre complication : c'est un projet complexe au niveau des procédures. Trois procédures à conduire en parallèle qui donnent lieu à trois enquêtes administratives : une pour le stockage, une pour les installations classées que constituent les installations de surface et une pour le gazoduc.
- Dernier handicap : si ce projet génère des recettes fiscales il génère très peu d'emplois au-delà de la construction, une quinzaine d'emplois importés.

En dépit de cela, on obtient les autorisations. Pourquoi ?

Le projet était techniquement solide et avait intégré toutes les spécificités du site :

- Dans la conception même du projet, on avait mis en place des dispositifs atypiques très lourds de lutte contre l'incendie pour protéger l'ouvrage, et pour aussi améliorer la protection incendie des forêts avoisinantes. Cela est perçu très positivement.
- Pour répondre à l'argument concernant la sismicité du site, on a installé des moyens particuliers dans les puits qui relient les cavités à la surface (éléments les plus faibles du dispositif), des vannes de fond, pour qu'il n'y ait pas d'émission de gaz dans l'atmosphère.
- Nous avons été vigilants pour opérer un isolement phonique des bâtiments (tous les réseaux ont été entourés) et on a soigné l'architecture des bâtiments industriels.

Nous avons bâti un système de dialogue permanent avec l'environnement du projet : d'abord on a émis une information initiale la plus large possible, concentrée dans le temps, mais très large (ne pas vexer les élus qui auront leur mot à dire). On a dit dès le début que le projet n'était pas à prendre ou à laisser. Géométhane est ouvert, il est prêt à discuter des modifications techniques pour autant que cela soit possible. L'emplacement des installations de surface a ainsi été changé par rapport au projet initial.

Il est essentiel d'être toujours en position d'initiative et jamais de défensive. Des réunions publiques contradictoires ont eu lieu (80 % d'opposants). Il faut dire ce que l'on fait et faire ce que l'on dit, pas de discours lénifiants. La confiance doit s'établir, il est prudent de ne pas changer d'interlocuteurs, sinon on casse quelque chose. Le monde de l'énergie, monde d'ingénieurs, monde rationnel, ne coexiste pas forcément harmonieusement avec le monde de la communication. Cependant tous les documents émis sont des documents de communication. J'ai édicté une règle simple : tout document produit pour le projet, destiné à l'extérieur, devait être relu et approuvé par un avocat (le juriste de l'opération) et par une personne de communication car il y a toujours des contentieux possibles derrière.

Le Préfet, en accord avec le Président du Conseil Général, avait créé une commission locale d'information et de surveillance, avant même le démarrage des procédures (32 personnes). Cela a évité des distorsions de compréhension. Cette commission avait créé une commission de travaux de 6 ou 7 personnes qui venaient voir les travaux, demandaient des explications. Les réunions, suivies par un point presse présidé par le président de la commission, n'étaient pas organisées par l'industriel.

L'entreprise a joué avec l'administration la carte du partenariat : le Préfet a suivi le dossier de bout en bout. C'est extrêmement efficace car il n'y a pas eu de ruptures et enfin il y a eu des « actions d'accompagnement » auprès des principales communes concernées. Les industriels ont été taxés d'un certain nombre d'actions. On avait demandé à la société de participer à la réfection d'une salle de fête, ce qui a été refusé car, par nature, ce n'est pas nécessaire. Par contre, ils ont été d'accord pour participer à des travaux qui sont de près ou de loin nécessaires à la bonne marche du projet, par exemple l'amélioration du réseau routier, l'amélioration des moyens de lutte contre l'incendie, mais pas au-delà. « L'ingénierie administrative » a essayé d'être irréprochable dans un contexte sans précédent ; il y a eu 15 recours rejetés.

Le levier fiscal n'a pas été sans importance. Mais, plus original, il a été à l'origine d'une construction administrative et financière. L'essentiel des taxes allait à la commune de Manosque déjà la plus importante et la plus riche ; les communes environnantes ont réclamé pour prix de leur accord une partie de la taxe. Il y a eu un accord par lequel la Mairie de Manosque s'est engagée à rétrocéder une partie des taxes perçues aux communes environnantes ; cela a débloqué des oppositions tactiques.

Ce projet a permis à Gaz de France d'étendre son réseau de distribution dans le Val de Durance vers Sisteron et Digne. Cela a été perçu comme un élément de développement économique de la région.

On a réussi à obtenir quasiment l'unanimité des intervenants ; il y a eu une seule opposition parmi les communes environnantes ; le projet a été accepté avec un quasi-consensus général. Pour l'industriel néanmoins, il y a eu deux conséquences négatives fortes : il y a eu des surcoûts (25 % de plus), des contraintes fortes pour la suite du projet. Mais cela est un compromis acceptable.

C. Stoffaës : EDF, dans la même région, a beaucoup de mal à faire passer une ligne électrique THT. Le cas de Géométhane est exemplaire : grâce à un certain dialogue les craintes ont pu être surmontées. C'est la voie que suivent les équipes d'EDF maintenant.

☆

III. La communication de COGEMA

Jean-Pierre Laurent, Directeur Qualité-Sûreté-Environnement COGEMA, Directeur du projet de l'usine de La Hague (jusqu'à son démarrage).

Dans un premier temps, je vous expliquerai ce que COGEMA fait de façon traditionnelle en matière de communication, et pourquoi cela ne marche pas très bien. Dans un deuxième temps, j'essaierai de montrer par quelles approches nouvelles, on arrive à traiter ce sujet aujourd'hui.

Que faisons-nous de façon traditionnelle ?

COGEMA ne nie pas le risque autour de ses sites, encore faut-il qu'ils soient abordés avec raison. Il s'agit d'une part de risques classiques industriels et chimiques. Soulignons la prédominance de procédés utilisant des produits à basse pression et à basse température, sans grande énergie et des produits chimiques très ordinaires : acide nitrique ou fluorhydrique, soude. COGEMA est soumise aux directives « Seveso » dans certaines de ses installations. Le public ne s'y intéresse pas ou très peu. Il ne s'intéresse qu'à la partie radioactive de nos activités (par exemple à propos des rejets ou des transports) qui fait l'objet de toute l'attention des médias et qui inquiète l'opinion de façon disproportionnée avec le risque réel encouru. En effet, le risque, s'il est bien connu pour les valeurs élevées de l'exposition, n'est pas mis en évidence pour les valeurs faibles. Cela ne veut pas dire qu'il soit nié, la seule chose qu'on puisse dire c'est que, s'il existe, il est inférieur à une certaine valeur, très faible. Cette valeur est utilisée pour fixer des limites d'exposition socialement acceptables, c'est-à-dire comparables en niveau à des risques communément acceptés pour d'autres activités dans la société. Ces valeurs sont déterminées par des organismes internationaux et reprises au niveau européen par la Commission de Bruxelles qui vient de publier une directive à ce sujet. Elles sont ensuite transposées dans la réglementation nationale. Dans ce domaine, l'industriel ne fait qu'appliquer ces valeurs de référence avec en plus le souci permanent de limiter les expositions de façon raisonnable au plus bas possible. Face à ce risque d'exposition aux rayonnements, il y a des associations antinucléaires qui disent : « Tout ce que COGEMA rejette dans l'environnement présente des risques. » COGEMA essaie d'expliquer le risque en rappelant la démarche évoquée ci-dessus. Cela ne convainc personne.

Elle met aussi à la disposition du public un certain nombre d'informations sur les rejets, sur les mesures effectuées dans l'environnement. Ces informations sont publiées, envoyées aux Commissions Locales d'Information (CLI), aux élus et à la presse. Mais cela ne fonctionne pas bien. Les associations, les politiques, les élus locaux, la presse s'intéressent peu à ce qui est publié. Au moment où une polémique naît, les gens ne se retrouvent pas dans la masse d'informations disponibles. La mise à disposition d'informations dans tous les azimuts n'est donc pas la panacée.

Aujourd'hui, en complément de ces approches traditionnelles, des voies nouvelles sont explorées

Je voudrais en donner un exemple. Vous vous souvenez que J.-F. Viel a publié, en 1997, un article tendant à démontrer l'existence d'un excès de leucémie autour de l'usine de La Hague et attribuant cet excès à certains comportements (fréquentation des plages, consommation des produits de la mer), qu'il reliait (sans aucune preuve et sans aucune analyse causale) au fonctionnement de l'usine. Depuis, ces résultats ont été complétés et critiqués par les Professeurs Souleau, puis Spira. Il apparaît que l'excès de leucémie n'est pas statistiquement significatif. Il apparaît surtout que les niveaux d'exposition autour de l'usine de La Hague sont beaucoup trop faibles pour expliquer tout excès de leucémie. Pour éclairer l'opinion et dépassionner le débat, le Gouvernement a chargé une commission présidée par Mme Sugier, Directeur de la Protection à l'Institut de Protection de la Sûreté Nucléaire (IPSN), de réévaluer les expositions du public autour de l'usine. Cette Commission comprend les responsables des installations nucléaires du Nord-Cotentin, des experts français et étrangers, mais aussi des représentants d'associations dont le moins que l'on puisse dire est qu'elles ne sont guère favorables à l'industrie nucléaire. Cette commission devrait rendre ses conclusions dans le courant du premier semestre 1999. Elle a déjà défini une méthodologie de travail, retracé l'historique des rejets des installations, confronté les modèles de calcul des impacts à la réalité des mesures dans l'environnement, précisé les modèles de calcul... Ce processus « ouvert » et « contradictoire » est long, les discussions laborieuses... Est-il de nature à résoudre le problème de la distorsion entre le risque réel (très faible s'il existe) et le risque perçu ? L'avenir nous le dira.

J'y vois au moins un avantage : celui de rassurer les pouvoirs publics. En effet, ceux-ci fixent le cadre réglementaire dans lequel fonctionne l'industrie nucléaire, ils en contrôlent très étroitement les moindres faits et gestes. Ils déterminent en particulier le niveau maximum des rejets autorisés en s'assurant que ces limites ne posent aucun problème sanitaire. Mais lorsqu'une contestation apparaît, ils n'assument pas entièrement leur responsabilité et laissent trop souvent l'exploitant en prise directe avec des opposants irréductibles. Dans ce contexte, le processus de dialogue mis en place est de nature à donner confiance, non seulement aux pouvoirs publics, mais aussi au monde politique et aux associations, dans la solidité des évaluations faites et dans l'acceptabilité d'un niveau de risque connu et maîtrisé.

C. Stoffaës : Le cas de la COGEMA est un cas difficile. Pourquoi une telle concentration de controverses autour de La Hague ? Je représente ici le secteur de la production d'énergie. C'est un sujet où cette nouvelle dialectique entre risque et société a déjà des conséquences économiques très importantes sur la politique énergétique. Qu'appelle-t-on politique énergétique ? C'est le choix des combustibles pour la génération d'électricité. La génération d'électricité est un secteur très important, un secteur à la fois de production d'énergie électrique et surtout un secteur de consommation d'énergie. La production d'électricité dans les centrales mobilise près de 40 % de ressources d'énergie primaire dans le monde. Donc c'est un secteur qui est de très loin le principal consommateur d'énergie. C'est un secteur versatile : on peut produire de l'électricité avec une grande variété de sources d'énergie : le charbon, le lignite, les hydrocarbures, l'hydroélectricité, les énergies nucléaire, éolienne, thermique, géothermique, marémotrice, solaire. On peut assez facilement changer. En France 80 % de l'électricité provient du nucléaire, en Allemagne elle provient du charbon, du lignite et du nucléaire, en Norvège elle est 100 % hydraulique, en Italie elle provient essentiellement des centrales au fuel.

La politique énergétique est traditionnellement le résultat d'une politique nationaliste. Un pays décide de sa politique énergétique en fonction de ses contraintes nationales ; elle est le résultat d'une politique de protection.

Nous commençons, avec l'analyse des risques, à voir peser sur la politique énergétique des préoccupations nouvelles : thèmes écologiques, problèmes de risque et d'environnement. La politique énergétique devient une politique globale donc il faut mener une analyse globale. Mais selon les critères de risque que vous prenez, les classements des sources d'énergies sont différents, et il n'y a pas de bon choix. S'il y avait une source d'énergie meilleure que les autres, il y aurait un consensus mondial.

Classement selon certains critères :

Epuisement des ressources. *Le pire :* bois de chauffage, pétrole, *meilleures énergies* selon ce critère : énergies nucléaire, éolienne et solaire.

Pollution atmosphérique. *Le pire :* le lignite, *les meilleures* : énergie hydraulique, énergies renouvelables, énergie nucléaire.

Logistique. Energie hydraulique et énergies renouvelables sont très mal placées.

Risque majeur. Le charbon, le nucléaire, l'hydroélectricité sont les pires.

Donc il n'y a pas de bon choix. Tout est une question d'arbitrage. On peut s'amuser à attaquer les sources d'énergie les unes après les autres. Toutes les sources d'énergie présentent des risques et il s'agit de trouver ou d'inventer des mécanismes pour que les débats scientifiques et d'opinion publique puissent avoir lieu. Certains milieux ont détruit la confiance dans l'énergie à partir du fuel (choc pétrolier, épuisement des ressources) ; ensuite on s'est attaqué au nucléaire ; maintenant la cible est le charbon. Le gaz naturel a le vent en poupe mais on peut facilement construire un procès contre le gaz naturel. La principale source d'énergie dans le monde est le charbon suivi par les hydrocarbures, le nucléaire, l'énergie hydraulique. Les sources d'énergie non polluantes sont actuellement en déclin, ce qui est un paradoxe avec les problèmes d'effet de serre. Il faut espérer que tous les débats (Rio, Buenos Aires, Kyoto) permettront de créer un débat global mondial sur la politique énergétique.

☆

IV. Environmental Risk Assessment

A. Amendola, IIASA.

Les transparents du Professeur Amendola sont transcrits ci-après :

(1) ENVIRONMENTAL RISK ASSESSMENT consists in estimating in a systematic way the probable effects on human health, ecosystems, and natural resources associated to human activities that release stressors to the environment on a continuous or accidental basis so that informed decisions can be taken.

Sur l'estimation du risque environnemental. *L'évaluation du risque environnemental consiste à estimer d'une manière systématique les effets probables sur la santé de l'individu, sur les écosystèmes, et sur les ressources naturelles d'une activité humaine qui diffuse des substances dangereuses pour l'environnement lors de sa marche normale ou lors d'un accident de manière à pouvoir prendre des décisions fondées.*

(2) PURPOSE OF RISK RESEARCH. The purpose of risk research is to inform policy decisions, which is a difficult task since : the physical "human activity—natural process" interaction is often very complex and non-linear ; and the social context in which decisions are to be taken and implemented is characterized by multiple subjects, bringing different values, knowledge and interests to bear.

Le propos de la recherche sur le risque. *Le propos de la recherche sur le risque est de fonder les décisions politiques, ce qui est difficile puisque les interactions physiques*

« activité humaine – processus naturel » sont souvent complexes et non linéaires et que le contexte social dans lequel on doit prendre et appliquer ses décisions est caractérisé par des sujets multiples, renvoyant à différentes valeurs, à des connaissances et des intérêts.

(3) RISK DECISION PROCESS – NEW PARADIGM

Risk decision process – New Paradigm (US National Research Council, 1996).

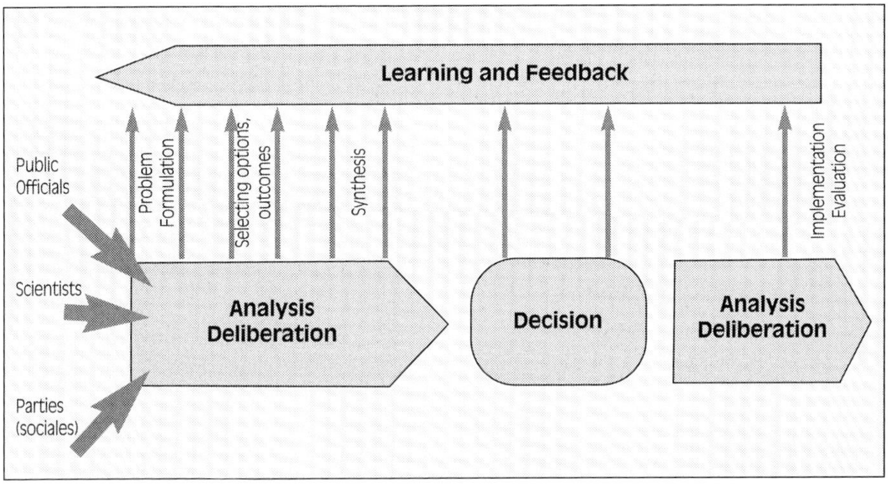

(4) RISK CHARACTERIZATION. Participatory procedure, in which the different stakeholders are involved early in the risk analysis process to "characterize" risks, even before they are given a formal assessment. Modeling and quantification take into account the "values" and the perspectives of the community.

Caractérisation du risque. *Procédure de participation dans laquelle les différentes parties prenantes sont impliquées rapidement dans le processus d'analyse de risque afin de les « caractériser », avant même que les risques ne soient évalués de façon formelle. Modélisation et quantification prennent en compte les « valeurs » et les aspirations de la communauté.*

(5) GLOBAL ENERGY PERSPECTIVES. The natural capacity of the environment to absorb higher levels of pollution, the limiting factor for the unconstrained use of fossil fuels. Local environmental problems of greater concern to local decision makers than global ones. Regional air pollution (e.g. Asia) could also improve problematic. Decarbonization will improve the environment at local, regional, and global level. In some cases, energy and environmental policies are mutually reinforcing. In others, energy and environmental policy work at cross purposes (e.g. nuclear).

Perspectives globales sur l'énergie. *La capacité naturelle de l'environnement à absorber de plus grandes quantités de pollution, le facteur limitant de l'utilisation non contrôlée de produits pétroliers. Les problèmes d'environnement locaux ont plus d'importance aux yeux des décideurs locaux que les problèmes globaux. La pollution atmo-*

sphérique régionale (ex. Asie) pourrait aussi poser problème. La décarbonisation apportera des améliorations à l'environnement aux niveaux local, régional et global. Dans certains cas, les politiques énergétiques et environnementales se renforcent mutuellement. Dans d'autres, les politiques énergétiques et environnementales sont en contradiction (ex. nucléaire).

(6) ECOLOGICALLY DRIVEN SCENARIOS. Optimistic on international cooperation focused on environment protection and international equity. Resource transfers to developing countries. Reduction of carbon emission to 1/3 in 2100. Nuclear energy is at a crossroads : either phased out or new generation of NPPs that finds wide social acceptability (inherently safe, small scale 100 to 300 MW, waste issues solved)

Scénarios prenant en compte la dimension écologique. *Optimiste quant à la coopération internationale centrée sur la protection de l'environnement et sur l'équité internationale. Des transferts de ressources aux pays en voie de développement. Diminution d'émission de gaz carbonique de 1/3 en 2100. L'énergie nucléaire est à un carrefour, soit élimination progressive, soit création d'une nouvelle génération de centrales qui trouve une grande acceptabilité sociale (intrinsèquement sûre, plus petite échelle 100 à 300 MW, problèmes de déchets résolus).*

QUESTIONS ET RÉPONSES

J.-C. Artus : Il existe une dualité entre le rationnel et l'irrationnel, il n'y a pas d'énergie qui domine. La perception du risque de l'énergie est semble-t-il liée aux médias et à la volonté politique. Est-ce que la composante politique peut être intégrée dans cette perception ? Il y a un paramètre géographique très important. Il y a des discussions locales et nationales très différentes. Plus on s'éloigne des installations, plus les questions sont de natures différentes, cela se fait plus facilement localement. L'industriel doit gérer deux niveaux.

H. Michel (IEC) : Les pouvoirs publics nous laissent seuls en première ligne. Est-ce que vous pensez qu'il est important qu'il y ait un leader, lors des négociations, porteur du risque et des solutions ? Est-ce que la dilution est propre à introduire le doute ? Y a-t-il quelqu'un d'impliqué qui conduisait la barque dans chacun des projets présentés ?

J.-P. Laurent : Du côté de l'exploitant, il est clair qu'il y avait un responsable : moi. Il est indispensable qu'il y en ait un du côté des pouvoirs publics, ce n'est pas si simple car souvent de nombreux ministères sont impliqués : Industrie, Santé, Finances, Agriculture. Le pilotage fort c'est l'industrie avec une ambiguïté : l'industrie est apparue comme « juge et partie » (alors qu'il y a deux directions différentes). La composante de santé doit être forte et visible. L'autorisation de rejet devrait être donnée par un service qui relève de façon claire du Ministère de la Santé. Nous gérons au-delà des limites avec le principe ALARA.

R. Le Marchand : Il faut une codirection forte. Du côté de l'industriel, c'est évident. Mais aussi au niveau administratif ; il faut que l'administration s'engage pour éviter l'enlisement. Pour nous cela a été le Préfet.

J.-P. Laurent : Dans notre métier ce n'est pas le Préfet qui s'engage. Les arrêtés sont ministériels, les contrôles sont effectués par les DRIRE et par les administrations centrales parisiennes ; s'il y a un problème de sûreté, c'est la DSIN (Direction de la Sûreté des Installations Nucléaires) du Ministère de l'Industrie. S'il s'agit d'un problème de rejet c'est la Direction Générale de la Santé ou l'OPRI qui dépend de la DGS.

Commentaire : *Vous avez deux organismes EDF et COGEMA qui travaillent dans le nucléaire, qui ne sont pas perçus de la même manière et ne sont pas contestés de la même manière.*

C. Stoffaës : Il y a quand même une stratégie de la contestation qui commence à s'attaquer à un réacteur en difficulté, Superphénix, puis à une activité qui permet d'éviter que les combustibles ne s'accumulent de façon évidente. Il y a peut-être là une stratégie d'une infime minorité. C'est aux organismes d'être suffisamment forts dans leurs convictions et leurs démonstrations pour que, pour l'ensemble de la population, ce qui nous paraît évident le devienne pour le plus grand nombre.

Par ailleurs, pour répondre à certaines critiques, en quoi voyez-vous aujourd'hui en France qu'il y aurait collusion entre la fonction exploitant et la fonction contrôle ? Quel serait l'intérêt de l'industrie nucléaire de maquiller les conséquences de Tchernobyl en France ? Il y a une partie des données qui remontent de l'exploitant, mais l'analyse de la situation (est-ce dangereux ? qu'est-ce qu'on dit ?), et la décision dépendent des pouvoirs publics. Elles sont fondées sur des réalités qui dix ans après se sont avérées être tout à fait conformes à ce qui a été dit par l'OPRI « pas de panique, il y aura quelques parties du territoire touchées mais rien de sérieux... ». Ce qui a été dit sur ce que les pouvoirs publics avaient déclaré sont des mensonges et des manipulations. Ce procès dix ans après n'est pas honnête.

Commentaire : *Il y a un problème de crédibilité de l'industriel qui est disqualifié parce qu'il a un intérêt dans le débat, il y un véritable problème de communication si l'industriel s'exprime directement.*

Question : N'y a-t-il pas un problème de confiance vis-à-vis du nucléaire car on note un désaccord des politiques et des citoyens ?

C. Stoffaës : Quand vous dites les politiques, les experts, les citoyens ne sont pas d'accord, ce n'est pas évident, et comment ce désaccord se concrétiserait-il ? Je ne le vois pas. Pour les politiques, si on prend l'Assemblée Nationale, y a-t-il un désaccord en ce qui concerne la production d'électricité d'origine nucléaire ? Non. Et sur le retraitement des combustibles nucléaires ? Non. Pour l'opinion, je ne sais pas comment l'appréhender si ce n'est par les sondages.

Aujourd'hui, en Allemagne, 70 % de la population est en faveur de l'utilisation rationnelle et jusqu'au bout des réacteurs. Où est le lieu du désaccord ? On a le droit d'avoir des opinions mais est-ce représentatif d'un courant de pensées ? Quand Madame Lepage dit : « les plages de La Hague sont polluées », c'est une contrevérité.

P.S. Maruvada : Dans le débat sur les risques, il y a quelques fois des désaccords entre les experts. La difficulté pour le gouvernement c'est de distinguer entre le vrai expert et le faux expert. Il y a le cas en Italie d'un médecin qui prétendait soigner les cancers. A l'issue du procès, au cours duquel on a pratiqué des expérimentations, on a conclu à l'invalidation du traitement. La difficulté est de prendre des décisions « dures » avec des informations « molles ».

C. Stoffaës : Pour en revenir à La Hague et à Madame Lepage, il faut aller au-delà d'une logique d'affrontement. Ce qui est plus astucieux, c'est le processus dans lequel on s'est engagé. On regarde quelles sont toutes les mesures disponibles sur l'environnement effectuées par les exploitants, les associations, les indépendants ; on en calcule des moyennes, on en discute la validité de façon contradictoire et publique. On a ainsi un panorama complet de l'environnement et de l'évaluation d'un impact qui a été discuté à fond et n'est pas resté l'apanage d'un seul spécialiste.

ATELIER

RISQUE DE POLLUTION ET TRANSPORT

Pollution atmosphérique

Président : Bernard Tissot

Directeur Général de l'Institut Français du Pétrole,
Membre du CADAS (Comité d'Application de l'Académie des Sciences)

Contributions

I. ***Problèmes épidémiologiques.***
JACQUES LAMBROZO, Directeur des Etudes Médicales à EDF-GDF.

II. ***Les sources de polluants : systèmes qui émettent des polluants, systèmes liés au transport, les véhicules.***
PIERRE EYZAT, Professeur à l'Ecole Nationale Supérieure du Pétrole et des Moteurs.

III. ***Les déterminants non techniques du risque liés à la pollution atmosphérique et aux transports.***
PHILIPPE CHARTIER, Directeur Scientifique de l'Agence de l'Environnement et de la Maîtrise de l'Energie.

☆

Introduction à l'atelier

Bernard Tissot, Directeur Général de l'Institut Français du Pétrole, Membre du CADAS.

Nous allons débattre ici de pollution atmosphérique et de transport. Je me contenterai de dire, en guise d'introduction, que le domaine est particulier dans la mesure où :

- Pollueurs et pollués sont les mêmes, exception faite pour les enfants.
- Les effets sanitaires relevant de la pneumologie : priorité aux cancers du poumon.
- Les études épidémiologiques incriminent une fois l'oxyde de carbone, une autre fois les particules émises par le diesel, une troisième fois l'ozone, etc.
- La presse s'est emparée du thème ; on peut lire : « 600 morts à Paris, la pollution coûte 50 milliards de francs à la Sécurité Sociale » (ce coût varie fortement selon la valeur que l'on accorde à la vie humaine puisqu'elle intervient pour 80 % dans l'évaluation).

☆

I. Polluants et problèmes épidémiologiques : effets à court terme

Jacques Lambrozo, Directeur des Etudes Médicales à EDF-GDF.

• *Historique*

La pollution atmosphérique a une histoire marquée par plusieurs accidents, parmi lesquels il faut citer l'épisode de la Vallée de la Meuse en 1931, avec un pic de SO_2 responsable de 60 morts, et celui de Londres en décembre 1952, où une élévation de la pollution acido-particulaire fut accompagnée d'une augmentation du nombre de décès (un excès de 4 000 décès fut noté par rapport à la moyenne saisonnière). La prise de conscience des effets sanitaires de la pollution atmosphérique a abouti entre autres au « Clean Air Act » et à la production d'un cadre législatif et réglementaire pour se prémunir vis-à-vis de la répétition de ce genre d'épisodes.

Jusque dans les années 80, les efforts ont surtout porté sur les installations de chauffage et les installations industrielles. Depuis la décennie 80, de nouvelles études épidémiologiques ont conduit à s'interroger sur la validité sanitaire des normes proposées. En effet, actuellement en Europe, la croissance du parc automobile a notablement modifié la pollution « classique » au profit de « nouveaux » polluants : NO, CO, CO_2, hydrocarbures aromatiques, particules de diamètre inférieur à 2,5 μ/m et ozone comme polluant secondaire. Ils sont générés par le trafic automobile (Europe).

En effet, de nouvelles études épidémiologiques (les études écologiques temporelles) portant sur de grandes populations reliaient « pollution » et accroissement de la morbi-mortalité cardio-vasculaire.

De façon très schématique, des premières études conduites par Schwartz (1990 et 1992 à Londres et à Philadelphie) suggéraient une relation entre l'augmentation de la mortalité à court terme et les niveaux de pollution particulaire. En Europe, le projet APHEA ([1]) a porté sur 15 villes totalisant 25 millions d'habitants. On a étudié l'impact à court terme de la pollution atmosphérique sur la mortalité. L'étude ERPURS qui faisait partie de ce programme sera détaillée.

• *Etude ERPURS*

Il s'agit d'une étude épidémiologique, écologique et temporelle (1987 à 1995), où l'exposition est mesurée au niveau de toute une population (Ile-de-France, 6,14 millions d'habitants). Les facteurs de confusion classiques sont pris en compte : variables météorologiques, épisodes pathologiques infectieux (grippes), et, pour la période printanière, des épisodes de pollinisation.

On a relevé en hiver une augmentation pouvant aller jusqu'à 2 % de la mortalité cardiovasculaire en relation avec l'exposition au SO_2 ; 11 % des hospitalisations à l'APHP pour asthme chez les enfants en relation avec l'exposition au NO_2 ; 3 % des consultations pour asthme aux urgences pédiatriques de Trousseau en relation avec l'indice des fumées noires.

Les augmentations en été sont surtout en relation avec NO_2 et peuvent atteindre une augmentation de : 8 % de la mortalité respiratoire ; 10 % des consultations pour asthme aux urgences pédiatriques de Trousseau.

Ces résultats ont été obtenus en comparant les niveaux médians de pollution (50e percentile) aux niveaux mesurés les jours les moins pollués de l'année (5e percentile).

L'étude APHEA dans son ensemble consiste en une méta-analyse portant sur 12 des 15 villes. Elle a montré un excès de risque à 2 % pour l'indicateur SO_2, de 1,3 % pour l'indicateur fumées noires et de 2,2 % pour l'indicateur PM_{10} en relation avec une augmentation à 50 µg/m^3 de ces polluants.

« Corrélation n'est pas causalité »

Aussi l'étape suivante consisterait à analyser les études au travers des critères classiques de causalité en épidémiologie tels que définis par C. Hill :

- Le niveau de risque relatif : un niveau de risque relatif supérieur à 5 est en faveur d'une relation causale.

([1]) APHEA : Air Pollution and Health : a European Approach.

- Le critère de temporalité : la cause doit précéder l'effet. Dans la mesure où l'on traite de mortalité, il faut être sûr qu'il n'y a pas eu de sous-mortalité dans les épisodes précédents la période de pollution considérée.
- La consistance des études entre elles. La plupart des études viennent-elles confirmer ces résultats ?
- L'établissement d'une relation dose-effet.
- Quelle est la plausibilité biologique à partir des résultats expérimentaux ?
- Les biais éventuels ont-ils été correctement contrôlés ?
- Au total, si de fortes présomptions existent pour relier certains indicateurs de pollution atmosphérique à des effets sanitaires, certaines questions n'ont pas encore reçu de réponse tranchée. Il s'agit en particulier des relations entre asthme et pollution, de la méthodologie épidémiologique qui comporte des avantages et des faiblesses, de la discussion d'une relation dose-effet linéaire sans seuil, et des données expérimentales.

Asthme et pollution. – Il y a certainement une aggravation de la symptomatologie de l'asthme chez les sujets déjà déclarés mais existe-t-il une augmentation de la prévalence de l'asthme liée à la pollution ? La réponse mérite d'être nuancée. La prévalence de l'asthme a augmenté alors même que les niveaux de pollution acido-particulaire connaissaient une diminution dans les pays occidentaux. Aussi d'autres facteurs paraissent en cause et au premier chef la qualité des ambiances intérieures avec un budget-temps qui favorise un confinement accru.

Les limites de la méthodologie épidémiologique. – L'épidémiologie a l'avantage d'étudier l'homme dans son environnement réel (et complexe). Les études écologiques et temporelles ont l'avantage de permettre des études sur de longues périodes (de plusieurs années), de se baser sur des données d'exposition et de morbi-mortalité recueillies de façon standardisée. Cependant des réserves peuvent être formulées. Elles tiennent au niveau faible de risque relatif (< 1,5) et au fait que l'on suppose que toute la population a été exposée, le même jour, aux mêmes niveaux de polluants. De plus, les résultats obtenus sont dépendants de la qualité du réseau de mesure des polluants ou du polluant lui-même (cette qualité peut expliquer les différences de résultats entre Europe de l'Est et Europe de l'Ouest).

Le facteur d'exposition majeur qu'est la qualité de l'air intérieur est peu ou mal connu, et il n'est pas certain qu'une équivalence entre polluants extérieurs et intérieurs soit la règle. De plus, les budgets espaces-temps privilégient le temps passé à l'intérieur surtout pour les populations les plus à risque : malades, sujets très âgés, nourrissons. Enfin la part d'exposition professionnelle n'est pas prise en compte.

La consistance entre les études est en faveur d'une relation, au moins, entre pollution particulaire et mortalité mais le diamètre, et donc la nature chimique, des particules diffère beaucoup entre les Etats-Unis et l'Europe de l'Ouest. Enfin, les études canadiennes insistent, elles, plutôt sur le rôle de la pollution gazeuse.

La relation dose-réponse. – Les études écologiques et temporelles suggèrent une relation linéaire proportionnelle sans seuil, mais ce point requiert confirmation. Ainsi l'erreur de mesure peut modifier la courbe dose-réponse pour la ramener vers la linéarité.

Les facteurs confondants posent aussi un certain nombre de questions. Aussi est-on gêné pour délimiter les parts respectives de ce qui revient à la pollution et de ce qui revient aux variables météorologiques. A côté de la température, d'autres facteurs météorologiques semblent aussi importants comme la pression barométrique ou le degré d'humidité. De plus, certains facteurs météorologiques comme la température génèrent un risque relatif plus élevé que celui induit par les polluants.

Biologie et épidémiologie. – Les polluants acido-particulaires ou l'ozone sont toxiques, mais à des niveaux de concentration supérieurs à ceux rencontrés dans l'environnement. Cependant la méthode expérimentale ne peut étudier que des polluants isolés, ou des mélanges simples et sur de courtes périodes, alors que la « pollution » est un ensemble bien plus complexe avec des interactions mal connues entre différents composés chimiques et la durée d'exposition effective est bien différente.

• *Conclusions et recommandations de recherche*

Il semble exister une relation épidémiologique entre les marqueurs de pollution et la survenue d'effets sanitaires. Ce qui a été acquis grâce aux études écologiques temporelles mérite d'être approfondi en appréciant l'exposition réelle des sujets les plus fragiles et en particulier en analysant la qualité de l'air intérieur qui sera dans les dix prochaines années une priorité environnementale. De plus, la prise en compte adéquate des facteurs météorologiques qui peuvent influencer les résultats s'impose. Enfin il conviendrait de valider les biomarqueurs susceptibles d'être modifiés en cas d'exposition à des polluants et qui permettraient une ouverture vers l'épidémiologie « biologique ». Au niveau de la Santé Publique, les données épidémiologiques ont au moins permis de borner le niveau de risque supérieur. Le risque individuel avec un niveau du risque relatif inférieur à 1,5 est quasiment négligeable. En revanche, le risque collectif est différent car il doit faire prendre en compte la fréquence de la pathologie considérée dans la population et l'exposition de la population à ce facteur, ici, le mélange des polluants. Le calcul de la mortalité attribuable à la pollution, dans l'hypothèse d'une relation causale, doit être fait en nombre d'années potentielles de vie perdues plutôt que de se limiter à un chiffre brut. Il s'agit en effet de sujets présentant des affections respiratoires ou cardiaques graves et, généralement, l'interaction potentialisatrice avec le tabagisme actif ou passif n'est pas intégrée dans ces estimations.

☆

II. Les sources de polluants : systèmes qui émettent des polluants, systèmes liés au transport, les véhicules

Pierre Eyzat, Professeur à l'Ecole Nationale Supérieure du Pétrole et des Moteurs.

Depuis 1972, il y a eu une baisse des émissions : le taux est 100 fois moins élevé de nos jours. Jusqu'en 1985 on a eu une démarche (que l'on prête aux USA) très pragmatique. On observait l'évolution du parc et on éliminait par la loi les 15 % des véhicules qui étaient au ban du domaine, les véhicules très polluants. A partir de 1985, du fait des pluies acides, on a changé de stratégie pour une stratégie volontariste, on a imposé le pot catalytique et l'essence sans plomb.

Le pot catalytique est situé sur l'échappement à la sortie du moteur. Il suppose un réglage air/carburant très précis du moteur, un Carter. Il joue sur le gaz carbonique, les hydrocarbures, sur le NO, produits qui demandent des stratégies différentes. La zone où on joue à la fois sur les trois est extrêmement réduite. Si le moteur a de l'air en excès, le NO n'est plus réduit. S'il y a excès de carburant, le CO et les hydrocarbures ne sont plus oxydés.

Le facteur de température est important ; les catalyseurs commencent à être efficaces entre 250 à 300 °K et ils le sont pleinement dès qu'ils ont atteint 350 °K. Lorsque le catalyseur n'est pas chaud tout ce qui entre sort. Le catalyseur n'est pas efficace. Si l'on fait des circuits urbains très courts, il arrive que le catalyseur n'ait jamais atteint la température nécessaire sur un catalyseur âgé.

Conclusion sur les catalyseurs

- Un catalyseur neuf et chaud élimine 99 % des trois polluants si le moteur est bien réglé. Rapport : air/carburant ± 0,50 %. La principale origine du vieillissement est d'origine thermique mais il ne faut pas négliger l'origine chimique (le plomb dans l'essence). La norme impose que le catalyseur reste compatible avec les normes après 80 000 km de fonctionnement.
- Les transitoires froids polluent. Le catalyseur préchauffé électriquement est à l'étude.
- Le réglage du moteur air/carburant, très précis, interdit l'adaptation efficace de montages « kit » sur les véhicules anciens.

La première conclusion est qu'il faudrait diminuer les vieux véhicules qui sont de très gros émetteurs de polluants. Politiquement et sociologiquement c'est une mesure difficile à tenir, mais on peut favoriser le rajeunissement du parc. Ceci n'est pas un problème spécifiquement français. En Europe, en 1995, 2,5 % des voitures du parc ont été commercialisés entre 1970 et 1975, ce qui est considérable.

Il y a d'autres solutions dites « modernes » avec des progrès d'injection directe. Ce sont des solutions dites à « mélange pauvre ». Le moteur a encore un catalyseur mais qui ne joue que sur l'oxydation ; il va oxyder les hydrocarbures et le CO qu'il fait passer à l'état de CO_2.

Ces solutions à mélange pauvre qui sont notamment proposées par des constructeurs japonais supposent aussi des évolutions dans le domaine des carburants, pour supporter des catalyseurs spécifiques anti-NO.

La caractérisation du diesel par rapport à l'essence

Le moteur Diesel est généralement considéré comme plus polluant. Ceci est vrai pour les particules (sensiblement 20 fois plus) et pour le NO (2,6 fois plus). Mais le classement peut être inversé : le potentiel ozonisant est plus faible et les émissions de benzène sont 5 fois inférieures.

Le problème clé : les particules

Ce qu'on mesure sur un moteur Diesel est très compliqué. C'est un produit chimiquement complexe (des sulfates, des hydrocarbures). La seule norme est la suivante : filtrer les gaz qui sortent du moteur, peser le filtre avant essais et après, la différence entre les deux valeurs donne la masse de particules émises. La nature chimique, le diamètre de ces particules ne sont pas pris en compte dans la norme.

Les diesels sont en train d'évoluer extraordinairement du fait de leur système d'injection. Il y a trois ou quatre ans les pressions d'injection étaient de l'ordre de 350 bars, aujourd'hui elles sont de 1 350, 1 700, voire 2 000 bars. Les gouttelettes de carburant sont plus atomisées, elles conduisent à des particules beaucoup plus fines.

En outre l'effet de ces particules ultra-fines n'est pas bien connu. On n'est pas sûr que le bon facteur à prendre en compte soit encore la masse, il pourrait être la surface, le nombre, la composition chimique... On ne sait pas si les particules sont significativement moins dangereuses qu'avant. Il faut identifier le paramètre dangereux. Le carburant est aussi profondément modifié : depuis le 19 juin 1998 il y a des nouvelles normes à appliquer en 2000 et 2005.

Les principales modifications concernent :

- le soufre (de 150 ppm à 50 ppm) ;
- les aromatiques ;
- le benzène (5 à 1) ;
- des contraintes de même chose pour le diesel.

Les mesures officielles de pollution définissent un cycle de conduite et des procédures de mesure. Le fonctionnement réel peut s'éloigner du cycle officiel et les polluants pris en compte mal représenter l'effet réel sur la santé. Nous avons déjà parlé des particules, il faut signaler aussi les hydrocarbures imbrûlés. Une seule mesure est censée représenter l'effet de plusieurs centaines de composants ; aussi le potentiel ozonisant de ces composants peut varier dans un rapport 1 à 100. Les Etats-Unis séparent déjà le méthane, peu réactif, des autres composants. Même si cette ségrégation n'est pas suffisante, nous aurions intérêt, en Europe, à suivre leur exemple.

Les principales conclusions sont résumées ci-dessous :

- Le rajeunissement du parc doit être encouragé.
- Le problème des particules devrait faire l'objet d'une réévaluation méthodologique.
- Les modifications récentes des moteurs Diesel sont considérables.
- Dans le domaine du moteur à essence, les Japonais ont des solutions intéressantes qui n'ont pas reçu tous les « labels » de l'Europe.
- Des carburants alternatifs ont un bon potentiel (les gaz de pétrole liquéfié sont mieux adaptés aux véhicules individuels, les gaz de méthane comprimé sont mieux adaptés aux transporteurs routiers).

☆

III. Les déterminants non techniques du risque liés à la pollution atmosphérique et aux transports

Philippe Chartier, Directeur Scientifique de l'Agence de l'Environnement et de la Maîtrise de l'Energie.

Ma présentation se situe au niveau de la gestion du risque. L'évaluation du risque se traduit très concrètement par des niveaux de concentration fixés par des directives européennes résultant souvent d'une analyse de l'OMS. On tient compte des connaissances scientifiques actuelles pour fixer la liste des polluants réglementés et la valeur des seuils.

Les déterminants non techniques des émissions qui jouent un rôle dans l'analyse

- Il y a des problèmes de comportement dans lequel entrent en jeu l'éducation, la formation, l'information ; il y a aussi des signaux des pouvoirs publics, des investissements au niveau des infrastructures, d'offres de produits qui pèsent sur les décisions individuelles.

- Les pouvoirs publics prennent des décisions qui se situent dans le champ de la gestion du risque : c'est, par exemple, la loi sur l'air (avec les plans de déplacements urbains) et l'évolution de la fiscalité sur le gasoil.
- Il faut aussi insister sur l'importance du « moindre regret » dans les décisions. Une décision susceptible d'améliorer la santé et qui permet aussi de diminuer l'émission de gaz carbonique, et de réduire la consommation d'énergie, permet d'appliquer le principe de précaution avec plus de pertinence que si l'on joue sur un seul tableau.
- Un élément important est la prise en compte du rôle industrialisant de l'environnement. Celui-ci peut être à l'origine de nouveaux produits et de nouveaux services qui améliorent la position concurrentielle des acteurs économiques opérant sur un territoire donné.
- Et enfin il faut faire très attention aux rétroactions. Par exemple, il est a priori positif pour certains polluants d'améliorer la fluidité du trafic en ville mais dans ce cas il y a souvent un transfert modal en faveur de la voiture particulière qui peut annuler rapidement l'effet précédent.

Les déterminants de comportements

• *Les comportements d'achat*

- En relation avec le contexte général, et la perception qu'en ont les clients et les industriels, l'offre de produit évolue. Après les chocs pétroliers, on a observé pour les véhicules une baisse de la masse et de la puissance jusqu'en 1986, puis, le contexte changeant, la masse et la puissance des véhicules ont réaugmenté.
- Un certain nombre de caractéristiques ne sont pas toujours révélées au client. Par exemple, on observe un développement de la climatisation dans les véhicules dont on ne conteste ni l'utilité ni l'agrément. Or pour établir les valeurs des consommations conventionnelles, les mesures sont faites tout accessoire arrêté. Il faut que les constructeurs soient incités à faire des efforts sur cet équipement consommateur d'énergie et émetteur de polluants et que ceci soit révélé au client comme un facteur de concurrence.

• *Les comportements de conduite*

Sur un parcours urbain, selon que le conducteur adopte une conduite calme ou sportive. On observe des variations de 1 à 30 dans les émissions d'oxyde d'azote, variations qui sont bien supérieures aux variations de consommation de carburant. Quand on est au maximum de l'appel à puissance, le constructeur donne alors priorité à la sécurité, et le mélange air-essence ne permet plus au pot catalytique de fonctionner. On peut informer les conducteurs de cet impact mal connu de la conduite sportive mais il peut y avoir aussi des solutions techniques à ces situations extrêmes (systèmes hybrides thermiques-électriques).

• *Les comportements d'entretien*

C'est le problème posé par les véhicules anciens. Il y a deux situations selon la date de mise sur le marché des véhicules, car il y a eu une rupture brutale dans les solutions techniques liées aux réglementations : l'introduction du pot catalytique trois voies en 1993 et celles des pots d'oxydation pour les véhicules diesel en 1996. Cela pose des problèmes sociaux, car les véhicules anciens n'appartiennent pas aux gens les plus aisés. Il est vrai qu'ils font souvent moins de kilomètres. On pourrait envisager néanmoins des mesures plus spécifiques d'entretien qui tiendrait compte du degré de solvabilité de ceux qui utilisent ce type de véhicule.

Les déterminants des choix « modaux »

- Pour les transports de voyageurs en ce qui concerne les efficacités énergétiques (en voyageurs-kilomètre effectué par kilo d'équivalent pétrole), il y a de gros écarts entre la voiture particulière et les modes de transport collectif. Cet écart de 1 à 2 avec un taux moyen de remplissage. Un autobus presque vide est par contre moins bon qu'une voiture. Tout le monde est pour les transports collectifs en France, mais les chiffres démontrent au contraire une augmentation de la voiture individuelle.
- Les transferts modaux supposent une « attractivité » du transport public (on ne peut pas jouer au gendarme) : régularité, sécurité, confort.
- Autre déterminant, l'existence (ou non) d'un stationnement sur le lieu de travail en zone dense urbaine. Cela incite les gens à utiliser un mode de transport individuel.
- La durée des trajets : un des avantages de la voiture est que, malgré les embouteillages du matin et du soir, on a souvent des durées de trajet plus courtes et c'est un facteur important de choix modal en faveur de la voiture.
- Le plan de déplacement urbain à l'intérieur de la loi sur l'air est un élément relativement structurant qui permet d'introduire des considérations sur les déterminants non techniques dans la prévention du risque.

Les déterminants de la mobilité

Le type d'organisation spatiale de la ville est un déterminant très fort du choix modal. En fonction de la densité de population, on a un choix modal très marqué. Paris est la ville où le nombre de ménages qui possèdent une voiture est le plus faible de France, or le revenu n'y est pas le plus faible. Un lien a été clairement établi entre densité et choix modal. Pour modifier l'état des zones urbaines, les constantes de temps sont très longues. C'est la ville concentrée qui paraît offrir de meilleures perspectives à long terme en ce qui concerne les préoccupations environnementales liées au transport.

Les émissions des véhicules utilitaires en ville sont mal connues, notamment pour ce qui concerne les particules. Le rôle joué par les deux-roues pour l'émission d'hydrocarbures non méthaniques ou de CO est relativement important. Il faut évaluer mieux les émissions dans ces deux domaines et proposer des mesures de gestion des risques.

QUESTIONS ET RÉPONSES

Question : On n'a pas parlé du phénomène de l'effet de serre dont on connaît peu de choses. Est-ce qu'il ne faut pas le prendre en considération ?

B. Tissot : Que le phénomène de l'effet de serre soit un phénomène qui à long terme doive être pris en considération, la plupart des scientifiques en sont persuadés, mais peut-on, nous, faire quelque chose ? C'est une autre affaire. La Chine et l'Inde totalisent deux milliards d'habitants ; la ressource locale énergétique sur laquelle est basé leur développement est le charbon qui est le plus mauvais des combustibles possibles du point de vue de l'effet de serre et du CO_2. Dans les 25 ans à venir, le surcroît de CO_2 émis par la Chine et l'Inde sera égal à la totalité du CO_2 émis actuellement par l'Amérique du Nord et l'Europe (Russie exceptée).

Commentaire : *Le problème du coût du CO_2 pose le problème de l'affectation optimale des ressources économiques. L'affectation optimale est assurément d'engager ces sommes en Chine ou en Inde mais le problème d'allocations des ressources est difficile.*

B. Tissot : Les Etats-Unis sont les premiers émetteurs. On pourrait faire du travail en Chine et en Inde. On ne peut faire grand-chose au rapport atomique hydrogène sur carbone qui est inférieur à 1.

Commentaire : *Si la Chine abandonnait la filière charbon, elle aurait besoin pour compenser de 1 000 centrales nucléaires.*

Commentaire : *Il y a en matière d'effet de serre un problème de flux et un problème de stock. Le flux, on vient d'en parler, mais le stock constitué depuis 150 ans dans l'atmosphère, les Occidentaux en sont responsables. On ne peut pas demander aux Chinois de supporter les conséquences occidentales de ce stock.*

B. Tissot : Toutes ces prévisions sont basées sur des modèles. Or il y a de grandes réserves de CO_2 qui sont l'atmosphère et l'océan et on ne contrôle pas vraiment les équations qui régissent les échanges entre océan et atmosphère, ce qui explique les différences de prévision.

Ph. Chartier : Il faut avoir à l'esprit le développement durable et le moindre regret. Il faut prendre en compte l'effet industrialisant de l'environnement. Dans les pays en développement, l'élasticité du développement par rapport à l'énergie est très forte. Ils ont besoin d'investissements lourds d'infrastructure. On comprend qu'ils voient d'un mauvais œil les Américains faire chez eux des économies de CO_2 les plus faciles ; dans 10 ou 15 ans par exemple, la Chine sera obligée d'assumer seule les problèmes les plus difficiles à régler. Nos pays industriels doivent faire quelque chose car ce sont des modèles en matière de systèmes techniques pour le développement de l'ensemble du monde. Il n'est pas indifférent que la Chine utilise son charbon avec des niveaux de rendement sans rapport avec ceux que l'on connaît aujourd'hui et, avec de l'aide, les Chinois auraient la satisfaction d'un besoin avec une émission diminuée. Cela doit être pris en considération sans compter qu'il peut y avoir une solution technique devant la pression très lourde des choix économiques.

B. Tissot : On parlait tout à l'heure d'élasticité. Pour les transports en Chine elle est de trois : lorsque l'économie de la Chine croissait de 12 % par an, sa demande en transport augmentait de 36 %. Or dans le transport la demande en carburant liquide s'impose ; les moteurs Diesel très performants peuvent donc avoir un rôle.

Question : Compte tenu des progrès effectués dans l'industrie et compte tenu des modalités nationales pour les produits d'énergie, le problème de l'effet de serre dans notre pays ne tend-il à devenir un problème de transport ?

B. Tissot : Les gens qui font des prévisions sur ce qui va se passer au fur et à mesure qu'on se rapprochera des réserves ultimes de pétrole pensent qu'il sera réservé à deux usages : les transports et la pétrochimie.

M. Tubiana : Qu'en est-il des voitures à hydrogène dont on parle de temps en temps ?

Réponse : L'IFP a travaillé pendant 20 ans sur une solution : les piles à combustible. Notre idée de départ : utiliser les hydrocarbures et ensuite l'électrochimie. Même avec le plus réactif des hydrocarbures, le méthanol, il n'y avait pas assez de platine dans le monde pour réaliser toutes les électrodes nécessaires. On s'est rabattu sur l'hydrogène et on a fait de gros progrès. Si l'on a abandonné cette recherche, ce n'est pas parce que les piles ne marchent pas pour des raisons technologiques. C'est parce qu'on s'est posé la question suivante : imaginons que l'on banalise ces piles, à quel prix serait l'hydrogène ? La solution n'est pas viable compte tenu de son coût de distribution. Le problème de l'hydrogène, c'est qu'il est un gaz très peu dense. L'aventure des piles à combustibles n'est pas abandonnée partout (Canada). Il y a des résultats encourageants. Cette pile est à hydrogène ; on embarque le méthanol que l'on transforme à bord en CO_2 et en H (les kilos de CO_2 libérés sont supérieurs à ce que font les moteurs Diesel). Donc il reste un problème de stockage. On peut comprimer l'hydrogène et utiliser les piles sur autobus. L'hydrogène est stocké à 300 bars. On peut le stocker sur des hydrures mais le poids de stockage est important : 55 kg d'hydrures pour 1 kilo d'hydrogène. On arrivera à des solutions lorsqu'on aura des conversions d'hydrogène directes à l'intérieur de la membrane et non pas dans un réformateur. La catalyse a l'air d'être abandonnée.

Commentaire : *A court terme, ce n'est pas une solution mais, à long terme, cela peut jouer un rôle. Les piles à combustibles vont se développer pour des usages stationnaires (cogénération aux pieds d'immeubles). Au sujet des véhicules, après l'hydrogène et les piles à combustible, il y a la voiture électrique et les véhicules hybrides. Les progrès qu'on va connaître sur ces deux lignes technologiques vont pouvoir se rassembler. Il faut remarquer que l'IFP a fait un effort considérable mais beaucoup trop tôt. Dans les réseaux technologiques mis en route par le Ministère de la Recherche, le thème « pile à combustible » va être extrêmement porteur.*

Question : Sur le sujet de l'effet sur la santé lié aux transports en ville, Monsieur Lambrozo nous a présenté des mesures objectives. Qu'en est-il des mesures subjectives : confort, odeur ?

M. Tubiana : C'est un problème important. A la limite, peu importerait que les gaz ne soient pas nocifs sur la santé s'ils occasionnent une gêne et une angoisse. Pour le mesurer, il faudrait faire des expériences que l'on qualifie en médecine d'« effet placebo », en annonçant un pic de pollution un jour où l'air est pur et en mesurant les conséquences. Mais personne ne l'a fait ni même n'a osé le proposer. Il est indiscutable que cet effet existe.

Question : Je crois qu'il y a des gênes qui ont un caractère objectif dans les centres commerciaux : la climatisation, la lumière. Il doit exister des gênes ayant un caractère objectif sur lesquels on n'a pas de données, et qui accroissent l'angoisse.

M. Tubiana : La climatisation d'air a été très étudiée aux Etats-Unis. Elle a des effets nocifs indiscutables (germes). On s'est aussi aperçu qu'elle avait des résultats positifs : diminution du nombre de morts pour causes cardiovasculaires pendant les périodes chaudes de l'année. L'effet global sur la santé est positif.

Question : On a beaucoup parlé de la route. Comment situez-vous le ferroviaire non électrique et les avions ?

B. Tissot : Le ferroviaire non électrique rentre dans la catégorie du diesel avec les même avantages et plus d'inconvénients car ce sont de vieux diesels (Gare du Nord).

Commentaire : *Pour les avions, on est loin en volume de ce que représente le transport routier. On a beaucoup de mal à faire prendre en compte l'émission de* CO_2 *d'un avion car il n'est pas territorialisé. Au niveau de l'ADEME, on parle plutôt de bruit, plutôt que de pollution de l'air.*

Commentaire : *On a cherché à avoir des informations sur la pollution des hydrocarbures des avions. En situation d'urgence l'avion déverse ses hydrocarbures. Quel en serait l'effet en région parisienne un jour de pollution ? Il peut être considérable.*

Commentaire : *En ce qui concerne la pollution des différents modes de transport interurbain : avion, TGV, route, c'est l'avion qui est le plus mal placé.*

Commentaire (Directeur d'Environnement à la SNCF) : *La SNCF utilise des diesels avec les normes anciennes mais cela représente 10 % seulement du trafic ; donc elle n'a pas besoin de nouveau matériel. Il suffit de remotoriser les diesels. On peut diminuer ainsi les polluants.*

Commentaire : *La question se résume à définir ce qui relève strictement des individus et ce qui relève de l'Etat et des industriels. Il faut informer, transmettre les données pour que les choix individuels se déterminent d'une manière plus correcte. Il faut ensuite regarder toutes les décisions d'infrastructures, de matériels, d'incitations fiscales de la part du gouvernement. Il faut par ailleurs améliorer les études d'impact pour qu'elles orientent le choix des solutions.*

Commentaire (Mairie de Paris) : *Pour la ville de Paris, les carburants, les moteurs, les pots d'échappement, la fluidité de la circulation : tout cela s'améliore et va dans le bon sens. Il reste à améliorer la sensibilisation individuelle, la culture en matière de pollution atmosphérique. La Mairie de Paris a voulu une commission indépendante et neutre qui informe les gens de façon scientifique sur les problèmes de pollution et de santé. C'est la commission Aigrain, présidée par un ancien ministre membre de l'Académie des Sciences. Elle vient de publier* L'Air de Paris, c'est l'affaire de tous, *distribué à 100 000 exemplaires. La Mairie de Paris va éditer une série de brochures ciblées sur les chauffeurs de taxis, les pédiatres… pour les sensibiliser. On va mener aussi une campagne de sensibilisation dans les écoles, avec des programmes classe-air, comme il existe des programmes classe-eau. La société a une demande, une exigence de qualité en ce qui concerne l'air, la viande, le service hospitalier. Pour la pollution du panache d'un moteur Diesel, par exemple, le problème n'est plus qu'il soit toxique mais qu'il se voit.*

ATELIER

RISQUE D'ACCIDENT ET TRANSPORT

Président : M. Claude Abraham

Ingénieur Général Honoraire des Ponts et Chaussées

Contributions

I. ***Insécurité routière : problématique et principes d'action.***
JEAN-BAPTISTE BOUZIGUES, Conseiller à la Délégation Ministérielle à la Sécurité Routière.

II. ***Sécurité des transports maritimes.***
PHILIPPE BOISSON, Directeur de la Communication, Division Marine, Bureau Veritas.

III. ***Risque objectif, risque perçu en matière de sécurité aérienne.***
PIERRE CALMES, Directeur Adjoint à Air France en charge de la Sécurité.

IV. ***Risque et justice en matière de transport.***
CHANTAL BONNARD, Cabinet Daniel Soulez-Louvière.

☆

I. L'insécurité routière : problématique et principes d'action

Jean-Baptiste Bouzigues, Conseiller à la Délégation Ministérielle à la Sécurité Routière.

1. Les enjeux de l'insécurité routière

La route est indéniablement le mode de transport le plus meurtrier, quel que soit l'indicateur considéré. Chaque année, les accidents de la route provoquent :

- 500 000 tués dans le monde entier, soit 1 par minute ;
- 50 000 tués dans les pays membres de l'Union Européenne, soit 6 par heure ;
- autour de 8 000 tués en France, soit 23 par jour.

Un bilan d'une telle ampleur est comparable aux bilans des guerres et des grandes épidémies et son impact économique est considérable. On estime à 120 milliards de francs par an le coût pour la collectivité des accidents de la route en France.

Cependant, au-delà de la sécheresse des statistiques, il ne faut pas oublier que l'insécurité routière est avant toute chose un problème humain générateur de drames et de souffrances.

Deux indicateurs permettent de mieux appréhender la situation française.

- Le nombre de tués annuel par million d'habitants s'établit à 153, ce qui nous situe au 12e rang de l'Union Européenne. Bien que dépourvu de valeur explicative, cet indicateur est particulièrement signifiant puisqu'il représente le risque d'être tué dans un accident de la route quand on vit dans un pays donné. Le taux enregistré en France est 2,5 fois plus élevé que celui du Royaume-Uni ou de la Suède et 40 % supérieur à celui de l'Allemagne.
- Le nombre de tués annuel par milliard de kilomètres parcourus, qui est l'indicateur le plus représentatif du risque intrinsèque puisqu'il tient compte de l'exposition au risque, s'établit à 18, soit le double de celui du Royaume-Uni et environ 40 % de plus que celui de l'ex-RFA.

La question suivante se pose immédiatement : est-il nécessaire et utile, c'est-à-dire efficace, de lutter contre l'insécurité routière ? Une réponse positive ne va pas de soi et exige démonstration. En effet, il n'est pas évident a priori que le fléau des accidents de la route soit autre chose que le prix à payer en contrepartie de l'accroissement des échanges et de la mobilité.

La réponse que nous donnons à cette interrogation est la suivante : une politique volontariste, à la fois globale et cohérente de lutte contre l'insécurité routière, dans laquelle l'Etat joue un rôle central sans détenir le monopole de l'initiative et de l'action, est impérative.

2. L'insécurité routière, phénomène social multidimensionnel

L'insécurité routière plonge ses racines au plus profond du tissu social et la conduite automobile, qui est et doit rester accessible à tous les citoyens sous peine d'exclusion sociale, est un acte culturel complexe et riche de multiples déterminations. Notre comportement au volant est d'ailleurs étroitement lié à notre comportement général dans la société.

Dans ces conditions, la compréhension du phénomène accident, indispensable pour définir des contre-mesures appropriées, est beaucoup moins simple qu'on pourrait le penser. Il est à ce titre nécessaire d'examiner deux approches fréquemment exprimées, dont l'énoncé se ramène à des affirmations évidentes, mais qui peuvent condamner à la stérilité si on occulte les dimensions sociale et systématique du phénomène.

2.1. Première approche : l'automobiliste est responsable du fait de son comportement sur la route

Cette affirmation est juste : dans tous les pays, les travaux de recherche et les enquêtes approfondies d'accidents sur le site montrent que le facteur humain est en cause dans 95 % des accidents mortels. Néanmoins, deux remarques doivent être formulées.

- Si l'on suppose que le comportement est immanent, simple reflet d'une hypothétique « nature humaine », nous sommes réduits à l'impuissance et toute politique de lutte contre l'insécurité routière est à terme vouée à l'échec. En fait, il n'en est rien et nous savons que le comportement de l'usager est déterminé, certes de manière complexe, par de multiples facteurs et en premier lieu les caractéristiques des infrastructures et des véhicules.
- Comprendre l'accident, ce n'est pas raisonner en termes d'imputation de responsabilité au regard du droit, comme le font légitimement les assureurs et les autorités judiciaires. Il s'agit d'une démarche scientifique de recherche des causes ou plutôt des enchaînements de causalité. L'accident est toujours le résultat d'un dysfonctionnement du système à trois dimensions homme-véhicule-infrastructure ; il se produit lorsque survient une dégradation des interactions entre ces éléments, qui vient rompre leur équilibre.

Deux conclusions opérationnelles découlent de ce bref constat :

a) Une stratégie globale permettant d'agir en même temps de façon cohérente sur l'ensemble des éléments du système est indispensable. On a eu parfois tendance, dans l'histoire de la sécurité routière, à privilégier tel ou tel élément au détriment des autres. Aujourd'hui, la notion d'équilibre est centrale.

b) Une mesure quelconque de sécurité routière ne peut être mise en œuvre sans mesure d'accompagnement apte à mobiliser les impacts positifs dont elle est potentiellement porteuse en supprimant, atténuant ou compensant ses éventuels effets pervers. Sinon, le système manifesterait ses remarquables facultés d'adaptation et de récupération en altérant l'efficacité propre de la mesure.

2.2. Deuxième approche : nous sommes tous responsables

Evidente au premier degré, cette affirmation reste vide de sens et risque de générer une confortable passivité si deux conditions ne sont pas remplies.

- Une véritable prise de conscience individuelle doit être associée à cette vérité sociologique : si nous sommes tous responsables, c'est donc que je suis le premier responsable. Chaque acteur de la sécurité routière, pouvoirs publics nationaux et territoriaux, entreprises, sociétés d'assurances, constructeurs automobiles, associations, médias, etc., doit considérer qu'il est responsable de l'ensemble du problème et agir, dans son secteur professionnel et dans son champ de compétence pour mettre en œuvre tout ce qu'il lui est possible de faire pour combattre le fléau.
- Ceux qui, à un titre ou un autre, ont le pouvoir d'influer sur l'évolution de l'insécurité routière, ont en la matière des devoirs et obligations particuliers. Pour simplifier, on peut distinguer cinq catégories d'acteurs qui se situent dans cette logique : les responsables politiques ; les responsables administratifs ; les secteurs industriels les plus concernés ; la presse ; les grandes associations d'usagers et de victimes.

La conclusion opérationnelle à tirer de ce constat est *la nécessité d'une action concertée, en partenariat avec l'ensemble des acteurs, chacun pour ce qui le concerne, dans le respect des pouvoirs et légitimités respectifs*.

3. Il est possible de faire reculer l'insécurité routière

La loi de Smeed, formulée dès 1949, relie mécaniquement le nombre de tués à celui des véhicules et des habitants. Elle représente assez bien la situation des pays à taux de motorisation fortement croissant qui n'ont pas mis en place de politique structurée de sécurité routière. Une version modernisée a été fournie par Koornstra en 1992 : il a élaboré un modèle de croissance et d'adaptation au risque qui permet de prévoir à long terme le développement de la mobilité et de la sécurité, toutes choses égales par ailleurs. On constate une évolution parallèle du nombre de tués et de l'accroissement du trafic avec un décalage temporel de l'ordre de dix ans.

Ces projections produisent une image de ce qui peut advenir si on laisse le système socio-économique s'autoréguler et trouver lui-même ses équilibres, sans intervenir pour mettre en œuvre une politique active de sécurité routière.

Dans le même registre, le modèle de Wilde publié en 1982 exprime ce qu'on appelle l'« homéostasie » du risque, c'est-à-dire que le conducteur cherche à maintenir constant le niveau de risque perçu ; face à une modification intrinsèquement favorable à la sécurité, comme le système de freinage ABS ou un équipement routier, il adopterait un « comportement de compensation », en consommant ce gain potentiel par une augmentation de ses performances, par exemple de la vitesse pratiquée.

Il serait erroné d'en conclure que toute mesure de sécurité est vouée à l'échec, mais il est clair qu'il faut se situer constamment au sein du système tridimensionnel évoqué précédemment pour rechercher les interactions positives qui permettent de contrebalancer de tels effets pervers.

Nous savons aujourd'hui qu'il est possible, par une politique adaptée, de briser les « lois d'airain » qui viennent d'être évoquées. Même si nous ne sommes pas en mesure de déterminer un éventuel « niveau optimal » de sécurité routière, nous sommes certains qu'il nous reste une marge de progression considérable. En effet :

- Entre 1972, date de naissance de la politique de sécurité routière, et 1997, le nombre de tués en France a été divisé par plus de 2 alors que dans le même temps, la circulation faisait plus que doubler. Alors qu'avant 1972, la courbe d'évolution du nombre de tués était strictement parallèle à celle de l'indice de circulation, depuis cette date elles évoluent de manière divergente.
- La France occupe un rang peu enviable dans le concert des nations européennes et il a été indiqué ci-dessus que les pays qui réussissent le mieux ont un niveau de risque routier de l'ordre de la moitié du nôtre. La Suède affiche même aujourd'hui un objectif politique très ambitieux « zéro tué sur les routes ».
- Les accidents de la route ne sont pas la conséquence inéluctable du développement de la motorisation. L'accident est un phénomène rationnel, qui a des causes identifiables sur lesquelles on peut agir efficacement.

4. La demande sociale de sécurité routière est ambiguë

Tous les sondages d'opinion le montrent : les Français sont de plus en plus sensibles à la sécurité en général, à la sécurité routière en particulier, et acceptent de mieux en mieux les mesures prises en la matière, même les plus impopulaires. Cependant, la demande sociale de sécurité routière reste ambiguë, cette particularité pouvant être appréciée sous trois aspects.

4.1. Le goût du risque

A l'origine des comportements humains, des mécanismes physiologiques encouragent la prise de risque. Les spécialistes vont jusqu'à parler de l'« instinct de mort » qui gouverne nos manières d'agir, y compris sur la route et notamment chez les jeunes conducteurs.

4.2. La sécurité routière, dossier permanent et dossier d'opinion

Un paradoxe colle à la peau de la sécurité routière, qui est à la fois un dossier permanent et un dossier d'opinion. Les vrais succès ne s'acquièrent que dans la durée, ce qui implique une action persévérante, dont il faut savoir capitaliser les effets sous peine de les voir s'éroder, voire disparaître. Cette nécessaire continuité de l'effort n'est possible que si elle est soutenue par une volonté politique forte, dont l'Etat est évidemment le premier dépositaire. Or, celui-ci ne peut être porteur de façon permanente d'initiatives suffisamment puissantes que si l'opinion publique est mobilisée, d'autant que nombre de mesures de sécurité routière revêtent un caractère contraignant et même impopulaire. Bien qu'elle touche à la vie quotidienne de chacun de nous, la sécurité routière mobilise l'opinion de manière sporadique et pas toujours sur les points essentiels ; si le bilan des accidents est trop lourd, l'indifférence avec laquelle notre société l'accepte est infiniment trop grande. Répétitifs dans le temps, diffus dans l'espace, les accidents de la route sont souvent admis comme une fatalité par la conscience collective qui ne réagit que lorsque des accidents spectaculaires provoquent en un même lieu au même moment un grand nombre de victimes graves ; se crée alors une psychose comparable à celle que provoquent les accidents aériens ou ferroviaires. C'est d'ailleurs dans le but d'entretenir cette mobilisation sociale qu'a été créé en 1982 le programme « REAGIR » d'analyse approfondie des accidents mortels.

Il est à noter que si la France compte de nombreuses associations compétentes et dynamiques dans le champ de la sécurité routière, leur puissance d'intervention reste limitée et il est remarquable de constater que les pays qui réussissent le mieux disposent de grandes associations capables de jouer le rôle de groupe de pression en faveur de la sécurité routière et de ses valeurs.

4.3. Les connaissances scientifiques éprouvent des difficultés à s'imposer

A la différence des autres modes de transport, chaque citoyen est conducteur routier ou usager de la route et dispose à ce titre d'une expérience personnelle de la conduite et du risque.

Chacun de nous s'estime compétent et n'hésite pas à exprimer un avis ; rares sont ceux qui éprouvent le besoin de s'informer et de réfléchir et la tendance est forte à réduire ce problème complexe qu'est l'insécurité routière à une question relevant du sens commun. En outre, la lutte contre l'insécurité routière heurte souvent de plein fouet des valeurs socialement valorisées, comme la vitesse par exemple. La première conséquence de cette situation est la difficulté à diffuser et à faire admettre des connaissances pourtant scientifiquement incontestables. Il est peu de domaines où l'évidence est niée à ce point et où des contrevérités manifestes peuvent trouver un aussi large écho dans la population et dans les médias, et même auprès des décideurs. Il résulte de ces considérations, d'abord que *l'Etat dispose d'un légitime droit d'ingérence en matière de lutte contre l'insécurité routière* ; ensuite, que *l'Etat doit s'organiser spécifiquement* et c'est ce qu'il a fait à partir de 1972 en créant des structures ministérielles et interministérielles ad hoc ; enfin, *que l'efficacité de l'action repose sur la capacité de tous les acteurs nationaux et locaux à unir leurs efforts autour d'objectifs partagés.*

5. Les grands axes d'une action renouvelée : pour une sécurité routière plus citoyenne

Sans chercher à décrire exhaustivement la politique de sécurité routière, nous nous limiterons à lister les axes porteurs, qui correspondent aux éléments qui viennent d'être évoqués.

5.1. Lors du Comité interministériel de la sécurité routière du 26 novembre 1997, le gouvernement a fixé un objectif quantitatif : diviser par deux le nombre de tués au terme des cinq prochaines années, et arrêter un premier ensemble de 25 mesures pour concrétiser cette volonté. C'est la première fois qu'un gouvernement assigne à la politique de sécurité routière un objectif de ce type et il est clair que sa réalisation exige une action publique renouvelée autour de la sécurité routière considérée comme une école de civisme.

5.2. La crédibilité de l'objectif implique de fédérer toutes les énergies, notamment en redynamisant les politiques locales. De nouvelles formes de contrats sont à établir avec l'ensemble des partenaires et les moyens disponibles doivent être affectés aux actions les plus efficaces pour atteindre le but fixé. C'est aussi dans cette logique partenaire qu'il faut situer la nécessité de réduire l'écart entre les décisions prises et leur application effective ; nous disposons aujourd'hui d'un arsenal réglementaire étoffé, de mécanismes incitatifs nombreux et de bonne qualité, mais le rendement du système reste anormalement faible. C'est un impératif absolu que d'améliorer cette situation, sous peine de voir se mettre en place le cercle vicieux de la « sur-réglementation », la tendance pouvant être forte de compenser sans cesse par des règles supplémentaires les carences de mise en œuvre des règles existantes.

5.3. Il est indispensable de mieux assurer les équilibres entre la prévention, la communication et la répression d'une part, les actions à long terme et à court terme d'autre part. La pierre angulaire de la politique est la mise en place progressive d'un continuum éducatif, depuis le plus jeune âge et durant toute la vie des conducteurs et des usagers de la route. Dans ce cadre, l'entreprise a un rôle majeur à jouer et il est nécessaire de développer des mécanismes permettant la mise en place généralisée de plans de prévention aux risques routiers dans les entreprises.

5.4. Il nous faut enfin définir de nouvelles problématiques de connaissance des accidents et des enjeux de sécurité routière. Nos dispositifs traditionnels d'investigation, d'enquête et d'analyse statistique semblent avoir atteint leurs limites et ne permettent pas de répondre efficacement aux objectifs et au contexte actuels. Nous devons donc travailler dans trois directions essentielles : développer la recherche et rénover notre appareil statistique, promouvoir des expérimentations à une échelle significative, évaluer les expérimentations et diffuser les connaissances.

☆

II. Sécurité des transports maritimes

Philippe Boisson, Directeur de la Communication, Conseiller Juridique, Division Marine, Bureau Veritas.

On assiste depuis une cinquantaine d'années à une amélioration importante de la sécurité dans les transports maritimes. Le bilan est plutôt positif.

Le taux d'accidents graves a fortement baissé malgré une situation économique défavorable et le vieillissement de la flotte mondiale. Cette amélioration s'est traduite par une diminution : du nombre de navires perdus en mer chaque année, de pertes de vie humaines, et de pollutions pétrolières accidentelles. Si on compare le transport maritime à d'autres sources de transport, une étude réalisée en 1997 par le Conseil Européen pour la Sécurité des Transports montre que 140 personnes ont trouvé la mort dans les transports maritimes au cours de l'année en Europe, 300 fois moins que sur la route et 9 fois moins que dans les trains. Mais si on s'intéresse au taux de décès accidentel par passager et par kilomètre transporté, le navire est 25 fois plus dangereux que l'avion.

Malgré ce bilan statistique favorable, l'image des transports maritimes en terme de sécurité est négative auprès du grand public. Cette situation est liée à la persistance des grandes catastrophes maritimes (*Braer,* 1993 ; *Estonia,* 1994 ; *Sea Empress,* 1996 ; *Nakhodka,* 1997) qui stimulent de manière extraordinaire les médias et véhiculent une image mauvaise de l'industrie maritime en général. Il y a de plus très peu de dialogue entre les gens qui subissent les risques et les régulateurs. On a effectué une enquête il y a trois ans dans les écoles primaires en Angleterre, en Suède et en Allemagne dans laquelle on demandait aux enfants ce qu'ils pensaient du transport maritime et quelles images venaient derrière les transporteurs maritimes. Le pétrolier, c'est le navire qui pollue, il crée la marée noire. Le car-ferry, c'est le navire qui peut tuer des milliers de personnes.

Il y a deux types de régulateurs en matière de sécurité maritime : les « sociétés de classification » et l'Etat. A l'origine ce sont les sociétés de classification de l'industrie maritime qui ont créé des normes de sécurité purement privées. Elles existent avant toute intervention étatique. Les Etats, qui s'occupent principalement des règles de navigation et des règles de sécurité en mer, ont commencé à se préoccuper de la sécurité après le naufrage du *Titanic* en 1912. Les Etats adoptent des réglementations à travers un système de certificats de visites, d'inspections qui sont élaborés par les Etats soit par des sociétés privées de classification (originalité, spécificité du système). Mais à tous les échelons, que ce soit du secteur privé ou du secteur public, il y a très peu de participation de l'usager.

Par quel moyen renforce-t-on la sécurité ? Il y a deux types de moyens : les moyens matériels qui facilitent la navigation, les aides de navigation (phare, bouée, aides radioélectriques, météorologiques) ; les moyens réglementaires. La coexistence de deux types de réglementation est une particularité du monde maritime : réglementation couverte par les sociétés de classifications, réglementation couverte par les Etats. Ce qui est couvert par les uns et par les autres évolue depuis de longues années.

Ce sont les Etats et les organisations internationales qui de plus en plus réglementent la sécurité. Ils ont pris le pas sur la réglementation privée. Ceci est lié à la mondialisation, au développement des organisations internationales. A l'organisation maritime internationale, organisme de référence pour adopter les normes de sécurité maritime dans le monde, s'ajoute la CEE... De nos jours le transport maritime est donc régi essentiellement par des réglementations internationales adoptées au sein des organisations internationales (OMI, OIT, etc.) par les Etats. Ces règles sont volumineuses, compliquées et très techniques. La réglementation est « réactive », prise la plupart du temps en réaction par rapport à un accident (à la différence du transport aérien). Elle n'est pas toujours la meilleure :

- adoptée après un accident, elle est constamment dépassée ;
- elle se situe toujours en décalage par rapport aux possibilités de la technique ;
- elle est souvent lacunaire par rapport aux enjeux globaux de la sécurité en mer ;
- elle est quelquefois mal appliquée par les opérateurs (persistance de navires hors normes détenus régulièrement par les autorités portuaires).

Les grandes catastrophes donnent lieu dans les pays développés à d'importants débats politiques dans les médias et au Parlement. Elles donnent lieu à de volumineux rapports d'enquêtes et à une kyrielle de réglementations et de mesures techniques. Ce sont donc des sinistres hors du commun qui favorisent la prise de conscience d'une exigence collective de sécurité.

Pressés par l'opinion publique les gouvernements sont contraints d'agir rapidement et de prendre des mesures préventives. En cette fin de siècle l'opinion publique n'est pas prête à accepter qu'un pétrolier pollue une côte ou qu'un navire à passagers tue des milliers de personnes. L'opinion publique refuse ces catastrophes de la modernité.

Dans le monde maritime, la composante médiatique est apparue récemment. On peut voir en direct et tous les jours le développement d'une catastrophe.

L'information sur la sécurité maritime est une information spectacle, fragmentée, simplifiée, elle offre une vision peu flatteuse du monde des transports maritimes, qui ont une très grande difficulté à communiquer avec les médias grand public.

Mais des possibilités d'amélioration de cette communication existent. Il faut :

- multiplier les commissions d'enquêtes parlementaires. Il y en a eu deux : une sur le naufrage de l'*Amococadiz* en 1978 et une sur les déchets qui ont pollué les côtes françaises en 1993 ;
- assurer la transparence de l'information : le monde maritime cultive la confidentialité et a le goût du secret. Entre professionnels il est déjà difficile d'organiser la transparence de l'information sur l'état des navires et la sécurité des navires, par exemple ;
- repenser le système de prévention : lors des grands procès, on peut avoir des informations, on peut rechercher les responsabilités mais on parle peu du système de prévention ;
- apprendre à communiquer avec les médias, les comprendre pour atteindre le grand public.

☆

III. Risque objectif, risque perçu en matière de sécurité aérienne

Pierre Calmes, Directeur à Air France en charge de la Sécurité (intervention sous forme de transparents).

Les deux premiers transparents montrent que dans le monde le taux d'accidents par million de vols a fortement baissé jusqu'en 1970. La courbe s'est stabilisé depuis à une valeur de 1×10^{-6}. De même le nombre de victimes à bord des avions Air France est passé de 400 pour les années 1961-1965 aux seules victimes du détournement d'avion à Marseille entre 1991 et 1995.

Néanmoins la perception des risques par le public a un effet sur l'industrie qui met en place un système de défense pour se prémunir contre les accidents. Au niveau des hommes : sélection, formation, mise au point de documents de procédures. Au niveau de l'entreprise : culture sécurité. Au niveau du matériel : contrôles en vol, équipement système qualité… Un problème se pose : comment arbitrer les dépenses de production et celles de sécurité ? Pour la production les résultats sont certains, la causalité est claire, le bénéfice est à court terme, les succès sont visibles et les mesures sont fiables. Pour la sécurité, au contraire, les résultats sont incertains, la causalité est obscure, le bénéfice est à long terme ; seuls les échecs sont visibles.

En pratique deux règles s'appliquent dans l'entreprise pour la sécurité et la production : maintenir les risques aussi bas qu'il est raisonnable de le faire (ALARP : as low as reasonably praticable) et demeurer compétitif (ASSIB : and still staying in business). Mais que doit faire une organisation pour garder une crainte raisonnable de l'accident si elle n'en a pas eu depuis longtemps ? N'y a-t-il pas ici un paradoxe ? Les accidents ne seraient-ils pas nécessaires pour encourager une gestion du risque efficace ?

Finalement on voit que la compagnie doit faire un compromis entre les risques objectifs définis par les compagnies, les assureurs, les constructeurs et le risque perçu par les médias, les politiques et le système judiciaire.

☆

IV. Risque et justice en matière de transport

(Extrait de la contribution de Maître Chantal Bonnard.)

Les aspects judiciaires du risque en matière du transport

La conscience collective est troublée et recherche des exutoires pour retrouver une certaine sérénité (mais il ne faut pas tomber dans l'erreur qui consiste à rechercher la sérénité dans la vindicte). Lorsqu'il y a accident, s'il y a victime ou si le dommage est matériel, la responsabilité est mise en œuvre qu'elle soit contractuelle ou délictuelle.

Qui juge ? On est jugé devant le juge civil ou administratif soit selon le droit commun (assurance), soit selon un régime spécifique. Les régimes spécifiques font référence aux lois suivantes : loi de 1985 pour les véhicules terrestres à moteur (responsabilité sans faute fondée sur le risque) ; loi du 15 juillet 1845 pour le transport ferroviaire, Convention de Varsovie du 12 octobre 1929 (L. 322-3, Code de l'aviation civile) pour le transport à titre onéreux des passagers de l'aviation civile ; loi du 18 juin 1966 pour le transport maritime ; loi de 1957 pour les véhicules de l'administration. On peut être aussi jugé par un juge pénal.

Qui est jugé ? Non seulement les personnes physiques mais aussi les personnes morales (sauf l'Etat), depuis 1994, pour les délits d'homicide et les blessures involontaires, auxquels il faut ajouter la mise en danger de la vie d'autrui (concept de précaution).

Incertitudes de la poursuite pénale (insécurité juridique)

Les incertitudes sont nombreuses. On assiste à une évolution de la justice : la « victimisation », comme aux Etats-Unis. C'est une justice sous influence, donc incertaine. Le droit des victimes se transforme en obligation de sécurité. L'accès à la justice pénale s'étend aux victimes par l'intermédiaire d'associations parfaitement recevables disposant de moyens financiers, d'experts... Celles-ci exercent une pression sur le parquet et le juge. Il s'instaure sur le procès pénal une véritable dictature en fonction du nombre des victimes. De plus il y a une attente des victimes qui ne peut être satisfaite ; elle est de voir réaffirmer les valeurs de la société par la sanction.

Autre incertitude : les textes nouveaux supposent une interprétation et les textes de poursuites ne définissent pas la faute (est-elle pénale ou civile ?...). Il y a une extrême extension des notions, en particulier du lien de causalité même indirecte avec le droit ; il faut rechercher une faute à tout prix et un responsable. Le juge pénal est confronté à des situations nouvelles particulièrement complexes et qu'il n'a pas vocation à traiter, et enfin la peine est liée au droit et non plus à la faute.

Les limites à l'utilisation du droit pénal pour la sécurité

La première limite est le retour d'expérience et sa collaboration involontaire à l'accusation. La deuxième est le poids du pénal qui pèse sur les expertises techniques, celles-ci sont pratiquées en l'absence de la sérénité nécessaire. Pour y remédier il faut modifier le procès civil en mettant en œuvre les moyens d'enquête civile déjà prévus par la loi et de plus en organisant des audiences plus longues.

QUESTIONS ET RÉPONSES

Question : Au sujet de la perception des risques, la presse a besoin d'un événement catastrophique et n'aborde pas les bonnes nouvelles. Comment peut-on y remédier ?

C. Abraham : La question est : est-il possible de rationaliser les analyses de sécurité et le dialogue avec le public ?

Commentaire : *La presse est en premier lieu aléatoire. On ne sait pas d'avance quelle place sera accordée dans les médias à un accident. Il y a un phénomène de focus sur un événement mis en concurrence avec une série d'autres et en fonction de l'opinion publique on aura ou non une réaction du politique.*

C. Abraham : Il y a une interaction presse-pouvoir public extrêmement forte. On encourt un risque de « sur-réglementation » pour réagir à une pression médiatique sur un événement spécifique. Peut-on envisager un contre-pouvoir ?

Commentaire : *A propos du risque, il y a un problème de pédagogie et de transparence du risque : quel discours ? quelle pédagogie ? de quoi parle-t-on ? Les Pays-Bas semblent avoir des éléments de réponse.*

C. Abraham : Les Pays-Bas effectivement ont mené un débat national, il y a une vingtaine d'années, sur le niveau du risque que la population acceptait en matière de marée exceptionnelle pour déterminer la hauteur des digues et la dépense inhérente à leur construction. Le pays a donc une expérience en matière d'acceptabilité du risque.

J.-B. Bouzigues : J'aimerais préciser trois notions au sujet du risque :

- Le risque objectif : il y a un problème de mesure, les indicateurs ne sont pas toujours neutres, ils sont idéologiquement marqués mais, s'ils ne sont pas suffisamment « scientifiques », on a néanmoins une notion de ce qu'ils représentent.
- Le risque perçu : quelle est l'idée que les gens se font d'un risque objectif ? Dans le cas de la route le risque objectif est : 18 tués par milliard de kilomètres parcourus ; le risque perçu est surestimé.
- L'acceptabilité sociale du risque : il est clair qu'en matière ferroviaire et aérienne elle est nulle. L'opinion publique refuse l'accident majeur.

G. Gerondeau : La presse joue un rôle important dans la disproportion entre le risque réel et le risque perçu. Il y a sûrement un moyen d'améliorer cela. Une solution serait peut-être de présenter le rapport coût-efficacité d'une mesure à prendre pour diminuer un risque. Le ratio coût-efficacité de la ceinture de sécurité est excellent alors que la réglementation sur la pollution qui consiste à diviser par deux les émissions tous les quatre ans des véhicules est coûteuse, contraignante et disproportionnée.

Question : Les groupes de travail européens à l'heure actuelle ne travaillent que sur le risque objectif. Si on avait un accident par semaine dans le monde il serait moins couvert par les médias et serait considéré comme presque banal. Est-ce que cela aurait une conséquence sur l'acceptabilité du risque ? Dans quel sens ?

P. Calmes : Je crois que la transparence, nous l'avons, mais nous avons besoin de compréhension mutuelle. Le poids médiatique est très fort pour la discussion de mesures. La presse spécialisée est bonne. Mais il y a une conscience non partagée de ce que l'on peut faire, de ce que l'on doit faire et ce qui est le plus utile. Or le politique qui décide n'est pas toujours bien éclairé.

C. Bonnard : Aujourd'hui il y a un couple justice-médias. On a un système judiciaire fondé sur des compétences réparties entre le civil et l'administratif. Pour la réparation, c'est la responsabilité de base où l'on cherche une indemnisation en matière d'accident. C'est un système qui fonctionne bien, par le biais de l'assurance. On a par ailleurs un système pénal qui est le gendarme de la société, et on assiste en la matière à une évolution préoccupante. Depuis deux jours, on ne parle pas de ce gendarme, on considère que la société serait capable de se réguler à l'initiative du politique ou de l'entreprise pour faire de la prévention. C'est utopique. Il y a méconnaissance des mondes en présence : avocat, magistrat, client et problème complexe qu'on juge. Le système pénal français qui est très répressif quand il est confronté à quelque chose de complexe a du mal à fonctionner. On le voit déjà dans la définition du délit : qu'est-ce qu'une imprudence ou une négligence ? En matière civile, on peut comprendre ; en matière pénale c'est très difficile. On jette l'opprobre sur une personne. On a à la fois un système répressif, et une absence de définition de la faute, qui ne devrait pas être admise dans un Etat de droit. La définition légale de la faute en matière pénale : imprudence et négligence, n'est pas claire ; donc on laisse une place énorme à l'interprétation du juge. De la même manière, le lien de causalité qui est exigé entre l'imprudence (petite erreur commise) et la conséquence absolument catastrophique qui a pu en résulter est le plus lâche et le plus large possible. Le système pénal est répressif parce qu'il part du dommage. La prudence est plus ou moins prouvée selon le dommage causé. La condamnation est aussi d'autant plus lourde qu'il y a un plus grand nombre de victimes. Le relais, c'est le public qui, par le biais des associations, a un accès à la justice qu'il n'avait pas avant. L'émotion est amplifiée et relayée par les médias. Au lieu d'avoir un système serein, il y une pression sur le juge : le juge est pris en otage par les victimes. En matière de transport la moindre petite faille est génératrice de responsabilité pénale. Il y a sûrement un problème de perception des risques, mais ce qui crée problème est la caisse de résonance que constituent les médias, et la justice pénale, dès qu'elle est saisie d'une affaire, condamne : c'est une réalité.

P. Calmes : Est-ce que la société et le juge ne se croient pas dans une société déterministe qui croit que tout a une cause ? Que tout s'explique ?

C. Bonnard : Oui : pour la justice, il n'y a pas de catastrophe par « fatalité ». Il y a toujours un responsable, une probabilité suffit.

Commentaire : *La presse parlera d'un événement, si c'est un accident. Elle ne parle pas des non-événements. Un message optimiste, une vérité scientifique, ne passe pas, n'est pas écouté, ce qui biaise l'opinion publique en matière de perception.*

Commentaire : *S'il y avait un dialogue avec la presse sur un modèle simple rationnel et pédagogique, les médias seraient d'accord pour relayer l'information.*

Commentaire : *Contrairement à ce que tout le monde a dit sur le fait qu'il y a de moins en moins d'événements catastrophiques et de morts, je n'en suis pas certain. La perception n'est pas le fait de la médiatisation seule, mais chacun d'entre nous connaît des accidentés de la route, de péril en mer, etc., ce qui n'était pas vrai il y a cinquante ans. Il y a une réalité incontournable que chacun d'entre nous connaît des victimes de la route, de la mer, de l'air. Il ne faut pas s'occuper de ce que dit la presse, il faut enquêter. Il y a une causalité, nous devons la chercher avec une probabilité si elle n'est pas sûre. D'un point de vue scientifique, on doit s'en tenir à ceci. On fait l'enquête « objectivement » et, après, c'est aux médias ou aux législateurs d'en tirer ce qu'ils veulent. Aux différents niveaux de l'enquête il va y avoir des pressions.*

Réponse : Il est très difficile d'être objectif dans les enquêtes après accident.

Commentaire : *Pour qu'une connaissance devienne vérité aux yeux du public, une vérité sociale, il faut un débat. Il faut accepter que toutes les parties prenantes s'expriment et tenir compte de ce qu'elles disent. Devant une phrase du type de celle d'Al Gore, « le but : zéro tué sur les routes », il faut dire : qu'est-ce que je peux faire pour que cela devienne vrai ? Il ne faut pas dire : c'est irréaliste...*

G. Tourret : Une chose me choque : la presse n'a pas conscience de son rôle moteur et fondamental dans la prévention et la gestion des risques. J'entends par là qu'un certain nombre de décisions sont prises par des élus. Les élus sont sensibles à l'opinion, et l'opinion se fonde sur la presse, elle-même sensible à l'événement catastrophique qui fait la une.

A. Gastaud : C'est à l'Etat de fixer, dans différents domaines de risque, ce qui est « acceptable ». En ce qui concerne les voitures, on a déjà pris des mesures ; pour les usines type « Seveso », les Hollandais ont fixé un seuil. C'est une question de culture, mais cela a l'avantage de permettre de répondre à toute manipulation médiatique avec un indicateur. Autre remarque : bien que nous ayons ici un panel multimodal, on s'aperçoit qu'en utilisant les mêmes unités on ne parle pas de la même chose. Exemple : le risque du « passager kilomètre » routier, aérien ou maritime n'a pas le même sens, il faudrait peut-être parler du risque « passage/heure ».

C. Abraham : Il n'y a pas d'unité commune même au sein d'un même système ; il n'existe pas de statistiques « intertransport ». Ce sont des domaines qui restent séparés en comportements, en normes, en niveaux de sécurité.

M. Quatre : Les politiques de prévention ne prennent pas en compte les investissements selon le nombre de morts évités. Le cas de la SNCF, en ce qui concerne les passages à niveau, est exemplaire : on est à 75 millions par mort évité. L'Etat intervient de plus en plus en fait. Dans l'aéronautique, cela a toujours été le cas ; dans les autres secteurs, cela augmente. Sur quoi bâtit-on une politique de sécurité à partir de la responsabilité des Etats ? Est-ce que c'est une politique de sécurité qui porte un certain nombre d'obligations sur les différents opérateurs ou est-ce une politique de sécurité où le contrôle est fait par l'Etat qui assume ? On assiste à un mélange de ces solutions. On n'est pas dans une politique de sécurité. On peut acquérir une assez grande connaissance sur les accidents mais on a une difficulté en ce qui concerne les incidents. C'est que l'enquête technique ne se déroule pas dans la sérénité ; or ce serait le meilleur moment pour qu'il y ait un débat public, une fois bien connus les résultats de cette enquête. Or on ne peut pas mettre les résultats sur la table. Il serait peut-être possible d'avoir un débat dans le domaine de la sécurité routière.

C. Abraham : Il existe aux USA une école qui tend à rendre au marché l'intégralité de la responsabilité des comportements. Autre problème, la question de savoir si l'Etat qui est condamné à réglementer doit organiser ou non la contrepartie dans le domaine du transport. Faut-il créer des conférences de consensus de citoyens ? Ne faut-il pas créer un système ayant pour mérite que l'information existe, qu'elle soit quantifiée, que les normes soient fixées et que, progressivement, il y ait un dialogue « objectifs moyens » ? N'attendons pas l'accident.

C. Bonnard : Il faut instaurer un dialogue permanent.

C. Abraham : N'y a-t-il pas une confiscation des problèmes de sécurité par les experts ?

C. Bonnard : C'est vécu comme cela dans l'opinion.

Commentaire (un gestionnaire de système) *: Nous faisons une expérience avec l'Ecole de la Magistrature. Nous leur montrons que dans un système complexe, pour connaître le lien entre la cause et le dommage, c'était facile avant. Maintenant cela devient très difficile car il y a de nombreux acteurs différents. De plus il y a un choc de deux mondes : industrie et magistrats. Notons, par ailleurs, que nous exploitons des systèmes qui sont déjà dégradés ; on ne s'en rend pas compte alors que cela implique des risques très grands.*

J.-B. Bouzigues : En sécurité routière on a un peu plus l'habitude de réunir les acteurs. On a regardé les modules de formation continue de l'école de la magistrature (181). Il n'y en a pas un seul qui tourne autour des problèmes de sécurité routière et de circulation alors que cela représente 50 % de l'activité des tribunaux. On a proposé un module. Le responsable de l'école était preneur mais le ministre l'était moins.

C. Bonnard : Autre exemple de confrontation des mondes : on parlait tout à l'heure du problème de retour d'expérience et d'instruction pénale. La procédure générale est un obstacle à la sécurité à certains égards. Pendant un retour d'expérience on cite le moindre petit incident qui a pu se passer. Est-ce que ce n'est pas déjà un aveu de faute ? Il y a là des blocages possibles et un risque évident.

C. Abraham : A cause de ce seul fait, on bloque l'analyse du retour d'expérience.

Question : Y a-t-il des systèmes judiciaires qui soient moins pénalisants ?

C. Bonnard : En Allemagne on ne pénalise pas ce genre d'affaire. Aux Etats-Unis non plus. C'est un débat civil, transigé, arbitré le cas échéant. Ailleurs on n'a pas le problème du pénal.

Commentaire : *Aux Etats-Unis on est frappé par l'énormité des montants à réparer. Exemple : le cas de l'Exxon Valdez. On a assisté à une transformation du droit car aux Etats-Unis, en droit maritime, traditionnellement il y a une limitation de la responsabilité. La loi américaine a laissé aux différents Etats la possibilité de faire sauter ce verrou en condamnant à la suite d'un procès la société Exxon à payer la somme de 15 milliards de dollars. Il y a une certaine harmoni-*

sation dans les pays européens. On constate plus de « systématisme » dans les pays anglo-saxons qu'en France et un décalage moindre entre ce qui est décidé et ce qui est appliqué. Il y a un risque potentiel de sur-régulation en France.

C. Abraham : Dans le domaine aéronautique le système sécuritaire est pratiquement confisqué par les compagnies aériennes et les administrations, mais il fonctionne. Or on doit pouvoir s'en inspirer dans d'autres domaines. On a trois modes de transport qui s'ignorent. La presse, elle, fait du sensationnel car sa clientèle le réclame. C'est ailleurs que le débat doit se placer.

C. Bonnard : Mais le débat n'est que dans la presse.

Commentaire : *Quand Al Gore dit qu'il doit y avoir un risque zéro en sécurité aérienne, quand le gouvernement suédois déclare zéro tué sur les routes, ils n'y croient pas. Il s'agit surtout de mettre l'accent sur la sécurité. Il y a en Suède un débat permanent qui n'existe pas chez nous.*

Commentaire : *Il y a une difficulté sémantique. Il faudrait trouver un langage commun, ce qui est un des premiers objectifs du débat social recherché.*

C. Bonnard : Il y a une réelle demande du public, il ne faut pas la négliger. Elle est d'autant plus forte qu'on la retrouve en matière judiciaire. L'impression des gens, c'est qu'il n'y a pas assez de place au débat, à la réflexion, à la prise en compte du danger et du deuil dans notre société. Il y a une double demande, une demande de la réaffirmation des valeurs et une demande par rapport à la place de la mort dans nos sociétés. Si on veut éviter les émotions à chaud, il faut qu'il y ait un débat permanent.

ATELIER

RISQUE ET ALIMENTATION

Président : Professeur Charles Pilet

Président de l'Académie de Médecine, Ecole Nationale Vétérinaire d'Alfort

Contributions

I. ***Maîtrise du risque alimentaire en France.***

MARION GUILLOU, Directeur Général de l'Alimentation au Ministère de l'Agriculture.

II. ***Alimentation et cancer.***

MAURICE TUBIANA, Membre de l'Académie des Sciences et de l'Académie de Médecine.

III. ***L'analyse des risques microbiologiques : l'usage du froid, précautions et prévention des risques***

MICHEL THIBIER, Directeur Général du Centre National d'Etudes Vétérinaires et Alimentaires (CNEVA).

IV. ***Risque toxique en alimentation.***

ANDRÉ RICO, Président de la Commission d'études de la toxicité des produits antiparasitaires à usage agricole et substances assimilés.

V. ***Eau potable en France et maîtrise des risques.***

CHARLES SAOUT, Chef du Bureau de l'Eau, Ministère de la Santé Publique.

VI. ***Le choc entre le règlement sanitaire et le règlement du commerce international : les hormones.***

JEAN-MICHEL POIRSON, SGCI.

VII. ***L'encéphalopathie spongiforme bovine (ESB). Actualités.***

JEANNE BRUGÈRE-PICOUX, Ecole Nationale Vétérinaire d'Alfort.

VIII. ***Comment organiser le débat public sur les OGM dans l'alimentation.***

BERNARD CHEVASSUS-AU-LOUIS, Vice-Président de la Commission du Génie Biomoléculaire, INRA-CNEVA.

☆

I. Maîtrise du risque alimentaire en France

Marion Guillou, Directeur Général de l'Alimentation, Ministère de l'Agriculture.

Première observation. – En toxicologie lorsqu'on parle du risque alimentaire, parle-t-on d'un aliment ou de l'alimentation ? Par exemple, l'autorisation de mettre de l'Aspartam dans les boissons (Coca, etc.) a été donnée au cas par cas ; lorsqu'on est arrivé aux confitures, la dose journalière était atteinte, d'où refus. L'Aspartam en soi n'est pas dangereux mais la difficulté est de passer de l'autorisation au cas par cas à l'autorisation d'ensemble, tenant compte de la réalité des consommations alimentaires moyennes et extrêmes.

Deuxième observation. – Jusqu'à maintenant en France on était assez tranquille en matière de nutrition et voilà qu'on voit arriver le « déséquilibre nutritionnel » : 7 à 8 % des jeunes sont classés comme « obèses » en France, c'est un phénomène nouveau.

Lorsqu'on parle de risque, il y a des risques bactériologiques, des risques toxicologiques déjà plus difficiles à appréhender mais aussi des risques nutritionnels qui impliquent un bilan global.

Les chiffres. – Les toxi-infections alimentaires collectives représentent 4 700 cas d'individus, 1 à 5 décès par an. La situation n'est pas mauvaise mais il est difficile d'effectuer des comparaisons avec d'autres pays (outils différents, sensibilisation différente) où les toxi-infections individuelles sont beaucoup moins bien recensées.

Comment travaille-t-on en France ? – On a une approche « production filière » alors qu'aux Etats-Unis, par exemple, ils ont adopté une approche « produit fini ». En France, on contrôle l'établissement. Les contrôles, périodiques ou permanents, s'effectuent à la production mais aussi à l'importation. Il y a des postes d'inspection frontalière car le marché est mondial (surtout pour les produits de la mer). Les échanges avec l'Union Européenne devraient reposer sur la confiance puisqu'il y a les mêmes règles partout ; mais cela ne suffit pas. Désormais l'OAV (Office Alimentaire et Vétérinaire) vérifie que les mêmes règles sont appliquées de la même façon, avec la même sévérité. Après une harmonisation des textes, on essaie d'avoir un super-contrôle de manière à avoir une harmonisation dans les faits : *contrôle à la source, contrôle dans les lieux de distribution* ou de *consommation* (restaurations collectives). On veut aboutir à un système de maîtrise de la chaîne de production, de contrôle à l'importation et de surveillance par prélèvement de produits finis.

Comment améliorer le système français de la maîtrise des risques qui engage plus de 6 000 personnes sur le terrain ? Les orientations actuelles sont les suivantes :

Première orientation : s'assurer qu'on contrôle effectivement la chaîne de production. On s'attaque, par certains articles de la loi d'orientation agricole, désormais au contrôle en exploitation agricole : élevage, tenu de registre, biovigilance, contrôle de production des produits végétaux. Il y a donc contrôle de la production agricole, de la transformation, des transports, de la distribution, de la restauration collective.

Deuxième orientation : renforcer la capacité d'expertise. Pour cela : expertises contradictoires, pluridisciplinaires, collectives, et création de l'Agence Française de Sécurité Sanitaire des Aliments qui, en intégrant le Centre National d'Etudes Vétérinaires et Alimentaires, va être l'organe d'expertise et d'évaluation scientifique en matière alimentaire. Cette agence fonctionnera début 1999.

Troisième orientation : communiquer sur le risque. En matière alimentaire, le rapport bénéfice-risque n'a pas toujours grand sens. Une autre approche est retenue : c'est la notion de niveau de risque acceptable global. Approche nouvelle qui nécessite beaucoup de dialogue et de communication avec le public. Quel est le niveau de risque acceptable ? Est-ce 1 mort sur 1 000 000 (risque acceptable en Grande-Bretagne) ? Où en parler ? L'enceinte et les modalités de consultation restent à déterminer pour discuter de cette notion de risque proportionné, non discriminatoire et acceptable.

Piste de travail pour demain : dialogue sur le niveau de risque et échanges entre les gens intéressés.

QUESTIONS ET RÉPONSES

Question : Est-ce que la crise de la vache folle a été un facteur de déclenchement par rapport à tout ce dont on vient de parler, tout comme l'avait été Tchernobyl dans le nucléaire ?

M. Guillou : Oui, en grande partie. Avant, les experts et les services publics travaillaient entre eux. Ils étaient moins stimulés et interrogés par l'extérieur. Ils se posaient moins de questions. Deux évolutions. Une évolution positive : questionnement permanent, stimulation, approche différente depuis mars 1996. Deuxième évolution : à explorer, c'est le poids permanent du principe de *responsabilité.* Comment équilibrer « responsabilité et peur » de telle sorte que les acteurs ne soient pas paralysés ? Que mettre en place pour rassurer les fonctionnaires de terrain dans l'exercice de leur travail quotidien ?

Question : Allez-vous traiter le problème de communication comme la définition d'un vocabulaire commun : quand un scientifique dit : « le risque n'est pas mesurable » et qu'un journaliste lit : « le risque est immensurable », même le mot « risque » n'a pas le même sens. Il faut arriver à éduquer les gens.

M. Guillou : Au niveau international, on a « homogénéisé » le vocabulaire : « risk assessment », « risk management ». Mais cela ne correspond pas au stade qui vous intéresse. Vous, c'est le stade ultérieur : il y a d'abord le stade interdisciplinaire, et après le stade « public ».

Claire Marris (Université de Versailles) : Vous avez parlé d'enceintes à déterminer où on pourrait discuter du risque acceptable. Pouvez-vous nous donner des renseignements sur les critères qui permettraient de déterminer ces enceintes ?

M. Guillou : Une des conclusions des groupes de travail sur la communication sur le risque est qu'on a besoin de créer des lieux pour parler sereinement des problèmes, par exemple : antibiorésistance, accumulation des produits chimiques. Il faut conserver des instances d'expertise et parler, par ailleurs, avec les usagers en leur demandant ce qu'ils souhaiteraient.

Question : Quand vous adoptez le terme « notion de risque acceptable », qu'en est-il pour l'homme de la rue au sujet de cette notion ?

M. Guillou : Il faut bien qu'on explique que le risque zéro n'existe pas. Il faut que la société, le politique établissent le niveau de risque « raisonnable », risque qui ne doit pas introduire trop de problèmes dans la mise en place pratique tout en permettant d'avoir une alimentation variée, tout en permettant de ne pas avoir peur lors des achats. Que peut-on accepter collectivement comme tolérance dans un environnement réaliste ?

Commentaire : *La stérilisation n'est pas la réponse à tout car il y a du bon dans le vivant.*

Question : Lors de votre intervention on a entendu parler de contrôle mais pas de prévention…

M. Guillou : La prévention : l'agrément d'un établissement est une prévention. En fait, la politique de sécurité alimentaire que le Ministère de l'Agriculture surveille ou met en place est essentiellement une politique de prévention.

☆

II. Alimentation et cancer

Maurice Tubiana, Membre de l'Académie des Sciences et de l'Académie de Médecine.

Dans le domaine du risque en général et du risque alimentaire en particulier, il y a deux types de risque : le risque volontaire, choisi, et le risque imposé (contamination d'un aliment).

Le premier point positif du rapport de l'Académie de Médecine (« Alimentation et cancer », *Bull. Acad. Nat. Méd.*, 1998, 182, p. 1887-1897) est que les Français il y a trente ans avaient un régime alimentaire très satisfaisant, le taux le plus bas en Europe de cancers de l'estomac, et on notait un faible nombre de décès dus aux toxi-infections.

Mais, depuis trente ans, il y a eu des dérives fâcheuses dans l'alimentation des Français :

- Presque un repas sur deux est pris en alimentation collective. Or, en alimentation collective, on a abandonné les modes d'alimentation traditionnelle qui comprenait beaucoup de légumes, des soupes, et une quantité relativement faible de protéines d'origine animale. Les cantines ont privilégié le bifteck-pommes frites ou les salades nageant dans l'huile, etc.
- L'obésité qui touche 15 % des jeunes met en évidence une baisse de la qualité du régime alimentaire (trop de sucreries grignotées devant la télévision).

Cancer et alimentation

Le régime qui a l'impact le plus favorable sur la fréquence des cancers comprend la quantité de fruits et de légumes qu'on mange chaque jour (plusieurs dizaines d'enquêtes). La cause de cet effet favorable n'est pas claire ; il ne semble pas s'agir de la richesse en vitamines puisque les essais effectués avec les vitamines seules n'ont eu aucun effet bénéfique. Cette influence des fruits et légumes met en évidence un autre fait : les légumes sont riches en nitrates et agents génotoxiques naturels (présents dans les plantes) ou ajoutés (pesticides). Or ils protègent contre les cancers, ce qui suggère que ces agents et les nitrates n'aient guère d'effet nocif ; en tout cas, il est certain que les produits présents dans les légumes ont un effet protecteur qui contrebalance très largement un éventuel effet nuisible.

Par ailleurs, l'alimentation contemporaine est déséquilibrée, elle est trop riche en lipides d'origine animale (ce qui est un facteur de risque dans les maladies cardiovasculaires). Ainsi les deux premières causes de décès en France, le cancer et les maladies cardiovasculaires, sont corrélées avec l'habitude alimentaire d'une quantité trop importante de lipides. Ceux-ci au lendemain de la guerre constituaient environ 25 % de la ration calorique, ils en représentent 45 % aujourd'hui.

Une question posée dans ce rapport concerne l'étiquetage : ne faut-il pas arriver à des types d'étiquetage différents de ceux utilisés aujourd'hui, notamment pour les plats cuisinés ? Aux Etats-Unis, l'étiquetage précise la richesse en lipides, la richesse en acides gras saturés et en acides gras non saturés.

L'objection parfois faite est que les Français ne veulent pas d'un étiquetage trop compliqué. Or ce que souhaite l'Académie est une simplification. On a besoin simplement du nombre de calories, glucides, protéines et lipides (acides gras saturés et non saturés), soit quatre chiffres.

Le deuxième problème lié à « alimentation et cancer » est la contamination bactérienne des aliments. C'est un facteur important. Il existe des micro-toxines dues à des micro-organismes, notamment des champignons microscopiques. Un facteur important dans la genèse du cancer de l'estomac est un bacille : l'hélicobacter pylor.

Si on regarde ce qui se passe en France sur le plan de la contamination microbiologique des aliments, c'est très satisfaisant au moment de la production et même au moment du transport, mais ce n'est pas satisfaisant du tout au moment de la consommation. Pendant les derniers niveaux de la chaîne du froid, les précautions ne sont pas bien prises, parce que notamment les réfrigérateurs utilisés ont une température trop élevée, des portes trop minces et des ouvertures trop fréquentes : il faudrait peut-être des compartiments séparés et des températures différentes adaptées aux produits (cela en augmenterait le prix mais, si la demande s'accroît, le prix pourrait baisser). Pendant l'été, les dernières étapes du transport de l'alimentation posent problème, surtout dans les zones de villégiatures où on passe de 500 habitants à 20 000 personnes. Les durées de conservation devraient être vérifiées.

QUESTIONS ET RÉPONSES

Question : Qu'en est-il de la préparation de nourriture faite par soi-même ?

M. Tubiana : Il faut éduquer le consommateur et c'est l'un des buts du rapport de rappeler les règles simples sur le plan alimentaire. Quand on va acheter un plat préparé à base de poisson, on ne sait pas ce qu'on a utilisé comme matière grasse de cuisson. Les malades atteints d'affections cardiovasculaires ont besoin de le savoir.

J.-F. Molle (Danone, Directeur de Sécurité alimentaire, Réglementation et Environnement) : Il y a la liste d'ingrédients si vous l'achetez emballé.

M. Tubiana : Non, on n'indique pas les quantités de lipides saturés et non saturés.

J.-F. Molle : Mais il y a un autre intérêt à cet étiquetage, celui des allergènes.

M. Tubiana : Cela a relativement moins d'intérêt : 30 % des cancers et la moitié des maladies cardiovasculaires sont liés à l'alimentation. Ce sont les deux premières causes de mortalité en France que nous pourrions maîtriser avec un meilleur étiquetage.

J.-F. Molle : Je vous engage à voir par des cabinets spécialisés comment cet étiquetage est reçu par des consommateurs (on nous reproche déjà une trop grande complexité). Il ne faut pas soumettre cela à des conseils nationaux de l'alimentation dans lesquels il y a déjà des gens formés. On connaît l'exploitation que fait le consommateur de nos étiquettes.

M. Tubiana : Vous avez raison mais on voit à l'échelle des 250 millions de personnes aux Etats-Unis que l'étiquetage intéresse les consommateurs.

Commentaire : *A propos d'étiquetage, il faudrait changer de police de caractères car les étiquettes sont trop petites.*

Commentaire : *Je me place du point de vue du consommateur. Il m'a semblé percevoir de nouvelles attitudes qui font que le consommateur de restauration collective a davantage confiance dans ce qui est fabriqué, car il a confiance dans les autorités de contrôle.*

M. Tubiana : Les diététiciens compétents en restauration collective peuvent rester jusqu'à la retraite sans formation continue. Pour certains, c'était le nombre de calories qui importait alors que la composition est plus importante. Il faudrait remettre à jour les connaissances des diététiciens comme on vient de le faire pour les médecins.

M. Guillou : La difficulté de l'étiquetage est qu'il s'agit de règlements communautaires, donc ce sera long. La science progresse. C'est toute la difficulté d'avoir une réglementation consensuelle et qui s'adapte au fur et à mesure à une science qui évolue.

M. Tubiana : Pour que les recommandations sur l'étiquetage soient effectives, il faut compter 10 ans et 10 ans, c'est court à l'échelle d'une population. Les connaissances évoluent mais le rôle des lipides est connu depuis plus de 10 ans.

M. Soyeux (ENGREF) : On impose un étiquetage précis sur la composition nutritionnelle des aliments pour les animaux mais, pour les hommes, ce n'est que facultatif. Or il n'y a pas de difficulté de fond pour l'industriel. Il faut faire des expériences à longue échelle en vraie grandeur pour voir les comportements du consommateur se modifier et ne pas prendre de positions trop dogmatiques au départ.

☆

III. L'analyse des risques microbiologiques : l'usage du froid, précautions et prévention des risques

Michel Thibier, Directeur Général, Centre National d'Etudes Vétérinaires et Alimentaires.

Introduction

Les dangers : les aliments peuvent être associés à des agents microbiologiques pathogènes, en quantité très variable, de natures très diverses et pouvant affecter la santé de l'homme. Ils entraînent le plus généralement des « toxi-infections » se révélant plus facilement et presque exclusivement lors d'épisodes collectifs.

De telles altérations de la santé sont tributaires de nombreux facteurs, liés au génotype de l'agent, mais elles dépendent aussi de sa concentration, voire de son interaction avec la matrice alimentaire.

LE FROID : UN BACTÉRIOSTATIQUE EFFICACE SOUS CERTAINES RÉSERVES. – Par définition, son action ne s'adresse qu'aux agents bactériens (et non viraux, par exemple). S'il ralentit, voire arrête, toute multiplication bactérienne, il ne lyse pas, donc ne détruit pas la cellule bactérienne, il n'empêche pas la reprise potentielle et ultérieure de sa croissance et de sa multiplication si les conditions d'environnement deviennent favorables. Il existe une flore psychotrophe dont la nature pathogène est rare mais existante.

TABLEAU 1. *Enquête annuelle : agents identifiés et aliments responsables ou suspectés (toxi-infections alimentaires collectives [TIAC] déclarées aux DDASS ou DSV) (d'après BEH, 1998).*

Aliments	Salmonella			Clostridium perfringens	Staphylococcus aureus	Autres	Total
	Enteritidis	Typhimurium	Autres				
Laits et produits laitiers	2	1	3	0	14	5	25
Œufs et produits à base d'œufs*	100	19	30	1	5	5	160
Viandes	4	9	5	14	12	14	58
Volailles	2	5	8	7	5	3	30
Poissons et fruits de mer	2	3	1	2	5	41	54
Autres aliments**	1	0	5	15	19	19	59
Aliments non retrouvés	7	4	7	4	18	52	92
TOTAL	118	41	59	43	78	139	478

* Produits à base d'œufs : mousse au chocolat, autres pâtisseries, mayonnaise, etc.
** Aliments d'origine non animale ou mixte.

FIGURE 1. *Durée maximale de conservation en jours de bœuf maigre en fonction de l'humidité et de la température du local de réfrigération (d'après Shaw, 1972).*

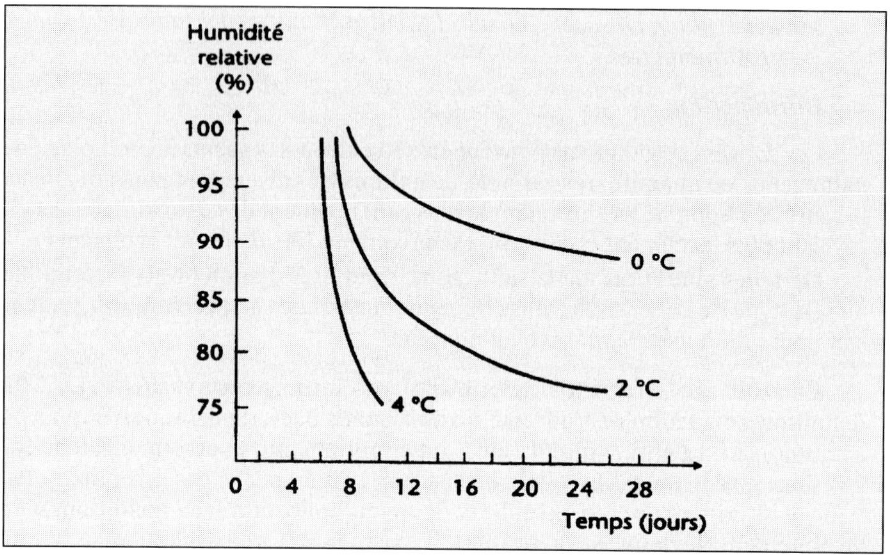

FIGURE 2. *Vitesse de croissance des micro-organismes de surface sur de la viande de bœuf en fonction de la température (d'après Shaw, 1972).*

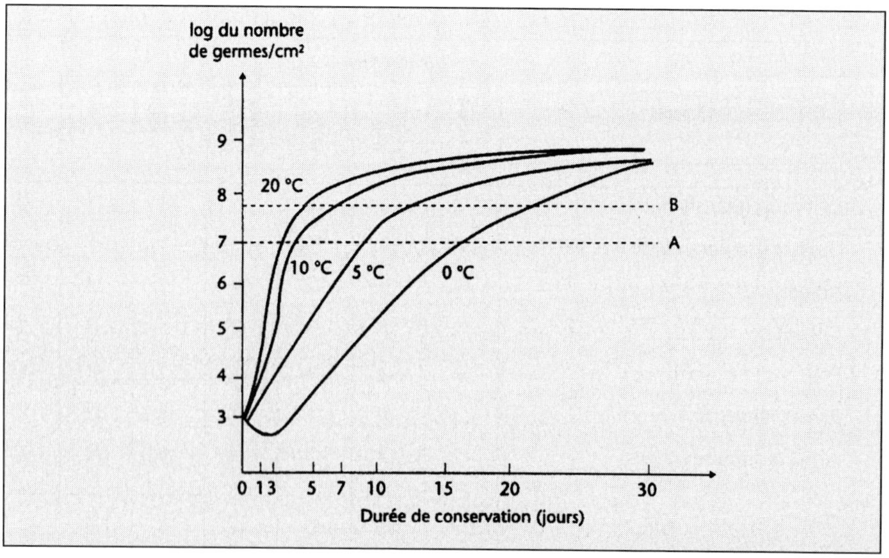

Précautions et prévention des risques. – Le but recherché est de fournir un produit de grande qualité hygiénique : pour cela on vérifie la qualité à la production, par exemple pour les produits d'origine animale :

- on contrôle l'ambiance d'élevage ;
- il y a une démarche des bonnes pratiques de production (volailles, productions porcine, laitière, etc.) ;
- et on a établi des normes (cellules dans le lait).

Le principe sacro-saint en alimentation est le respect permanent de la « chaîne du froid ». Chaque rupture augmente l'intensité de l'exposition du consommateur au danger. Cet effet est d'autant plus grand que la concentration en pathogène est initialement importante, que les points de rupture sont fréquents et longs et que les facteurs d'environnement sont défavorables (chaleur, humidité, etc., *cf.* figures 1 et 2). Mais la chaîne du froid ne s'arrête pas chez le distributeur. Il y a actuellement deux problèmes principaux : la rupture de la chaîne du froid entre l'achat et le domicile du consommateur (particulièrement en saison chaude) et la propreté des armoires réfrigérées (les réfrigérateurs domestiques) et le temps d'ouverture de celles-ci.

Conclusion

La nécessaire qualité globale de l'alimentation (qualités : organoleptique, conviviale, nutritionnelle, sanitaire) interdit tout type de « stérilisation » artificielle. La production d'un produit de grande qualité sanitaire puis le respect de la chaîne du froid « jusqu'à l'assiette » permettent d'atteindre cette qualité globale, qui dépend de tous les acteurs, des producteurs jusqu'aux citoyens consommateurs.

QUESTIONS ET RÉPONSES

G.-Y. Kervern : Est-ce qu'on peut imaginer qu'il y ait un responsable de l'ensemble de la chaîne du froid ?

M. Thibier : On raisonne en termes de filière comportant des séquences qui se suivent. Il y a un responsable approprié à chacune de ces séquences. La grande difficulté (et le souci actuel) est de sensibiliser le consommateur à la dernière séquence liée à lui-même (transport jusqu'au domicile).

Ch. Pilet : Des efforts sont faits mais, quel que soit le transport, il y a des problèmes de transport, que ce soit de la production à la distribution, ou de la distribution au domicile particulièrement l'été.

M. Guillou : Sur le plan juridique, il y a des textes en dehors du Code civil, la directive D. 85 ou directive de « la responsabilité du fait des produits défectueux ». La responsabilité est systématiquement placée sur l'opérateur qui doit montrer qu'il fait tout ce qui est en son pouvoir pour mettre les mesures de précaution en place ; dans ce cas, sa responsabilité n'est pas engagée. En fait, la question est très compliquée. Quelle est la responsabilité de l'opérateur et celle de l'Etat dans le cas des agréments d'abattoirs par exemple, l'Etat étant chargé d'un super-contrôle pour la sécurité alimentaire ?

Commentaire : *On ne peut assurer que la chaîne du froid a été maintenue. Il y a des ruptures non intentionnelles, on ne peut pas assurer la protection mais on peut se tourner vers la surveillance, par l'introduction de marqueurs susceptibles de donner des indications de seuil franchi. Le marqueur est difficile à produire mais il en faut une grande quantité. Ces marqueurs existent, leur prix est connu, une chaîne de distribution les étudie. Une généralisation de ces marqueurs serait sans doute un progrès. Mais il ne semble pas que le consommateur soit prêt à les valoriser.*

M. Guillou : Pour définir à quel stade la chaîne du froid a été interrompue, la pastille ne suffit pas car, pour savoir à quel stade il y a eu interruption, il faut un enregistreur pour désigner un responsable. La pastille est utile pour le consommateur à titre individuel mais pas pour définir une responsabilité.

Commentaire : *Il faut mettre en évidence la chaîne des responsabilités. Il faut repérer les maillons faibles, les points critiques, et les maîtriser du producteur primaire jusqu'au consommateur (la méthode EHCP). Pour la puce, une des difficultés consiste à mettre en place les outils qui permettraient de vérifier qu'au moment où il y a transfert de propriété la puce était normale.*

☆

IV. Risque toxique en alimentation

André Rico, Président de la Commission d'études de la toxicité des produits antiparasitaires à usage agricole et substances assimilées.

Le risque chimique alimentaire est associé à la présence dans l'alimentation de contaminants chimiques naturels (ex. : mycotoxines) ou de synthèse (ex. : produits phytosanitaires). La société s'est focalisée ces dernières années sur les produits chimiques de synthèse, considérant souvent que « le naturel est bon ». Il s'agit là d'un non-sens scientifique qu'il faut dénoncer.

Les pesticides constituent une source d'inquiétude manifeste pour une grande majorité de nos concitoyens. Leur utilisation en France et en Europe est conditionnée par l'obtention d'une autorisation de mise sur le marché donnée par le Ministère de l'Agriculture. La procédure d'homologation s'appuie sur des textes, des structures et sur une approche scientifique reconnue et admise au plan international.

En ce qui concerne les textes, le document fondamental est la Directive 91/414/CEE qui définit en particulier l'ensemble des informations scientifiques à fournir pour demander un enregistrement soit d'une matière active, soit de formulations. Cette directive a été transposée en droit français. Pour ce qui est des structures, il existe essentiellement une instance : la Commission d'études de la toxicité des produits antiparasitaires à usage agricole. Cette dernière (appelée plus simplement « Commission des Toxiques »), qui vient d'être renouvelée, comprend outre des toxicologues, le consommateur, le manipulateur et l'environnement. Pour réaliser sa mission, elle s'appuie sur une structure récente : la structure scientifique mixte, comprenant des chercheurs de l'INRA et de la Direction Générale de l'Alimentation (DGAL), travaillant à temps plein et assurant aussi le secrétariat scientifique. Le secrétariat administratif est assuré par la DGAL.

Au plan scientifique, l'exercice consiste à définir les conditions de la sécurité de l'emploi des produits phytosanitaires. *Pour ce faire, la démarche scientifique s'appuie sur le fait que le risque est fonction de deux paramètres : la toxicité de la substance en cause et l'exposition.* Une substance très toxique avec une exposition nulle n'entraîne naturellement pas de risque et une substance de toxicité moyenne avec une exposition forte peut être génératrice de dangers majeurs. Toute la toxicologie se fonde sur ce qu'on appelle la relation « dose/effet », qui s'exprime simplement de la manière suivante :

- il y a proportionnalité entre l'effet toxique et la dose ;
- il existe pour tout effet toxique une dose « seuil » au-dessous de laquelle cet effet toxique ne se manifeste pas.

Au total, on peut donc dire que c'est la dose qui fait le poison.

En termes d'exposition, si l'exposition théorique fait partie des processus d'enregistrement, la mesure de l'exposition réelle (résidus, manipulateurs, environnement, etc.) est un exercice difficile et reste encore mal explorée. C'est ici que devront porter les efforts les plus importants. La mise en place de laboratoires d'analyse de résidus en France (INRA et DGAL) est une bonne chose. La recherche des matières actives, leur dosage systématique dans les eaux de surface seront aussi des données intéressantes.

Notons cependant que les résultats des enquêtes menées jusqu'à présent, tant à l'étranger (USA, Royaume-Uni et Allemagne) qu'en France, ne révèlent pas de dépassements significatifs des limites maximales de résidus à respecter.

En conclusion, si le risque chimique de l'alimentation existe, car le risque nul n'existe pas, il ne faut pas l'exagérer. En France, le Ministère de l'Agriculture dispose de structures adéquates. Son effort porte et portera dans le futur sur les contrôles. Il est cependant clair que notre alimentation ne peut être considérée comme étant polluée. C'est une alimentation, de ce point de vue, de qualité. En termes de communication, ce message est extrêmement important à diffuser.

En ce qui concerne l'agriculture biologique. – Au départ il existe une procédure pour enregistrer les agriculteurs biologiques. Ils répondent à un certain cahier des charges et à des agents de certification. Mais après il n'y a pratiquement pas de contrôle. Est-ce que les produits sont aussi purs qu'on veut bien le dire par rapport à la contamination chimique et en particulier les produits sont-ils exempts de mycotoxine et là j'ai une crainte ? Dans ce cas on peut avoir un risque bien supérieur au risque que l'on a avec des résidus de médicaments vétérinaires.

On utilise peu de produits chimiques pour traiter les mycoses. Certains sont autorisés : sels de cuivre, la choline. Il y a un regain d'ergots dans nos céréales. Il faudrait donc qu'il y ait des contrôles sanitaires comme en agriculture non biologique.

Si le risque chimique de l'alimentation existe, car le risque chimique zéro n'existe pas, la sécurité parfaite est une chimère. Les réglementations ne doivent pas étrangler les activités humaines à la recherche de l'impossible. A l'impossible nul n'est tenu. Ce risque alimentaire dans les conditions actuelles pour la France est mineur. Il faut contrôler pour qu'il n'y ait pas de déviance. Mais notre alimentation ne peut pas être considérée comme une alimentation polluée. Ce message n'est pas facile à faire passer car on rame contre le vent. Ce qu'il faut, c'est du bon sens.

QUESTIONS ET RÉPONSES

Question : Limite de l'évaluation du cas par cas : comment peut-on prendre en considération les interactions possibles entre toute une série de molécules pas forcément toxiques ?

A. Rico : Le premier aspect concerne une substance. Vous avez toute une série de conditions d'emploi. On définit la « DJA », une consommation de « dose journalière acceptable » ; quand cette dose est dépassée, on peut supprimer des utilisations. Pour le calcul on se sert de « limite maximale de résidu », « LMR ». Il se pose le problème de l'exposition réelle face à une exposition théorique maximaliste (on additionne les LMR pour tous les produits ingérés). En fait, on est toujours en réalité très au-dessous des consommations admises (montré par de nombreuses études). Le deuxième aspect : vous éliminez le risque pour un produit mais qu'en est-il des autres associés. Le problème se manifeste clairement avec les médicaments, par exemple : l'association anticoagulants-antibiotiques conduit à une augmentation considérable de la toxicité de l'anticoagulant.

Le problème des faibles doses de pesticides : une alimentation contient

99,9 % de produits chimiques dits naturels et 0,1 % de produits de synthèse. Les substances sont très différentes quand les doses sont faibles ; l'organisme fait face car les systèmes de défense sont spécifiques. Un problème peut se poser si on groupe ensemble des produits qui ont les mêmes mécanismes chimiques d'action, les organophosphates groupés par exemple. On n'a pas nécessairement le même effet. Même si dans ce cas la situation est difficile, ce n'est pas un problème majeur uniquement parce que c'est un problème de faibles doses.

M. Guillou : Les agriculteurs biologiques sont soumis aux obligations générales des autres. Pour être appelé « agriculteur biologique », il faut une obligation de moyen mais pas de résultat. Le contrôle est le même mais pas plus.

Question : On devrait faire la différence entre un poulet de batterie et un poulet de grain (produit naturel, produit de synthèse).

M. Rico : En termes de sécurité un poulet de batterie n'est pas plus dangereux qu'un autre.

☆

V. Eau potable en France et maîtrise des risques

Charles Saout, Chef du Bureau de l'Eau, Ministère de la Santé Publique.

Pour l'eau potable, il n'existe pas de seuil pour le risque. L'OMS recommande des valeurs correspondant à un risque additionnel de 10^{-5} pour une vie entière, soit un cas de cancer supplémentaire dans une population de 100 000 personnes qui consommerait pendant 70 ans une eau de boisson qui contiendrait la substance à une concentration égale à la valeur guide. Bruxelles, dans sa normalisation, a un seuil de probabilité plus rigoureux : 10^{-6}.

Basé sur des données épidémiologiques et toxicologiques, le risque est clairement affiché

En ce qui concerne les pesticides et apparentés, l'OMS fixe un seuil dans l'eau de boisson de 0,1 microgramme par litre. Dans la Directive de la Communauté Européenne, quelle que soit la substance en cause (ce n'est ni basé sur des données épidémiologiques ni sur des données toxicologiques), il y a un seuil pour l'ensemble des substances mesurées de 0,5 microgramme par litre. La Commission propose de ramener dans sa future directive le seuil à 0,1 microgramme au nom du principe de précaution. Elle estime qu'il n'est pas possible d'établir de nouvelles valeurs paramétriques acceptables du point de vue toxicologique pour une consommation sur toute la durée de la vie. Il faudrait des études approfondies sur la base d'une évaluation cas par cas, et donc disposer de dossiers complets pour ces substances, ce qui est difficile compte tenu de l'insuffisance des données et de l'incertitude qui demeurent quant à l'évaluation des variables : pesticides, perturbateurs endocriniens... Il n'existe pas de consensus d'experts internationaux et de méthode de contrôle de ces risques.

Pour les acteurs de terrain se pose la question de l'évaluation. Ceux qui assument sur le terrain les risques de la gestion, ceux qui prennent la responsabilité de la signature de l'analyse d'une qualité d'eau de boisson et de sa diffusion dans le public, comment basent-ils leurs décisions et leur responsabilité ? Rien n'est écrit, mais en principe on applique le critère suivant : la somme de la valeur de la concentration trouvée dans la molécule, rapportée à la valeur maximale admissible, doit être inférieur à 1. A partir du résultat de l'analyse, on est amené à prendre un certain nombre de décisions concrètes sur le terrain.

La transparence de l'information

Non seulement les résultats d'analyse sont publics, mais l'ensemble des résultats sont affichés dans les mairies. En plus la synthèse annuelle de la qualité des eaux doit être indiquée à chaque consommateur par le biais de sa facture d'eau. Donc il y a un effort de communication et un contrôle par une tierce partie : ce n'est pas celui qui produit l'eau qui la contrôle.

On dit que l'eau est une des denrées alimentaires la mieux surveillée. La fabrication de la réglementation en matière d'environnement est issue de l'expérience forgée au cours du siècle par les hygiénistes. Le consommateur d'eau est très exigeant en matière sanitaire. C'est pour cela qu'on contrôle 100 à 200 paramètres.

En ce qui concerne les enjeux dont a parlé Jean-Yves Le Déaut, on ne s'est pas posé la question avec suffisamment de précision. Est-ce qu'on veut une mortalité nulle ou acceptable ou acceptée ? Les risques s'expriment à long terme, 30 ou 40 ans après les expositions (pesticides, etc.). Il faut légiférer utilement pour contenir un risque sanitaire à un niveau acceptable.

On va de la source au robinet avec obligation de moyens. Les hygiénistes ont forgé un certain nombre de règles techniques concernant l'obligation de moyens. Elles concernent l'autorisation de prélèvement, le périmètre de protection des ressources, la qualité concernant la denrée, les eaux brutes, les matériaux en contact, la qualité tout au long du transport, les processus : les filières du traitement, la qualité des produits du traitement, la vérification (expérience de qualité au robinet), les contrôles de l'Etat en sus de ce que font certains responsables. On essaye au ministère de distinguer l'autosurveillance du producteur gestionnaire et la surveillance exercée par une tierce partie.

En matière d'eau, de distribution publique, le risque majeur demeure le risque microbiologique, le reste s'exprime à long terme. Parfois il y a un risque par carence (sélénium, par exemple). Pour fixer les normes en matière de qualité d'eau, il faut tenir compte des différentes voies d'apport. Pour le plomb, c'est l'automobile et l'industriel. Il faut tenir compte des synergies de substances, les procédures de désinfection de clarification d'eau peuvent créer des molécules plus nocives (bromates) que le produit lui-même, par exemple. Il faut sérier les risques en tenant compte du risque à court terme. Il faut toujours préserver l'intérêt de la désinfection, qui est majeure, en n'augmentant pas les problèmes des risques à long ou à moyen terme. Les normes précédentes disposent de coefficients de sécurité divers issus de l'expérience. Derrière chaque norme se cachent beaucoup de choses : certaines valeurs sont directement liées au risque sanitaire (substance à effet cancérogène) ; d'autres sont définies à partir des paramètres témoins de contamination (indicateurs indirects) ; d'autres correspondent à des niveaux d'acceptabilité ; d'autres sont technologiques (teneur en valeur résiduelle d'un désinfectant) ; enfin, il y a des valeurs de préservation de patrimoine.

QUESTIONS ET RÉPONSES

Ch. Pilet : Il y a eu plusieurs cas de légionellose en France au cours de l'été. Ces cas ont pour origine l'eau de condensation des systèmes de climatisation. Quels sont actuellement les moyens qui sont mis en œuvre en France pour contrôler les légionelles dans l'eau, compte tenu du fait que les bactéries sont viables dans l'eau chaude mais difficilement cultivables ? Lorsqu'il y a des cas de légionellose dans des centres de thermalisme, on le sait, on ferme le centre. Qu'en est-il des cas éventuels chez les particuliers : ballon d'eau chaude, chauffe-eau ?

Ch. Saout : Il faut se pencher de façon plus nette sur le problème. En ce qui concerne les centres de thermalisme, on ne ferme pas le centre mais seulement les centres d'inhalation. Pour les infections nosocomiales, on a diffusé des informations au niveau technique. On se pose en ce moment la question de l'intérêt du renforcement de la réglementation. On a des populations à sensibilités différentes.

Ch. Pilet : Dans les hôpitaux, il n'y a pas à ma connaissance de réglementation spéciale pour le problème de l'eau.

Ch. Saout : Il existe des réglementations. L'eau arrive jusqu'au complexe, il appartient au gestionnaire de s'occuper de la suite et de garder la qualité de l'eau. Il faudra renforcer les modalités de contrôle d'un certain nombre d'usagers. Au départ, il n'y a pas de germes. Ces germes se développent au moment de travaux dans les canalisations ; c'est donc une affaire interne à l'établissement. A priori il y a peu de germes. Les normes pour les seuils sont de 10^{-2} ou de 10^{-3}. Faut-il les modifier et mettre le seuil germe au seuil de détection analytique ?

Question : Lorsqu'on est en présence d'une pollution de l'eau résultant d'une intention criminelle, a-t-on des plans d'urgence, des plans d'information, etc. ?

Ch. Saout : Ces plans d'urgence existent, plans testés à froid en exercice. Certaines mesures sont effectuées en continu. Dès qu'il y a une dérive cela sert d'alarme.

☆

VI. Le choc entre le règlement sanitaire et le règlement du commerce international : les hormones

Jean-Michel Poirson, SGCI.

Les interventions précédentes traitaient de la reconnaissance et de la maîtrise des risques alimentaires. On va parler ici des facteurs de croissance, des hormones et de l'Organisation Mondiale du Commerce, sans oublier la maîtrise de risque mise en place par l'OMC.

En janvier 1989, l'interdiction communautaire concernant les hormones est imposée aux produits importés. Les Etats-Unis perdront (car, s'ils n'utilisent plus les hormones synthétiques depuis 1978, mais ils utilisent encore des hormones naturelles et des hormones semi-synthétiques) alors un marché européen de 100 millions de dollars d'exportation de viande et d'abats sur l'Europe. D'où plainte de l'industrie américaine et mesures de rétorsion. Mais la position communautaire ne change pas. Les Américains ont recours très tôt aux organismes de normalisation internationale pour obtenir par cette voie un changement de la Communauté. Ils s'adressaient en 1991 à la commission « Codex Alimentarius » par le biais du comité sur les résidus des médicaments vétérinaires dans les aliments, demandant que soit fixée une valeur maximale en résidus, une LMR (limite maximale de résidus) pour les hormones. Aucun consensus n'a pu être trouvé, d'où ce vote négatif sur les hormones. La commission a pris une décision politique à l'encontre de recommandations d'experts scientifiques.

En 1994, des accords phytosanitaires et sanitaires de Marrakech, on retiendra trois éléments concernant la sécurité des aliments. Le premier est la création de l'Organisation Mondiale du Commerce à Genève et la mise en place d'un organe de règlement des différends, dont les décisions sont contraignantes. Le deuxième est la signature d'un accord sanitaire et phytosanitaire. Et enfin le troisième est l'accord sur les obstacles techniques au commerce.

L'accord sanitaire et phytosanitaire avait pour but de limiter la possibilité des Etats de recourir à des prétextes sanitaires ou phytosanitaires pour entraver les échanges commerciaux (les législations, les règlements, et leurs applications). L'accord à long terme vise à aboutir à une harmonisation mondiale dans les mesures sanitaires, afin de faciliter l'objectif d'harmonisation du commerce international. Dans ce but, il pose le principe que des normes internationales doivent être établies et mentionne trois organismes pour cela : la Commission du Codex Alimentarius (s'intéresse à l'hormone et aux facteurs de croissance), l'Office International des Epizooties (s'intéresse aux maladies animales), la Convention Internationale de la Protection des Végétaux (pour les maladies des végétaux). Cet accord dit « SPS » reconnaît le droit souverain aux membres de fixer le niveau de protection qu'ils jugent approprié pour protéger leur territoire sur le plan sanitaire, mais ce droit souverain est encadré par un certain nombre d'exigences. Ces mesures doivent être fondées scientifiquement sur une évaluation du risque, elles doivent être nécessaires pour atteindre les objectifs et constituer les mesures les moins entravantes pour y parvenir et elles ne doivent pas être discriminatoires vis-à-vis d'Etats fournisseurs par rapport au produit interne. Cet accord « SPS » induit deux notions : « équivalence » et « niveau approprié de protection ». L'important, c'est l'aspect normalisation internationale et le rôle donné au Codex Alimentarius.

Quelles vont être les conséquences sur le dossier des hormones ? La commission va être amenée à réagir et, à la suite du vote négatif, va se poser la question : quels sont les autres facteurs qui vont être pris en compte ? C'est le Comité Exécutif qui en 1994 tranchera, en rappelant la prééminence de la science et en limitant les facteurs légitimes à ceux qui ont une influence sur la santé. L'étiquetage peut être une solution pour régler de tels problèmes.

En 1995, les LMR que les Américains n'avaient pas pu obtenir en 1991 sont votées. Paradoxalement, les LMR sur la somatotrophine bovine ont eu un vote négatif. Dès lors, les Américains, les Canadiens ont compris qu'ils pourraient disposer d'une nouvelle norme. Ils ont demandé la constitution d'un panel en 1996. Les conclusions du panel et de l'organe d'appel imposent à la Communauté de justifier son interdiction des hormones par une évaluation scientifique. La Communauté, si elle a été défaite sur ce point, a gagné sur deux autres points : on rappelle que les normes internationales ne sont pas obligatoires et qu'il est permis d'y déroger et de définir un niveau de protection supérieur ; il n'y a pas de difficulté à avoir une attitude différente entre l'utilisation des hormones à des fins thérapeutiques et à des fins de facteurs de croissance.

Quelles sont les conséquences de la mise en place de l'Organisation Mondiale du Commerce, du rôle du Codex Alimentarius, et de la jurisprudence développée à l'occasion du dossier « Hormones et facteurs de croissance » ? Le Codex adopte maintenant une approche beaucoup plus horizontale et les règles facultatives du Codex tendent à devenir obligatoires de fait. Enfin, le développement d'un modèle à l'origine américain se voit progressivement imposé au niveau de la définition des normes internationales. Il est recherché une souplesse afin de déterminer des niveaux de protection plus élevés que la norme du Codex, pour permettre la justification des mesures de gestion qui restreignent les importations. Ce modèle américain peut également nous servir ; par exemple, cela nous a permis de faire reconnaître qu'un certain nombre de mesures de maîtrise permettaient d'obtenir un niveau de risque pour les fromages au lait cru équivalent à celui obtenu par la pasteurisation.

Au sujet du débat sur le rôle de la science, on observe deux courants qui s'affrontent. Celui des Anglo-Saxons qui tente de privilégier la science au travers d'une évaluation du risque où la préférence oblige à l'approche quantifiée et probabiliste. Ces pays entendent confirmer le principe de précaution comme outil de gestion d'une incertitude scientifiquement mesurée et justifiée dans le cadre de l'évaluation du risque. Même l'étiquetage, considéré comme le remède pour régler les différences de choix en matière de gestion du risque, devrait reposer pour eux sur des bases scientifiques (étiquetage des OGM). Les Etats membres de l'Union Européenne insistent sur l'importance de la phase « gestion des risques » et la prise en compte de tous les critères légitimes socio-politiques.

Le groupe des pays en voie de développement demande et recherche pour des raisons économiques un assouplissement de l'ensemble des normes. Les travaux du Codex mettent également en exergue des difficultés dans le secteur de la microbiologie. Il s'agit par exemple des relations dose-effet, mais aussi de faire le lien avec le niveau de protection approprié de la santé publique, sachant que c'est ce niveau qui nous permet dans le cadre du GATT d'imposer des mesures de gestion qui vont au-delà de la norme internationale.

QUESTIONS ET RÉPONSES

Ch. Pilet : Je pose une question schématique à la suite de votre exposé qui montre la complexité de l'organisation mondiale. Qui va l'emporter ? Est-ce le règlement sanitaire derrière lequel se réfugient certains pays, ou est-ce l'Organisation Mondiale du Commerce derrière laquelle se réfugient d'autres pays qui ne sont pas toujours les mêmes suivant les intérêts ? Quel est votre sentiment ?

J.-M. Poirson : Il y a une opposition entre l'Union Européenne et Américains, Canadiens, voire Australiens. Les pays anglo-saxons ont l'habitude de mieux utiliser les systèmes de règlement des différends car ils ont un droit beaucoup plus basé sur la jurisprudence. Ils sont rompus à cet exercice. Nous, on a une carte à jouer au niveau des organes de normalisation internationale, car nous avons une grande expérience en ce domaine.

Ch. Pilet : La population française va-t-elle être obligée de consommer de la viande hormonée et sinon à quel prix ?

J.-M. Poirson : Pas forcément, mais cela aura un prix, car on n'aura pas les résultats des études à la date limite imposée pour déposer les conclusions du panel de l'OMS.

M. Tubiana : Quelles sont les bases scientifiques qui permettent de refuser les hormones ? Je n'ai pas vu l'ombre d'un résultat concernant les hormones. Pourquoi s'entête-t-on alors qu'il n'y a pas l'ombre d'un fait scientifique pour montrer leur danger ?

J.-M. Poirson : Il en va de la souveraineté des Etats en matière de gestion. Le risque peut être extensible ; la CEE, pour essayer de justifier sa position, a développé une thèse : autoriser ces pratiques, c'est éventuellement s'exposer à une mauvaise utilisation de ces produits qui alors pourraient générer des risques. Est-on en mesure d'assurer le contrôle des bonnes pratiques si on les autorise ? On n'a pas répondu à cette question à Genève où on réfléchit aux effets des faibles doses à certaines périodes de la vie. Aucune des études n'a abouti. Il faut que l'évaluation du risque existe : pour les hormones on a été condamné parce qu'elle n'existe pas. Qu'elle existe ou qu'elle n'existe pas, il faut en tirer les conséquences.

☆

VII. L'encéphalopathie spongiforme bovine (ESB). Actualités

Professeur Jeanne Brugère-Picoux, Ecole Nationale Vétérinaire d'Alfort.

Alors que l'on connaissait depuis plus de deux siècles la tremblante du mouton sans inquiétude particulière quant à un risque éventuel pour l'homme, il n'en a pas été de même avec l'apparition de l'ESB sous une forme enzootique au Royaume-Uni, ceci en particulier depuis le 20 mars 1996 avec l'annonce, par le Ministère de la Santé britannique, d'une relation possible entre l'ESB et une nouvelle forme variante de la maladie de Creutzfeldt-Jakob (nvMCJ). Ces maladies humaines et animales sont caractérisées par une très longue période d'incubation et par une atteinte dégénérative du système nerveux central provoquant des symptômes neurologiques avec une évolution toujours fatale.

Quel est l'agent responsable ? une protéine infectieuse, ou « prion », ou un virus, ou... ? Où le retrouve-t-on dans l'organisme ?

Dès 1936, les Professeurs Cuillé et Chelle de l'Ecole Vétérinaire de Toulouse ont montré le caractère transmissible de la tremblante du mouton en soulignant la très longue période d'incubation de cette maladie par comparaison avec la durée de vie espérée pour l'espèce ovine.

Le grand nombre d'hypothèses concernant l'agent responsable témoigne des incertitudes sur sa nature et a justifié la dénomination d'agent transmissible non conventionnel (ATNC) ! L'hypothèse d'un virus est souvent avancée en opposition à la théorie d'une protéine infectieuse. En fait, on ne sait toujours pas quelle est la nature exacte de l'agent transmissible contenu dans les tissus contaminants. Les travaux de Stanley Prusiner (prix Nobel de médecine 1997) ont souligné l'importance de la protéine pathologique (PrPres) dénommée « prion » dans le phénomène d'adaptation de l'ATNC à une nouvelle espèce mais ne permettent pas d'expliquer certaines expériences de transmission chez la souris où l'on n'observe pas de PrPres détectable (ces cerveaux « PrPres-négatifs » ne présentant pas également les lésions classiques de spongiose et d'astrocytose permettant de diagnostiquer une encéphalopathie spongiforme !).

En revanche, on sait que cette affection se transmet dans les conditions naturelles par l'ingestion de ces tissus contaminants. L'ATNC est d'abord retrouvé dans certains organes lymphoïdes (rate, intestin, thymus, ganglions) puis, progressivement, par les nerfs splanchniques, gagne la moelle épinière et le cerveau où il se concentre. C'est pourquoi les lésions caractéristiques à l'origine des symptômes seront observées au niveau du système nerveux central. On a pu ainsi classer les tissus contaminants en 4 catégories selon le risque d'infection, la catégorie I (haute infectiosité) comprenant le cerveau, la moelle épinière et l'œil, alors que la catégorie II (infectiosité moyenne) comprendra principalement des tissus lymphoïdes (rate, amygdale...). Par exemple, chez l'homme, les contaminations ne sont connues que dans des circonstances impliquant une infection par du système nerveux central : instruments de neurochirurgie contaminés, injection d'hormone de croissance humaine naturelle. Dans le cas du Kuru, infection humaine transmise par endocannibalisme rituel dans une tribu papoue de Nouvelle-Guinée, les hommes étaient beaucoup moins atteints que les femmes car ils mangeaient les muscles, considérés comme « symbole de force ».

Mais ces maladies répondent à un double déterminisme génétique et infectieux !

Ceci explique qu'elles ne sont transmissibles que dans certaines conditions. Les maladies sont transmissibles et non contagieuses au sens pasteurien du terme.

Il semble exister une *barrière d'espèce* conditionnant l'efficacité ou non de la transmission. Cette barrière d'espèce peut expliquer la « résistance » des oiseaux, des lapins ou des chiens aux essais de transmission expérimentale d'un ATNC.

Si la prédisposition génétique a été démontrée chez le mouton, il n'en est pas de même pour les bovins. On peut ainsi sélectionner des reproducteurs « résistants » à la tremblante en fonction de certains critères génétiques mais il faut bien souligner que cette résistance peut varier d'une race ovine à l'autre et d'une souche de mouton à l'autre.

Epidémiologie actuelle de l'ESB

Au Royaume-Uni. – Depuis les premières descriptions de l'ESB, on a enregistré près de 175 000 cas d'ESB au Royaume-Uni (tableau 1).

On sait maintenant que le risque de contamination des bovins anglais par les farines de viandes a été maximal en 1987-1988. D'ailleurs, dans le tableau 1 on voit nettement que l'interdiction de ces farines en juillet 1988 a été efficace puisque l'épidémie a régressé à partir de 1993 (soit après 5 ans, moyenne du temps d'incubation de l'ESB). Même s'il existe un risque de transmission mater-

TABLEAU 1. *Nombre de cas d'ESB en Grande-Bretagne en mai 1999.*

1988	2 184
1989	7 137
1990	14 181
1991	25 032
1992	36 682
1993	34 370
1994	23 945
1995	14 302
1996	8 016
1997	4 312
1998	3 498
1999	400
TOTAL	174 059

nelle, les épidémiologistes estiment que l'ESB évolue vers une extinction pour l'année 2001. Mais évolution vers l'extinction ne veut pas dire éradication totale dans la mesure où l'on ne connaît pas toutes les modalités de transmission de la maladie. Les Britanniques ont observé près de 39 000 cas d'animaux nés après l'interdiction des farines (NAIF). Plusieurs hypothèses peuvent être émises quant à l'origine des cas animaux NAIF :

- contamination par utilisation frauduleuse ou accidentelle de farines contaminées après juillet 1988 ;
- transmission maternelle. Si le risque de transmission maternelle de l'ESB est estimé entre 8 et 10 %, on n'en connaît pas les modalités (génétique ? contamination *in utero* ? transmission périnatale par l'intermédiaire des enveloppes fœtales ou du colostrum ?...). La transmission par le lait semble peu probable dans la mesure où celle-ci n'a jamais été suspectée dans le Kuru, la tremblante ou les élevages de bovins allaitants.

L'ESB DANS LES AUTRES PAYS. – Dès 1988, dans certains pays, on pouvait s'attendre à l'apparition de cas d'ESB « importés » chez des bovins d'origine britannique ou de cas d'ESB « autochtones » ayant été contaminés par des farines anglaises. Ceci a été observé dès 1989 en République d'Irlande puis progressivement dans d'autres contrées comme la Suisse, la France, le Portugal... (tableau 2).

En mai 1999, le nombre total de cas d'ESB déclarés dans les pays européens sous une forme sporadique sont de 297 en Suisse, 383 en Irlande, 263 en Portugal, 59 en France, 8 aux Pays-Bas, 8 en Belgique, 2 au Liechtenstein et 1 au Luxembourg. Pour d'autres pays comme l'Allemagne (6 cas), l'Italie (2 cas), le Danemark (1 cas), les cas observés étaient en majorité importés de Grande-Bretagne.

Si l'on compare l'évolution de l'épidémie des cas européens avec celle de la Grande-Bretagne montrant une décroissance à partir de 1993, on peut remarquer :

1° que cette décroissance des cas d'ESB n'est observée qu'une année plus tard dans le reste du Royaume-Uni et trois ans plus tard en Suisse ;

2° que d'autres pays européens ne présentent pas une diminution du nombre de leur cas en 1996 mais au contraire une spectaculaire augmentation ;

3° la régularité des déclarations en Suisse (courbe épidémiologique en « cloche ») ;

4° les déclarations tardives de certains pays (Belgique, Pays-Bas, Liechtenstein) ;

5° l'effet bénéfique d'une augmentation de la subvention accordée pour la déclaration des cas (au Portugal, le fait de tripler cette subvention explique vraisemblablement le passage de 30 cas en 1997 à 106 cas en 1998) ;

6° la possibilité d'une sous-estimation du nombre de cas français en 1992 (aucun cas déclaré) et 1993 (un seul cas déclaré) (tableau 2), les éleveurs ayant découvert en 1991 qu'une déclaration entraînait l'élimination de la totalité de leur troupeau. Ceci a pu permettre le recyclage de carcasses bovines françaises dans des farines de viande fabriquées en France pendant cette période 1991-1993, voire jusqu'en mars 1996.

Ces différences rencontrées dans les courbes épidémiologiques des différents pays européens témoignent surtout des difficultés du diagnostic de l'ESB et de l'importance d'un réseau d'épidémiosurveillance efficace.

TABLEAU 2. *Nombre de cas d'ESB dans différents pays (source : OIE).*

	1989	1990	1991	1992	1993	1994	1995	1996	1997	1998	1999	Total
Liechtenstein	0	0	0	0	0	0	0	0	0	2	0	2
Luxembourg	0	0	0	0	0	0	0	0	1	0	0	1
Pays-bas	0	0	0	0	0	0	0	0	2	2	4	8
Belgique	0	0	0	0	0	0	0	0	1	6	1	8
France	0	0	5	0	1	4	3	12	6	18	10	59
Portugal	0	1	1	1	3	12	14	29	30	106	66	263
Suisse	0	2	8	15	29	64	68	45	38	14	14	297
Irlande (Rép.)	15	14	17	18	16	19	16	73	80	83	32	383
Allemagne	0	0	0	1	0	3	0	0	2			6
Danemark	0	0	0	1	0	0	0	0	0			1
Italie	0	0	0	0	0	2	0	0	0			2
Canada	0	0	0	1	0	0	0	0	0			1
Iles Malouines	1	0	0	0	0	0	0	0	0			1
Oman	2	0	0	0	0	0	0	0	0			2

Rappelons également une suspicion aux Etats-Unis chez des vaches abattues à la suite d'un « syndrome de la vache couchée », qui montre que l'ESB pourrait connaître d'autres origines que les farines anglaises contaminées. Ceci est tout à fait vraisemblable si l'on rappelle le cas de tremblante sur un bœuf observé en France en 1883.

Animaux asymptomatiques entrés dans la chaîne alimentaire

Les chiffres précités ne correspondent qu'aux cas cliniquement décelés (en fin d'évolution de l'ESB) et non aux jeunes bovins abattus pendant la phase d'incubation et rentrés dans la chaîne alimentaire. Chez ces bovins certains tissus pouvaient représenter un risque potentiel de contamination pour l'homme avant 1989-1990, c'est-à-dire avant la mise en place progressive des mesures de précaution que nous connaissons maintenant. Ainsi près de 446 000 bovins britanniques ont pu être consommés avant l'interdiction des abats potentiellement dangereux à la fin de 1989. Rappelons qu'il n'existe toujours pas de moyen de diagnostic préclinique utilisable en pratique courante pour détecter ces animaux contaminés asymptomatiques.

L'ESB est-elle transmissible à l'homme ?

L'hypothèse d'une tranmission de l'ESB à l'homme ne peut plus être exclue du fait de l'identification (publiée en octobre 1997) de l'agent bovin dans trois cas de la nouvelle forme variante de maladie de Creutzfeldt-Jakob (nvMCJ). Au 30 avril 1999, 40 cas de nv MCJ ont été diagnostiqués au Royaume-Uni (seule la France a déclaré 1 cas de nvMCJ en 1996). Par ailleurs cet agent a été également identifié chez les chats anglais atteints depuis 1990 de l'encéphalopathie spongiforme féline (ESF) : 85 chats anglais ont été atteints (seuls 3 autres cas ont été signalés en Irlande du Nord, en Norvège et au Liechtenstein). La barrière d'espèce semble plus facilement franchie par l'agent bovin que par les agents de la tremblante du mouton.

Mesures de précaution mises en place pour limiter les risques pour la santé publique

Au fur et à mesure de la prise de conscience du risque représenté par l'ESB pour la santé publique, des mesures de précaution ont été prises. Celles-ci ont été officielles dès 1989 au Royaume-Uni, premier pays concerné : interdiction des abats « spécifiés » potentiellement infectants, contrôles des abattoirs…

A cette même époque de 1989-1990 de nombreuses industries agroalimentaires ou autres (cosmétologie, par exemple) n'ont pas attendu les textes officiels pour prendre rapidement des mesures de prévention. A l'heure actuelle, en particulier depuis le 20 mars 1996, de nombreuses mesures officielles de précaution ont maintenant été décidées, alors que l'ESB est en régression au Royaume-Uni.

Mesures prises avant le 20 mars 1996. – Si, en mars 1989, le rapport Southwood fut l'un des premiers à signaler un risque pour l'homme en avertissant les vétérinaires de la possibilité d'une contamination lors des vêlages en raison de l'infectiosité des placentas déjà connue chez le mouton, il fallut attendre le 13 novembre 1989 pour que l'on interdise pour la consommation humaine, en Angleterre et dans le Pays de Galles, les « abats bovins spécifiés » ou ABS (cerveau, moelle épinière, thymus, amygdales, intestins et rate) provenant de bovins âgés de plus de 6 mois. Pour beaucoup il s'agissait d'une mesure de précaution suffisante car l'on se reposait sur la notion de barrière d'espèce, souvent évoquée pour expliquer l'absence apparente d'une transmission de la tremblante du mouton à l'homme. Mais, après les expériences de transmissions de l'ESB par la voie orale à la souris ou par la voie intracérébrale ou intraveineuse au bovin, l'annonce, le 10 mai 1990, d'un premier cas naturel d'encéphalopathie spongiforme féline (ESF) chez un chat anglais, fut à l'origine de la première prise de conscience d'un risque éventuel pour l'homme. La crainte augmenta quelques mois plus tard avec la démonstration d'un autre franchissement de barrière d'espèce lors de l'inoculation intracérébrale de porcs. C'est alors que ces mêmes ABS provenant de bovins âgés de plus de 6 mois furent interdits à la fois dans les aliments du bétail et à l'exportation dans les autres pays européens en septembre 1990 (l'interdiction d'exportation des ABS britanniques vers les pays tiers sera prise encore plus tard, en juillet 1991).

Les spécialistes britanniques avaient considéré que l'interdiction de ces ABS provenant de bovins âgés de plus de 6 mois était suffisante pour protéger le consommateur en tenant compte des connaissances acquises avec la tremblante du mouton et du fait que l'agent de l'ESB n'était retrouvé que dans le système nerveux central des bovins atteints dans les conditions naturelles. En fait, il faut aussi souligner que ceci permettait l'exportation de veaux vivants en Europe continentale, les Anglais étant fort peu consommateurs de la viande de ces animaux. Depuis 1990, nous avons eu souvent l'occasion de souhaiter l'extension de l'interdiction des ABS (en particulier de nature lymphoïde) aux veaux de moins de 6 mois importés sur notre territoire par mesure de précaution. Cette mesure ne fut en fait appliquée qu'au Royaume-Uni en 1994, quand les scientifiques britanniques démontrèrent que l'on pouvait retrouver l'agent de l'ESB dans l'iléon de veaux inoculés par la voie orale. Paradoxalement, en France, un arrêté ministériel du 1er juin 1995 autorisait même l'importation à partir du Royaume-Uni de ces mêmes abats sur notre territoire. La possibilité d'une transmission maternelle de la vache au veau (maintenant démontrée sans que l'on en connaisse les modalités) pouvait justifier cette mesure, les tissus lymphoïdes pouvant se révéler plus infectants que le système nerveux central au début de la phase d'incubation de la maladie (cependant avec des titres relativement faibles). La notion de tissus infectants en phase préclinique aurait dû être prise en compte par l'OMS en raison du jeune âge d'abattage de beaucoup de bovins, souvent inférieur à 2 ans, lors de l'établissement de la liste des tissus infectants à partir des données connues dans la tremblante du mouton.

Dans le domaine de la santé publique, les médecins s'interrogeaient plus sur le risque iatrogène rencontré dans la MCJ, en particulier lorsqu'il s'agissait des produits dérivés du système nerveux central. Le problème du risque transfusionnel fut évoqué en France à partir de 1992. Quant à l'ESB, c'est surtout vers la fin de l'année 1995 que le risque de transmission à l'homme fut de nouveau une question d'actualité au Royaume-Uni, fait de l'atteinte de quatre fermiers et de deux adolescents. Alors que le nombre de cas d'ESB déclarés par jour est en décroissance, les Anglais, découvrant que la législation sur les ABS n'était pas parfaitement appliquée dans les abattoirs, renforcent alors leurs mesures de précaution. En fait, l'alerte liée aux cas de MCJ chez les fermiers anglais était une fausse alerte dans la mesure où l'on démontra par la suite qu'il s'agissait d'une forme classique de MCJ sporadique. Il n'en était pas de même pour les deux adolescents...

Mesures prises après le 20 mars 1996 (jusqu'en décembre 1997). – A partir du 20 mars 1996, l'annonce officielle d'une possible relation entre l'ESB et la nvMCJ au Royaume-Uni déclencha un véritable cyclone, à l'origine de la prise en compte de multiples mesures de précaution dans de nombreux pays, la France en particulier, qui fut la première à demander un embargo sur tous les produits bovins d'origine anglaise. Cet embargo a ainsi amené la suspicion sur certains produits considérés jusqu'alors comme produits à risque potentiel extrêmement faible comme la gélatine, le sperme, les suifs...

Par ailleurs, les recommandations du comité interministériel français sur les encéphalopathies spongiformes subaiguës transmissibles (ESST), mis en place en avril 1996, ont été à l'origine de nombreux textes réglementaires destinés à prendre toutes les précautions nécessaires face à l'incertitude d'un risque, certes toujours non démontré, mais que l'on ne peut plus ignorer.

Parmi ces mesures, nous soulignerons surtout les textes de juin 1996 concernant la préparation des farines de viandes :

- préparation à partir d'une matière première saine, provenant du cinquième quartier, en excluant les saisies d'abattoir et les cadavres ;
- contrôle des circuits des farines destinées à l'alimentation animale et des farines « à risque » destinées à être incinérées, les contaminations croisées (voire une utilisation frauduleuse de ces farines) étant évoquées par les Anglais pour expliquer le grand nombre de cas « nés après l'interdiction des farines » (NAIF). Les farines ne seront distribuées qu'aux animaux de rente (porcs, volailles, lapins, poissons) pour lesquels aucune ESST n'a jamais été décrite dans les conditions naturelles.

D'autres mesures se rapportent au risque lié à l'éventuelle consommation par l'homme de tissus infectants. C'est ainsi que les ABS ont été interdits chez les vaches ayant pu ingérer des farines anglaises, avec une marge de sécurité d'une année (bovins nés avant 1991). On peut remarquer que cette liste d'ABS comporte le thymus, inexistant chez une vache adulte...

La possibilité d'un passage de l'agent bovin au mouton (non démontré à ce jour) a été également prise en compte (il suffit de 0,5 g de cervelle bovine pour infecter par la voie orale un mouton et les farines n'ont été interdites qu'en 1994 chez les petits ruminants). Le système nerveux central des sujets âgés de plus d'un an est interdit à la consommation. Cependant, si le danger lié à la tremblante est démontré, il serait alors logique d'interdire le système nerveux à un âge beaucoup plus jeune ainsi que les tissus lymphoïdes (3 mois).

TABLEAU 3. *Origine de l'épidémie d'ESB au Royaume-Uni.*

Avant 1981-1982	**1981-1982**	**1985-1986**	**Juillet 1988**
Pas de maladie.	Pas de maladie.	Maladie.	Maladie.
Exposition à l'agent dans l'aliment insuffisante pour provoquer la maladie.	Augmentation de l'exposition à l'agent dans l'aliment permettant une contamination.	La contamination réalisée en 1981 - 1982 conduit, après 4 à 5 ans d'incubation, à la maladie en 1985-1986.	Arrêt de la contamination par l'aliment par décision réglementaire.
Minimum de recyclage de tissu bovin infecté.	Augmentation de la quantité de tissu bovin infecté recyclé (taux relativement faible).	Recyclage important de tissu bovin infecté provoquant une augmentation importante du nombre de cas d'ESB en 1989.	Pas de recyclage.

EFFICACITÉ DES MESURES DE PRÉCAUTION. – Les mesures prises depuis l'apparition de l'ESB permettent de considérer que le risque a été surtout important avant l'interdiction des abats spécifiés potentiellement dangereux dans l'alimentation humaine (en 1989 en Angleterre puis en 1990 en Europe continentale). Cependant, d'autres possibilités de contamination ont été possibles, en particulier avec les viandes séparées mécaniquement ou VSM (la colonne vertébrale ne fut interdite dans les VSM qu'en décembre 1995 au Royaume-Uni). De plus, lors de l'abattage des bovins (étourdissement au pistolet pneumatique), on a pu retrouver des embols de tissu nerveux dans l'artère pulmonaire… Par ailleurs on peut remarquer que les ganglions lymphatiques n'ont jamais été, comme les amygdales, classés parmi les abats bovins spécifiés ABS alors que l'on connaît expérimentalement leur infectiosité chez les moutons.

Enfin, il faut se rappeler que l'ESB était avant son apparition sûrement une maladie rare chez les bovins. Elle devrait redevenir rare mais ne disparaîtra pas totalement.

En avril 1999, alors que le nombre de cas de nvMCJ a augmenté, la persistance de la crise médiatique est liée à l'impossibilité de connaître combien de personnes ont pu être contaminées, en particulier au Royaume-Uni, car de nombreuses incertitudes demeurent :

– dans quelles conditions ce type de contamination a-t-elle pu se réaliser (aliment à risque, dose infectante...) ?
– sensibilité plus importante des jeunes avec une période d'incubation plus courte ?
– quel est le nombre de personnes pouvant avoir été potentiellement contaminées ?
– importance de la prédisposition génétique sur le codon 129 ? Actuellement les cas de nvMCJ sont tous homozygotes Méthionine-Méthionine sur le codon 129, c'est-à-dire plus prédisposés à une encéphalopathie spongiforme transmissible. Aurons-nous des formes cliniques différentes chez les sujets homozygotes Valine-Valine ou chez les sujets hétérozygotes Méthionine-Valine sur le codon 129 ?

En raison du faible nombre de cas observés et de la méconnaissance de la période d'incubation de la nvMCJ, il n'existe pas de paramètres permettant une épidémiologie prédictive. Les épidémiologistes anglais ont souligné les difficultés d'une telle prédiction avec des chiffres variant, selon les paramètres hypothétiques retenus, de 75 cas à près de 80 000.

Ces incertitudes ne doivent pas empêcher de considérer actuellement comme criminel l'envoi d'un bovin atteint d'ESB à l'abattoir sans déclarer la suspicion de la maladie, les conséquences éventuelles d'un tel acte ne pouvant pas être évaluées avant plusieurs années.

☆

VIII. Comment organiser le débat public sur les OGM dans l'alimentation ?
(Plan de la contribution)

Bernard Chevassus-au-Louis, Vice-Président de la Commission du Génie Biomoléculaire, INRA-Jouy et CNEVA-Maisons-Alfort.

1. L'organisation de l'évaluation du risque lié aux OGM dans l'alimentation

On distingue les essais de laboratoire effectués en strict confinement, qui relèvent de la CGG (Commission du Génie Génétique) et qui sont décidés par le Ministère de la Recherche, les disséminations expérimentales dans les milieux agricoles (champ, étable) ou industriels (usine), qui sont examinées par la CGB (Commission du Génie Biomoléculaire), les demandes de mise sur le marché, pour lesquelles la CGB interagit avec diverses autres structures nationales (CSHPF, Commission des Toxiques, CPOV...) et européennes et enfin la biovigilance, qui ne concerne actuellement que le maïs et fait appel à un comité spécialisé mis en place par les Ministères chargés de l'Agriculture et de l'Environnement.

2. Le fonctionnement de l'évaluation du risque lié aux OGM dans l'alimentation

Cette évaluation se fait en quatre étapes :

- L'identification des aléas, à savoir de l'émergence possible de phénomènes nouveaux liés aux OGM (problèmes sanitaires, écologiques, socio-économiques, éthiques...).
- La « qualification » des aléas, c'est-à-dire le jugement sur leur caractère potentiellement dangereux ou non. Quelques exemples montrent que ce choix est parfois délicat : flux géniques, gènes marqueurs, séquences muettes.
- La quantification des risques, qui vise à affecter à chaque danger une probabilité d'occurrence. Les problèmes d'extrapolation (faibles doses, effets de seuil, temps long d'exposition) et d'interactions entre OGM sont particulièrement étudiés.
- L'évaluation du risque au sens strict, à savoir le jugement sur son acceptabilité. On peut citer quelques facteurs affectant cette acceptabilité dans le cas des OGM : risque subi, risque assumé, réversibilité, coût-bénéfice.

3. Quelles formes pour le débat public sur le risque ?

L'évolution possible du débat peut se faire autour de trois options : les commissions mixtes, mélangeant des experts et des représentants de la société civile ; le débat contradictoire (modèle judiciaire), dans lequel des experts « procureurs » et des experts « avocats » débattent devant un jury de membres de la société civile ; et le modèle des instances spécialisées d'experts, d'une part, et de représentants de la société civile, d'autre part, qui interagissent, cette interaction pouvant se faire de différentes manières.

ATELIER

RISQUE ET SÉCURITÉ INTÉRIEURE

Président : Philippe Melchior

Directeur de l'Institut des Hautes Etudes de la Sécurité Intérieure

Animateur : Danièle Trauman

Maître de Conférence, Université de Paris 1 Panthéon-Sorbonne
Institut Européen de Cindyniques

Contributions

I. ***La violence urbaine.***
LUCIENNE BUI-TRONG, Policier, Renseignements Généraux.

II. ***La sécurité dans les grandes surfaces.***
JEAN-JACQUES PERTUS, Directeur de la Sécurité Casino.

III. ***La sécurité à la RATP.***
ALAIN CAIRE, Directeur du Département Sécurité à la RATP.

IV. ***Marseille et la sécurité.***
CLAUDE COLLIN, Directeur Général à la Mairie de Marseille (Prévention-Protection).

V. ***La sécurité civile.***
JACQUES PRETTI, Direction de la Défense et de la Sécurité Civile.

☆

I. La violence urbaine

Lucienne Bui-Trong, Policier, Renseignements Généraux.

Je parlerai du risque et de la sécurité intérieure du point de vue de la Direction Centrale des Renseignements Généraux. Cela donnera une idée du point de vue d'un organisme particulier de la sécurité intérieure.

On a développé une direction au sein des Renseignements Généraux qui a pour but d'être une aide à la décision pour le Ministre de l'Intérieur en matière d'atteinte à l'ordre public (on a une certaine idée de la sécurité qui est celle de l'ordre dans la cité). On a eu l'idée, il y a plusieurs dizaines d'années, de s'intéresser aux risques dans la société qui se posaient en termes d'atteinte à l'ordre public : on a créé un service capable d'anticiper ces risques, d'agir sur les mouvements sociaux avant qu'ils ne dérapent en étant une atteinte à l'ordre public. C'est une conception particulière du maintien de l'ordre. Dans cette optique, les Renseignements Généraux travaillent sur le terrorisme, sur les risques d'attentat, sur les manifestations et sur les violences urbaines. Pour effectuer cette mission on a formé un réseau de fonctionnaires, pas très nombreux mais à demeure sur l'ensemble du territoire, qui créent des liens parmi la population locale et qui renseignent la direction centrale pour qu'elle se fasse une opinion sur ce qui se passe.

Ces fonctionnaires ont repéré dans ce cadre un nouveau type de danger, celui de la violence urbaine. Ils ont vu apparaître en 1990, avec l'émeute de Vaulx-en-Velin, le risque de violence grave en banlieue. L'émeute peut être vue comme une révolte ou même les prémices d'une révolution ou comme une forme de délinquance pure et simple de gens incontrôlés. La violence urbaine est devenue quelque chose d'important dans les médias. Lorsque les médias en parlent, cela prend une importance considérable. Face aux idéologies qui essaient de l'interpréter, face aux médias qui en donnent une vision assez déformante et cyclique, il est apparu comme important de mobiliser les services sur l'appréhension de ce phénomène en mettant à profit les réseaux locaux.

C'est ainsi qu'on a pu repérer les quartiers sensibles susceptibles d'avoir des difficultés. En 1991, sur plus d'un millier de quartiers, nous avons pu repérer un certain nombre d'indicateurs. On a constaté que les émeutes de 1990-1991 n'ont pas eu lieu au hasard dans n'importe quel lieu, mais que cela est arrivé dans un quartier qui a déjà une histoire. On peut repérer la façon dont vit le quartier au quotidien, notamment s'il présente un certain nombre de phénomènes qui créent un sentiment d'insécurité. Les indicateurs utilisés montrent une capacité de mobilisation qui permet d'anticiper sur d'éventuelles émeutes. Le travail porte donc, dans une optique très pragmatique et très policière, sur l'anticipation des émeutes : comment traiter un incendie social. On a identifié quelques indicateurs de manière à surveiller un quartier et son évolution ; ils ont permis de construire une grille, une échelle pour attirer l'attention sur un problème.

L'échelle

- Au plus bas de l'échelle : il y a le comportement des jeunes agissant en groupe et créant l'insécurité par leur comportement provocateur. Ils s'en prennent à la population elle-même, sans s'en prendre aux institutions : c'est le degré 1 de la violence (vandalisme : voitures, caves, boîtes aux lettres, poubelles...).
- Le degré suivant est le vandalisme anti-institutionnel : degré 2.
- Au degré 3, on trouve les attaques contre les agents des institutions sans inclure les policiers.
- Les attaques contre les policiers représentent un degré supplémentaire dans l'audace. Au degré 4, on trouve les premières violences contre les policiers : attroupements hostiles et « taillades » de véhicules de patrouille.
- Au degré 5 de la violence, même type d'actions mais plus fortes. On prend le risque de blesser : attaque de commissariats, jet d'objets plus lourds sur les véhicules.
- Au degré 6, on trouve les situations où les gens ne se contentent pas de réagir à la présence de la police du quartier mais s'arrangent pour l'attirer et préparer une attaque.
- Au degré 7 : mini-émeute avec grand vandalisme brutal qui dure peu de temps avec dispersion rapide à l'arrivée de la police.
- Le degré 8 est la même chose mais avec affrontements avec la police : mini-guérilla plusieurs nuits de suite.

On n'a pas eu besoin d'ajouter depuis 1991 de nouveaux barreaux à l'échelle. Mais aujourd'hui les violences apparaissent mieux préparées et, aux plus bas degrés de l'échelle, elles ont tendance à se multiplier considérablement.

QUESTIONS ET RÉPONSES

Question : Comment former le réseau et à partir du réseau faire remonter l'information ?

L. Bui-Trong : Nous essayons à partir d'indicateurs, qui sont significatifs d'un état d'esprit, de faire un état des lieux et d'anticiper. Les gens sur le terrain prêtent attention à des faits qui autrefois n'attiraient pas l'attention des services de police. Un feu de poubelle ou une dégradation d'une boîte aux lettres étaient considérés comme quelque chose de minable : « ce n'est pas grave », et les gens ne portent pas plainte donc la justice n'intervient pas. Le fonctionnement du réseau des Renseignements Généraux est une mini-cellule de veille qui aide à anticiper.

Ph. Melchior : L'évaluation montre que les cellules de veille continuent d'exister, soit comme on l'avait prévu, soit autrement. Il y a de toute façon utilisation et utilité. On constate de nouvelles attitudes face aux risques. Un préfet va demander de l'aide pour réunir les maires, les différents services sociaux, pour qu'on monte par avance le dispositif de gestion du risque qu'on voudrait éviter. Le préfet par contre se refuse à faire une véritable étude de risque. Un rapport dit clairement que, s'il y a autant de moyens de maintien de l'ordre en France, c'est parce qu'il y a refus d'une analyse de risque. Ceci renvoie à la notion de « risque acceptable » et là on est dans le domaine du politique et du social.

Question : Comment est-ce que l'information qui remonte jusqu'aux Renseignements Généraux redescend-elle dans les commissariats ? Y a-t-il cohérence entre les RG et les îlotiers ?

Ph. Melchior : Les îlotiers dépendent du service de sécurité publique. Les RG dépendent effectivement d'un autre directeur mais dans la même ville et ils travaillent d'abord ensemble avant que cela ne remonte à Lucienne Bui-Trong. Cette cellule de veille fait travailler un réseau vertical et un réseau territorialement horizontal local.

C. Collin : J'ai été le promoteur en 1983 du premier Conseil Communal de Prévention de la Délinquance de cette ville (Marseille). Les cellules de veille présentent un intérêt, mais il y a une grande difficulté : il y a un extrême cloisonnement entre les services. Ce que vous savez, vous le gardez pour vous. Comment se fait-il qu'il y ait ce cloisonnement et que peut-on faire pour y remédier ?

L. Bui-Trong : Nous vivons dans une administration de vieille tradition qui fonctionne de façon très centralisée. Depuis quelques années on marche vers le décloisonnement mais très lentement. Cela se fait « au gré du vent ». Cela ne correspond pas à une démarche institutionnelle. Le partenariat se développe mais il dépend des personnes.

Commentaire : *J'ai le sentiment contraire, je travaille avec les RG. Je fais de la prévention dans les cités sensibles et on travaille ensemble. Je dois reconnaître que la tâche de ceux des RG qui m'aident n'est pas toujours facilitée par l'environnement institutionnel et politique dont ils dépendent (c'est-à-dire les cabinets ministériels).*

Question : Est-ce que les pratiques sportives peuvent aider ? Quel est leur rôle ?

L. Bui-Trong : Dans le cas de petite délinquance, l'encadrement sportif peut être utile ; mais quand la violence urbaine est dure, cela ne marche pas, c'est très insuffisant.

☆

II. La sécurité dans les grandes surfaces

Jean-Jacques Pertus, Directeur de la Sécurité Casino.

La loi d'orientation sur la sécurité du 21 janvier 1995, dite « loi Pasqua », qui fait suite à la loi de 1983, est un vecteur important pour lutter contre l'insécurité (article 11 sur la vidéosurveillance). Cette loi fait passer de l'ère de l'assistance à l'ère de la coproduction de la sécurité. C'est un pas important : le centre commercial doit participer. Les acteurs de cette coproduction sont l'Etat, les collectivités locales, les associations, les transporteurs urbains (Paris ou Lyon), les polices urbaines, les logeurs et les commerçants de proximité. En travaillant ensemble, ils redonnent un lien social, un cœur dans une cité. Parmi les acteurs de l'Etat, on trouve le préfet (le Ministère de l'Intérieur), le procureur de la République (le Ministère de la Justice) et le maire. Ces trois institutions s'engagent sur des « contrats locaux de sécurité ». Au sein du Conseil Communal de la délinquance, les informations ne remontent pas, dit-on, à Marseille ; dans le cadre de ces contrats elles le doivent, c'est une obligation.

Les centres commerciaux sont le reflet des comportements sociaux, à la fois des clients et du personnel qui doivent évoluer dans un climat propice au commerce. Lorsqu'on crée une cellule commerciale, il y a des obligations, par exemple : la sécurité des parkings. S'il n'y a rien, c'est l'Etat et la commune qui payent. Il faut contribuer à la lutte non seulement contre l'insécurité, mais aussi contre le sentiment d'insécurité, sans cela il y a des rumeurs. Grâce aux systèmes de vidéosurveillance, s'il n'y a pas d'incidents, on ne colporte pas de rumeur. Les gens ont conscience des faiblesses des systèmes de sécurité et des forces de police.

Il y a des déviances ; pour les analyser et les combattre il faut travailler sur les « mains courantes ». On doit en effet dans les grandes surfaces étudier les problèmes suffisamment tôt pour faire jouer la prévention : c'est la « veille » (Casino, Franprix, Leader Price). On fait remonter toutes les informations au travers de tous les établissements (305) du groupe. On est de plus à l'écoute du personnel, il collabore utilement à la mise en place des plans de sûreté pour la création de schémas directeurs de sécurité complémentaires des contrats locaux de sécurité. Mais il faut reconnaître que, si plusieurs émeutes se déclarent à la fois, on n'a plus les moyens de faire face. On a supprimé l'accueil partout et cela crée un problème.

Rappelons que nous sommes confrontés dans les centres commerciaux aux obligations de sécurité du Code du travail et de la réglementation concernant les établissements publics. En ce qui concerne la sûreté, il faut respecter la loi sur les installations classées (entrepôts, stockage de gaz, stations-service) et la loi Pasqua, dont l'article 10 sur la vidéosurveillance et l'article 127-1, avec circulaire d'application, sur la surveillance obligatoire des locaux et des parcs de stationnement. Mais, au-delà, il faut faire comprendre aux gens le poids du risque. La création de logements, de centres commerciaux, de parcs de loisir implique une réflexion s'appuyant sur des études préalables de sécurité sur ce que l'on peut mettre en place en matière de prévention. On ne peut pas installer n'importe quoi dans n'importe quel quartier. Quand il y a des incidents dans des centres commerciaux, il y en a en général dans les transports en commun. Les études préalables doivent être considérées comme des vecteurs de paix sociale.

QUESTIONS ET RÉPONSES

Question : Vous avez fait remarquer qu'un des vecteurs de sécurité était les petits commerces. Or votre politique concerne plutôt les grandes surfaces. Comment concilier ces deux points ?

Réponse : Notre marque représente toute une gamme de commerces, des grands supermarchés jusqu'aux supérettes qui sont des magasins de proximité. Ce n'est nullement antinomique. Le petit commerçant est le premier agent de renseignement et c'est un vecteur d'opinion important.

☆

III. La sécurité à la RATP

Alain Caire, Directeur du Département Sécurité à la RATP.

On va traiter à la fois de la sécurité au quotidien et dans les phases paroxystiques : les attentats. D'abord quelques chiffres : 9 000 000 de voyages par jour, 4 000 autobus.

L'insécurité est très contrastée. Dans le métro ou le RER, les délits sont essentiellement des vols à la tire, ou des vols avec violence. Les violences vis-à-vis des agents sont consécutives à la lutte contre les petites infractions, qui sont les infractions tarifaires, et à la lutte contre la petite délinquance. Dans les autobus, c'est totalement différent. Ce ne sont pas les voyageurs qui sont les victimes, mais les agents, le conducteur. Il y a « taillassage » ou « intifada ». Il s'agit d'un transfert sur le caractère institutionnel du bus, d'une déception, d'une non-intégration qui fait suite à un non-respect des promesses de la République.

Face à cela, que faut-il faire ? Disons d'abord que la seule chose qui compte est le partenariat. Seul on ne fait rien car on ne peut pas dissocier prévention, dissuasion, intervention, répression. On est arrivé à un partenariat qui associe justice, police, transport et, dans le cadre des « contrats locaux de sécurité », l'ensemble des acteurs de la cité et, en particulier, les commerces. Seule déception : l'Education Nationale, qui veut travailler dans son coin. Elle garde pour elle ses emplois jeunes (prévention, dissuasion) qui rétablissent un lien entre jeunes des banlieues et reste de la société.

En interne à la RATP, il y a un département sécurité avec des agents très sélectionnés et spécialement formés. Il faut d'abord considérer le travail de terrain de l'exploitant. Quand un problème dépasse sa capacité, il y a intervention en renfort du département sécurité… et puis, si cela n'est pas suffisant, il est fait appel à la police. Il faut que l'information circule en permanence entre ces acteurs. En matière d'accident le zéro est exigé car la faute ne pardonne pas. Il n'y a eu qu'un mort par accident (à Auber) depuis l'ouverture du RER. C'est le seul accident ferroviaire de la RATP.

Les Américains ont considéré qu'en matière de sécurité publique face aux attentats, la RATP et la Protection civile ont eu une réaction exemplaire lors de l'attentat de Saint-Michel : rapidité des secours et des mesures en vue de rétablir le trafic. On est arrivé à cela parce qu'on était prêt. On s'est entraîné de façon à réagir vite face à un accident ferroviaire quelle qu'en soit l'origine (même en cas d'attentat) : entraînement d'abord tous les mois, maintenant tous les deux mois, la nuit. Sur le terrain, une fois par an, on simule un exercice majeur : on teste transmissions, procédures, organisation (4 à 5 casernes de pompiers, le président de la RATP, 3 ministres, la police…). Lorsqu'il y a eu l'attentat de Saint-Michel, 3 minutes après la police est intervenue, 5 minutes après c'était les pompiers. Le périmètre de sécurité a été assuré très rapidement et il n'y a pas eu de journalistes pour déranger les sauveteurs. Le matériel n'a pas brûlé car il y a des normes draconiennes à tous les niveaux, en particulier au niveau des isolants. La prévention que constitue l'utilisation des matériaux employés a été primordiale.

Signalons pour finir les bonnes mesures que sont « Vigipirate » et les surveillances renforcées ; même si la caisse de résonance que constitue les médias dessert incontestablement la RATP. Les poubelles (8 500 dans le métro) ont été très vite obturées car des couvercles avaient été prévus : le lendemain les poubelles étaient fermées. Il faut anticiper pour être plus réactif et plus efficace.

QUESTIONS ET RÉPONSES

Question : Pourquoi ne pas faire intervenir la police comme à New York ?

A. Caire : New York est encore au-dessus de nous en matière d'insécurité. Là-bas ce sont les policiers qui assurent normalement les contrôles à l'intérieur du Subway alors qu'en France ce sont des agents RATP. La conception de la justice aux USA est totalement différente. En France on n'admettrait pas certaines méthodes. C'est culturellement impossible.

Ph. Melchior : Il y a des risques qu'on accepte de courir et d'autres qu'on n'admet pas. En matière de sécurité ferroviaire on exige zéro défaut, alors qu'en matière de délinquance on a droit à des défauts. De façon générale, on n'admet pas les dispositifs style américain mais pour la sécurité routière on s'en est inspiré (retrait de permis immédiat sur le bas-côté des routes). Si le chauffard est un danger pour les autres, le fraudeur n'est un danger pour personne : ceci explique la difficulté d'agir de la RATP.

Les deux derniers orateurs appartiennent à des entreprises qui gagnent de l'argent. Jusqu'où la sécurité est-elle un risque économique pour l'entreprise ? Le coût économique de la sécurité ne modifie-t-il pas le rapport entre partenaires ?

J.-J. Pertus : 0,61 % du chiffre d'affaires est en moyenne consacré aux actions de sécurité dans les entreprises Casino (dans certains cas jusqu'à 1 %).

A. Caire : A la RATP, 500 millions pour 19 milliards de chiffre d'affaires sont consacrés à la sécurité. Les transports sont générateurs de leur propre insécurité : nous transportons les bandes du samedi soir au Forum des Halles.

☆

IV. Marseille et la sécurité

Claude Collin, Directeur Général à la Mairie de Marseille (Prévention-Protection).

La ville possède une grande mémoire en matière de sécurité et de gestion de risque. En 1938, à la suite d'une catastrophe dans un grand magasin, le maire de Marseille a été déposé et mis sous tutelle du préfet. Le maire doit assumer ses responsabilités qui sont de trois ordres : sécurité, salubrité et ordre public.

- La sécurité civile s'appuie sur des « commissions de sécurité » qui contrôlent la sécurité des constructions et proposent des mesures pour prévenir les risques technologiques (service transport de matières dangereuses) ou naturels. La prévention des risques dans la ville est du ressort de la Protection civile urbaine. Il existe une veille municipale de sécurité (structures technico-administratives). En matière de surveillance urbaine les emplois jeunes déployés sur l'ensemble de la ville permettent une approche territoriale de proximité. Ils traitent des dysfonctionnements sur la voie publique, de la sécurité des entrées et des sorties d'écoles. Ils assurent une fonction de médiation sociale pour tout ce qui se passe sur la voie publique et qu'on peut « dégonfler » avant que cela ne devienne un problème important. Ils constituent une mine de renseignements.
- La salubrité renvoie à la santé et à l'environnement : hygiène publique et épidémiologie
- L'ordre public est assuré par la police administrative (stationnement payant,

par exemple) et la police municipale. Des actions conjuguées entre police municipale, police nationale, médiateurs urbains et agents de sécurité (équipes mobiles) sont nécessaires pour répondre aux rassemblements sur la voie publique, aux problèmes des transports, à la surveillance des plages, etc. Dès qu'il y a rassemblement de jeunes, il y a renforcement du sentiment d'insécurité et une médiation entre jeunes et populations est nécessaire.

En ce qui concerne la lutte contre la délinquance, il existe à Marseille un Conseil Communal de Prévention à la Délinquance. La lutte s'appuie sur cet outil majeur qu'est le « contrat local de sécurité ». C'est un contrat signé conjointement par le préfet, le procureur et le maire qui permet de mettre en place une politique pérenne. Une municipalité a horreur des opérations coup-de-poing qui font plaisir à la population mais sont inefficaces. Le contrat local de sécurité est précédé d'un diagnostic local qui permet d'analyser les grands problèmes de la ville et de voir comment les choses fonctionnent. Il constitue une série d'engagements contractuels avec les partenaires qui concernent les politiques de sécurisation de voie publique mais aussi des espaces sectoriels, des espaces « à reconquérir ». Il faut faire revenir le droit dans les espaces abandonnés par la population qui alors se paupérisent. Exemple : un mur couvert de « tags ». Il ne se passe rien mais la population évite la rue tout comme elle évite les épaves automobiles, les carcasses et les poubelles brûlées. Il faut faire revenir le service public là où il doit se trouver et c'est tout l'enjeu de la politique de la ville. Il ne faut pas jeter la pierre aux architectes des années 60. Dans ces années, il fallait ces grands ensembles car les gens après la guerre vivaient parfois dans des taudis. Maintenant il faut reprendre tout cela, c'est-à-dire introduire du sport, de la culture, des activités économiques dans ces lieux.

L'Institut de Gestion et de Prévention des Risques de Marseille est un pôle de compétence nationale qui permet de servir de référence à l'ensemble des collectivités locales françaises pour que des travaux de ce type puissent se développer. On y a procédé à une cartographie des risques pour permettre leur gestion.

Pour la ville le risque n'est pas seulement économique : il est à la fois économique, social et politique.

☆

V. La sécurité civile

Jacques Pretti, Mission d'appui à la gestion du risque nucléaire (cofinancé par les industriels et l'administration), Direction de la Défense et de la Sécurité Civile (DDSC).

On parlera de campagne et non de ville puisque les centrales nucléaires sont construites à la campagne. Les installations nucléaires au même titre que les installations Seveso requièrent que soient préparés des plans particuliers d'intervention au sens de la sécurité civile (protection des biens, de l'environnement, et des populations).

Les plans ont été conçus au départ comme une réponse administrative à une demande à caractère administratif. Quand on a voulu faire des exercices en vraie grandeur pour tester ces plans, on s'est aperçu que cela n'était pas opérationnel. On avait un plan purement descriptif. La sécurité civile, en liaison avec les industriels, a renversé la perspective. On est parti des attentes et des questionnements des populations, on a rebâti un PPI qui répond à ces questions. Le rôle des maires des communes concernées (petites communes en général) dans les nouveaux plans doit être plus important. On a confiance, on connaît son maire, donc on a interrogé les maires et on les associe dans certains départements (par exemple dans les Ardennes) à la gestion du risque et à la prévention. On a essayé de monter, d'abord avec deux ou trois maires volontaires, un dispositif qui est le prolongement analytique du PPI au niveau communal dans le strict respect des prérogatives du préfet et des maires.

Partant d'un PPI monolithique et rigide, on s'est aperçu qu'il est nécessaire de tenir compte des particularités locales, de la psychologie des gens (à Fessenheim, en Alsace, les gens sont disciplinés, ce qui n'est pas le cas à Golfech en Lot-et-Garonne). On s'est intéressé aussi au fait que les plans étaient calés sur la notion de risque maximal dans une centrale nucléaire, c'est-à-dire sur la fusion du cœur du réacteur. Cette fusion ne peut intervenir qu'au bout de 24 heures et, physiquement, conduira à un lâché de gaz radioactif. Si le risque majeur est bien celui-là, il faut prendre aussi en compte des risques moindres dont la probabilité d'apparition est beaucoup plus élevée et la cinétique de rejets radioactifs beaucoup plus rapide. A l'heure actuelle un préfet n'est pas à même de traiter ces situations. Si ce n'est pas le préfet qui occupe le territoire médiatique ce sera quelqu'un d'autre. Or il est important de savoir qu'un territoire perdu n'est presque jamais reconquis.

La gestion du risque est donc de plus en plus, pour la DDSC, une démarche de prévention. Et cette démarche est de plus en plus un objet de négociation sociale : on doit donner des explications. En traitant les gens en adulte, en les faisant participer, on les rend acteurs de leur propre devenir et ainsi le risque est ressenti comme moins inacceptable.

COMMENTAIRE

Ph. Melchior : Ce que vous dites pour le nucléaire est aussi vrai en matière de délinquance. Il me semble qu'à la DDSC le travail en matière d'analyse de risque et de prévention est plus rigoureux que celui qu'on réalise quand il s'agit d'actes délibérés pénaux, car pour se prémunir de ces derniers on porte atteinte aux libertés individuelles. Il faut noter par ailleurs qu'on n'a pas partout une démarche « PPI » (exemple en Arménie). En matière de feu de forêt, c'est la sécheresse qui constitue l'alerte. Je voudrais enfin insister sur le fait qu'en matière de risque, on est en présence d'un arbitrage entre les valeurs. Par exemple, un juriste allemand m'a déclaré pendant la grève des transporteurs routiers qui a paralysé la France et l'Europe : « La France doit faire des progrès en matière d'ordre public. » En France on a considéré que, dès lors que les transporteurs routiers n'empêchaient pas tout passage, il fallait respecter leur liberté de manifester et accepter un certain trouble de la liberté d'aller et venir. Pour le juriste allemand, le fait d'entraver cette liberté est le fait majeur car « la liberté d'aller et venir » est la valeur majeure. On voit donc ici que, dans ces affaires de risque, on est bien en présence d'un arbitrage entre les valeurs.

CET OUVRAGE A ÉTÉ ACHEVÉ D'IMPRIMER
PAR L'IMPRIMERIE FRANCE-QUERCY, À
CAHORS, EN JUILLET 1999.

Dépôt légal : juillet 1999.
Numéro d'impression : 91607

Imprimé en France.